U0352937

国家出版基金项目
NATIONAL PUBLICATION FOUNDATION

国家出版基金资助项目
"新闻出版改革发展项目库"入库项目
"十三五"国家重点出版物出版规划项目

中国稀土科学与技术丛书

主　编　干　勇
执行主编　林东鲁

稀土发光材料

洪广言　庄卫东　主编

北　京
冶金工业出版社
2023

内 容 提 要

本书是《中国稀土科学与技术丛书》之一，由多位实践经验丰富的专家学者针对当前稀土发光材料的发展趋势及现状归纳总结而成。本书在阐述稀土发光材料知识的基础上，较全面系统地介绍了稀土离子的光谱特性、灯用稀土发光材料、白光LED用稀土发光材料、高压汞灯和金属卤化物灯用稀土发光材料、稀土长余辉发光材料、真空紫外用稀土发光材料、稀土闪烁材料、稀土配合物发光材料以及稀土纳米发光材料等各种稀土发光材料的进展。

本书可供从事稀土荧光粉科研、生产的相关人员阅读，也可供大专院校相关专业的师生参考。

图书在版编目（CIP）数据

稀土发光材料／洪广言，庄卫东主编 .—北京：冶金工业出版社，2016.5（2023.8 重印）

（中国稀土科学与技术丛书）

ISBN 978-7-5024-7132-3

Ⅰ.①稀… Ⅱ.①洪… ②庄… Ⅲ.①稀土族—发光材料 Ⅳ.①TB39

中国版本图书馆 CIP 数据核字（2016）第 214713 号

稀土发光材料

出版发行	冶金工业出版社	**电 话**	（010）64027926
地 址	北京市东城区嵩祝院北巷 39 号	**邮 编**	100009
网 址	www.mip1953.com	**电子信箱**	service@mip1953.com

丛书策划 任静波 肖 放
责任编辑 张熙莹 肖 放 美术编辑 彭子赫 版式设计 孙跃红
责任校对 石 静 孙跃红 责任印制 禹 蕊

北京建宏印刷有限公司印刷

2016 年 5 月第 1 版，2023 年 8 月第 2 次印刷

710mm×1000mm 1/16；21.75 印张；419 千字；326 页

定价 86.00 元

投稿电话 （010）64027932 投稿信箱 tougao@cnmip.com.cn
营销中心电话 （010）64044283
冶金工业出版社天猫旗舰店 yjgycbs.tmall.com
（本书如有印装质量问题，本社营销中心负责退换）

《中国稀土科学与技术丛书》
编辑委员会

序

稀土元素由于其结构的特殊性而具有诸多其他元素所不具备的光、电、磁、热等特性，是国内外科学家最为关注的一组元素。稀土元素可用来制备许多用于高新技术的新材料，被世界各国科学家称为"21世纪新材料的宝库"。稀土元素被广泛应用于国民经济和国防工业的各个领域。稀土对改造和提升石化、冶金、玻璃陶瓷、纺织等传统产业，以及培育发展新能源、新材料、新能源汽车、节能环保、高端装备、新一代信息技术、生物等战略新兴产业起着至关重要的作用。美国、日本等发达国家都将稀土列为发展高新技术产业的关键元素和战略物资，并进行大量储备。

经过多年发展，我国在稀土开采、冶炼分离和应用技术等方面取得了较大进步，产业规模不断扩大。我国稀土产业已取得了四个"世界第一"：一是资源量世界第一，二是生产规模世界第一，三是消费量世界第一，四是出口量世界第一。综合来看，目前我国已是稀土大国，但还不是稀土强国，在核心专利拥有量、高端装备、高附加值产品、高新技术领域应用等方面尚有差距。

国务院于 2015 年 5 月发布的《中国制造 2025》规划纲要提出力争通过三个十年的努力，到新中国成立一百年时，把我国建设成为引领世界制造业发展的制造强国。规划明确了十个重点领域的突破发展，即新一代信息技术产业、高档数控机床和机器人、航空航天装备、海洋工程装备及高技术船舶、先进轨道交通装备、节能与新能源汽车、电力装备、农机装备、新材料、生物医药及高性能医疗器械。稀土在这十个重点领域中都有十分重要而不可替代的应用。稀土产业链从矿石到原材料，再到新材料，最后到零部件、器件和整机，具有几倍，甚至百倍的倍增效应，给下游产业链带来明显的经济效益，并带来巨大的节能减排方面的社会效益。稀土应用对高新技术产业和先进制造业具有重要的支撑作用，稀土原材料应用与《中国制造2025》具有很高的关联度。

长期以来，发达国家对稀土的基础研究及前沿技术开发高度重视，并投入很多，以期保持在相关领域的领先地位。我国从新中国成立初开始，就高度重视稀土资源的开发、研究和应用。国家的各个五年计划的科技攻关项目、国家自然科学基金、国家"863计划"及"973计划"项目，以及相关的其他国家及地方的科技项目，都对稀土研发给予了长期持续的支持。我国稀土研发水平，从跟踪到并跑，再到领跑，有的学科方向已经处于领先水平。我国在稀土基础研究、前沿技术、工程化开发方面取得了举世瞩目的成就。

系统地总结、整理国内外重大稀土科技进展，出版有关稀土基础科学与工程技术的系列丛书，有助于促进我国稀土关键应用技术研发和产业化。目前国内外尚无在内容上涵盖稀土开采、冶炼分离以及应用技术领域，尤其是稀土在高新技术应用的系统性、综合性丛书。为配合实施国家稀土产业发展策略，加快产业调整升级，并为其提供决策参考和智力支持，中国稀土学会决定组织全国各领域著名专家、学者，整理、总结在稀土基础科学和工程技术上取得的重大进展、科技成果及国内外的研发动态，系统撰写稀土科学与技术方面的丛书。

在国家对稀土科学技术研究的大力支持和稀土科技工作者的不断努力下，我国在稀土研发和工程化技术方面获得了突出进展，并取得了不少具有自主知识产权的科技成果，为这套丛书的编写提供了充分的依据和丰富的素材。我相信这套丛书的出版对推动我国稀土科技理论体系的不断完善，总结稀土工程技术方面的进展，培养稀土科技人才，加快稀土科学技术学科建设与发展有重大而深远的意义。

中国稀土学会理事长
中国工程院院士　干勇

2016年1月

编 者 的 话

稀土元素被誉为工业维生素和新材料的宝库，在传统产业转型升级和发展战略新兴产业中都大显身手。发达国家把稀土作为重要的战略元素，长期以来投入大量财力和科研资源用于稀土基础研究和工程化技术开发。多种稀土功能材料的问世和推广应用，对以航空航天、新能源、新材料、信息技术、先进制造业等为代表的高新技术产业发展起到了巨大的推动作用。

我国稀土科研及产品开发始于 20 世纪 50 年代。60 年代开始了系统的稀土采、选、冶技术的研发，同时启动了稀土在钢铁中的推广应用，以及其他领域的应用研究。70～80 年代紧跟国外稀土功能材料的研究步伐，我国在稀土钐钴、稀土钕铁硼等研发方面卓有成效地开展工作，同时陆续在催化、发光、储氢、晶体等方面加大了稀土功能材料研发及应用的力度。

经过半个多世纪几代稀土科技工作者的不懈努力，我国在稀土基础研究和产品开发上取得了举世瞩目的重大进展，在稀土开采、选冶领域，形成和确立了具有我国特色的稀土学科优势，如徐光宪院士创建了稀土串级萃取理论并成功应用，体现了中国稀土提取分离技术的特色和先进性。稀土采、选、冶方面的重大技术进步，使我国成为全球最大的稀土生产国，能够生产高质量和优良性价比的全谱系产品，满足国内外日益增长的需求。同时，我国在稀土功能材料的基础研究和工程化技术开发方面已跻身国际先进水平，成为全球最大的稀土功能材料生产国。

科技部于 2016 年 2 月 17 日公布了重点支持的高新技术领域，其中与稀土有关的研究包括：半导体照明用长寿命高效率的荧光粉材料、半导体器件、敏感元器件与传感器、稀有稀土金属精深产品制备技术，超导材料、镁合金、结构陶瓷、功能陶瓷制备技术，功能玻璃制备技术，新型催化剂制备及应用技术，燃料电池技术，煤燃烧污染防治技术，机动车排放控制技术，工业炉窑污染防治技术，工业有害废气控制技术，节能与新能源汽车技术。这些技术涉及电子信息、新材料、新能源与节能、资源与环境等较多的领域。由此可见稀土应用的重要性和应用范围之广。

稀土学科是涉及矿山、冶金、化学、材料、环境、能源、电子等的多专业的交叉学科。国内各出版社在不同时期出版了大量稀土方面的专著，涉及稀土地质、稀土采选冶、稀土功能材料及应用的各个方向和领域。有代表性的是1995年由徐光宪院士主编、冶金工业出版社出版的《稀土（上、中、下）》。国外有代表性的是由爱思唯尔（Elsevier）出版集团出版的"Handbook on the Physics and Chemistry of Rare Earths"（《稀土物理化学手册》）等，该书从1978年至今持续出版。总的来说，目前在内容上涵盖稀土开采、冶炼分离以及材料应用技术领域，尤其是高新技术应用的系统性、综合性丛书较少。

为此，中国稀土学会决定组织全国稀土各领域内著名专家、学者，编写《中国稀土科学与技术丛书》。中国稀土学会成立于1979年11月，是国家民政部登记注册的社团组织，是中国科协所属全国一级学会，2011年被民政部评为4A级社会组织。组织编写出版稀土科技书刊是学会的重要工作内容之一。出版这套丛书的目的，是为了较系统地总结、整理国内外稀土基础研究和工程化技术开发的重大进展，以利于相关理论和知识的传播，为稀土学界和产业界以及相关产业的有关人员提供参考和借鉴。

参与本丛书编写的作者，都是在稀土行业内有多年经验的资深专家学者，他们在百忙中参与了丛书的编写，为稀土学科的繁荣与发展付出了辛勤的劳动，对此中国稀土学会表示诚挚的感谢。

中国稀土学会

2016 年 3 月

前　言

稀土发光材料是最重要的稀土功能材料之一，主要应用于节能灯、半导体照明、平板显示、闪烁晶体等领域，已成为节能照明、信息显示、光电探测等领域的支撑材料之一，为科技进步和社会发展发挥着日益重要的作用。

稀土离子的发光特性主要取决于稀土离子 $4f$ 壳层电子的性质。随着 $4f$ 壳层电子数的变化，稀土离子表现出不同的电子跃迁形式和极其丰富的能级跃迁。因而，稀土离子可以吸收或发射从紫外到红外光区的各种波长的光而形成多种多样的发光材料。稀土离子的优异发光特性为利用其制作高效发光材料奠定了基础。

稀土发光材料曾在发光学和发光材料的发展中起着里程碑的作用：1908 年 Becquerel 发现稀土锐吸收谱线；1959 年发现用 Yb^{3+} 作敏化剂，Er^{3+}、Ho^{3+}、Tm^{3+} 作激活剂的光子加和现象，为上转换材料研发奠定基础；1964 年 $YVO_4:Eu^{3+}$ 和 $Y_2O_3:Eu^{3+}$ 及 1968 年 $Y_2O_2S:Eu^{3+}$ 等彩色电视机用红色粉的出现，使彩色电视机的亮度提高到了一个新水平；20 世纪 70 年代出现红外变可见光上转换材料，从理论上提出反 Stokes 效应；1973 年发现稀土三基色荧光粉（$BaMgAl_{10}O_{17}:Eu^{2+}$，$MgAl_{11}O_{19}:Ce^{3+},Tb^{3+}$ 和 $Y_2O_3:Eu^{3+}$），其光效和光色同时能达到较高水平，使电光源品质提高到一个新层次；1974 年在 Pr^{3+} 的化合物中发现光子剪裁，即吸收一个高能的光子，分割成两个或多个能量较小的光子；20 世纪 90 年代出现稀土长余辉荧光粉（$SrAl_2O_4:Eu^{2+}$，$SrAl_2O_4:Eu^{2+}$，RE^{3+}（RE=Dy，Nd 等））；21 世纪初大力开发白光 LED（发光二极管）用荧光粉。

目前，稀土发光材料已成为发光材料研究和应用的重点和前沿领域之一。稀土发光材料也是实现稀土资源高值化最重要的途径之一。我国具有丰富的稀土资源，为稀土发光产业的发展奠定了物质基础。自20世纪50年代末我国稀土分离技术的突破，高纯单一稀土被制备出来，为发展稀土发光材料提供了物质条件。近三十年来我国稀土发光材料获得了令人瞩目的发展，已在众多领域获得重要而广泛的应用，并且稀土发光材料产业已在国际上占有重要的地位。

稀土发光材料在文献和书籍中已有许多报道，也有一些专著，但近年来，在稀土发光材料领域又出现了一些新的进展，特别是白光LED在照明和显示中的应用，使稀土发光材料的研究和产业产生了颠覆性的变化，如CRT、PDP、FED等显示器退出历史舞台，灯用稀土三基色荧光粉产销量呈现急剧下降趋势。因此，有必要对以往的资料进行修改与补充，我们组织编写本书以供大家参考。由于有些内容在过去的专著中已有详细介绍，故本书仅针对一些重要的稀土发光材料，并结合发展前沿进行较深入的介绍。本书由具有丰富实践经验的专家、学者编写，希望本书能给人们一些有益的参考。

本书共分9章，第1章"稀土离子的光谱特性"由中国科学院长春应用化学研究所尤洪鹏编写；第2章"灯用稀土发光材料"由江门市科恒实业股份有限公司刘宗淼、万国江统筹编写，陈伟、丁雪梅、龚敏、董瑞甜、胡学芳、王屏选、徐燕、钟华等共同编写；第3章"白光LED用稀土发光材料"由北京有色金属研究总院刘荣辉、温晓帆、刘元红、庄卫东编写；第4章"高压汞灯和金属卤化物灯用稀土发光材料"由北京有色金属研究总院余金秋、彭鹏编写；第5章"稀土长余辉发光材料"由中山大学王静编写；第6章"真空紫外光激发的稀土发光材料"由中山大学梁宏斌编写；第7章"稀土闪烁体"由北京有色金属研究总院余金秋、刁成鹏编写；第8章"稀土配合物发光材料"由中国科学院长春应用化学研究所洪广言编写；第9章"稀土纳米发光材料"由中国科学院长春应用化学研究所洪广言、张吉林编写。

　　由于本书涉及面广，参加编写的同志又较多，各位作者撰写风格不同，且所涉及的内容进展日新月异，书中不足之处，希望读者批评与指正。

　　本书是在中国稀土学会组织和资助下出版的，整个编写和出版过程都得到了中国稀土学会给予的大力支持，在此谨致衷心的感谢。同时感谢国家出版基金对本书出版的资助。

作　者
2016 年 2 月

目　　录

1 稀土离子的光谱特性[1~3]

1.1 稀土离子发光的发现与研究过程

稀土离子发光的发现至今已有一个多世纪。早在 1906 年，Becquerel 研究矿石光谱时发现含稀土离子的矿石中有一种锐线发光，这种锐线发光与元素的气体吸收和发射线相似，但当时人们对稀土离子及其发光认识不足且光谱理论尚未发展起来，因此并没有引起人们的重视。1909 年，Urbain 报道了 Gd_2O_3 : Eu^{3+} 高效率的阴极射线发光和光致发光[4]。此后，随着原子理论、量子力学、晶体场理论和原子光谱等理论的发展与完善，人们才有可能利用这些理论来研究稀土离子的发光。1942 年，Weissman[5] 研究发现 Eu^{3+} 与某些有机配位体形成螯合物时，在紫外光照射下具有极高的发光效率。但其后很长时期内由于稀土元素分离提纯困难、价格昂贵等原因，稀土离子的发光一直没有得到很好的发展和应用。

20 世纪 60 年代随着科学技术的迅速发展、稀土分离提纯的突破、激光的出现及激光与发光材料的研究及应用，使稀土离子发光的研究得到迅速发展。特别是 1964 年前后，高效稀土红色发光材料 YVO_4 : Eu[6] 的研制成功以及 Y_2O_3 : Eu、$Y(V,P)O_4$: Eu 和 Y_2O_2S : Eu 红色发光材料先后在彩色电视和高压汞灯上的应用[7]，引起了发光学界的广泛关注，成为稀土离子发光及其材料的研究与应用开发的里程碑，使稀土离子发光的研究与应用进入了新时期。

20 世纪 70 年代，Koedam 和 Opstelten[8] 从理论计算指出，若能合成三种窄谱带波长为 440~460nm、540~550nm 和 590~620nm 的高效发光材料，预计可制成各种色温的高光效、高显色性的新型荧光灯。因此，人们在各种体系中开展稀土离子发光的研究，以期获得高性能的新型荧光灯用发光材料。1974 年，荷兰菲利浦公司的 Verstegen 等人[9] 利用稀土离子发光先后合成了稀土铝酸盐绿粉 $(Ce,Tb)MgAl_{11}O_{19}(545nm)$ 和稀土铝酸盐蓝粉 $(Ba,Mg,Eu)_3Al_{16}O_{27}(450nm)$，再加上已发现的 Y_2O_3 : $Eu(611nm)$ 红粉，将这三种粉按一定比例混合，可制成 2300~8000K 的各种荧光灯，从此宣告了新一代照明光源的诞生。稀土三基色发光材料的实用化，解决了荧光灯长期以来存在的光效和显色性不能同时提高的矛盾，高效率和高显色性的三基色荧光灯的优越性逐渐被人们所认识，并得到普及推广。稀土三基色发光材料优点为：（1）窄带发光，能在设定的波长范围内集中发光能量；（2）耐高负荷、高温特性优异。第二个优点又使稀土三基色荧光灯开拓、增加了紧凑型新品种系列，从而使荧光灯跨入高效、高显色性照明光源发展的新时代，为从照明光源上节约电能开辟了一条新途径。尽管稀土荧光灯满足了人类绝大多数场合的需求，但仍然存在一个明显的缺点，其电能的大部分都消耗在热能上。此外，灯管中的汞对于地球环境的污染一直为人所诟病，因此，进一步发展新型照明光源引起了科学家和企业界极大的兴趣。

1994 年，日亚公司的 Nakamura 等人发明了蓝光发光二极管[10]，其后日亚化学公司在 GaN 蓝光发光二极管的基础上，开发出以蓝光 LED 激发钇铝石榴石发光材料而产生黄色发光与蓝光混合获得了白光 LED，拉开了 LED 迈入照明市场的序幕，开启了照明由真空管向固态照明发展的新时代。为此，人们在已有发光材料的基础上，进一步开展了大量的稀土离子发光的研究，以满足白光 LED 用发光材料的实际需要，到目前为止，已经获得了不同用途的 LED 用高性能发光材料，从而使人类的照明进入了节能与环保的绿色照明的新时代。

1.2　稀土离子的电子组态

稀土元素的发光特性是由稀土离子的特性决定的。稀土元素半径大，极易失掉外层两个电子和次外层 $5d$ 一个电子或 $4f$ 层一个电子而形成三价离子，某些稀土元素也能呈二价或四价态，但其中三价是特征氧化态。根据泡利（Pauli）不相容原理，每个子轨道可以容纳两个自旋方向相反的电子，则在镧系元素的 $4f$ 轨道中可容纳 14 个电子。当镧系原子失去电子后可以形成各种程度的离子状态，各类离子状态的电子组态和基态的情况列于表 1 – 1。其中镧系离子的特征价态为 + 3，当形成正三价离子时，其电子组态为 $1s^2 2s^2 2p^6 3s^2 3p^6 3d^{10} 4s^2 4p^6 4d^{10} 4f^n 5s^2 5p^6$。

表 1 –1　镧系原子和离子的电子组态

镧系	RE	RE$^+$	RE^{2+}	RE^{3+}
La	$4f^0 5d^1 6s^2 (^2D_{3/2})$	$4f^0 6s^2 (^1S_0)$	$4f^0 6s^1 (^2S_{1/2})$	$4f^0 (^1S_0)$
Ce	$4f^1 5d^1 6s^2 (^1G_4)$	$4f^1 5d^1 6s^1 (^2G_{7/2})$	$4f^2 (^3H_4)$	$4f^1 (^2F_{5/2})$
Pr	$4f^3 6s^2 (^4I_{9/2})$	$4f^3 6s^1 (^5I_4)$	$4f^3 (^4I_{9/2})$	$4f^2 (^3H_4)$
Nd	$4f^4 6s^2 (^5I_4)$	$4f^4 6s^1 (^6I_{7/2})$	$4f^4 (^5I_4)$	$4f^3 (^4I_{9/2})$
Pm	$4f^5 6s^2 (^6H_{5/2})$	$4f^5 6s^1 (^7H_2)$	$4f^5 (^6H_{5/2})$	$4f^4 (^5I_4)$
Sm	$4f^6 6s^2 (^7F_0)$	$4f^6 6s^1 (^8F_{1/2})$	$4f^6 (^7F_0)$	$4f^5 (^6H_{5/2})$
Eu	$4f^7 6s^2 (^8S_{7/2})$	$4f^7 6s^1 (^9S_4)$	$4f^7 (^8S_{7/2})$	$4f^6 (^7F_0)$
Gd	$4f^7 5d^1 6s^2 (^9D_2)$	$4f^7 5d^1 6s^1 (^{10}D_{5/2})$	$4f^7 5d^1 (^9D_2)$	$4f^7 (^8S_{7/2})$
Tb	$4f^9 6s^2 (^6H_{15/2})$	$4f^9 6s^1 (^7H_8)$	$4f^9 (^6H_{15/2})$	$4f^8 (^7F_6)$
Dy	$4f^{10} 6s^2 (^5I_8)$	$4f^{10} 6s^1 (^6I_{17/2})$	$4f^{10} (^5I_8)$	$4f^9 (^6H_{15/2})$

续表 1 – 1

镧　系	RE	RE$^+$	RE^{2+}	RE^{3+}
Ho	$4f^{11}6s^2(^4I_{15/2})$	$4f^{11}6s^1(^5I_8)$	$4f^{11}(^4I_{15/2})$	$4f^{10}(^5I_8)$
Er	$4f^{12}6s^2(^3H_6)$	$4f^{12}6s^1(^4H_{13/2})$	$4f^{12}(^3H_6)$	$4f^{11}(^4I_{15/2})$
Tm	$4f^{13}6s^2(^2F_{7/2})$	$4f^{13}6s^1(^3F_4)$	$4f^{13}(^2F_{7/2})$	$4f^{12}(^3H_6)$
Yb	$4f^{14}6s^2(^1S_0)$	$4f^{14}6s^1(^2S_{1/2})$	$4f^{14}(^1S_0)$	$4f^{13}(^2F_{7/2})$
Lu	$4f^{14}5d^16s^2(^2D_{3/2})$	$4f^{14}6s^2(^1S_0)$	$4f^{14}6s^1(^2S_{1/2})$	$4f^{14}(^1S_0)$

由表 1 – 1 可知，稀土离子的 4f 电子位于 $5s^25p^6$ 壳层之内。图 1 – 1 所示为根据计算获得 Gd$^+$ 的 4f、5s、5p 和 6s 电子分布的径向波函数，其他稀土离子电子分布的径向波函数情况与 Gd$^+$ 类似。由此可见，4f 电子受到 $5s^25p^6$ 壳层的屏蔽，受外界的电场、磁场和配位场等影响较小，即使处于晶体中，受晶体场作用微弱，故它们的光谱性质受外界的影响较小，使得它们形成特有的类原子性质，晶体场对能级位置的影响只在几百个波数范围内。稀土离子的光谱特性主要取决于它们特殊的电子组态，在三价稀土离子中，没有 4f 电子的 Sc^{3+}、Y^{3+} 和 La^{3+}（$4f^0$）及 4f 电子全充满的 Lu^{3+}（$4f^{14}$）都具有密闭的壳层，因此它们都是无色的离子，具有光学惰性，很适合作为发光材料的基质。而从 Ce^{3+} 的 $4f^1$ 开始逐一填充电子，依次递增至 Yb^{3+} 的 $4f^{13}$，在它们的电子组态中，都含有未成对的 4f 电子，利用这些 4f 电子的跃迁，可以产生发光和激光。因此，它们很合适作为发光材料的激活离子。

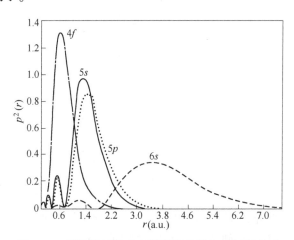

图 1 – 1　不同波函数的电子密度的径向分布几率 p^2

1.3　稀土离子的光谱项与能级

稀土离子的基态电子构型由主量子数 n 和轨道角动量 l 决定。当 4f 电子依次填入不同磁量子数的轨道时，除了要了解它们的电子构型外，还要了解它们的基态光谱项（$^{2S+1}L_J$），光谱项是通过角量子数 l 和磁量子数 m 以及它们之间的不同组合来表示与电子排布相关联的能级关系的一种符号，能级不同，光谱项不同。$4f$ 轨道的角量子数 $l = 3$，故其磁量子数为 +3、+2、+1、0、−1、−2、−3，共 7 个子轨道，按泡利不相容原理，每个子轨道可容纳两个自旋方向相反的电子，故 $4f$ 轨道中最多可容纳 14 个电子，即 $n = 2(2l + 1) = 14$。当 $4f$ 电子依次填入不同 m_l 值的子轨道时，组成了稀土离子基态的总轨道量子数 L、总自旋量子数 S、总角动量量子数 J 和基态光谱项 $^{2S+1}L_J$，表 1−2 列出了三价稀土离子的基态电子排布、光谱项、自旋轨道耦合系数 ζ_{4f} 及基态与最靠近的另一个多重态之间的能量差 Δ。

表 1−2　三价稀土离子的基础物理参数

稀土离子	$4f$ 电子数	$4f$ 轨道的磁量子数							L	S	J	$^{2S+1}L_J$	Δ/cm^{-1}	$\zeta_{4f}/\mathrm{cm}^{-1}$
		3	2	1	0	−1	−2	−3						
La^{3+}	0								0	0	0	$^1S_0$	—	—
Ce^{3+}	1	↑							3	1/2	5/2	$^2F_{5/2}$	2200	640
Pr^{3+}	2	↑	↑						5	1	4	$^3H_4$	2150	750
Nd^{3+}	3	↑	↑	↑					6	3/2	9/2	$^4I_{9/2}$	1900	900
Pm^{3+}	4	↑	↑	↑	↑				6	2	4	$^5I_4$	1600	1070
Sm^{3+}	5	↑	↑	↑	↑	↑			5	5/2	5/2	$^6H_{5/2}$	1000	1200
Eu^{3+}	6	↑	↑	↑	↑	↑	↑		3	3	0	$^7F_0$	350	1320
Gd^{3+}	7	↑	↑	↑	↑	↑	↑	↑	0	7/2	7/2	$^8S_{7/2}$	—	1620
Tb^{3+}	8	↑↓	↑	↑	↑	↑	↑	↑	3	3	6	$^7F_6$	2000	1700
Dy^{3+}	9	↑↓	↑↓	↑	↑	↑	↑	↑	5	5/2	15/2	$^6H_{15/2}$	3300	1900
Ho^{3+}	10	↑↓	↑↓	↑↓	↑	↑	↑	↑	6	2	8	$^5I_8$	5200	2160
Er^{3+}	11	↑↓	↑↓	↑↓	↑↓	↑	↑	↑	6	3/2	15/2	$^4I_{15/2}$	6500	2440
Tm^{3+}	12	↑↓	↑↓	↑↓	↑↓	↑↓	↑	↑	5	1	6	$^3H_6$	8300	2640
Yb^{3+}	13	↑↓	↑↓	↑↓	↑↓	↑↓	↑↓	↑	3	1/2	7/2	$^2F_{7/2}$	10300	2880
Lu^{3+}	14	↑↓	↑↓	↑↓	↑↓	↑↓	↑↓	↑↓	0	0	0	$^1S_0$	—	—

稀土离子的基态光谱项 $^{2S+1}L_J$ 中，S 为总自旋量子数沿 z 轴磁场方向分量的最大值，$S = \Sigma m_s$；L 是总轨道量子数的最大值，$L = \Sigma m$，当 $0 \leqslant n < 7$ 时，$L = -0.5n(n-7)$，当 $8 \leqslant n < 14$ 时，$L = -0.5(n-7)(n-14)$；J 是总角动量量子数，它表示轨道和自旋角动量总和的大小，当 $4f$ 电子数小于 7 时，$J = L - S$，当 $4f$ 电子数不小于 7 时，$J = L + S$。光谱项 $^{2S+1}L_J$ 是由这 3 个量子数组成的表达式，其中 L 的数值以大写英文字母 S、P、D、F、G、H、I、K、L、M、N、O、Q 分

别表示总轨道量子数 $L = 0$、1、2、3、4、5、6、7、8、9、10、11、12；右上角的 $2S+1$ 的数值表示光谱项的多重性，用符号 ^{2S+1}L 表示光谱项，若 L 与 S 产生耦合作用，光谱项将按总角动量量子数 J 分裂，将 J 的取值写在右下角，得到光谱支项用符号 $^{2S+1}L_J$ 表示，J 的取值分别为 $L+S$、$L+S-1$、$L+S-2$、$\cdots$、$L-S$，每一个支项表示一个状态或能级，$2J+1$ 称为每个态的简并度，表明能级最多的劈裂数。

　　除了 La^{3+} 和 Lu^{3+} 为 $4f^0$ 和 $4f^{14}$ 外，其他镧系离子的 $4f$ 电子在 7 个 $4f$ 上任意排布，从而产生多种光谱项与能级，$4f^n$ 的组态共有 1639 个能级，能级之间的可能跃迁数目高达 199177 个。根据光谱项和量子力学知识可以计算出各种稀土离子 $4f^n$ 组态的 J 能级数目，稀土离子的几个最低激发态的组态 $4f^{n-1}5d$、$4f^{n-1}6s$、$4f^{n-1}6p$ 的能级数目均列于表 1-3 中。

表 1-3　稀土离子各组态的能级数目

RE^{2+}	RE^{3+}	n	基态	能级数目				总和
				$4f^n$	$4f^{n-1}5d$	$4f^{n-1}6s$	$4f^{n-1}6p$	
	La	0	$^1S_0$	1	—			1
La	Ce	1	$^2F_{5/2}$	2	2	1	2	7
Ce	Pr	2	$^3H_4$	13	20	4	12	49
Pr	Nd	3	$^4I_{9/2}$	41	107	24	69	241
Nd	Pm	4	$^5I_4$	107	386	82	242	817
Pm	Sm	5	$^6H_{5/2}$	198	977	208	611	1994
Sm	Eu	6	$^7F_0$	295	1878	396	1168	3737
Eu	Gd	7	$^8S_{7/2}$	327	2725	576	1095	4723
Gd	Tb	8	$^7F_6$	295	3006	654	1928	5883
Tb	Dy	9	$^6H_{15/2}$	198	2725	576	1095	4594
Dy	Ho	10	$^5I_8$	107	1878	396	1168	3549
Ho	Er	11	$^4I_{15/2}$	41	977	208	611	1837
Er	Tm	12	$^3H_6$	13	386	82	242	723
Tm	Yb	13	$^2F_{7/2}$	2	107	24	69	202
Yb	Lu	14	$^1S_0$	1	20	4	12	37

　　图 1-2 给出了三价镧系离子的能级图[11]，它对研究和探索稀土发光材料具有重要的指导作用。从图 1-2 可见，Gd^{3+} 前的 f^n（$n = 0 \sim 6$）离子与 Gd^{3+} 后的 f^{14-n} 离子是一对共轭离子，它们具有相似的光谱项，只是由于重镧系离子的自旋轨道耦合系数 ζ_{4f} 大于轻镧系离子（见表 1-2），致使 Gd^{3+} 以后的 f^{14-n} 离子的 J 多重态能级之间的间隔大于 Gd^{3+} 以前的 f^n 离子。

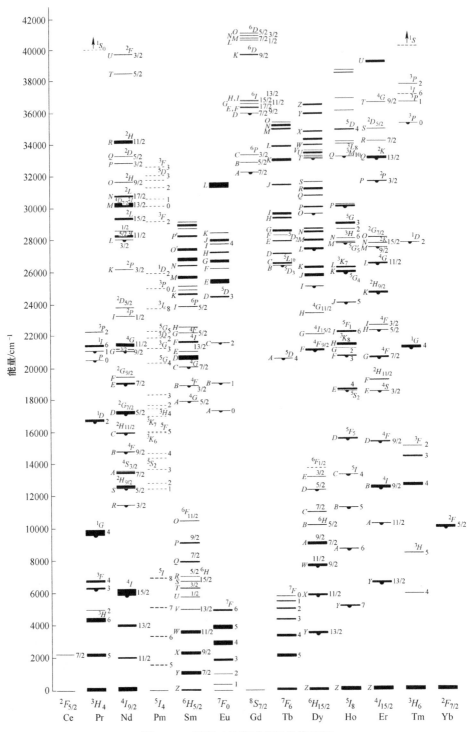

图 1-2 观察三价镧系离子的能级图

稀土离子能级结构不仅与 $4f$ 组态中电子之间的库仑作用和自旋 – 轨道相互作用有关，而且受到晶体场、磁场等作用的影响，晶体场环境的不同会使其能级位置和劈裂情况发生变化（见图 $1-3$）。理论计算和实验结果表明，电子间互斥作用产生的能级劈裂为 $5000 \sim 50000 cm^{-1}$，自旋轨道相互作用产生的能级劈裂为 $500 \sim 1000 cm^{-1}$，晶体场产生的能级劈裂为 $10 \sim 100 cm^{-1}$，因此，$4f^n$ 组态劈裂的大小顺序为：电子互斥作用 > 自旋 – 轨道耦合作用 > 晶体场作用 > 磁场作用。

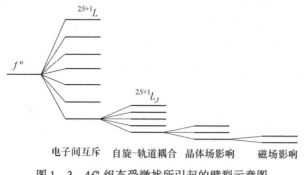

图 $1-3$ $4f^n$ 组态受微扰所引起的劈裂示意图

由于 $4f^n$ 轨道受 $5s^2 5p^6$ 的屏蔽，故晶体场对 $4f^n$ 电子的作用要比对 d 过渡元素的作用小，引起的能级劈裂只有几百个波数。

在晶体场作用下，$^{2S+1}L_J$ 光谱支项可以进一步劈裂产生 Stark 分裂，劈裂能级数多少取决于稀土离子所处环境对称性，对称性越高，劈裂能级越少；对称性越低，劈裂能级数越多，最多可以劈裂为 $2J+1$ 能级。劈裂数（简并度）与 $4f^n$ 中的电子数 n 的关系呈现出奇偶数变化，当 n 为偶数时（即原子序数为奇数，J 为整数），每个态是 $2J+1$ 度简并（Kramers），在晶体场作用下其劈裂数取决于稀土离子所处环境的对称性，最多可劈裂为 $2J+1$ 能级；当 n 为奇数时（即原子序数为偶数，J 为半整数），每个态是 $(2J+1)/2$ 度简并，在晶体场作用下其劈裂数取决于稀土离子所处环境的对称性，其最多只能劈裂为 $(2J+1)/2$ 个二重态。要想简并完全解除，需要外加磁场，其最终最大劈裂数也是 $2J+1$。

1.4 稀土离子的能级跃迁与光谱特性

稀土离子的 $4f$ 电子的主量子数 $n=4$，轨道角动量 $l=3$，量子数较大，形成的能级数量较多，能级之间的跃迁多，可以产生大量的从紫外光到可见光或红外光的吸收和荧光光谱，这些光谱信息与发光材料的组成、价态以及结构密切相关，它们既为人们研究材料相关特性提供科学依据，又为新型高性能发光材料的设计与合成提供重要的指导。在稀土发光材料中，稀土离子的发光有锐线和带状光谱两种类型，锐线型光谱主要来源于 $4f^n$ 组态内的能级间的跃迁，即 $f-f$ 跃迁，带状光谱主要来自 $4f^n$ 组态和 $4f^{n-1}5d$ 组态能级间的跃迁（$4f-5d$）以及电荷迁移跃迁（电荷迁移带）。

1.4.1 稀土离子的 $f-f$ 跃迁发光特征

大多数三价稀土离子的发光来源于未填满的 $4f$ 壳层的电子跃迁，这种跃迁称为 $f-f$ 跃迁。由于 $4f$ 层的电子被 $5s$ 和 $5p$ 电子层的 8 个电子所屏蔽，晶体场对谱线位置影响较小，因此晶体场中的能级一般类似于自由原子的能级，呈现分立能级，发射光谱均为线状光谱。对于稀土自由离子而言，$4f^n$ 组态内的各种状态的宇称是相同的，它们之间的跃迁矩阵元等于零。根据稀土自由离子电子跃迁的宇称选择定则（电偶极跃迁只能发生在不同宇称的能态之间、磁偶极与电四极跃迁发生在相同宇称的能态之间）可知，稀土自由离子 $4f^n$ 组态内能级之间的电偶极跃迁是禁戒的，磁偶极跃迁是允许的。在凝聚态中，由于晶体场奇次项的作用，可以使与 $4f^n$ 组态状态相反宇称（如 $4f^{n-1}5d$ 或 $4f^{n-1}5g$ 组态）的组态混入到 $4f^n$ 组态之中，这使原来 $4f^n$ 组态内的状态不再是单一的状态，而是两种宇称的混合态，这样状态之间的电偶极跃迁矩阵元不为零，致使 $4f^n$ 组态内的电偶极跃迁成为可能，因此，固体或溶液中可以观察到紫外光、可见光或红外光的 $4f^n$ 组态内的 $f-f$ 跃迁发光。稀土离子的 $f-f$ 跃迁的发光特征归纳如下：

（1）发射光谱呈线状，受温度的影响较小；

（2）基质对发射波长的影响不大；

（3）浓度猝灭小；

（4）温度猝灭小，即使在 $400 \sim 500 \, ℃$ 仍然发光；

（5）谱线丰富，可从紫外光一直到红外光。

1.4.2 稀土离子的光谱强度

稀土离子的光谱强度与跃迁几率成正比，即 $I = Nh\nu A$（式中，N 为某一状态下的电子数；$h\nu$ 为光子能量；A 为跃迁几率，它正比于振子强度）。Judd[12] 和 Ofelt[13] 根据镧系离子的 $4f$ 电子在其周围电场的作用下 $4f^n$ 组态与相反宇称的 $4f^{n-1}5d$ 和 $4f^{n-1}n'l'$ 组态混合而产生"强制"的电偶极跃迁，提出了研究镧系离子的谱线强度的 Judd – Ofelt 理论，根据这一理论，电偶极跃迁的振子强度 f_{ed} 为：

$$
\begin{aligned}
f_{ed} &= \sum_{\lambda=2,4,6} \tau_\lambda \sigma \, | \langle 4f^n(S,L,J) \, \| \, U^{(\lambda)} \, \| \, 4f^n(S',L',J') \rangle |^2 (2J+1)^{-1} \\
&= \frac{8\pi^2 mc\sigma\chi_{ed}}{3h(2J+1)} \sum_{\lambda=2,4,6} \Omega_\lambda \, | \langle 4f^n(S,L,J) \, \| \, U^{(\lambda)} \, \| \, 4f^n(S',L',J') \rangle |^2 \quad (1-1)
\end{aligned}
$$

其中
$$
\Omega_\lambda = 9.0 \times 10^{-12} \times \frac{9n}{(n^2+2)^2} \tau_\lambda \quad (1-2)
$$

式中，m 为电子的质量；c 为真空中的光速；n 为材料的折射率；σ 为跃迁的能量，cm^{-1}；χ_{ed} 为折射因子，$\chi_{ed} = (n^2+2)^2/(9n)$；$h$ 为普朗克常数；Ω_λ（或 τ_λ）

为振子强度参数，cm^2；$U^{(\lambda)}$ 为体系的单位张量算符；$|\langle f^n(S,L,J) \| U^{(\lambda)} \| f^n(S',L',J') \rangle|^2$ 为约化矩阵元，基本不随材料改变，从不同始态 $\langle 4f^n(S,L,J) |$ 至终态 $|4f^n(S',L',J')\rangle$ 之间跃迁的约化矩阵元可从文献中查得[14]。

根据 Judd – Ofelt 理论获得晶体中电偶极跃迁的选择定则是：

$$\Delta l = \pm 1, \quad \Delta S = 0, \quad |\Delta L| \leqslant 6$$

$$|\Delta J| \leqslant 6, \ 当 J 或 J' = 0 时, \ |\Delta J| = 2, 4, 6$$

$$|\Delta M| = p + q$$

在 f–f 跃迁中，磁偶极矩和电四极矩作用同样对振子强度有贡献，但是数量级比电偶极要小。磁偶极跃迁的振子强度表达式为：

$$f_{md} = \frac{h\sigma\chi_{md}}{6mc(2J+1)} |\langle 4f^n(S,L,J) \| L + 2S \| 4f^n(S',L',J') \rangle|^2 = \chi_{md}f' \quad (1-3)$$

约化矩阵元中 $L + 2S$ 是磁偶极算符，χ_{md} 是磁偶极跃迁的折射率因子 n，它等于晶体的折射率，约化矩阵元可以通过计算得到，f' 的值已经被计算出来[15]，利用这些值和材料折射率可以比较容易地算出磁偶极跃迁的振子强度。

当 $J' = J - 1$ 时，

$$\langle 4f^n(S,L,J) \| L + 2S \| 4f^n(S',L',J') \rangle$$
$$= \left[(S + L + J + 1)(S + L - J + 1)(J - L + S)(J + L - S)/(4J) \right]^{1/2}$$
$$(1-4)$$

当 $J' = J$ 时，

$$\langle 4f^n(S,L,J) \| L + 2S \| 4f^n(S',L',J') \rangle = g[J(J+1)(2J+1)]^{1/2}$$
$$(1-5)$$

其中　$g = 1 + [J(J+1) + S(S+1) - L(L+1)]/[2J(J+1)] \quad (1-6)$

当 $J' = J + 1$ 时，

$$\langle 4f^n(S,L,J) \| L + 2S \| 4f^n(S',L',J') \rangle$$
$$= \{ (S + L + J + 2)(S + L - J)(J - L + S + 1)(J + L - S + 1)/[4(J+1)] \}^{1/2}$$
$$(1-7)$$

相应的磁偶极子跃迁的选择定则为：

$$\Delta l = 0, \quad \Delta S = 0, \quad \Delta L = 0, \quad \Delta J = 0, \pm 1, \quad \Delta M = 0, \pm 1$$

在 f–f 跃迁中电四极跃迁也是宇称允许的，其振子强度为：

$$f_{eq} = \frac{16\pi^4 mc\sigma^3 \chi_{eq}}{45h(2J+1)} [\langle r^2 \rangle \langle 4f \| C^2 \| 4f \rangle \langle 4f^n(S,L,J) \| U^2 \| 4f^n(S',L',J') \rangle]^2$$
$$(1-8)$$

式中，χ_{eq} 为电四极的折射因子，$\chi_{eq} = (n^2 + 2)^2/(9n)$。

电四极跃迁的选择定则是：

$$\Delta l = 0, \quad \Delta S = 0, \quad \Delta L \leqslant 2, \quad \Delta J \leqslant 2$$

在式（1-1）中，利用 Ω_λ 的表达式计算电偶极跃迁振子强度参数的具体值是困难的，且不准确，通常情况下是利用晶体或溶液的吸收光谱先确定出实验振子强度值，然后再利用数学拟合法求 Ω_λ 参数。振子强度的实验值可利用吸收光谱求得，其表达式为：

$$f_{\text{exp}} = 4.318 \times 10^{-9} \int \varepsilon(\sigma) \, \mathrm{d}\sigma \qquad (1-9)$$

式中，$\varepsilon(\sigma)$ 为摩尔消光系数，它可以利用吸收光谱数据求得。

实验值 f_{exp} 包括各种作用产生的跃迁值，一般情况只考虑电偶极和磁偶极跃迁振子强度，而电四极跃迁振子强度很弱（约为 10^{-11}），实验上探测不出来，可以忽略。利用振子强度的理论值与实验值相等，即 $f_{\text{exp}} = f_{\text{ed}} + f_{\text{md}}$，$f_{\text{md}}$ 可以算出，对于每一个吸收光谱峰都构成一个包含三个强度参数 Ω_2、Ω_4 和 Ω_6 的方程，就每一个稀土离子而言，有多个吸收峰，这样就可以得到一组这样的方程，利用最小二乘法，处理这个方程组，就得到稀土离子在材料中的电偶极跃迁的强度参数 Ω_λ。

一般情况下，跃迁几率与振子强度有下列关系：

$$A = \frac{8\pi^2 \varepsilon^2 n^2}{mc\lambda^2} f \qquad (1-10)$$

把各种跃迁的振子强度 f 代入，可以获得不同类型的跃迁几率的表达式，进而可以获得稀土离子的光谱强度的表达式。

1.4.3 谱线位移

由于镧系离子的 $4f$ 轨道在空间上被 $5s^2 5p^6$ 轨道所屏蔽，因此基质晶体场对谱线的影响不大，但大量事实表明屏蔽并不完全，配位场的作用仍不可忽略。如以前认为稀土化合物均属于离子型化合物，后来发现有一些镧系化合物并不是纯离子型的，而有一定程度的共价性，此事也可以从 f-f 跃迁的光谱谱线在晶体场的作用下发生位移得到佐证。光谱谱线位移的原因理论上归于电子云扩大效应（nephelauxetie effect）。它是指金属离子的能级（或谱线）在晶体中相对于自由离子状态产生红移。长期以来的工作总结了若干规律，并将这种现象进一步归于晶体中电子间库仑作用参数 Slater 积分或 Racah 参数比自由离子状态减小。其原因众说不一，Jørgensen[14] 认为是与金属离子和配位体之间的共价性有关，Newman[16] 认为与配位的极化行为有关等。

根据实验数据按 Slater 参数或 Racah 参数比自由离子减少的数值大小排出下列配位体的次序，称为电子云扩大效应系列：

自由离子	$< F^-$	$< O^{2-}$	$< Cl^-$	$< Br^-$	$< I^-$	$< S^{2-}$	$< Se^{2-}$	$< Te^{2-}$
电负性	4.0	3.5	3.0	2.8	2.5	2.5	2.4	2.1

此次序与元素的电负性一致。

引起谱线位移的电子云扩大效应除了与配位原子的电负性有关外，还与配位数、稀土离子与配体之间的距离有关。随着配位数的减少和稀土离子与配位体之间的距离缩短，电子云扩大效应增大，从而也增大了谱线的红移。

1.4.4 超敏跃迁

尽管稀土离子 f–f 跃迁的光谱由于受到 $5s^2$ 和 $5p^6$ 壳层的屏蔽作用而受周围环境的影响很小，但大量的实验发现某些跃迁对周围环境十分敏感，其跃迁强度在不同晶体中相差很大，甚至相差 200 倍以上，这类跃迁被称为超敏跃迁。1964年 Judd[17] 总结实验规律发现，这种跃迁的选择规则遵循 $|\Delta J| \leqslant 2$、$|\Delta L| \leqslant 2$、$\Delta S = 0$，这个选择定则与电四极跃迁的选择定则相同。根据 Judd – Ofelt 理论，这种跃迁与 Ω_2 参数有关，表明 Ω_2 参数对周围环境具有特殊的敏感性，进一步研究发现 Ω_2 参数与环境晶体场作用的线性（一次）项相关，也就是说，要发生超灵敏跃迁，除了满足选择定则外，局域对称性使它受到晶体场相互作用必然有线性项，在 32 个点群中，具有线性晶体场项的只有 C_1、C_s、C_2、C_3、C_4、C_6、C_{2v}、C_{3v}、C_{4v} 和 C_{6v} 10 个，稀土离子只有处在这 10 种对称性中心位置时才能够发生超灵敏跃迁。如在 Y_2O_3:Eu 中，Eu^{3+} 占据 C_2 和 S_6 格位，占据 C_2 格位的 Eu^{3+} 可以观察到 $^7F_0 \rightarrow {}^5D_2$ 超灵敏跃迁，而占据 S_6 格位的 Eu^{3+} 却观察不到 $^7F_0 \rightarrow {}^5D_2$ 超灵敏跃迁。根据超敏跃迁的选择规则，稀土离子中可望观察到的超敏跃迁见表 1 – 4。

表 1 – 4　稀土离子的超灵敏跃迁

RE^{3+}	跃　迁	能量/cm^{-1}
Pr^{3+}	$^3H_4 \rightarrow {}^3P_2$	22500
	$^3H_4 \rightarrow {}^1D_2$	17000
Nd^{3+}	$^4I_{9/2} \rightarrow {}^4G_{7/2}, {}^2K_{13/2}$	19200
	$^4I_{9/2} \rightarrow {}^4G_{5/2}, {}^2G_{7/2}$	17300
Sm^{3+}	$^6H_{5/2} \rightarrow {}^6P_{7/2}, {}^4D_{1/2}, {}^4F_{9/2}$	26600
	$^6H_{5/2} \rightarrow {}^6F_{1/2}$	6200
Eu^{3+}	$^7F_0 \rightarrow {}^5D_2$	21500
Dy^{3+}	$^6H_{15/2} \rightarrow {}^6F_{11/2}$	7700
	$^6H_{15/2} \rightarrow {}^4G_{11/2}, {}^4I_{15/2}$	23400
Ho^{3+}	$^5I_8 \rightarrow {}^3H_6$	28000
	$^5I_8 \rightarrow {}^5G_6$	22200
Er^{3+}	$^4I_{15/2} \rightarrow {}^4G_{11/2}$	26500
	$^4I_{15/2} \rightarrow {}^2H_{11/2}$	19200
Tm^{3+}	$^3H_6 \rightarrow {}^3H_4$	12600

超敏跃迁与稀土离子配位体的种类有关,不同配位体的跃迁强度不同,实验总结的次序是 $S > I > Br > Cl > O > F$,其原因是配位体的极化效应所致。

Henrie 等人[18]对镧系离子的超敏跃迁进行了评论,认为影响超敏跃迁的谱线强度的因素有:

(1) 配位体的碱性越大,超敏跃迁的谱带强度也越大。例如,Al_2O_3 的酸性比 Y_2O_3 大,故碱性按下列的顺序:$Y_2O_3 > Y_2O_3 \cdot Al_2O_3 > 3Y_2O_3 \cdot 5Al_2O_3$,所以 Nd^{3+} 的超敏跃迁($^4I_{8/2} \rightarrow {}^4G_{7/2}, {}^2K_{15/2}$)的谱带强度随 $Y_2O_3 > YAlO_3 > Y_3Al_5O_{12}$ 而下降。

(2) 当近邻配位原子是 O 时,镧系离子与 O 的键长越短,超敏性越大。例如,在上述 $Y_2O_3 - Al_2O_3$ 体系中,以 Nd^{3+} 取代了 Y^{3+},故可以认为 Nd—O 的键长相当于 Y—O 的键长。在 Y_2O_3 中 Y^{3+} 是 6 配位的,处于 C_2 格位的 Y^{3+},其键长分别为 224.9pm(2 个 Y—O 键)、226.1pm(2 个 Y—O 键)和 227.8pm(2 个 Y—O 键);处于 S_6 格位的 Y^{3+},其 6 个 Y—O 键长为 226.1pm。而 Y^{3+} 在 $Y_3Al_5O_{12}$ 中是 8 配位的,其 Y—O 键长分别为 230.3pm(4 个 Y—O 键)和 243.2pm(4 个 Y—O 键)。可见,在 Y_2O_3 中的 Y—O 键长明显地短于在 $Y_3Al_5O_{12}$ 中的键长,也即配位数越小,键长越短,超敏性越大。

(3) 共价性和轨道重叠越大,超敏跃迁的谱带强度也越大。例如,在氧化物中的超敏跃迁的强度大于在氟化物中,即 $Y_2O_3 : Nd^{3+} > LaF_3 : Nd^{3+}$,以及 NdI_3 的超敏跃迁强度大于 $NdBr_3$。

1.4.5 光谱结构与对称性

当稀土离子处于晶体场中,稀土自由离子的光谱支项 $^{2S+1}L_J$ 由于稀土离子周围的晶体场作用产生能级劈裂,其劈裂的 Stark 能级数与稀土离子在晶体中占据的格位的对称性息息相关,其对称性越低,能级劈裂数越多,越能解除一些能级的简并度。因此,稀土离子的光谱结构与晶体结构存在着密切关系。具有奇数电子的稀土离子能级因 Kramers 效应产生双重简并,将减少 Stark 能级的数目,具有偶数电子的稀土离子由于 Jahn - Teller 效应使简并能级尽量解除为单能级,增加能级数目,使得能级之间的跃迁变得更加丰富,能级间的跃迁特征与晶体结构有着明显的相关性。为了研究这种关系,需要选择具有偶数电子且能级结构简单的稀土离子作为研究对象,其中 $4f^6$ 组态的 Eu^{3+}(或 Sm^{2+})是一个理想的离子,其荧光能级 $^5D_0$ 是荧光单能级,在晶体场中不分裂,下能级 ^7F_J 能级简单清晰,它通常作为荧光探针,通过 Eu^{3+} 的荧光光谱结构来探测被取代离子周围的对称性。由于荧光比 X 射线具有更高的灵敏度,探针离子的掺杂量可以很低,并且这种方法方便而直观,因此,获得广泛的应用。

在不同点群对称性中 Eu^{3+} 的不同跃迁所产生的荧光谱线数目已被计算出来，结果见表 1-5。因此，根据 Eu^{3+} 的能级荧光特性和谱线数目，可以很容易地了解 Eu^{3+} 的环境对称性、所处格位及不同对称性的格位数目和有无反演中心等结构信息，从而进行结构分析。

表 1-5　32 点群中 f^6 组态的 $^5D_0 \rightarrow {}^7F_J$

晶系	点群		$^7F_J(J=0,1,2,4,6)$ 的能级数目					$^5D_0 \rightarrow {}^7F_J$ 的跃迁数目				
			0	1	2	4	6	$0 \rightarrow 0$	$0 \rightarrow 1$	$0 \rightarrow 2$	$0 \rightarrow 4$	$0 \rightarrow 6$
三斜	C_1	1	1	3	5	9	13	1	3	5	9	13
	C_i	$\bar{1}$	1	3	5	9	13	0	3	0	0	0
单斜	C_s	m	1	3	5	9	13	1	3	5	9	13
	C_2	2	1	3	5	9	13	1	3	5	9	13
	C_{2h}	$2/m$	1	3	5	9	13	0	3	0	0	0
正交	C_{2v}	$mm2$	1	3	5	9	13	1	3	4	7	10
	D_2	222	1	3	5	9	13	0	3	3	6	9
	D_{2h}	mmm	1	3	5	9	13	0	3	0	0	0
四角	C_4	4	1	2	4	7	10	1	2	2	5	6
	C_{4v}	$4mm$	1	2	4	7	10	1	2	2	4	5
	S_4	$\bar{4}$	1	2	4	7	10	0	2	3	4	7
	D_{2d}	$\bar{4}2m$	1	2	4	7	10	0	2	2	3	5
	D_4	422	1	2	4	7	10	0	2	0	3	4
	C_{4h}	$4/m$	1	2	4	7	10	0	2	0	0	0
	D_{4h}	$4/mmm$	1	2	4	7	10	0	2	0	0	0
三角	C_3	3	1	2	3	6	9	1	2	3	6	9
	C_{3v}	$3m$	1	2	3	6	9	1	2	3	5	7
	D_3	32	1	2	3	6	9	0	2	2	4	6
	D_{3d}	$\bar{3}m$	1	2	3	6	9	0	2	0	0	0
	S_6	$\bar{3}$	1	2	3	6	9	0	2	0	0	0
六角	C_6	6	1	2	3	6	9	1	2	2	2	5
	C_{6v}	$6mm$	1	2	3	6	9	1	2	2	2	4
	D_6	622	1	2	3	6	9	0	2	0	0	3
	C_{3h}	$\bar{6}$	1	2	3	6	9	0	2	1	4	4
	D_{3h}	$\bar{6}m2$	1	2	3	6	9	0	2	1	3	3
	C_{6h}	$6/m$	1	2	3	6	9	0	2	0	0	0
	D_{6h}	$6/mmm$	1	2	3	6	9	0	2	0	0	0

晶系	点群		$^7F_J(J=0,1,2,4,6)$的能级数目					$^5D_0\rightarrow{}^7F_J$的跃迁数目				
			0	1	2	4	6	0→0	0→1	0→2	0→4	0→6
立方	T	23	1	1	2	4	6	0	1	1	2	3
	T_d	$\bar43m$	1	1	2	4	6	0	1	1	1	2
	T_h	$m3$	1	1	2	4	6	0	1	0	0	0
	O	432	1	1	2	4	6	0	1	0	0	0
	O_h	$m3m$	1	1	2	4	6	0	1	0	0	0

（1）当Eu^{3+}处于有严格反演中心的格位时，将以允许的$^5D_0\rightarrow{}^7F_1$磁偶极跃迁发射橙光（590mm）为主，此时属于C_i、C_{2h}、D_{2h}、C_{4h}、D_{4h}、D_{3d}、S_6、C_{6h}、D_{6h}、T_h、O和O_h12种点群对称性，它们不具有奇次晶体场项。

当Eu^{3+}处于对称性很高的立方晶系的T_h、O和O_h点群时$^7F_1$能级不劈裂，此时只出现一根$^5D_0\rightarrow{}^7F_1$的谱线（见图1-4）。

当Eu^{3+}处于C_{4h}、D_{4h}、D_{3d}、S_6、C_{6h}、D_{6h}点群对称性时，$^7F_1$能级劈裂为2个状态而出现2根$^5D_0\rightarrow{}^7F_1$的谱线（见图1-5）。

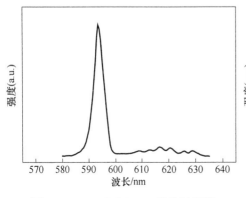

图1-4　Ba_2GdNbO_6:Eu的发射光谱
（Eu^{3+}占据O_h对称性格位）[19]

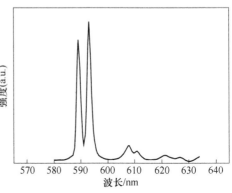

图1-5　$NaLuO_2$:Eu的发射光谱
（Eu^{3+}占据D_{3d}格位）[19]

当Eu^{3+}处于C_i、C_{2h}、D_{2h}点群对称性时，由于$^7F_1$能级完全解除简并而劈裂成为3个状态，故$^5D_0\rightarrow{}^7F_1$的跃迁可出现3根荧光谱线（见图1-6）。

（2）当Eu^{3+}处于偏离反演中心的位置时，由于在4f组态中混入了相反宇称的组态，使晶体中的宇称选择规则放宽，将出现$^5D_0\rightarrow{}^7F_2$等电偶极跃迁。当Eu^{3+}处于无反演中心的格位时，常以$^5D_0\rightarrow{}^7F_2$电偶极跃迁发射红光（约610nm）为主。如$Na(Gd,Eu)O_2$和$EuAl_3(BO_3)_4$中，Eu^{3+}处于无反演中心的格位，其主要发射峰为$^5D_0\rightarrow{}^7F_2$跃迁，发射波长在610nm附近（见图1-7）。

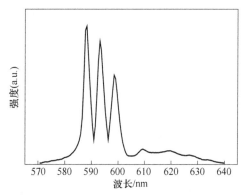

图 1-6　SnO_2：Eu 的发射光谱（Eu^{3+} 占据 D_{2h} 格位）[20]

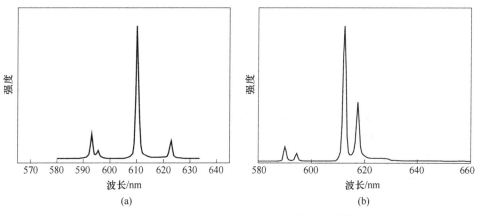

(a)　　　　　　　　　　　　　　　　(b)

图 1-7　$NaGdO_2$：Eu（Eu^{3+} 占据 D_2 格位）(a)[21] 和

$EuAl_3(BO_3)_4$（Eu^{3+} 占据 D_3 格位）(b) 发射光谱

（3）$J=0 \rightarrow J=0$ 的 $^5D_0 \rightarrow {}^7F_0$ 跃迁不符合选择规则，原属禁戒跃迁。但当 Eu^{3+} 处于 C_s、C_1、C_2、C_3、C_4、C_6、C_{2v}、C_{3v}、C_{4v}、C_{6v}（即 C_s、C_n、C_{nv}）10 种点群对称的格位时，由于在晶体场势展开时包括线性晶体场项，将出现 $^5D_0 \rightarrow {}^7F_0$ 发射（约 580nm）。因为 $^5D_0 \rightarrow {}^7F_0$ 跃迁只能有一个发射峰，故当 Eu^{3+} 同时存在几种不同的 C_s、C_n、C_{nv} 格位时，将出现几个 $^5D_0 \rightarrow {}^7F_0$ 发射峰，每个峰对应于一种格位，从而可利用荧光光谱中 $^5D_0 \rightarrow {}^7F_0$ 发射峰的数目了解基质中 Eu^{3+} 所处的格位数。

（4）当 Eu^{3+} 处于对称性很低的三斜晶系的 C_1 和单斜晶系的 C_s、C_2 三种点群的格位时，$^7F_1$ 和 $^7F_2$ 能级完全解除简并，它们分别劈裂为 3 个和 5 个能级，在荧光光谱中出现 1 根 $^5D_0 \rightarrow {}^7F_0$、3 根 $^5D_0 \rightarrow {}^7F_1$ 和 5 根 $^5D_0 \rightarrow {}^7F_2$ 的谱线，并以 $^5D_0 \rightarrow {}^7F_2$ 跃迁发射红光为主（见图 1-8）[22]。

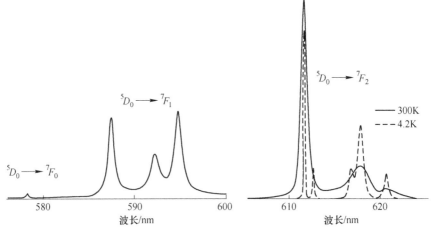

图 1 - 8 EuP$_5$O$_{14}$的发射光谱（Eu^{3+}占据 C_s 格位）

1.4.6 稀土离子的 $f-d$ 跃迁的发光特征

稀土离子除了 $f-f$ 跃迁外，还可以观察到 $4f-5d$ 的跃迁。它们的 $4f^{n-1}5d$ 组态与 $4f^n$ 组态能级间的跃迁为宇称允许跃迁，发光强，通常比 $f-f$ 跃迁要强 10^6 倍。其跃迁几率也比 $f-f$ 跃迁大得多，一般跃迁几率为 10^7 数量级。当稀土离子处于晶体中，由于周围的晶体场环境对稀土离子外层的 $5d$ 电子作用较大，导致 $5d$ 电子能级产生劈裂，而且由于电子云的扩大效应使能级产生较大的红移，虽然 $5d$ 电子的能级较高，但仍然可以观察到紫外光或可见光区的辐射跃迁的宽带发光。

在三价稀土离子中，Ce^{3+}、Pr^{3+} 和 Tb^{3+} 的 $4f^{n-1}5d$ 的能量较低（小于 50×10^3 cm^{-1}），可以容易地观察到它们的 $4f-5d$ 的跃迁，而其他三价稀土离子的 $5d$ 态能量较高难以观察到它们的 $4f-5d$ 跃迁。其中最有价值的是 Ce^{3+}，它的吸收和发射在紫外光和可见光区均可观察到。对比 Ce^{3+}、Pr^{3+} 和 Tb^{3+} 的 $4f-5d$ 吸收带能量可知（见表 1 - 6）[11]，当阴离子相同时，$4f-5d$ 谱带的位置随 Pr^{3+}—Tb^{3+}—Ce^{3+} 的顺序降低。由此可见，越易氧化的三价稀土离子（Ce^{3+}），其 $4f-5d$ 谱带的能量越低。

表 1 - 6　Ce^{3+}、Pr^{3+}、Tb^{3+} 一些卤化物在无水乙醇中的 $4f-5d$ 吸收带

卤化物	CeCl$_3$	TbCl$_3$	PrCl$_3$	CeBr$_3$	TbBr$_3$	PrBr$_3$
吸收带位置/cm^{-1}	33.0×10^3	43.8×10^3	44.2×10^3	32.0×10^3	43.3×10^3	43.8×10^3

当三价稀土离子进入晶格后，其 $5d$ 能级由于受晶体场的作用产生能级劈裂，能级劈裂宽度是指被劈裂的 $5d$ 能级中最高能量的子能级峰值与最低能量的子能

级峰值之差，其值约为 $10000\mathrm{cm}^{-1}$。其中 Ce^{3+} 和 Tb^{3+} 因具有较低的 $5d$ 能级与简单的能级谱项而被较多地研究，它们具有简单劈裂的宽带光谱结构，根据它们在基质中所处位置对称性的不同，可以获得 $2\sim5$ 个宽带峰。因此，它们的 $4f-5d$ 跃迁的吸收与激发光谱的位置随着基质晶格环境的改变而变化，其所处的对称性不同，吸收光谱和激发光谱的劈裂不同，且 $5d$ 能级重心发生相应的变化（见图 $1-9$ 和图 $1-10$）。

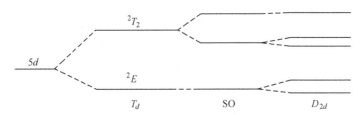

图 1-9　Ce^{3+} 处于不同对称中心的 $5d$ 能级劈裂情况[23]

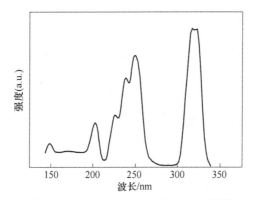

图 1-10　$YPO_4:Ce(D_{2d})$ 的发射光谱[24]

在三价稀土离子的光谱中，对 Ce^{3+} 的光谱研究最多，其基态光谱项为 $^2F_{5/2}$，由于自旋－轨道耦合作用使 ^2F 能级劈裂成两个光谱支项，即 $^2F_{7/2}$ 和 $^2F_{5/2}$，在 Ce^{3+} 的自由离子中，它们的能级差约为 $2253\mathrm{cm}^{-1}$。Ce^{3+} 的 $4f$ 电子可以激发到能量较低的 $5d$ 态，也可以激发到能量较高的 $6s$ 态或电荷转移态。自由 Ce^{3+} 离子 $5d$ 激发态的电子组态为 $[Xe]5d$，其光谱项为 ^2D_J，由于自旋－轨道耦合作用使其劈裂为两个光谱支项 $^2D_{5/2}$ 和 $^2D_{3/2}$，其能级分别位于基态能级 $^2F_{5/2}$ 之上的 $52226\mathrm{cm}^{-1}$ 和 $49737\mathrm{cm}^{-1}$，而 $6s$ 态则位于 $86600\mathrm{cm}^{-1}$。由于 $5d$ 轨道位于 $5s5p$ 轨道之外，不像 $4f$ 轨道那样被屏蔽在内层，因此，当电子从 $4f$ 能级激发到 $5d$ 态后，受到外场的影响使 $5d$ 态不再是分立的能级，而成为能带。因此从 $5d$ 能级到 $4f$ 能级的跃迁为带谱。一般说来，Ce^{3+} 的 $5d$ 态能量较高，所产生的 $5d\rightarrow{}^2F_{7/2}$ 和 $^2F_{5/2}$ 两个发射带通常位于紫外光或蓝光区。当 $5d$ 能级受较强外场的作用时，其能级位置会降低很多，甚至使其发射带延伸至红光区（见图 1 - 11），其覆盖范围大于 $20000cm^{-1}$，如此宽的变动范围是其他三价稀土离子所不及的。由于 Ce^{3+} 的发光是属于 $5d$ - $4f$ 跃迁的带状发射，因此它总的发射强度比三价稀土离子的 f - f 跃迁的线状发射要强。Ce^{3+} 的 $5d$ - $4f$ 跃迁是电偶极允许的，其 $5d$ 组态的电子寿命非常短，约为 $30 \sim 100ns$。

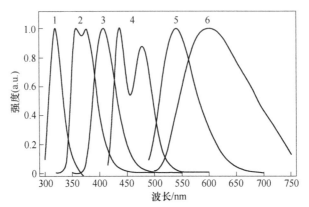

图 1 - 11 Ce^{3+} 在不同的基质中的发射光谱

1—$NaYF_4$：Ce；2—$Y_3Si_2O_8Cl$：Ce；3—$Y_2Si_2O_7$：Ce；4—$CaAl_2S_4$：Ce；

5—$Y_3Al_5O_{12}$：Ce；6—$LaCaMg_2Si_3O_{12}$：Ce

除了三价稀土离子存在 $4f$ - $5d$ 跃迁外，Eu^{2+}、Sm^{2+}、Yb^{2+}、Tm^{2+}、Dy^{2+}、Nd^{2+} 等也可以观察到 $4f$ - $5d$ 的跃迁，其电子结构与原子序数比它大 1 的三价稀土离子的电子结构相同。例如，Sm^{2+} 的组态和 Eu^{3+} 的组态都是 $4f^6$，因此，其光谱项可以从相同组态的三价离子得出，由于它们电子数相同，但中心核电荷数不同，造成二价稀土离子相应光谱项的能量都比三价离子降低约 20%。同样 $4f^{n-1}5d$ 的组态能级也相应大幅度下降。导致一些二价离子 $5d$ 组态的能级位置比三价状态时 $5d$ 能级位置低得多。因此，在光谱中能够观察到它们。

表 1 - 7 中列出 Eu^{2+}、Yb^{2+}、Sm^{2+}、Tm^{2+}、Dy^{2+} 和 Nd^{2+} 自由离子及它们在 CaF_2 晶体中和碘化物在四氢呋喃溶液中的 $4f$ 与 $5d$ 能级重心之间的能量差 E_{fd} 值。由此可见，越易氧化的二价稀土离子，其 $4f$ - $5d$ 谱带的能量越低。

表 1 - 7 二价稀土离子 Eu^{2+}、Yb^{2+}、Sm^{2+}、Tm^{2+}、Dy^{2+} 和 Nd^{2+} 的 E_{fd}

项 目	E_{fd}/cm^{-1}					
	Eu^{2+}	Yb^{2+}	Sm^{2+}	Tm^{2+}	Dy^{2+}	Nd^{2+}
RE^{2+} 自由离子	34.6×10^3	33.8×10^3	23.5×10^3	23.1×10^3	17.5×10^3	13.9×10^3
RE^{2+} 在 CaF_2 晶体中	37.7×10^3	37.3×10^3	25.6×10^3	26.5×10^3	17.8×10^3	13.6×10^3
REI_2 在四氢呋喃中	34.9×10^3	32.6×10^3	22.9×10^3	23.6×10^3	17.2×10^3	11.6×10^3
标准还原电位/V	-0.35	-1.15	-1.55	-2.3	-2.45	-2.62

Dorenbos[25~27]在总结前人大量光谱研究的基础上，对二价稀土自由离子的 $4f^{n-1}5d$ 组态的最低能级位置进行了总结（见图1-12）。图中黑色圆点表示每种二价稀土自由离子 $4f^{n-1}5d$ 组态的最低能级位置，并用实线连接起来，对于组态 $n>7$ 的稀土离子，$4f^{n-1}5d$ 组态的最低能级位置到基态的跃迁是自旋禁戒跃迁；自旋允许的 $4f^{n-1}5d$ 组态能级比它要高，以图中黑色方点表示，虚线连接的黑色方点为自旋允许的能级位置。

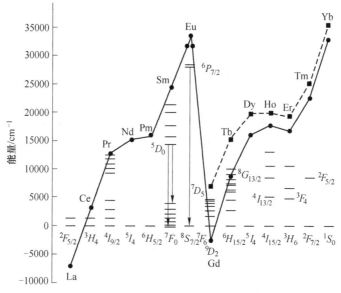

图1-12　二价稀土自由离子的能级示意图

Dorenbos还总结了二价稀土自由离子的 $4f^{n-1}5d$ 组态的最低能级与 $4f^n$ 组态的基态能级的平均能量差，其详细结果列于表1-8中。

表1-8　二价稀土自由离子 $4f^{n-1}5d$ 的最低能级与 $4f^n$ 基态能级的能量差

RE	$\Delta E_{free}^{sa}/cm^{-1}$	$\Delta E_{free}^{sf}/cm^{-1}$
La	-7600 ± 700	
Ce	2930 ± 850	
Pr	12550 ± 630	
Nd	15600 ± 320	
Pm	15800	
Sm	24160 ± 360	
Eu	34000	
Gd	7100	-2200
Tb	15500	9000

RE	$\Delta E_{\text{free}}^{\text{sa}}/\text{cm}^{-1}$	$\Delta E_{\text{free}}^{\text{sf}}/\text{cm}^{-1}$
Dy	20060 ± 220	16300
Ho	20240 ± 10	18180
Er	19750 ± 120	17130
Tm	25640 ± 350	23810 ± 440
Yb	35930 ± 670	34000 ± 700

注：$\Delta E_{\text{free}}^{\text{sa}}$ 表示自旋允许跃迁能级和基态能级的能量差；$\Delta E_{\text{free}}^{\text{sf}}$ 表示自旋禁戒跃迁能级与基态的能量差。

$4f^{n-1}5d$ 态是 $4f^{n-1}n'l'$ 高激发态中最低的能级，由于 $5d$ 电子裸露在外，没有受到其他电子壳层的屏蔽，周围环境的晶体场对它影响较大，因此在不同的基质中的能级位置不同，其发射光谱也不同。如果在某种基质 A 中由于晶体场作用引起能级降低的能量为 $D(\text{A})$，荧光发射产生的 Stokes 位移为 $S(\text{A})$，则在该基质中二价稀土离子的吸收能量 E_{abs} 可以表示为：

$$E_{\text{abs}} = \Delta E_{\text{free}}^{\text{sa}} - D(\text{A}) \tag{1－11}$$

发射能量 E_{em} 为：

$$E_{\text{em}} = \Delta E_{\text{free}}^{\text{sa}} - D(\text{A}) - S(\text{A}) \tag{1－12}$$

如果任何一个二价稀土离子在某一基质 A 中的最低吸收能量已知，$\Delta E_{\text{free}}^{\text{sa}}$ 表示自由离子的自旋允许跃迁能级与基态的能量差也已知，则 $D(\text{A})$ 能量就可以确定。若最低发射能量已知，则可以进一步确定 $S(\text{A})$。一般认为在同一个基质中所有稀土离子由于晶体场作用引起能量降低与 Stokes 位移近似相同，因此，其他稀土离子在该基质中的最低能级吸收和发射能量也可以利用表 1 – 8 中各种离子自由状态的能量差进行预测。

在二价稀土离子的 $4f$ – $5d$ 跃迁中，Eu^{2+} 的 $4f$ – $5d$ 跃迁是人们研究得最多的。Eu^{2+} 的电子构型是（Xe）$4f^7 5s^2 5p^6$（与 Gd^{3+} 的电子构型相同），基态中的 7 个电子自行排列成 $4f^7$ 构型，基态的光谱项为 $^8S_{7/2}$，在多数情况下，最低激发态由 $4f^6 5d^1$ 组态构成，因此 Eu^{2+} 的电子跃迁主要有从 $4f^6 5d^1$ 组态到基态 $4f^7$（$^8S_{7/2}$）的允许跃迁，它受到晶体场环境的影响较大，发射随着基质环境的不同可以从紫外光区一直延伸到红光区（见图 1 – 13），其中 $BaMgAl_{10}O_{17}$：Eu^{2+} 已作为一种重要的灯用蓝色发光材料，$BaFCl$：Eu^{2+} 已作为 X 射线增感屏材料，$(Sr,Ba)_2SiO_4$：Eu、$(Sr,Ba)_3SiO_5$：Eu、$SrSi_5N_8$：Eu 和 $(Sr,Ca)AlSiN_3$：Eu 是重要的白光 LED 用发光材料。

Eu^{2+} 激活的发光材料，其 $4f^6 5d$ 组态的多重态跃迁到基态是一个复杂的允许跃迁，因而寿命很短，大都在微秒级，但比 Ce^{3+} 要长。

可见，在稀土发光材料研究与应用中最有价值的是 Ce^{3+} 和 Eu^{2+} 的 $4f$ – $5d$ 跃

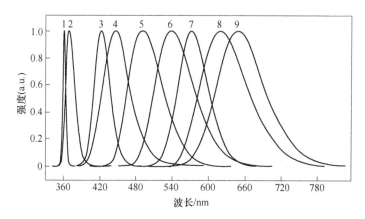

图 1 - 13　Eu^{2+} 在不同基质中的发射光谱

1—$KMgF_3：Eu$；2—$SrB_4O_7：Eu$；3—$SrP_2O_7：Eu$；4—$BaMgAl_{10}O_{17}：Eu$；5—$Sr_4Al_{14}O_{25}：Eu$；

6—$SrSi_2O_2N_2：Eu$；7—$Sr_3SiO_5：Eu$；8—$Sr_2Si_5N_8：Eu$；9—$CaAlSiN_3：Eu$

迁，它们的发光特征为：

（1）通常发射光谱为宽带。

（2）不同材料中发射光谱位置不同，可以从紫外光区延伸到红外光区。

（3）温度对发光的影响较大。

（4）荧光寿命短。

Eu^{2+} 在大多数发光材料中除了产生 $4f$ - $5d$ 跃迁发射外，它在某些发光材料中还可以产生锐的发射峰，其来源于 Eu^{2+} 的 f - f 跃迁。早在 1971 年，Hewes 等人[28]就在研究 Eu^{2+} 掺杂的碱土金属氟铝酸盐荧光光谱时观察到了这种尖峰发射，研究表明其发射来源于 Eu^{2+} 的 $4f^7$ 组态内 $^6P_{7/2} \rightarrow {}^8S_{7/2}$ 的 f - f 跃迁。Eu^{2+} 自由离子的 $5d$ 能级与基态能量差 $34600cm^{-1}$，当 Eu^{2+} 进入基质晶格时，$5d$ 能级将进一步劈裂，其最低能级进一步下移，导致室温时许多基质中 Eu^{2+} 的 $4f^65d$ 组态下限的能量比 $4f^7$ 组态下限的能量低，因此在这些基质中观察不到 Eu^{2+} 的 f - f 跃迁。当 $4f^65d^1$ 组态的最低能级高于激发态 $4f^7$ 的最低能级 $^6P_{7/2}$ 时，此时可以获得 f - f 跃迁。Fouassier[29]实验结果表明，当 $5d$ 能带的下限低于 $27000cm^{-1}$ 时，只能观察到 Eu^{2+} 的 d - f 跃迁发射；当 $5d$ 能带的下限位于 $27000 \sim 30000cm^{-1}$ 之间时，室温下可同时观察到 Eu^{2+} 的 d - f 和 f - f 跃迁；当 $5d$ 能带下限位于 $30000cm^{-1}$ 以上时，即使在室温下也能观察到 $4f^7$ 组态内的 f - f 跃迁发射以及伴随的振动耦合线。目前已发现可以实现 Eu^{2+} 的 f - f 跃迁（包括同有 d - f 跃迁）发射的基质已有数十种，主要是氟化物、氯化物、氧化物和硫酸盐等。

在 Eu^{2+} 的 d - f 和 f - f 两种跃迁发射都能观察到的情况下，由于 $5d$ 与 $^6P_{7/2}$ 之间能量差不同，$5d$ 受晶体场影响造成的谱带宽度不同，因此锐线峰值位置与宽带最大中心位置之间距离也有所不同。有时尖峰与宽带中心重叠，有时尖峰重叠在宽带的短波一侧。一般情况下，$f-f$跃迁发射峰的位置都在360nm附近。

大量研究表明，Eu^{2+}能否实现$f-f$跃迁取决于它在基质所处的周围环境，有利于实现$f-f$跃迁的环境因素主要有：

（1）Eu^{2+}处于弱晶体场之中。晶体场引起的$5d$能级劈裂宽度小，使$5d$劈裂的最低能级具有较高能量。

（2）Eu^{2+}的配位数要大。随着配位数的增加，配位阴离子间的排斥作用增大，导致阴离子与稀土离子间的距离增加，晶体场作用减弱，$5d$能级劈裂幅度减小，同时降低了稀土离子与阴离子间的电子－电子之间的相互作用，使$5d$能级重心上升。

（3）Eu^{2+}取代阳离子的半径大，其元素的电负性小；而Eu^{2+}周围阴离子的元素电负性要大。因此，电子云扩大效应弱，$4f^6 5d^1$组态晶体场劈裂重心能量高。

1.4.7 稀土离子的电荷迁移带与光学电负性

稀土离子的电荷迁移带是指电子从配体（氧或卤素等）离子被激发到稀土离子部分充满的$4f$轨道上，从而产生较宽的光谱带称为稀土离子的电荷迁移带。它的宽度可达$3000 \sim 4000cm^{-1}$，谱带位置随环境的改变而改变。目前已知Eu^{3+}、Sm^{3+}、Tm^{3+}、Yb^{3+}等三价离子和Ce^{4+}、Pr^{4+}、Tb^{4+}、Dy^{4+}、Nd^{4+}等四价离子具有电荷迁移带。

稀土离子的电荷迁移带与同为宽带的$4f-5d$跃迁谱带的区别在于：

（1）$f-d$跃迁带取决于环境而发生劈裂，随环境对称性的改变，$5d$轨道发生劈裂，因此$4f-5d$跃迁是有结构的，可分解为几个峰的宽带；而电荷迁移带无明显的劈裂。

（2）$f-d$跃迁带的半宽度一般较小约$1300cm^{-1}$；而电荷迁移带的半宽度较大，为$3000 \sim 4000cm^{-1}$。

由于稀土离子的$f-f$跃迁属于禁戒跃迁，其窄带吸收较弱，不利于激发光能的利用，而稀土离子的电荷迁移带吸收为宽带，吸收强，通过它的吸收来转移到稀土离子的$4f$能级上，其激发光能的利用效率高，特别是Eu^{3+}，其电荷迁移带的吸收位置与低压汞灯的最强发射峰匹配好，在低压汞灯中具有高的转化效率，因此，它在三基色灯用发光材料中获得广泛的应用。

在具有电荷迁移带的稀土离子中，研究最多的是Eu^{3+}，特别是Eu^{3+}在氧化物中，大量的报道揭示电荷迁移带的位置一般位于$200 \sim 320nm$之间。在氟化物中，尽管对Eu^{3+}光谱特性的研究很多，但对$Eu^{3+}-F$的电荷迁移的研究较少，其原因是$Eu^{3+}-F$带位于真空紫外区[30,31]，常用的光谱测量设备无法测量该区域，因此报道得相对较少。

Eu^{3+}的电荷迁移带的位置与其周围环境存在密切关系，它随着环境的改变而改变。大量的研究表明，Eu^{3+} 的电荷迁移带的位置的变化存在如下规律：

（1）随着取代的稀土离子半径的增加，电荷迁移带向低能方向移动。如在取代 Sc、Lu、Y、Gd、La 中，La 的基质中能量最低（详见表 1-9）。其原因可能是由于稀土离子半径的大小是按上述顺序从左到右递增，致使在阴离子 O^{2-} 的格位上所产生的势场递减，因此，使电子从 O^{2-} 迁移至 Eu^{3+} 所需的能量 E_{ct} 也按此顺序递减，使含 La^{3+} 的基质时 E_{ct} 最小。

表 1-9　Eu^{3+} 在不同基质中的电荷迁移带

RE^{3+}	电荷迁移带的位置 E_{ct}/cm^{-1}									
	RE$_2$O$_3$	RE$_2$O$_2$S	RE$_2$SO$_6$	REPO$_4$	REBO$_3$	REAlO$_3$	REOCl	REOBr	REOI	MREO$_2$ (M = Na, Li)
La^{3+}	33.7×10^3	27.0×10^3	34.5×10^3	37.0×10^3	37.0×10^3	32.3×10^3	33.3×10^3	30.7×10^3	30.6×10^3	36.0×10^3 (Na)
Gd^{3+}	41.2×10^3	—	—	—	42.6×10^3	38.0×10^3	35.0×10^3	34.2×10^3	—	41.1×10^3 (Na)
Y^{3+}	41.7×10^3	28.2×10^3	37.0×10^3	45.0×10^3	42.7×10^3	—	35.4×10^3	34.6×10^3		42.0×10^3 (Li)
Lu^{3+}	—	—	37.0×10^3	—	—	—	—	—		43.0×10^3 (Li)
Sc^{3+}	—	—	—	48.1×10^3	42.9×10^3					

（2）在复合氧化物中 Eu^{3+} 与近邻的 O^{2-} 和次邻近的 M 形成 $Eu^{3+} - O^{2-} - M$，随着次邻近的 M 半径减小，电负性增大，电荷迁移带向高能方向移动（见表 1-10）。事实上电子迁移的难易与所需能量的大小取决于 O^{2-} 周围的离子对 O^{2-} 所产生的势场。如果周围的离子 M 是电荷高和半径小的阳离子，则在 O^{2-} 格位上产生较大的势场，因而需要更大的能量才能使电子从 O^{2-} 的 $2p$ 迁移至 Eu^{3+} 的 $4f$ 壳层中，故电荷迁移带将移向高能短波长区。当 M 的电负性大时，由于 O^{2-} 的电子被拉向 M 阳离子的一方，致使 Eu^{3+}—O^{2-} 的距离增大，O^{2-} 的波函数与 Eu^{3+} 的波函数混合减小，也即 Eu^{3+} 与晶格的耦合减小，Eu^{3+}—O^{2-} 键的共价程度减小和电子云扩大效应减小，这将引起 Eu^{3+} 的 $^5D_0 \rightarrow {}^7F_0$ 的红移减小，荧光谱线变窄和相对强度变弱，电荷迁移带将向短波方向移动。Blasse[32,33] 发现 Eu^{3+} 离子发光的量子效率和猝灭温度随着 Eu^{3+} 的电荷迁移带向短波长移动而增高。因此，他提出了获得高效的 Eu^{3+} 的光致发光材料的条件之一是与 Eu^{3+} 配位的 O^{2-} 必须处于尽可能高的势场之中。

表 1-10　$M_3RE_2(BO_3)_4$ 中 Eu^{3+} 的电荷迁移带

RE^{3+}	La^{3+}			Gd^{3+}[34]		
M^{2+}	Ca^{2+}	Sr^{2+}	Ba^{2+}	Ca^{2+}	Sr^{2+}	Ba^{2+}
M 的电负性	1.0	1.0	0.9	1.0	1.0	0.9
Eu^{3+} 的 E_{ct}/cm^{-1}	37.9×10^3	36.0×10^3	34.2×10^3	38.0×10^3	37.0×10^3	36.4×10^3
Sm^{3+} 的 E_{ct}/cm^{-1}	44.4×10^3	43.9×10^3	43.3×10^3	44.8×10^3	43.8×10^3	43.3×10^3

（3）稀土离子的配位数不同，电荷迁移带的位置不同。Hoefdraad[35] 研究表明，Eu^{3+} 的配位数为 6 的八面体中，其电荷迁移带的位置几乎固定，平均为 $42 \times 10^3 cm^{-1}$；当配位数为 7 或 8 时，其电荷迁移带的位置随基质的不同而异，随 Eu—O 的键长增大而移向低能。

（4）电荷迁移带随着配位阴离子的电负性的减小而红移。如：F > Cl > Br > I。稀土离子的光谱中电荷迁移带所处位置的能量用来衡量稀土中心离子从其配体中吸引电子的难易程度，稀土离子的变价是获得电子或失去电子的过程，而电负性是衡量吸引电子能力大小的参数，三者应有必然的联系。在三价稀土离子中，可被还原的 Sm^{3+}、Eu^{3+}、Tm^{3+}、Yb^{3+} 离子具有电荷迁移带。因为当这些三价稀土离子接受一个电子时可被还原成二价。因此，电荷迁移带的位置 E_{ct} 与这些镧系离子的氧化还原电位 $E_{Ln}^{\ominus}(II \sim III)$ 之间应存在一定的关系。三价稀土离子的电荷迁移带的能量越低，越容易被还原。由于 Eu^{3+} 的 $4f^6$ 组态最易接受来自配体的电子而形成稳定的半充满的 $4f^7$ 组态，故在 Sm^{3+}、Eu^{3+}、Tm^{3+}、Yb^{3+} 离子中，Eu^{3+} 的电荷迁移带的能量最低，也最易被还原成二价，因而它的标准还原电位 $E_{Ln}^{\ominus}(II \sim III)$ 的负值最小。电荷迁移带的能量 E_{ct} 可以通过吸收光谱或激发光谱求得。Jørgensen[36] 提示了电荷迁移带的能量（cm^{-1}）与配体（X）及中心离子（M）的电负性存在下列关系，这种由光谱法求得的电负性称为光学电负性。

$$E_{ct} = \left[\chi_{opt}(X) - \chi_{uncorr}(M) \right] \times 30 \times 10^3 \qquad (1-13)$$

式中，X 为卤素离子，它们的光学电负性 $\chi_{opt}(X)$ 与 Pauling 的电负性相同，即 $\chi(F^-) = 4.0$，$\chi(Cl^-) = 3.0$，$\chi(Br^-) = 2.8$，$\chi(I^-) = 2.5$；$\chi_{uncorr}(M)$ 为中心离子未校正的光学电负性，因镧系的配位场效应可忽略，故不需校正。

根据 $LnBr^{2+}$ 在乙醇溶液中的吸收光谱测得的电荷迁移带 E_{ct} 和 $\chi(Br^-)$ 求得 Sm^{3+}、Eu^{3+}、Tm^{3+} 和 Yb^{3+} 的光学电负性（见表 1-11）。从表 1-11 中可见，对于三价 Sm^{3+}、Eu^{3+}、Tm^{3+} 和 Yb^{3+} 离子，电荷迁移带的能量 E_{ct} 越小，镧系离子的光学电负性越大，则标准还原电位 $E_{Ln}^{\ominus}(M^{3+} \rightarrow M^{2+})$ 越大，其还原形式的离子越稳定，即还原态的二价稀土离子的稳定性按 $Eu^{2+} > Yb^{2+} > Sm^{2+} > Tm^{2+}$ 顺序递减。离子的 E_{ct} 越低，越易被还原。

表 1-11 Sm^{3+}、Eu^{3+}、Tm^{3+} 和 Yb^{3+} 的电荷迁移带
和光学电负性 $\chi_{uncorr}(Ln)$ 及标准还原电位

Ln^{3+}	Tm^{3+}	Sm^{3+}	Yb^{3+}	Eu^{3+}
在乙醇中 $LnBr^{2+}$ 的 E_{ct}/cm^{-1}	44.5×10^3	40.2×10^3	35.5×10^3	31.2×10^3
$\chi_{uncorr}(Ln)$	1.3	1.45	1.6	1.75
$E_{Ln}^{\ominus}(M^{3+} \rightarrow M^{2+})/V$	-2.3 ± 0.2	-1.55	-1.15	-0.35

对于四价 Ce^{4+}、Pr^{4+}、Nd^{4+}、Tb^{4+} 和 Dy^{4+} 离子，研究表明，其电荷迁移带

的能量 E_{ct} 越小以及光学电负性越大，则标准还原电位 $E_{Ln}^{\ominus}$（$M^{4+} \rightarrow M^{3+}$）的正值越大（$Ce^{4+}$ 为 2.14，Pr^{4+} 为 2.6，Nd^{4+} 为 3.03，Tb^{4+} 为 2.55，Dy^{4+} 为 3.05），其还原形式的离子越稳定，即氧化态的四价稀土离子的稳定性按 $Ce^{4+} > Tb^{4+} > Pr^{4+} > Nd^{4+} > Dy^{4+}$ 的顺序递减，离子的 E_{ct} 越高，越易被氧化。

稀土离子的价态增大为四价时，电荷迁移带移向低能。当稀土离子的价态增大时，由于离子半径收缩和正电荷增大，增强了它们对 O^{2-} 和卤素 X^- 中电子的吸引能力，从而降低了电荷迁移带的能量 E_{ct}。在四价稀土离子 Ce^{4+}、Pr^{4+}、Tb^{4+}、Nd^{4+}、Dy^{4+} 中都可观察到电荷迁移带。Hoefdraad[37] 曾对它们在复合氧化物中的 E_{ct} 进行了研究，其中以 Ce^{4+} 的 E_{ct} 能量最高，一般在 $31 \times 10^3 \sim 33 \times 10^3 cm^{-1}$ 之间。其原因在于 Ce^{4+} 的离子半径较大（92pm），因而正电势较其他四价稀土离子小，使得电子从 O^{2-} 或 X^- 迁移至 Ce^{4+} 需要较高的能量。而且 Ce^{4+} 处于较稳定的 $4f^0$ 组态中，故四价状态的 Ce^{4+} 较稳定，不易接受电子而被还原。值得注意的是 Ce^{3+} 的 $f-d$ 跃迁的吸收带也位于 $30 \times 10^3 cm^{-1}$ 附近，当 Ce^{3+} 和 Ce^{4+} 共存时，给研究和测定 Ce^{4+} 的电荷迁移带来了一定困难。

由于四价的 Pr^{4+} 和 Tb^{4+} 一般只稳定存在于固体化合物中，而且它们不产生光致发光，不能用激发光谱测定它们的电荷迁移带，因此，只能用漫反射光谱法进行测定。在复合氧化物中，Tb^{4+} 的 E_{ct} 为 $20 \times 10^3 \sim 30 \times 10^3 cm^{-1}$，$Pr^{4+}$ 的 E_{ct} 为 $18.4 \times 10^3 \sim 30 \times 10^3 cm^{-1}$。近年来，由于观察到一些 Tb^{4+} 和 Pr^{4+} 也可存在于溶液中，则用吸收光谱法测定了它们的电荷迁移带。苏锵报道了在 $KIO_4 - KOH$ 体系中使 Tb^{3+} 和 Pr^{3+} 氧化成四价，通过吸收光谱测得它们的 E_{ct} 分别为：Tb^{4+} $23.8 \times 10^3 cm^{-1}$，Pr^{4+} $25 \times 10^3 cm^{-1}$。尽管目前有关 Tb^{4+} 和 Pr^{4+} 的电荷迁移带的研究还不多，但由于 Tb^{4+} 和 Pr^{4+} 的化合物中的 E_{ct} 已移至低能的可见区，因此，一些含 Tb^{4+} 和 Pr^{4+} 的化合物都有颜色，并获得了一些应用。例如，在陶瓷工业中利用镨黄着色。

1.5 稀土离子的能量传递

稀土离子的发光中心在基质晶格中受到外界激发吸收能量到达激发态后，除了通过自身的辐射跃迁或无辐射跃迁回到基态外，还可以将能量以某种形式转移到基质中另一个中心，这种转移的过程称为能量传递。能量传递是发光学领域相当普遍的物理现象，主要通过碰撞、能量交换、光的辐射再吸收、无辐射等过程来实现。由于稀土离子具有丰富的能级，一个稀土离子的两个能级的能量差与另一个离子的某两个能级的能量差相等的机会增多，很容易发生两个离子之间的辐射和无辐射过程，实现离子间的能量传递。

1.5.1 能量传递的方式

能量传递的方式一般分为辐射传递过程和无辐射传递过程两类。辐射传递过程是一种离子所发出的辐射光谱的能量如果与另一种离子吸收光谱的能量相重合，那么这种辐射光将被另一个离子所吸收，发生离子间的能量传递，即辐射再吸收传递过程。这两种离子可以看成是相互独立的体系，它们之间没有直接的相互作用，只是要求两者的发射光谱和吸收相互重叠或部分重叠，也就是说，一种离子发出的能量接近于另一种离子的吸收能量，传输距离可近可远，传输过程受温度的影响较小。对于稀土离子，如果是线状谱 f-f 跃迁，无论是发射还是吸收其强度相对较弱，因此辐射再吸收过程能量传递的效率相对较低，虽然在光谱中能够观察到这种能量传递行为，但应用效果不明显。另一种能量传递是无辐射传递过程，它是通过体系中多极矩的作用使一种离子的某能级能量无辐射地转移到另一种离子相等能量的能级上，在这种过程中，敏化剂产生的辐射较弱，能量传递效率较高，是能量传递的主要方式。无辐射传递可分为共振传递、交叉弛豫传递和声子辅助传递三种形式，其传递形式如图 1-14 所示。

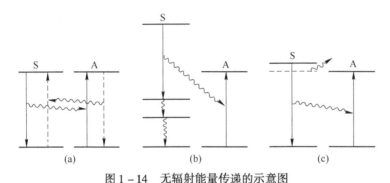

图 1-14 无辐射能量传递的示意图
(a) 共振传递；(b) 交叉弛豫传递；(c) 声子辅助传递

图 1-14(a) 表示共振传递过程，这种过程要求敏化离子 S 和激活离子 A 有相同位置和匹配的能级对，敏化离子 S 跃迁时将能量传递给激活离子 A，反过来，激活离子 A 做同样的跃迁也可以传递给敏化离子 S，两者是可逆的，激活离子 A 的有效跃迁概率小于敏化离子 S 的传递概率，那么，这种过程才是有效的。图 1-14(b) 表示交叉弛豫传递过程，在这个过程中，敏化离子有一对与激活离子 A 匹配的能级对，但它们的位置不同，这两对能级对在电多极矩作用下可以产生无辐射能量传递，该过程是不可逆的，并且是有效的。图 1-14(c) 表示声子辅助传递过程，敏化离子 S 有一个能级对的能量和激活离子 A 的一个能级对的能量不十分匹配，但相差不多，相当于体系中声子的能量，这样，在声子参与的电声子跃迁中通过放出或者吸收一个声子使得敏化离子 S 和激活离子 A 的能级对之间实现能量匹配，完成共振能量转移。电多极矩相互作用一般发生在离子间的距离约为 2nm 的情况下，因此，这种能量传递过程依赖于晶体中激活离子的浓度。

同样一种稀土离子在不同的晶体中能量传递过程不同，导致猝灭浓度不同，因为还有其他原因，如晶体基质组成不同、吸收光谱的不同、由于稀土离子所处的环境不同而导致的 Stark 能级劈裂不同，也会引起能级匹配程度的差异，影响浓度的猝灭情况。

1.5.2　能量传递理论

在对发光学原理的研究中人们很早就发现了发光过程中的能量传递现象，并提出了各种理论模型和计算方法，其中 Dexter 理论得到了广泛的应用和发展。

1.5.2.1　Dexter 能量传递理论[38]

敏化离子和激活离子间的共振能量传递如图 1 – 15 所示。

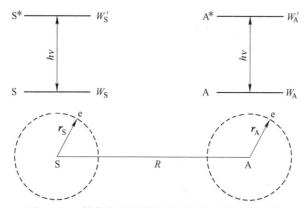

图 1 – 15　敏化离子和激活离子间的共振能量传递

W_S—S 的基态能级；W_S'—S 的激发态 S* 能级；W_A—A 的基态能级；W_A'—A 的激发态 A* 能级；
R—两核间的距离；r_S，r_A—电子到两个核的距离

S 和 A 的激发态 S* 和 A* 基本上有相同的能量。起始时，敏化剂处于 S* 而激活剂处于基态 A。能量传递以后，S* → S，A → A*。把这两个离子的相互作用看做一个系统，则初态可以用 S* A 表示，末态则用 SA* 表示。由于晶格振动，不论是 S 或 A 的基态或末态都不是一个固定值而是有一个范围，即一个连续的“带”。图 1 – 15 中的 W 代表某一瞬间的某一能级，$h\nu = E$ 并不代表发射或吸收一个光子，而只是能量 E 的表达形式。

Dexter 列出分属两个离子 S 和 A 的电子和原子的各种相互作用力，从而得出 S 和 A 的相互作用能 H_1。两离子间的距离 R 比其他所涉及的各种距离要大几个数量级。用 Taylor 级数展开得：

$$H_1(R) = \frac{e^2}{\varepsilon R^3}\left[r_S \cdot r_A - \frac{3(r_S \cdot R)(r_A \cdot R)}{R^2}\right] + \frac{3e^2}{2\varepsilon R^4}[\cdots] + \cdots \quad (1-14)$$

式中，r_S、r_A 分别为敏化剂的电子和激活剂的电子和相应的原子核的距离的矢量；R 为两个离子之间距离的矢量；R 为 R 的绝对值；ε 为介电系数。

式（1 – 14）右边带方括号的第一项表示电偶极 – 电偶极相互作用，第二项

以后没有完全写出，它们分别是电偶极 – 电四极相互作用，电四极 – 电四极相互作用等。由于电偶极 – 电偶极相互作用在展开式中是第一级近似，只要相应的发光跃迁是容许的，这一项就可以代表 H_1。因此：

$$H_1(\boldsymbol{R}) = \frac{e^2}{\varepsilon R^3}\Big[\boldsymbol{r}_S \cdot \boldsymbol{r}_A - \frac{3(\boldsymbol{r}_S \cdot \boldsymbol{R})(\boldsymbol{r}_A \cdot \boldsymbol{R})}{R^2}\Big] \qquad (1-15)$$

电偶极 – 电偶极相互作用能量传递的几率也就是系统自始态 S^*A 向末态 SA^* 跃迁的几率，根据量子力学，H_1 的矩阵元绝对值的平方和传递几率有直接的关系。要求出 H_1 的矩阵元，就是要对初态和末态的波函数进行积分。由于涉及的能量是连续的，波函数的形式比较复杂，计算过程繁琐，这里只给出 Dexter 所得到的结果，即 S 与 A 之间的电偶极 – 电偶极相互作用的能量传递几率为：

$$P_{SA}(dd) = \frac{3\hbar^4 c^4}{4\pi n^4 R_{SA}^6}\frac{Q_A}{\tau_S}\int \frac{F_S(E)F_A(E)}{E^4}\mathrm{d}E \qquad (1-16)$$

$$\hbar = \frac{h}{2\pi}$$

式中，R_{SA} 为敏化离子与激活离子之间的距离；τ_S 为敏化离子单独存在时在激发态的寿命；Q_A 为激活离子跃迁的有效吸收截面，$Q_A = \int \sigma_A(E)\mathrm{d}E$，它与吸收光谱相联系；$F_S(E)$、$F_A(E)$ 分别为敏化离子与激活离子跃迁时的归一化波函数；n 为介质的折射率。

从上述计算结果可以获得以下结论：

（1）对于两个可视为电偶极矩的敏化离子 S 和激活离子 A，共振传递几率 $P_{SA}(dd)$ 与这两个中心间距 R_{SA} 的 6 次方成反比。也就是说，S 和 A 越近，则能量传递概率越大。

（2）$P_{SA}(dd)$ 与 S^* 态的寿命成反比，即 S^* 态的寿命越长，越不容易把能量传递给 A 中心。

（3）$P_{SA}(dd)$ 与 A 中心的总吸收截面积 Q_A 成正比。也就是说，A 中心的吸收截面积越大，则 S 把能量传给 A 的可能性越大。

（4）$\int[F_S(E)F_A(E)/E^4]\mathrm{d}E$ 是 S 发射与 A 吸收的重叠积分，相应于某一能量值 E，要求 S 中心有发射，A 中心有吸收，两个条件缺一不可，否则传递几率为零，也就是说 S 中心的发射谱与 A 中心的吸收谱有重叠，重叠越大传递几率也就越大。

当 S 与 A 的距离达到一定值时，传递几率 $P_{SA}(dd)$ 等于 S 的辐射几率 P_S，即 $P_{SA}(dd)\tau_S = 1$，在这种情况下电子在 S 中心激发态停留的时间内恰好完成能量传递过程，定义该距离为能量传递的临界距离 R_C，此时有：

$$R_C^6 = \frac{3\hbar^4 c^4 Q_A}{4\pi n^4}\int \frac{F_S(E)F_A(E)}{E^4}\mathrm{d}E \qquad (1-17)$$

利用式（1-17）和光谱测量数据，可以估算出 S 与 A 能量传递的临界距离。有时 Q_A 的测量有难度，因此，1966 年 Blasse 给出了 Q_A 的估算值，即 $Q_A = 4.8 \times 10^{-16} f_d$，把式（1-17）中相关常数带入获得近似表达式：

$$R_C^6 = 3 \times 10^{12} f_d \int \frac{F_S(E) F_A(E)}{E^4} \mathrm{d}E \qquad (1-18)$$

对于相同离子之间的能量传递，临界距离 R_C 与临界浓度 X_C 之间的关系为：

$$R_C = 2 \left(\frac{3V}{4\pi N X_C} \right)^{1/3} \qquad (1-19)$$

式中，V 为晶胞体积，Å^3（$1\text{Å} = 0.1\text{nm}$）；N 为晶胞内激活离子可占的晶格数目。

由此可以估算出临界距离，并与式（1-18）获得的结果进行比较。

对于电偶极-电四极相互作用而言，其能量传递的几率为：

$$P_{SA}(dq) = \frac{135\pi\alpha\hbar^9 c^8 g_a'}{4n^6 R_{SA}^8 \tau_S \tau_A g_a} \int \frac{F_S(E) F_A(E)}{E^8} \mathrm{d}E \qquad (1-20)$$

式中，$\alpha = 1.266$；$\hbar = h/(2\pi)$；g_a' 为激发态能级的权重，即能级简并度。

式（1-20）中光谱参数通过测量光谱来获得。在实际计算中，考虑到电偶极-电四极相互作用与电偶极-电偶极相互作用之间的近似关系，进一步简化可以获得其临界距离 R_C 的近似表达式[39]：

$$R_C^8 = 3 \times 10^{12} \lambda_S^2 f_q \int \frac{F_S(E) F_A(E)}{E^4} \mathrm{d}E \qquad (1-21)$$

式中，λ_S 为敏化离子的发射波长；f_q 为电四极跃迁的振子强度。利用相关数据，可以获得电偶极-电四极之间相互作用的临界距离。

另外，对于电四极与电四极相互作用，Dexter 研究结果表明，$P_{SA}(qq) \propto \dfrac{1}{R^{10}}$，因此，浓度 C 和 S-A 间的距离 R 有直接联系，研究传递效率和 R 以及 C 的幂次的关系，就可以判断其电多极相互作用的性质。

Dexter 在考虑到自旋多重性守恒的情况下，提出了交换作用传递理论。如果考虑到自旋，对 H_1 做稍加详细的考察，可以获得交换作用的传递几率：

$$P_{SA} = \frac{4\pi^2 Z^2}{h} \int F_S(E) F_A(E) \mathrm{d}E \qquad (1-22)$$

式中，Z^2 为一个与交换积分有关的量，基本上无法从原理出发进行计算，不过它可以近似地表示为：

$$Z^2 = K^2 \exp\left(-\frac{2R}{L} \right) \qquad (1-23)$$

式中，K^2 为常数，量纲为能量；L 为有效的平均玻尔半径。波函数在较大距离时其径向函数迅速减小，所以这里采用指数式。由于只在两种发光中心离得很近波函数重叠时，才需要考虑两个电子的交换，因此交换作用是短程的，比电偶极-

电偶极所起的作用小很多，因此在一般情况下不考虑这种情况。

传递速率和距离间的关系取决于相互作用的类型。对于电多极子相互作用，传递速率与距离 R^{-n} 成正比，$n = 6$、8、10，分别对应于电偶极与电偶极之间的相互作用、电偶极与电四极之间的相互作用及电四极与电四极之间相互作用。对于交换作用，传递速率与距离成指数关系，因为交换作用需要波函数重叠。从作用距离上看，相互作用有效半径最大的是电偶极子相互作用，约 $1.2 \sim 3nm$，其次是电偶极–电四极相互作用，约 $0.5 \sim 1.5nm$，交换作用最短，约 $0.4 \sim 0.6nm$。

为了获得较高的能量传递速率，即 P_{SA} 值较大，必须满足如下条件：（1）共振强度要大，即敏化剂 S 的发射带与激活剂 A 的吸收带有尽可能大的重叠；（2）相互作用要大，它可以是多极与多极作用类型，也可以是交换作用类型。交换作用类型的传递只有在某些特殊情况中才会出现。光跃迁的强度决定于电多极相互作用的强度。如果所涉及的光跃迁是属于允许的电偶极跃迁，才能获得高的传递速率。如果吸收强度为零，则电多极相互作用的传递速率也为零。然而，并不是总的传递速率一定为零，因为此时交换作用仍可能在起作用。由交换作用产生的传递速率取决于波函数的重叠（即光谱重叠），但与所涉及跃迁的光谱性质无关。

1.5.2.2 Inokuti – Hirayama 理论[40]

Inokuti 和 Hirayama 研究了在能量传递过程中敏化离子荧光的衰减机制，认为，当随机分布的 S 离子被激发后，与某些随机分布靠近的 A 离子发生能量传递时，由于传递几率和距离有关，S 离子的衰减速率与 A 的距离有关。距离近的衰减快，远的衰减的慢，只有与 A 有同样距离的 S 才有同样的 τ_S^*，因此 S 的衰减就不会是指数式，若忽略敏化离子之间和激活离子之间的相互作用，提出了 S 离子在激发态的布居数与时间的关系式：

$$\rho(t) = \exp\left(-\frac{t}{\tau_S}\right) \prod_{k=1}^{N} \exp\left[-tP_{SA}(R_k)\right] \qquad (1-24)$$

式中，N 为包围 S 的一定体积内 A 离子的数目；τ_S 为 S 的本征寿命；R_k 为第 k 个 A 与 S 的距离。

在此基础上，他们给出了敏化离子的平均荧光强度衰减的公式：

$$I(t) = \exp\left[\left(-\frac{t}{\tau_S}\right) - \Gamma\left(1 - \frac{3}{n}\right)\frac{c}{c_0}\left(\frac{t}{\tau_S}\right)^{3/n}\right] \qquad (1-25)$$

其中

$$c_0^{-1} = \frac{4\pi R_{SA}}{3}\left[t_S P(R_{SA})\right]^{3/n} \qquad (1-26)$$

式中，c 为激活离子 A 的浓度；c_0 为临界浓度；n 为多极相互作用的幂次，对于 $n = 6$、8 和 10 分别代表电偶极与电偶极相互作用、电偶极与电四极相互作用和电四极与电四极相互作用；$\Gamma\left(1 - \frac{3}{n}\right)$ 为 Gamma 函数，当 $n = 6$、8 和 10 时，$\Gamma\left(\frac{1}{2}\right) = \sqrt{\pi}$、$\Gamma\left(\frac{5}{8}\right) = 1.43$ 和 $\Gamma\left(\frac{7}{10}\right) = 1.30$。

利用式 (1-25) 和 n 值来拟合敏化离子的荧光衰减过程，进而可以获得能量传递的电多极相互作用的机制。

1.5.2.3　声子辅助能量传递[41,42]

声子辅助传递概率的表达式可写为：

$$W(\Delta E) = W(0)\mathrm{e}^{-\beta\Delta E} \tag{1-27}$$

式中，ΔE 为敏化离子的两个跃迁的电子能级间的能量与激活离子的两个跃迁的电子能级间的能量之间的能量差；β 为由电子和声子耦合强度确定的常数；$W(0)$ 为能量差为零时的外推值。

式 (1-27) 与多声子弛豫过程有相同的表达形式，多声子弛豫过程的公式为：

$$W'(\Delta E) = W'(0)\mathrm{e}^{-\alpha\Delta E} \tag{1-28}$$

其中

$$\alpha = (\hbar\omega)^{-1}\left\{\ln\left[\frac{N}{g(n+1)}\right]-1\right\} \tag{1-29}$$

两个公式中参数 α 和 β 的关系为：

$$\beta = \alpha - \gamma \tag{1-30}$$

$$\gamma = (\hbar\omega)^{-1}\ln(1 + g_\mathrm{S}/g_\mathrm{A}) \tag{1-31}$$

式中，g_S、g_A 分别为敏化离子和激活离子的电子-声子耦合常数；N 为声子数目；$\hbar\omega$ 为声子能量。

$$N = \Delta E/(\hbar\omega) \tag{1-32}$$

假设 $g_\mathrm{S} = g_\mathrm{A}$，实验测得声子能量，$\hbar\omega = 350\mathrm{cm}^{-1}$，在 $\mathrm{LaF_3}$ 晶体中的稀土离子，电子-声子耦合常数 α 约为 $5\times10^{-3}\mathrm{cm}$，$\gamma$ 约为 $2\times10^{-3}\mathrm{cm}$，则 β 值可求，若近似取 $W(0) = 1\times10^8\mathrm{s}^{-1}$，声子辅助传递的概率就可以估计。

1.5.3　不同稀土离子的能量传递

稀土离子本身具有很多的能级，在这些能级中出现两两能级对能量匹配的机会很多，同时它们与非稀土离子匹配的机会也很多，因此，人们在相同稀土离子之间、不同稀土离子之间以及稀土离子与非稀土离子之间观察到大量的能量传递现象，利用这些能量传递，人们获得了高效稀土发光材料，特别是 $\mathrm{Ce^{3+}}$ 与 $\mathrm{Tb^{3+}}$ 共掺杂的高效绿色发光材料。

1.5.3.1　$\mathrm{Ce^{3+}}$ 的能量传递

$\mathrm{Ce^{3+}}$ 具有强的 $4f$-$5d$ 跃迁吸收与发射，能够有效地吸收能量，其吸收带与发射带有重叠，致使高浓度掺杂时 $\mathrm{Ce^{3+}}$ 之间能量传递导致其浓度猝灭，这在许多基质中都可以观察，其能量传递的主要机理为电偶极与电偶极相互作用，在某些基质中，辐射再吸收也起部分作用[43,44]。

$\mathrm{Ce^{3+}}$ 的 $5d$-$4f$ 跃迁发射随着基质的不同而变化，其覆盖的范围广，有利于与其他激活离子的吸收带匹配，进而获得高效的能量传递。同时 $\mathrm{Ce^{3+}}$ 的 $5d$-$4f$

跃迁是允许的电偶极跃迁，其 $5d$ 组态的电子寿命非常短（一般为 $30 \sim 100\text{ns}$），具有较高的能量传递几率。在大多数基质中 Ce^{3+} 的吸收带在紫外光或紫光区，而其发射峰在紫光区和蓝光区，因此更适合于作敏化离子。到目前为止，人们发现 Ce^{3+} 可以直接敏化的其他激活离子有 Pr^{3+}、Nd^{3+}、Gd^{3+}、Tb^{3+}、Sm^{3+}、Dy^{3+}、Ho^{3+}、Er^{3+}、Eu^{2+}、Mn^{2+} 等[3,44~48]，在这些离子中，研究得最多的是 Ce^{3+} 与 Tb^{3+} 之间的能量传递，利用它们之间的能量传递，人们获得了具有实用意义的高效绿色发光材料，特别是 $LaPO_4$：Ce，Tb 和 $CeMgAl_{11}O_{19}$：Tb 等高效发光材料已在稀土三基色节能灯中获得广泛应用。人们利用能量传递的基本理论研究表明，Ce^{3+} 与 Eu^{2+} 之间的能量传递机理以电偶极与电偶极相互作用为主，Ce^{3+} 与其他离子之间的能量传递的机理主要以电偶极与电四极相互作用。Ce^{3+} 还可以吸收能量通过 Gd^{3+} 作为中间体传递给 Tb^{3+}、Eu^{3+}、Dy^{3+} 等，从而有效地提高激活离子的发光强度（见图 1 − 16）[49,50]。

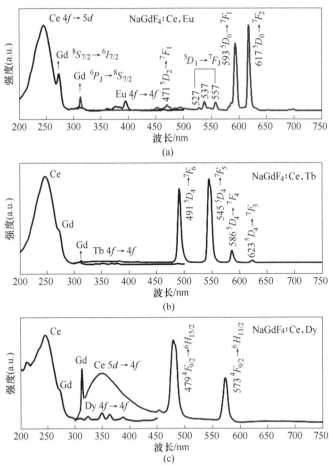

图 1 − 16 共掺杂不同稀土离子的激发与发射光谱

1.5.3.2 Eu^{2+} 的能量传递

除了 Ce^{3+} 具有强的 $4f-5d$ 跃迁吸收与发射外，Eu^{2+} 也具有强的 $4f-5d$ 跃迁吸收与发射，能够有效地吸收能量，其吸收带与发射带有重叠，致使高浓度掺杂时 Eu^{2+} 之间由于能量传递导致其浓度猝灭，分析表明猝灭机理主要是电偶极与电偶极相互作用[51,52]。

Eu^{2+} 的 $5d-4f$ 跃迁发射随着基质的不同而变化，不同基质材料中发射覆盖紫外到红光区，有利于与其他激活离子的吸收带匹配，进而获得高效的能量传递。在大多数基质中 Eu^{2+} 的吸收带在紫外光或蓝光区，而其发射峰在紫光和蓝绿光区，因此适合于作敏化离子。到目前为止，人们发现 Eu^{2+} 可以直接敏化的其他激活离子有 Tb^{3+}、Sm^{3+}、Mn^{2+} 等[52~54]，在这些离子中，研究最多的是 Eu^{2+} 与 Mn^{2+} 之间的能量传递，利用这种能量传递，人们获得了具有实用意义的高效高显色用绿色发光材料 $BaMgAl_{10}O_{17}:Eu^{2+}, Mn^{2+}$，并应用于高显色节能灯中。大量的研究表明，$Eu^{2+}$ 与 Mn^{2+} 之间的能量传递机理以电偶极与电四极相互作用为主。Eu^{2+} 还可以吸收能量通过 Tb^{3+} 作为中间体传递给 Sm^{3+} 等，从而有效地提高 Sm^{3+} 的发光强度（见图 1-17）[54]。

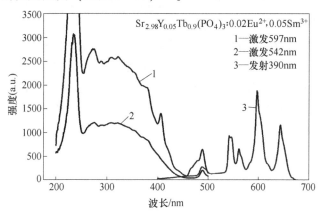

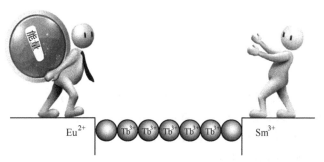

图 1-17 $Sr_{2.98}Y_{0.05}Tb_{0.9}(PO_4)_3:Eu^{2+}, Sm^{3+}$ 的激发与发射光谱

1.5.3.3 Gd³⁺的能量传递

Gd³⁺的发射来源于亚稳态能级^6P_J到能级$^8S_{7/2}$的跃迁，其能量高，发射在紫外光区，自身猝灭浓度高，能够与 Ce^{3+}、Eu^{3+}、Tb^{3+}、Dy^{3+}、Sm^{3+} 等能级跃迁相匹配，因此，它与许多稀土离子之间有能量传递。特别是以 Gd³⁺为基质的发光材料，Gd³⁺可以作为能量传递的中间体，通过晶格有效传递能量，最后高效地把能量传递给其他激活离子，从而实现激活剂的高效发光。其传递过程描述如下：

$$S \xrightarrow{\text{激发}} S^* \xrightarrow{\text{能量传递}} Gd^{3+} \xrightarrow{nx} Gd^{3+} \xrightarrow{\text{能量传递}} A^* \xrightarrow{\text{发射}} A$$

其中，nx 表示 Gd³⁺ ~ Gd³⁺之间进行多次能量传递，S 可以是 Ce^{3+}、Pr^{3+}、Bi^{3+}、Pb^{2+} 等离子，A 可以是 Eu^{3+}、Tb^{3+}、Dy^{3+}、Sm^{3+} 等激活离子[55]。

1.5.3.4 Tb³⁺的能量传递

Tb³⁺的发射来源于亚稳态能级$^5D_3$ 和$^5D_4$ 到能级^7F_J 的跃迁，Tb³⁺之间的能量传递主要来源于$^5D_3 - ^5D_4$ 与$^7F_6 - ^7F_0$ 能级对之间的交叉弛豫过程，当晶体中离子的掺杂浓度较低时，Tb³⁺的发射主要以$^5D_3 - ^7F_J$ 的跃迁，随着离子浓度的增加，$^5D_3$ 能级发光逐渐减弱，$^5D_4$ 能级的发光逐渐增强，这是由于$^5D_3$ 能级上的电子在交叉弛豫过程中被倒空并转移到$^5D_4$ 能级上的缘故。

Tb³⁺的稳态能级$^5D_3$ 和$^5D_4$ 发射能量较高，它们的发射来源于 $4f$ 内的跃迁，在基质材料中，其发射位置受外界环境影响较小，发射位置基本变化不大，它的发射峰与其他稀土离子的激发峰重叠较小，因此，与 Ce^{3+} 和 Eu^{2+} 相比，与其他激活离子进行能量传递的机会相对较少，效率较低。尽管如此，人们在大量的研究中，仍然观察到 Tb³⁺向 Ce^{3+}、Eu^{3+}、Sm^{3+}、Yb^{3+}、Tm^{3+}、Dy^{3+}、Mn^{2+} 等离子能量传递[56~59]。

1.5.3.5 Sm³⁺的能量传递

Sm³⁺的主要荧光发射来源于亚稳态能级$^4G_{5/2}$到能级^6H_J的跃迁，由于 Sm³⁺的$^4G_{5/2} - ^6F_{9/2}$与$^6H_{5/2} - ^6F_{9/2}$能级的能量差能够互相匹配，因此，能量传递主要为$^4G_{5/2} - ^6F_{9/2}$与$^6H_{5/2} - ^6F_{9/2}$能级对之间的交叉弛豫过程，这种能量传递导致其发光猝灭，激发到$^4G_{5/2}$能级上的电子由于交叉弛豫过程相当多从$^4G_{5/2}$能级转移到$^6F_{9/2}$能级上，再经过辐射和弛豫过程消耗了有用的激发态离子数减少了荧光发射。

Sm³⁺的$^4F_{5/2} - ^4I_{15/2}$的跃迁能量与 Yb³⁺的$^2F_{7/2} - ^2F_{5/2}$跃迁能级相互匹配，形成能级对之间的交叉弛豫过程，能量可以由 Sm³⁺传递给 Yb³⁺，其传递是不可逆的，因此，Sm³⁺在某些基质中可以敏化 Yb³⁺。

1.5.3.6 Pr³⁺的能量传递

Pr³⁺的主要荧光发射来源于亚稳态能级$^3P_0$到^3H_J和^3F_J能级的跃迁，由于能级匹配，主要能量传递过程是$^3P_0 - {}^1D_2$ 与$^3H_4 - {}^3H_6$、$^1D_2 - {}^1G_4$ 与$^3H_4 - {}^3F_4$ 能级对之间的交叉弛豫，进而达到浓度猝灭。

Pr^{3+} 的$^1D_2 - {}^1G_4$ 的跃迁能量与 Er^{3+} 的$^4I_{15/2} - {}^4I_{13/2}$ 跃迁能量相互匹配，形成能级对之间的交叉弛豫过程，能量可以由 Pr^{3+} 传递到 Er^{3+}。

1.5.3.7 Nd^{3+} 的能量传递

Nd^{3+} 的主要荧光发射来源于亚稳态能级$^4F_{3/2}$ 到能级^4I_J 的跃迁，自身的能量传递过程主要是$^4F_{3/2} - {}^4I_{15/2}$ 与$^4I_{9/2} - {}^4I_{15/2}$ 能级对之间的交叉弛豫，在不同的基质中，由于晶体场环境不同能级匹配情况也不同，浓度猝灭行为也不尽相同，比如在 NdP_5O_{14} 中，$^4F_{3/2} - {}^4I_{15/2}$ 与$^4I_{9/2} - {}^4I_{15/2}$ 能级对之间的能量差为 $270cm^{-1}$，而在 $Y_3Al_5O_{12}$ 中，能量差为 $85cm^{-1}$，显然，在 $Y_3Al_5O_{12}$ 中比在 NdP_5O_{14} 中的浓度猝灭行为更加严重。

Nd^{3+} 的$^4F_{3/2} - {}^4I_{11/2}$ 和$^4I_{9/2}$ 的跃迁能量与 Yb^{3+} 的$^2F_{7/2} - {}^2F_{5/2}$ 跃迁能量相互匹配，形成能级对之间的交叉弛豫过程，能量可以由 Nd^{3+} 传递到 Yb^{3+}。

上面所列举的能量传递过程只是部分稀土离子的能量传递，由于稀土离子能级结构的繁杂性、跃迁形式的多样性，其能量传递多种多样，这里不再一一列举，在研究具体问题时还要仔细分析实验结果，对能量传递过程作合理的确认。

参 考 文 献

[1] 苏锵. 稀土化学 [M]. 郑州：河南科学技术出版社，1993.

[2] 张思远. 稀土离子的光谱学——光谱性质和光谱理论 [M]. 北京：科学出版社，2008.

[3] 洪广言. 稀土发光材料——基础与应用 [M]. 北京：科学出版社，2011.

[4] Urbain G, Bruninghaus L. Optima le phosphorescence des systemes binaires [J]. Ann. Chim. Phys., 1909, 8(18)：293.

[5] Weissman S I. Intramolecular energy transfer the fluorescence of complexes of europium [J]. J. Chem. Phys., 1942, 10：214.

[6] Levine A K, Pallila F C. A new, highly efficient red-emitting cathodoluminescent phosphor (YVO$_4$：Eu) for Color Television [J]. Appl. Phys. Lett., 1964, 5：118.

[7] Pallila F C, Levine A K. YVO$_4$：Eu: a highly efficient, red-emitting phosphor for high pressure mercury lamps [J]. Appl. Opt., 1966, 5：1467.

[8] Koedam M, Opstelten J J. Measurement and computer-aided optimization of spectral power distributions [J]. Light Res. Technol., 1971, 3：205.

[9] Verstegen J M P J. The luminescence of Tb^{3+} in borates of the composition X$_2$Z(BO$_3$)$_2$(X = Ba, Sr, Ca; Z = Ca, Mg) [J]. J. Electrochem Soc., 1974, 121：1632.

[10] Nakamura S, Mukai T, Senoh M. Candela-class high-brightness InGaN/AlGaN double hetero-

structure blue-light-emitting diodes [J]. Appl. Phys. Lett. , 1994, 64(13): 1687 ~ 1689.

[11] Dieke G H. Spectra and Energy Levels of Rare Earth Ion in Crystals [M]. New York: John Wiley & Sons, 1968.

[12] Judd B R. Optical absorption intensities of rare-earth ions [J]. Phys. Rev. , 1962, 127: 750.

[13] Ofelt G S. Intensities of crystal spectra of rare-earth ions [J]. J. Chem. Phys. , 1962, 37: 511.

[14] Reisfeld R, Jørgensen C K. Laser and Excited State of Rare Earths [M]. New York: Springer-Verlas Berlia, 1977.

[15] Carnall W T, Field P R, Rajnak K. Electronic energy levels in the trivalent lanthanide aquo ions. I . Pr^{3+}, Nd^{3+}, Pm^{3+}, Sm^{3+}, Dy^{3+}, Ho^{3+}, Er^{3+}, and Tm^{3+} [J]. J. Chem. Phys. , 1968, 49: 4424.

[16] Newman D J. Ligand ordering parameters [J]. Aust. J. Phys. 1977, 30: 315.

[17] Judd B R, Jørgensen C K. Hypersensitive pseudoquadrupole transitions in lanthanides [J]. Mol. Phys. , 1964, 8: 281.

[18] Henrie D E, et al. Hypersensitivity in the electronic transitions of lanthanide and actinide complexes [J]. Coord. Chem. Rev. , 1976, 18(2): 199.

[19] Blasse G. Handbook on the Physics and Chemistry of Rare Earths [M]. North-Holland Publishing Company, 1979: 237.

[20] You Hongpeng, Nogami M. Local structure and persistent spectral hole burning of the Eu^{3+} ion in SnO_2-SiO_2 glass containing SnO_2 nanocrystals [J]. J. Appl. Phys. , 2004, 95: 2781.

[21] Blasse G, Grabmaier B C. Luminescent Materials [M]. Germany: Springer-Verlag Berlin Heidelberg, 1994.

[22] Huber G, Syassen K, Holzapfel W B. Pressure dependence of 4f levels in europium pentaphosphate up to 400 kbar [J]. Phys. Rev. , 1997, 15(11): 5123.

[23] Hoshina T, Kuboniwa S. 4f – 5d transition of Tb^{3+} and Ce^{3+} in MPO_4 (M = Sc, Y and Lu) [J]. J. Phys. Soc. Japan, 1971, 31(3): 828.

[24] Nakazawa E. The lowest 4f – to – 5d and charge-transfer transitions of rare earth ions in YPO_4 hosts [J]. J. Lumin, 2002, 100: 89.

[25] Dorenbos P. f → d transition energies of divalent lanthanides in inorganic compounds [J]. J. Phys. : Condens Matter. , 2003, 15: 575.

[26] Dorenbos P. Anomalous luminescence of Eu^{2+} and Yb^{2+} in inorganic compounds [J]. J. Phys. : Condens Matter. , 2003, 15: 2645.

[27] Dorenbos P. Energy of the first $4f^7 \rightarrow 4f^6 5d$ transition of Eu^{2+} in inorganic compounds [J]. J. Lumin. , 2003, 104: 239.

[28] Hewes R A, Hoffman M V. $4f^7 – 4f^7$ emission from Eu^{2+} in the system $MF_2 \cdot AlF_3$ [J]. J. Lumin. , 1971(3): 261.

[29] Fouassier C, et al. Nature de la fluorescence de l'europium divalent dans les fluorures [J]. Mater. Res. Bull. , 1976, 11(8): 933.

[30] Wegh R T, Donker H, Oskam K D, et al. Visible quantum cutting in $LiGdF_4$: Eu^{3+} through

downconversion [J]. Science, 1999, 283: 663.

[31] Belsky A N, Krupa J C. Luminescence excitation mechanisms of rare earth doped phosphors in the VUV range [J]. Displays 1999, 19: 185.

[32] Blasse G. On the Eu^{3+} fluorescence of mixed metal oxides. IV. the photoluminescent efficiency of Eu^{3+}-activated oxides [J]. J. Chem. Phys. , 1966, 45(7): 2356.

[33] Blasse G, Bril A. On the Eu^{3+} fluorescence in mixed metal oxides. V. the Eu^{3+} fluorescence in the rocksalt lattice [J]. J. Chem. Phys. , 1966, 45(9): 3327.

[34] Pei Zhiwu, Su Qiang. Rare Earths Spectroscopy [J]. Singapore: World Scientific, 1990: 174.

[35] Hoefdraad H E. The charge-transfer absorption band of Eu^{3+} in oxides [J]. J. Solid State Chem. , 1975, 15: 175.

[36] Jørgensen C K. Electron transfer spectra of lanthanide complexes [J]. Mol. phys. , 1962, 5: 271.

[37] Hoefdraad H E. Charge-transfer spectra of tetravalent lanthanide ions in oxides [J]. J. Inorg. Nucl. Chem. , 1975, 37: 1917.

[38] Dexter D L. A theory of sensitized luminescence in solids [J]. J. Chem. Phys. 1953, 21 (5): 836.

[39] You Hongpeng, Zhang Jilin, Hong Guangyan, et al. Luminescent properties of Mn^{2+} in hexagonal aluminates under ultraviolet and vacuum ultraviolet excitation [J]. J. Phys. Chem. C, 2007, 111: 10657.

[40] Inokuti M, Hirayama F. Influence of energy transfer by the exchange mechanism on donor luminescence [J]. J. Chem. Phys. , 1965, 43: 1978.

[41] Dibartolo B. Optical Interactions in Solids [M]. New York: John-Wiley & Sons, INc. , 1968.

[42] Hüfner S. Optical Spectra of Transparent Rare Earth Compounds [M]. New York, San Francisco, London: Academic Press, 1978.

[43] Blasse G, Brill A. Study of energy transfer from Sb^{3+}, Bi^{3+}, Ce^{3+} to Sm^{3+}, Eu^{3+}, Tb^{3+}, Dy^{3+} [J]. J. Chem. Phys. , 1967, 47: 1920.

[44] Blasse G, Brill A. Energy transfer in Tb^{3+}-activated cerium(III) compounds [J]. J. Chem. Phys. , 1969, 51: 3252.

[45] Song Yanhua, Jia Guang, Yang Mei, et al. $Sr_3Al_2O_5Cl_2$: Ce^{3+}, Eu^{2+}: a potential tunable yellow-to-white-emitting phosphor for ultraviolet light emitting diodes [J]. Appl. Phys. Lett. , 2009, 94: 091902.

[46] Jia Yongchao, Huang Yeju, Zheng Yuhua, et al. Color point tuning of $Y_3Al_5O_{12}$: Ce^{3+} phosphor via Mn^{2+}-Si^{4+} incorporation for white light generation [J]. J. Mater. Chem. , 2012, 22: 15146.

[47] Yang Mei, You Hongpeng, Liu Kai, et al. Low-temperature coprecipitation synthesis and luminescent properties of $LaPO_4$: Ln^{3+} (Ln^{3+} = Ce^{3+}, Tb^{3+}) nanowires and $LaPO_4$: Ce^{3+}, Tb^{3+}/ $LaPO_4$ core/shell nanowires [J]. Inorg. Chem. , 2010, 49: 4996.

[48] Huang Yeju, You Hongpeng, Jia Guang, et al. Hydrothermal synthesis, cubic structure, and luminescence properties of $BaYF_5$: RE(RE = Eu, Ce, Tb) nanocrystals [J]. J. Phys. Chem. C,

2010, 114(42): 18051.

[49] Blasse G. Some new classes of rare earth activated luminescent materials [J]. J. Less-Common Metals, 1985, 112: 79.

[50] Zhao Qi, Shao Baiqi, Lv Wei, et al. β-NaGdF₄ nanotubes: one-pot synthesis and luminescence properties [J]. Dalton Trans. , 2015, 44: 3745.

[51] Lv Wenzhen, Jia Yongchao, Zhao Qi, et al. Crystal structure and luminescence properties of $Ca_8Mg_3Al_2SiO_{28}$: Eu^{2+} for WLEDs [J]. Adv. Optical Mater. , 2014, 2: 183.

[52] Jiao Mengmeng, Guo Ning, Lv Wei, et al. Tunable blue-green-emitting $Ba_3LaNa(PO_4)_3F$: Eu^{2+}, Tb^{3+} phosphor with energy transfer for near-UV white LEDs [J]. Inorg. Chem. , 2013, 52 (18): 10340.

[53] Jiao Mengmeng, Jia Yongchao, Lv Wei, et al. $Sr_3GdNa(PO_4)_3F$: Eu^{2+}, Mn^{2+}: a potential color tunable phosphor for white LEDs [J]. J. Mater. Chem. C. , 2014, 2: 90.

[54] Jia Yongchao, Lv Wei, Guo Ning, et al. Utilizing Tb^{3+} as an energy transfer bridge to connect Eu^{2+}-Sm^{3+} luminescent centers: realization of efficient Sm^{3+} red emission under near-UV excitation [J]. Chem. Commun. , 2013, 49(26): 2664.

[55] Devries A J, Kiliaan H S, Blasse G. An investigation of energy migration in luminescent diluted Gd^{3+} systems [J]. J. Solid State Chem. , 1986, 65: 190.

[56] Ogiegło J M, Zych A, Ivanovskikh K V, et al. Luminescence and energy transfer in $Lu_3Al_5O_{12}$ scintillators co-doped with Ce^{3+} and Tb^{3+} [J]. J. Phys. Chem. A. 2012, 116(33): 8464.

[57] Yang Jun, Zhang Cuimiao, Li Chunxia, et al. Energy transfer and tunable luminescence properties of Eu^{3+} in $TbBO_3$ microspheres via a facile hydrothermal process [J]. Inorg. Chem. , 2008, 47(16): 7262.

[58] Jia Yongchao, Lv Wei, Guo Ning, et al. Realization of color hue tuning via efficient Tb^{3+}-Mn^{2+} energy transfer in $Sr_3Tb(PO_4)_3$: Mn^{2+}, a potential near-UV excited phosphor for white LEDs [J]. Phys. Chem. Chem. Phys. , 2013, 15: 6057.

2 灯用稀土发光材料

2.1 概述

稀土发光材料的应用领域非常广泛，如照明、显示、X 射线显影、激光、长余辉显示等。其中照明是最重要的也是实际应用最广的一个领域。如常用的节能灯（低压汞灯）、高压汞灯以及第四代照明设备的白光 LED 等都需要用到稀土发光材料。本章将主要介绍节能灯用稀土发光材料，内容包括三基色的显色原理及常用的各种节能灯用稀土发光材料的基本组成、原理、制备方法和应用等。

白炽灯的发明是人类历史上一次伟大的发明，而荧光灯的发明是照明史上的第二次重大发明。汞蒸气会在电压作用下发射出特定的光谱，其中最强的是 254nm 的紫外线。而荧光灯就是利用汞的紫外谱线激发涂覆在灯管上的荧光粉而发出可见光，从而兴起了一波灯用发光材料的研究。第一代灯用荧光粉是 1938 年 GE 推出的荧光灯所用的荧光粉：Zn_2SiO_4: Mn，$CaWO_4$，$Cd_2B_2O_5$: Mn；第二代灯用荧光粉是卤粉，1942 年英国学者 A. H. McKeag 等人研制成单一组分的 $Ca_{10}(PO_4)_6ClF$: Sb，Mn，磷灰石结构，1948 年卤粉普及应用于荧光灯；第三代灯用荧光粉即稀土发光材料，1971 年美国学者 Thornton 和荷兰学者 Koedam 等人先后用计算机对灯的光效和显色指数进行了最优化探索，理论推导出：低压汞灯中的四条可见区谱线（405nm、436nm、545nm、578nm）加上 450nm、550nm、610nm 各一窄谱线，可使灯的显色指数 R_a 和光效同时提高，为三基色光源奠定了理论基础。1974 年荷兰 Philips 公司 Verstegen 等人发明了 $BaMg_2Al_{16}O_{27}$: Eu 蓝粉、$(Ce,Tb)MgAl_{11}O_{19}$ 绿粉，这两种粉与当时用于彩电的 Y_2O_3: Eu 红粉按一定比例配制成色温 2300～8000K、ϕ38mm 40W 直型荧光灯，其光效不小于 80lm/W，显色指数 $R_a \geqslant 85$，荧光灯光效和显色性比卤粉都有较大提高，实现了光效和显色性的同时提高[1]。此后，日本、荷兰等国又相继研制成功了磷酸盐系和硼酸盐系三基色荧光粉。在稀土三基色荧光粉的应用上，日本主要用磷酸盐系，而欧美和我国主要采用铝酸盐系。

灯用稀土发光材料的研发和生产主要集中在中国、日本、美国、德国、荷兰和韩国。我国产业起步于 20 世纪 80 年代初，经过 30 多年的发展，已经成为世界稀土发光材料第一大生产国和第一大消费国，约占全球的 80%，主要有铝酸盐、磷酸盐、硼酸盐、硅酸盐等。2000～2011 年，是稀土节能灯快速发展的年代，在全球逐步取代了白炽灯，其中我国的产量就达到了 41 亿只左右，其中 80% 左右用于出口。而节能灯用稀土荧光粉的用量也从 20 世纪 90 年代末的一两百吨（我国用量）到 2010 年的 8000 多吨[2]。

在行业发展初期，我国的节能灯企业和灯用稀土发光材料生产企业对比国外企业都十分弱小，但随着我国节能灯行业的快速发展，国内也发展起来了一批对行业有重大影响力的灯用稀土发光材料生产企业并逐渐取代了国外的灯用稀土发光材料生产企业，如江门科恒、咸阳彩虹、杭州大明等。正是这些企业的不断探索和拼搏，才使得我国的稀土发光材料在世界上占据了领先的位置，使我国宝贵的稀土资源不再只能以廉价的原材料出口，再进口昂贵的发光材料。

2.2 三基色原理及应用

2.2.1 三基色基本原理

牛顿（Newton）在他著名的试验中，证实了通过棱镜能把太阳光分解成多种颜色逐渐过渡的色谱，依次为红、橙、黄、绿、青、蓝、紫，这就是可见光谱。其中人眼对红、绿、蓝最为敏感，人的眼睛就像一个三色接收器的体系，大多数的颜色可以通过红、绿、蓝三色按照不同的比例合成产生，同样绝大多数单色光也可以分解成红、绿、蓝三种色光。这是色度学的最基本原理，即三基色原理。三种基色是相互独立的，任何一种基色都不能由其他两种颜色合成。红、绿、蓝是三基色，这三种颜色合成的颜色范围最为广泛。

红、绿、蓝三基色按照不同的比例相加合成混色称为相加混色，除了相加混色法之外还有相减混色法，可根据需要相加或相减调配颜色。

彩色电视所采用的为相加混色法。例如：红色、绿色相加得到黄色，绿色、蓝色相加得到青色，红色、蓝色相加得到品红（即紫红色），红、绿、蓝三色相加得到白光。

在彩色印刷、彩色胶片和绘画中采用的是相减混色法。相减混色是利用颜料、染料的吸色性质来实现的。例如：黄色颜料能吸收蓝色（黄色的补色）光，于是在白光照射下，反射光中由于缺少蓝光成分而呈现出黄色。在减色法中通常选用黄、品、青为三基色，它们能吸收各自的补色光，即蓝、绿、红光。因此，在减色法中将三基色按照不同的比例混合时，在白光照射下，蓝、绿、红光也将按相应的比例被吸收，从而呈现出不同的色差。

2.2.2 三基色荧光粉

三基色荧光粉主要有两个体系，一个是磷酸盐系，一个是铝酸盐系。日本企业主要用磷酸盐系荧光粉，欧美和中国主要采用铝酸盐体系荧光粉。

三基色荧光粉作为第三代发光材料相比第一代发光材料（蓝粉 $CaWO_4$、绿

粉 $Zn_2SiO_4:Mn$ 和橙红粉 $CdB_2O_5:Mn$）和第二代发光材料（卤粉）具有以下特点[1]：

（1）可见光谱区中，谱线丰富，属于窄带发光，在所期望的波长范围内的发光能量集中。

（2）抗紫外辐照，高温特性好，能适应高负荷荧光灯的要求。

（3）发光效率高，三基色荧光粉的量子效率均在90%以上。

（4）显色指数高，制成灯后基本能达到80以上，有些特殊粉甚至能达到90以上。

2.2.3　三基色荧光粉的评价

荧光灯的出现是照明光源的一次革命性的发展，也开创了发光材料在照明光源上应用的历史。发光材料的研究，在荧光灯问世之前，主要在科研机构里面进行，在这之后，工业部门的实验室也陆续成为发光材料的研究、开发和应用中心。经历60余年，随着科技的发展，荧光灯品种不断扩展——直管荧光灯的管径细化、高显色荧光灯、紧凑型荧光灯、无极荧光灯等；应用范围逐渐扩大——由普通照明到特殊照明；发光性能显著提高——光效由20世纪50年代的40～50lm/W提高到现在的80lm/W甚至更高。

荧光灯的发展离不开灯用发光材料的开拓和进步，同时又对发光材料提出了更高的要求，进一步促进了灯用发光材料的发展。

评定荧光粉的优劣，既要测定它的一次特性，更要重视它的二次特性，即制成灯后的性能。一般先是考虑其一次特性，一次特性合格的粉再制成灯后考察其二次特性。一次特性和二次特性一般情况下是相互关联的，一次特性优的荧光粉往往会有好的二次特性，反之亦然。但最终都要以二次特性的优劣作为荧光粉的判据。

一次特性是指荧光粉的发光特性和其他物理性能，包括荧光粉的激发及发射光谱、发光亮度、粒度、体色等。

好的灯用荧光粉应该具有以下特点：

（1）高的发光效率。要求荧光粉材料能充分地吸收254nm的紫外线，并有效地把254nm紫外线转换成可见光。

（2）适宜的发光光谱和色坐标，使荧光灯具有良好的显色性。作为特殊的荧光灯用荧光粉，则应具有特定的发光光谱。

（3）优异的温度特性（热稳定、热猝灭）。在荧光灯的制造过程中要经过600℃左右的烤管工艺，在荧光灯工作过程中某些灯型的工作温度可达150℃，因此，要求荧光粉具有良好的热稳定性和热猝灭性能从而使荧光灯具有良好的工作稳定性。

（4）耐紫外线的辐照和离子轰击的稳定性。在荧光灯工作过程中，荧光粉涂层会受到254nm紫外线的激发而发光，同时也会受到185nm紫外线的辐照和Hg离子的轰击而引起老化，使发光材料的发光效率下降，引起灯的光通量下降。因此要求荧光粉具有一定的耐紫外线的辐照和离子轰击的稳定性。

二次特性是指荧光粉制成荧光灯后的特性，包括成灯后的光通量、光通维持率、寿命、显色指数、色容差、直管荧光灯的两端色差等。二次特性优异的荧光粉应该具有：

（1）颗粒表面应平整光滑，粉的单个颗粒应为完整的块状或球状。质量良好的荧光粉应该是表面光滑平整、粒度均匀、分散性好、晶体完整的类球形颗粒。

（2）中心粒径适中，对不同种类的荧光粉的中心粒径（D_{50}）有不同的要求。荧光粉的颗粒粗细是影响荧光粉发光强度的一个重要因素。粒度过大，不利于涂层致密，吸收激发光的能力也不高；粒度过小，出现漫反射现象，同时降低了吸收激发光的能力影响发光强度，而且超细荧光粉会使荧光灯的初始光通降低，光衰加剧。

（3）粒度分布集中，超细颗粒和超大颗粒的比例要小。如正常粒度5μm左右的稀土三基色荧光粉，小于2μm的细颗粒要少于0.5%~1%，大于10μm的粗颗粒应少于5%~6%。目前市场上出现的高涂覆率荧光粉粒度在3μm左右，则其小于1μm的细颗粒要少，大于8μm的粗颗粒也应少于5%~6%。粒度分布集中，能使荧光粉在含有有机聚合物溶液中形成非凝聚的悬浮体，能在荧光灯的涂管工艺中突出均匀致密平滑的发光膜，以保证荧光灯高的光通量和稳定性。

（4）比表面积合适。比表面积是荧光粉的一个重要指标，涉及它的上管率、发光性能、光衰特性等。不同制灯厂对三基色粉比表面积的要求不同，有的要求比表面积高，以便上粉率高，而有的要求比表面积适量小一些，这样光衰小，所以没有统一的数值。比较共同的要求是同样颗粒度的情况下，比表面积尽可能小（表面光滑）。

（5）荧光粉中的杂质含量要少。荧光粉中杂质如α-Al$_2$O$_3$等杂相和金属杂质Na、Fe等，会吸收254nm紫外线和荧光粉转换的可见光辐射，或与Hg结合导致激发能量减少，或形成猝灭中心，导致荧光粉发光效率下降，从而造成灯的光通量大幅下降。

2.2.4　三基色荧光粉混合粉

依据黑体辐射光的颜色与温度的关系，可以引出"颜色温度"的概念，简称色温。在已实用化的照明当中，除了白炽灯具有的连续发光光谱与黑体的光谱较为接近外，其他类型的照明光谱与黑体发光光谱并不一致，甚至相差较远，但是发光的颜色却接近。在这种情况下，人们引入了"相关色温"的概念，即在色品图上，某一照明光源的色坐标点到黑体轨迹线（见图2-1）上的最近距离所对应的黑体温度。对于三基色混合粉，通常所说的色温即为混合粉的相关色温。

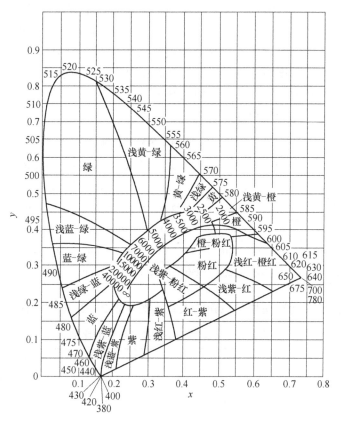

图2-1 CIE-1931色品图上的黑体轨迹

三基色混合粉配制的基本依据是三基色的相加混色原理。三基色红色荧光粉、绿色荧光粉和蓝色荧光粉按照一定比例能混合成色温为2000～15000K的混合粉。

一般来说，普通照明用灯国内的需求以6500K的白光为主，欧美则以低色温如2700K或者4000K为主，对灯的坐标、色温等的要求比较严格。冷阴极类的灯一般色温在8000～15000K。其他特殊类灯对色温没有明确的要求，主要需求的是灯的光谱、主峰或者颜色，例如紫外灯要求灯粉能发射紫外波段的光，以达到保健、杀菌等目的；植物生长灯则需要的是红光波段和蓝光波段的光，来促进植物的根或者叶的生长；高显色灯则要求波峰的连续性，以达到接近日光显色指数的目的。

相同色温混合粉中单色粉的比例与单色粉的色品坐标、比表面积、粒度等指标有关。由于不同荧光粉生产厂家的设计与搭配理念不同，他们所生产的单色粉的各项指标都略有差异。

色品坐标对比例的影响是最主要的。对于常用色温而言，红粉的 x 值越低，绿粉的 y 值越低，其在混合粉中所用比例越高，而对于蓝粉来说，y 值越低，其在混合粉中的比例越低。比表面积是通过发光面积来影响混合粉的比例的。对于单色粉而言，比表面积越大，发光面积就越大，在混合粉中的作用体现就越强，所用比例就越小。粒度对比例的影响与比表面积相似，一般来说，粒度小的单色粉比表面积大，从而在混合粉中所用比例少。

几种常用的单色粉的指标见表 2 – 1。

表 2 – 1　常用单色粉的指标

项　　目	红　粉	铝酸盐绿粉	磷酸盐绿粉	单峰蓝粉	双峰蓝粉
色温/K	≥1500	约6000	约6000	≥25000	≥25000
色品坐标 x	0.6490	0.3280	0.3280	0.1450	0.1450
色品坐标 y	0.3440	0.5970	0.5780	0.0600	0.1500
粒度 $D_{50}/\mu m$	2.5 ~ 6.0	2.5 ~ 8.0	2.5 ~ 6.0	2.5 ~ 6.0	2.5 ~ 6.0
比表面积/g·cm⁻³	2000 ~ 5000	2500 ~ 6000	2500 ~ 6000	2500 ~ 6000	2500 ~ 6000

常用色温的混合粉所用单色粉的大致比例见表 2 – 2（以铝酸盐绿粉为例）。

表 2 – 2　不同色温下各种单色粉的比例

色　温	成灯坐标 (x，y)		红粉/%	绿粉/%	蓝粉/%
2700K(白炽灯色, RD)	0.463	0.420	70	30	—
3000K(暖白色, RN)	0.440	0.403	68	30	2
3500K(标准白色, RB)	0.411	0.393	67	29	4
4000K(冷白色, RL)	0.380	0.380	58	32	10
5000K(中性白色, RZ)	0.346	0.359	48	32	20
6500K(日光色, RR)	0.313	0.337	42	32	26

通常，制灯工艺例如灯管的涂层厚度、灯的功率等对灯的色品坐标也有较大的影响，同样色温和色品坐标的混合粉做成灯后的色品坐标会有所差异，所以混合粉在使用过程中需要加入单色粉来微调色温。以 6500K 为例，加入 1% 的红粉，混合粉的 x 值增大 0.0010 ~ 0.0030；加入 1% 的绿粉，混合粉的 y 值增大 0.0020 ~ 0.0035；加入 1% 的蓝粉，混合粉的 x 和 y 值都下降约 0.0030。具体 x、y 值的变化不仅受单色粉的粒度、稀土含量等一次特性指标影响，还与不同灯厂的制灯工艺例如涂层厚度、烤管温度、灯的功率有关。

2.2.5 灯用荧光粉的应用

2.2.5.1 灯的类型与特种灯

自 20 世纪 30 年代末，人们在低压汞和氩气放电理论研究的基础上，再辅以无毒的廉价卤磷酸钙荧光粉的突破，在国际电光源市场上出现了实用的、有竞争力的荧光灯产品。通过近几十年对汞 – 稀有气体放电理论的深入研究、三基色荧光粉的开发以及电子镇流器技术的改进，荧光灯在缩小管径、紧凑化和采用电子镇流器等三方面又有了长足的进步，先后推出了节能效果更好和优点更多的照明用管状细管径荧光灯、紧凑型荧光灯和无极荧光灯等新的系列产品。另外，影视、投射、液晶显示背光源用的冷阴极荧光灯更是发展迅速，形成电光源产品中的新秀产品。

（1）直管型荧光灯（TL）。直管型荧光灯按管径大小可分为：T12、T10、T6、T8、T5、T4 等规格。规格中"T + 数字"的组合表示管径的毫米数值。$1T = 1/8in$，$1in = 25.4mm$。如 $T12 = 25.4mm × 1/8 × 12 = 38mm$。

早期荧光灯外径 38mm，长度 1.2m，具有 40W 左右的功率，在管内温度为 40℃时，其光效最高，可达 80lm/W。随着研究的深入，人们发现适当减小灯管管径和提高管壁温度，可使正柱区产生的 253.7nm 的光子至管壁荧光粉距离缩短，光子和其他原子的碰撞几率减小，导致吸收损失降低，可提高荧光灯的光效。因此后来出现了管径为 32mm(T8)、16mm(T5) 等细管径的直管荧光灯，它们的最佳管壁温度更高，发光效率可达 100lm/W 以上。

目前市场上常见的是 T8 和 T5 灯管。其常见规格及其参数见表 2 – 3。

表 2 – 3　T8 和 T5 灯管的规格

管型	功率/W	长度/mm	光通量/lm	寿命/h
T8	16	590	1400	8500
	32	1200	3200	12000
	50	1500	5200	12000
T5	14	549	1350	15000
	21	849	2100	15000
	28	1149	2900	15000
	35	1449	3600	15000

（2）紧凑型节能灯（CFL）。为了便于装饰和美化，人们对细管径荧光灯又采取了接桥、弯管等办法，使灯管更紧凑，从而保持发光的正柱区长度不变。目前的紧凑型荧光灯主要有 U 形、螺旋形、双 U、3U 等。目前紧凑型荧光灯的功率可以做到 5 ~ 125W，光效比直管荧光灯要稍低，可以做到 60 ~ 70lm/W。

图2-2是双U式插拔节能灯的尺寸，其技术参数见表2-4。

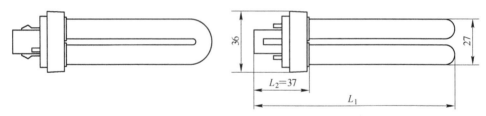

图2-2 双U管的示意图

表2-4 双U插拔式节能灯的技术参数

型 号	功率/W	光通量/lm	管压/V	电流/mA	灯长 L_1/mm
PLC-7W	7	450	55	160	102
PLC-9W	9	580	65	165	117
PLC-11W	11	650	70	165	127
PLC-13W	13	845	85	175	142
PLC-18W	18	1170	100	220	152

（3）环形荧光灯。为了开发适用于室内的装饰美观、占据空间小的平面吸顶灯，人们将直管荧光灯弯管制成紧凑薄型化的环形荧光灯（见图2-3）。将管径不同的两环形发光管用桥接的方式同心地封接在同一平面上制成双环型荧光灯，可以将发光管的管径从30mm细化到20mm（日本）或者16.5mm（欧式），在放电电路不变的情况下双环型荧光灯比单环荧光灯的容积比和质量比下降57%和55%。

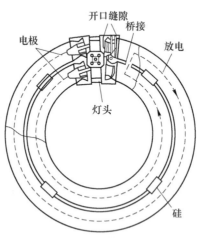

图2-3 环形节能灯的示意图

（4）冷阴极细管径荧光灯。随着背光照明在办公用笔记本电脑、等离子显示器和家用电器如电视机、数码相机、摄像机等中的应用与日俱增，高亮度的冷阴极超细管径荧光灯应运而生。它的结构基本与普通荧光灯相似，管径为2~

4mm，采用 Ni、Ta、Zr 或氧化物涂覆的金属作为冷阴极。

（5）无极荧光灯。无极荧光灯（见图 2-4）具有更紧凑、更高效、更长寿、启动更快的优点，是电子技术和光源结合的新一代光源。但是由于它的制造成本偏高，电磁干扰仍未彻底解决，因此目前主要是作为室外照明使用。

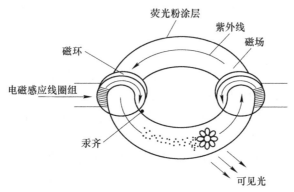

荧光粉涂层
紫外线
磁场
磁环
电磁感应线圈组
汞齐
可见光

图 2-4　无极荧光灯的示意图

（6）电球形紧凑型荧光灯。新开发的电球形紧凑型荧光灯的外形跟白炽灯非常接近，因此备受用户欢迎。另外如在电灯线路中导入正温度系数（PTC）元件和调光电路，可延长灯的寿命和连续调光。

而根据应用功能，可以将荧光灯分为以下几类：

（1）普通照明荧光灯。照明类荧光灯是指直管、紧凑型、无极荧光灯等作为普通室内或者室外照明用的一类荧光灯。

（2）植物生长荧光灯。人们依照植物生长规律所需太阳光的原理，开发了能代替太阳光提供植物生长所需的人工照明，可以分为日光补偿和日光模拟两类，主要是加强植物对红蓝光的吸收。380~480nm 的蓝光能防止叶片黄化，促进植物杆径的生长；600~780nm 的橙红光对花和叶片的形成、根茎的发育有很大的作用，尤其是对种子发芽、枝叶分叉、色素合成、杆径生长、开花和酶的成型等特别重要。

（3）生物保健灯。此类灯是利用灯管光谱中含有的适量的 260~370nm 波长的紫外线和 400~440nm 波长的可见光，这些光谱效应的函数峰值对室内环境能起到防毒、除臭和杀菌的作用。尤其是 297nm 波长的紫外线照在人体上通过皮肤内的 7-脱氢胆固醇转化为维生素 D3，使人体保持正常的钙磷循环，避免人体骨质疏松及呼吸道疾病的发生。

（4）高显色荧光灯。随着生活水平的不断提高，人们对照明光源的品质要求也越来越高，照明光源的显色性越来越受到重视。白炽灯和日光光谱由于在380~780nm 可见光范围内连续都有辐射，显色指数很高（$R_a = 100$）。荧光灯的光谱主要由两个部分——荧光粉的发射光谱和汞在可见光区的发射光（405nm，

436nm, 545nm, 578nm) 组成。由于汞可见光辐射特别是 405nm、436nm 特征谱线, 使灯的可见光辐射谱中此部分能量大为增强, 阻碍了显示性的提高, 因此高显色荧光灯要求能降低光谱中 405nm、436nm 汞可见辐射强度, 增加 480～520nm 蓝绿光及波长大于 620nm 的橙红光, 此时能达到 $R_a > 90$ 的要求。

(5) 其他。例如观赏灯、防伪灯、探测灯、指示灯、装饰灯等。

2.2.5.2 荧光粉的制灯特性

A 荧光粉制灯后的影响因素

衡量荧光粉的粉体性能指标有很多, 一般用粉体的色品坐标、峰值波长、半峰宽、相对亮度、比表面积、中心粒径、热稳定性、热猝灭性、电导率、pH 值、晶型结构等。对于荧光灯厂来说, 通用要求为: 荧光粉晶型结构好, 杂相少; 粒度分散性要好, 大小均匀, 不要有细末子; 热稳定性好, 即经过 600℃ 烘烤后, 色品坐标和相对亮度变化越小越好; 批次粉体稳定性一致等。

然而, 荧光灯的类型和应用功能不一样, 对粉的具体要求也有不同, 荧光粉的使用会有很大的区别。主要有两个原因: 第一个是不同的灯型, 特别是节能灯和直管灯, 节能灯管径较小、管长较短, 直管灯管径较粗、管较长, 这两个类型的灯涂粉时的工艺就会略有不同, 从而对粉的要求也会不同。第二个是不同的灯型或同样灯型不同的功率, 荧光粉所承受的紫外激发强度不一样, 正常工作温度也不一样, 则荧光粉的劣化程度也不一样, 同时不同工作温度下汞发射线的相对强度也有区别, 对粉的光谱坐标要求也有不同, 都需要特殊考虑。

B 不同荧光灯对荧光粉的不同需求

直管荧光灯与紧凑型灯相比, 管径长而粗, 涂层易出现管的上下色差, 因为红、绿、蓝粉的密度不一, 须通过调整红、绿、蓝粉的粒度大小使粉体在涂管过程中的沉降速度基本一致; 而且粉体在层流区中颗粒的自由沉降速度又与颗粒的比表面积有关, 由于非球形颗粒的比表面积在层流区比同体积的球形颗粒的流体阻力大, 因此解决直管色差问题主要是荧光粉的粒度级配和不同颗粒在层流区的流动阻力问题。

电球形紧凑型荧光灯对荧火粉的要求与普通荧光粉也有区别, 由于灯的设计不同, 电球形带罩荧光灯的管壁负载更高、管径更细、管壁温度更高、管电流密度更大等, 对荧光粉的要求是能耐高温, 同时能承受 185nm 紫外线的长期辐射。在 185nm 紫外线辐射下, 会引起红粉的热猝灭, 所以为了解决红粉的热猝灭问题, 可通过添加一些特定的元素和合成、处理工艺的改进提高电荷迁移的能级来升高猝灭温度, 改善热猝灭性能。

还有环型荧光灯用粉, 因为环型灯的工艺是先涂管后弯管, 弯管的温度一般达到 1000℃ 左右, 所以对荧光粉的热稳定性要求特别高, 特别是蓝粉的耐热性。还有无极荧光灯, 由于电磁耦合源激发, 工作温度高, 电子轰击辐射强, 对发光材料的热猝灭和热稳定性的要求都要高。

2.3 灯用稀土红色发光材料

2.3.1 概述

2.3.1.1 化学组成

目前商用稀土三基色荧光粉的红粉主要是氧化钇掺铕（Y_2O_3:Eu）。其量子效率高，接近于 100%，而且有较好的色纯度和光衰特性。通常铕离子的掺杂比例在 6.6%（氧化物质量分数）左右，在不同的灯型中，略有不同，一般在 4% ~ 8% 都有。

2.3.1.2 晶体结构

Y_2O_3:Eu 属立方晶系，晶胞参数 $a = 1.063$nm，存在 C_2 和 S_6 两种对称性不同的格位，如图 2 - 5 所示，后者具有反演对称性，Eu^{3+} 取代 Y^{3+} 分别占据这两种格位[3]。

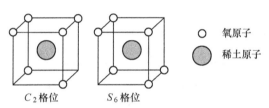

C_2格位 S_6格位

○ 氧原子
● 稀土原子

图 2 - 5 Y_2O_3:Eu 红粉中 Eu^{3+} 可能的格位

2.3.1.3 激发及发光机理

Y_2O_3:Eu 荧光粉的激发光谱如图 2 - 6 所示，可见 Y_2O_3:Eu 的吸收主要发生在 300nm 以下的短波紫外光区，最大激发波长 λ_{ex} 在 240nm 附近，属于 $O^{2-} 2p \rightarrow$

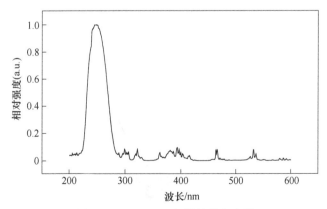

图 2 - 6 Y_2O_3:Eu 红粉的激发光谱

Eu^{3+}电荷迁移态激发[1]。所以 Y$_2$O$_3$：Eu 能有效地吸收汞 253.7nm 辐射，产生高效发光。这个激发带还延伸到 200nm 以下的真空 UV 区。

Y$_2$O$_3$：Eu 呈现出 Eu^{3+} 的典型特征发射，发射光谱如图 2 - 7 所示，最大峰值波长 λ_{max} 在 611 nm，属 Eu^{3+} 的 $^5D_0 \rightarrow {}^7F_2$ 跃迁。一般 75% 的 Eu^{3+} 占据 C_2 格位，发生以 $^5D_0 \rightarrow {}^7F_2$ 允许电偶极跃迁，由于这种跃迁（$\Delta J = 0$，±2）属超灵敏跃迁，故发射很强的峰值为 611nm 红光；剩下少数 Eu^{3+} 占据 S_6 格位，发生磁偶极跃迁，是禁戒的，弱的发射峰位于 595nm 附近[1]。位形坐标图（见图 2 - 8）描述了 Y$_2$O$_3$：Eu 中 Eu^{3+} 的电荷迁移带（CTB）吸收及 Eu^{3+} 的 4f - 4f 能级跃迁发射过程。CTB 吸收能量跃迁到 Eu^{3+} 特有的 ^5D_J 发射能级。在较低 Eu^{3+} 浓度下，可观

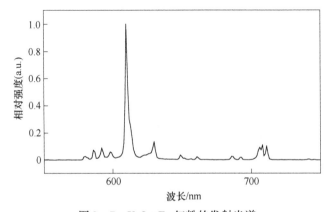

图 2 - 7 Y$_2$O$_3$：Eu 红粉的发射光谱

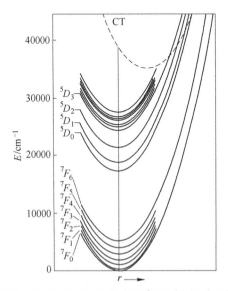

图 2 - 8 Y$_2$O$_3$：Eu 红粉中 Eu^{3+} 的位形坐标图

测到 Eu^{3+} 的更高能级 $^5D_1$、$^5D_2$ 以及 $^5D_3$ 的跃迁发射，这些发射位于光谱的黄区和绿区；而浓度高时，这些高能级的发射通过交叉弛豫过程而被猝灭，发射主要由下面能量低的 $^5D_0 \rightarrow {}^7F_J$ 跃迁，产生强红光。

2.3.2　制备方法

2.3.2.1　高温固相法

高温固相法是一种经典的合成方法，也是商用红粉的主要制备方法。该法具有效率高、成本低的特点，得到的红粉性能稳定，亮度高。

高温固相法的工艺过程一般包含以下步骤：

（1）原料的选择。Y_2O_3:Eu 荧光粉的原料主要有 Y_2O_3、Eu_2O_3，两者纯度均要求不小于99.999%。

原料的分析除了关注杂质含量以外，还有对物理性质的分析，比如粒度、比表面积等，因为原料粒度对高温固相反应有着至关重要的影响。一般来讲，原料粒度越小，对固相反应越有利，通常还要求原料的粒度分布窄，切忌选择结块和团聚的原料。此外，还要考虑两种原料的粒度匹配问题。

（2）配料。按配方精确称取每种原料组分。

Y_2O_3:Eu 荧光粉中 Eu_2O_3 的含量通常取决于不同的应用对象。一般来说，随着 Eu^{3+} 含量的增加，耐185nm辐射的稳定性增强，因此，大功率或细管径的节能灯用红粉要求 Eu^{3+} 含量更高。但是，由于 Eu_2O_3 的价格较高，而且在荧光粉中，激活剂浓度超过某一值就会出现发光效率下降（这个浓度称为临界浓度），Y_2O_3:Eu 荧光粉中 Eu_2O_3 的含量不可能太高，其临界浓度为6%。

（3）混料。常见的混料方法有干法混料和湿法混料。Y_2O_3:Eu 荧光粉由于原料种类较简单，通常使用干法混料，即把称好的原料倒在橄榄型混料罐里，机械混合一定时间即可。

（4）灼烧。Y_2O_3:Eu 荧光粉的灼烧主要在空气气氛下的隧道窑中完成。隧道窑通常使用硅钼棒为热源，设计升温程序，使得混合好的原料能在合适的温度下恒温一定时间。灼烧完成的物料在空气中冷却至室温。

（5）后处理。灼烧完成的物料通常是结团块状，需经过一定的后处理工艺才能得到合适的粒度分布的产品。常见的后处理方法有：对辊、球磨、过筛等。对辊主要是对刚出炉的块状物料进入初步破碎处理。球磨是把玛瑙球、荧光粉、水按一定的比例混合，通过控制不同的球磨时间，得到不同粒度要求的产品。过筛能有效去除粉体中的大颗粒。合适的后处理工艺能使产品更好地适合应用工艺，但过分的后处理会引起晶体的损坏，产生体缺陷和表面缺陷，影响产品的稳定性。

（6）洗涤。Y_2O_3:Eu 荧光粉的洗涤过程也是非常重要的，产品中残留的助熔剂过高容易导致配浆过程起糊，影响荧光粉涂层均匀性，以至于影响光效。一般来说，要求红粉的电导率小于 $10\mu S/cm$。把荧光粉放在一定比例的清水里，必要时可加热，搅拌，使粉体悬浮在溶液中，脱水，再重复 3～5 次。最后，把粉体置于烘箱中烘干。

2.3.2.2　其他合成方法

为了进一步探索和提高 Y_2O_3：Eu 荧光粉的发光性能和应用价值，研究人员对其合成方法进行了深入的研究。这些工作为 Y_2O_3：Eu 荧光粉的开发和利用提供了难得的理论和技术支持。

A　草酸盐沉淀法

草酸盐沉淀法是商用红粉的另一个主要制备方法。该法用草酸把一定比例的 Y^{3+}、Eu^{3+} 沉淀出来形成草酸钇铕共沉物，再低温灼烧得到混合均匀的 $(Y,Eu)_2O_3$，然后通过添加助熔剂高温灼烧得到 Y_2O_3：Eu 红粉。该法能得到颗粒小、分散性能好的红粉。

B　微波合成法

微波合成法是近年发展起来的新的实验方法。将 Y_2O_3、Eu_2O_3 和助熔剂按一定比例混合后研磨均匀后，放入微波炉中使其反应 20～40min，取出后简单处理，即可得 Y_2O_3：Eu 红粉。该法的显著优点是反应彻底、快速、高效、节能，合成的产品物相纯、杂相少、粒度较小。

C　喷雾热解法

喷雾热解法可制备微米级和亚微米级 Y_2O_3：Eu 荧光粉，是为了解决高温固相合成法的荧光粉粒径大的问题应运而生的一种方法。该法把 Y_2O_3 和 Eu_2O_3 分别溶于 HNO_3 或 HCl，再按一定比例混合，混合液的 pH 值约为 3.5，经喷雾干燥后灼烧得到 Y_2O_3：Eu 红粉。该法合成的粉体粒径小于 $0.2\mu m$，随着灼烧温度的提高，粉体结晶度提高，亮度增大，但仍低于商用红粉。

D　溶胶 – 凝胶法

溶胶 – 凝胶法合成的 Y_2O_3：Eu 荧光粉颗粒均匀，是亚微米级材料。该法将 Y_2O_3、Eu_2O_3 用浓酸（HCl、HNO_3 等）分别溶解，并按一定比例混合，在恒温下加入尿素，调节 pH 值为 6，混合液水解一段时间后成为溶胶。将溶胶在冰水中骤冷，可使溶胶聚沉得到凝胶，离心干燥后得到白色粉末，不同温度灼烧后可得 120～230nm 的 Y_2O_3：Eu 荧光粉。此法的成功，为进一步开发纳米级红粉提供了依据。

2.3.3　影响红粉性能的因素

2.3.3.1　原料纯度

原料中的杂质会与吸收中心形成竞争，它们可吸收 254nm 的辐射，但却不将其转变为可见光。

影响较大的杂质主要有：（1）稀土杂质，包括铈、镨、钕，其中铈杂质增加 $5 \times 10^{-4}\%$，其量子效率将降低 2% ~ 7%；（2）非稀土杂质，包括铁、铜、钴、镍、锰等，其中铁杂质的影响最大，铁杂质增加 $5 \times 10^{-4}\%$，其量子效率将降低 7%；（3）非金属元素，比如硅虽然对量子效率影响不大，但会使光衰增加。因此，尤其要重视原料的分析和筛选。

2.3.3.2 助熔剂的选择

Y_2O_3：Eu 荧光粉配方中另一个重要成分是助熔剂。助熔剂能有效降低灼烧温度，且对晶体形貌有很好的导向作用，能适应不同应用的需求。常用的助熔剂类型和烧结温度见表 2 – 5。

表 2 – 5　红粉助熔剂与灼烧温度的关系

助熔剂种类	灼烧温度/℃
NH_4F	约 1400
NH_4Cl	约 1400
$BaCl_2 + H_3BO_3$	约 1400
$CaF_2 + H_3BO_3$	约 1300
Li_3PO_4	约 1300
$BaB_4O_7 (SrB_4O_7)$	约 1350
$Li_3PO_4 + BaB_4O_7$	约 1300
$Na_2CO_3 + H_3BO_3 + K_2HPO_4$	约 1300
$BaB_4O_7 + SrF_2$	约 1350 ~ 1400

灼烧条件不但与助熔剂种类和分量有关，而且与灼烧温度和时间之间互为消长。以下是几种常见的助熔剂对红粉亮度、粒度和比表面积的影响。

（1）Li_3PO_4。Li_3PO_4 的熔点为 837℃，是制备荧光粉常用的助熔剂。研究显示，随着 Li_3PO_4 用量的增加（0 ~ 2.0%），粉体中心粒度略有增大，超细颗粒减少，粒度分布均匀，亮度提高，并改善了荧光粉的涂膜性能。

（2）H_3BO_3。H_3BO_3 在 100 ~ 105℃ 分解成 H_3BO_2，140 ~ 160℃ 转化为 $H_2B_4O_7$，随着温度的升高，$H_2B_4O_7$ 呈玻璃状，最后分解成 B_2O_3，熔点为 450℃。由此可见 H_3BO_3 的助熔剂作用是比较强烈的。研究显示，随着 H_3BO_3 用量的增加（0 ~ 2.0%），中心粒径增大，亮度略有上升，但用量超过 0.3% 后，亮度呈下降趋势。

（3）$Li_2B_4O_7$。$Li_2B_4O_7$ 的性能与 H_3BO_3 相似，但比 H_3BO_3 的助熔效果更强烈。研究显示，随着 $Li_2B_4O_7$ 用量的增加（0 ~ 2.0%），中心粒径增大，亮度提高，但由于其明显的助熔效果，易造成后处理困难。

（4）双助熔剂。单一助熔剂对灼烧工艺控制要求较高，因此，可通过不同的两种助熔剂来调节粒径及其分布，是一种获得性能优良的红色荧光粉的有效方法。

2.3.3.3　灼烧温度的影响

灼烧是高温固相法最关键的步骤。一般来说，灼烧工艺包含原辅料的分解、基体合成、激活离子的导入及晶体的成长等过程，其中使激活离子有效进入晶体更是关键。灼烧温度过高，时间过长，粉体团聚严重，后处理容易造成粉体颗粒破碎（见图 2-9），导致光衰增大。灼烧温度过低，激活离子不易进入基质离子晶格，粉体粒子过细（见图 2-10），易造成光效低。

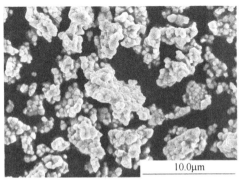

图 2-9　灼烧温度偏高的红粉　　　　图 2-10　灼烧温度偏低的红粉
　　　　的扫描电镜照片　　　　　　　　　　　的扫描电镜照片

2.3.3.4　带罩灯对红粉的影响

随着白炽灯的停止使用，节能灯厂家为了满足消费者对白炽灯的形状、光色的习惯和偏好，推出低色温、高显色性的带罩节能灯，称为带罩灯（也有称为电球型节能灯）。由于带罩灯的外面有保护罩，散热困难，工作过程中，灯及管壁的温度较高，可达 150~200℃。

任何发光材料，当温度升高到一定温度时，发光强度会显著降低。这就是所谓的发光"热猝灭"效应。

若按传统工艺制灯，一方面由于 Hg 蒸气压的升高，产生 Hg 原子对 253.7nm 光的自吸收，致使光-光转换效率下降，同时 405nm、436nm 的辐射加强，按传统工艺生产的 2700K 的灯色温可达 3500K 左右。另一方面，由于温度提高会造成荧光粉发光效率的下降（热猝灭），若三种粉热猝灭性能差异大的话还易引起光衰和色漂移，例如 2700K 的带罩灯点一段时间后发绿就是由于红粉热猝灭造成的。另外，由于管径细、负载高，185nm 辐射和离子轰击强，对三基色荧光粉的晶格完整性、表面光洁程度都有一定的要求。从发光机理看，绿粉的发射源自于

Ce – Tb 的能量传递及 Tb 的 $f-f(^5D_4—^7F_J)$ 跃迁，蓝粉的发射来自于 Eu^{2+} 的 $d-f$ 跃迁，红粉的发射来自 Eu^{3+} 的 $f-f(^5D_0-^7F_J)$ 跃迁。从位能曲线看，三种发射中红粉的 Stokes 位移最大，红粉的电荷迁移态与高振动能级基态位能曲线交叉，而蓝粉和绿粉的 Stokes 位移小，基态和激发态位能曲线不交叉。因而稀土三基色荧光粉中，红粉最容易热猝灭。

红粉的热猝灭性正引起越来越多厂家的重视，新版的国标中增加了该项指标。为了解决红粉热猝灭问题，我国有些荧光粉生产厂已通过合成和处理工艺的改进来控制荧光粉形貌，或在荧光粉表面形成一层薄膜，减少表面缺陷，这一工作已取得一定的效果，使带罩灯的色温上漂问题得到一定解决，处于世界同类产品的先进水平。

2.4　灯用稀土绿色发光材料

2.4.1　概述

稀土三基色荧光灯中用到的绿色发光材料主要是多铝酸盐 $CeMgAl_{11}O_{19}$: Tb 和正磷酸盐（LaCeTb）PO_4。除了这两种绿粉外，还有一种五硼酸盐绿粉（CeGdTb）MgB_5O_{10}，其发光效率也很高，但因为这种粉制备比较复杂，而且稳定性一般，所以除少量应用于特殊品种的灯里外，没有得到广泛的应用。另外一种传统的非稀土荧光粉硅酸锌锰（Zn_2SiO_4: Mn）因其最纯的绿光也偶尔会在一些特殊的灯管中应用，但其光效和稳定性都比前面的两种稀土荧光粉差，在常规灯管中基本没有使用。

稀土离子中 Tb^{3+} 由于其特殊的外电子层结构，使其在大部分基质中的发射主峰都是位于 540nm 左右，是最好的发射绿光的组分。在 20 世纪 70 ~ 80 年代，荷兰学者 Verstegen 等人和日本人分别发现 Tb^{3+} 在多铝酸盐和正磷酸盐中都能得到很高的发光效率，并广泛应用于三基色荧光灯中。下面分别介绍这两种荧光粉的基本性质、制备方法和应用概况。

2.4.2　铝酸盐绿粉

2.4.2.1　基本性质

A　化学组成

常见灯用铝酸盐绿粉的化学式为（Ce, Tb）$MgAl_{11}O_{19}$（简称 CAT）。通常 Ce 的相对摩尔含量为 0.67，Tb 的相对摩尔含量为 0.33，即常用的化学式为（$Ce_{0.67}Tb_{0.33}$）$MgAl_{11}O_{19}$。不过在实际应用中，由于灯型的不同及客户要求的不同，Ce 和 Tb 的含量也会有所变化。

B　晶体结构

CAT 绿粉的基本结构与磁铅矿化合物 $PbFe_{12}O_{19}$ 的结构相同。这类磁铅矿中，

Pb^{2+}可全部被三价La^{3+}、Ce^{3+}取代，Fe^{3+}被Al^{3+}和Mg^{2+}取代，而Mg^{2+}起电荷补偿作用，从而就形成了$LnMgAl_{11}O_{19}$化合物。这种化合物是由被含有3个氧、1个稀土和1个铝离子的中间层分隔开的一些尖晶石（$MgAl_2O_4$）方块组成，如图2－11所示[1]。

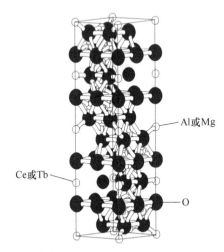

图2－11 CAT的晶体结构图

C 激发和发光机理

$CeMgAl_{11}O_{19}$：Tb 的激发谱（监测波长 545nm）和发射光谱（激发波长 254nm）如图2－12和图2－13所示。其宽广的激发带并不是 Tb 离子的吸收带，而是属于 Ce 离子的吸引带。

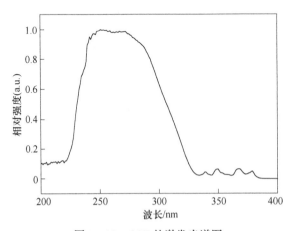

图2－12 CAT的激发光谱图

CAT 是在通过对磁铅矿结构的 $LaMgAl_{11}O_{19}$ 体系中 Ce^{3+} 和 Tb^{3+} 的发光性质和能量传递的详细研究后发现的。$LaMgAl_{11}O_{19}$：Ce 是一个非常高效的紫外发射荧光

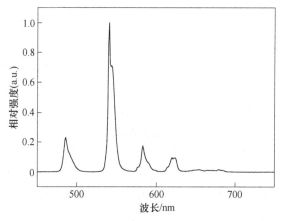

图 2 – 13 CAT 的发射光谱图

粉，在 220～300nm 之间有很强的吸收带，而发射峰位于 330～400nm，量子效率高达 65%，而且几乎没有浓度猝灭。而 Tb^{3+} 的第一允许吸引带 $4f^8 \rightarrow 4f^7 5d$，能量状态太高，不能有效吸收 254nm 的紫外线，不能直接应用于节能灯中。但是它的 $^7F_6 \rightarrow {}^5G_2$、$^5D_1$、$^5H_1$ 吸收线刚好位于 330～400nm 之间，与 Ce^{3+} 的发射谱可以很好地重叠，如果处于同一基质中，发生能量传递的可能性很大。而且由于 CAT 的结构中，Ce^{3+} 与 Ce^{3+} 之间的最短距离大约是 0.56nm，这样大的距离，交换传递的概率低，不发生浓度猝灭。若同时存在 Ce^{3+} 和 Tb^{3+} 时，则可以发生偶极子 – 四极子的耦合作用，将 Ce^{3+} 的能量传递给 Tb^{3+}，从而产生高效的绿光发射[1]。

CAT 的发射光谱主要归属于 Tb^{3+} 的 $^5D_4 \rightarrow {}^7F_J (J = 6，5，4，3)$ 跃迁。其中 $^5D_4 \rightarrow {}^7F_5$ 跃迁最强，主峰位置大概在 540nm。

2.4.2.2 制备方法

A 高温固相法

高温固相法制备 CAT 绿粉有两步法和一步法。所谓两步法就是先灼烧后还原。一步法就是直接还原。两步法的优点是对炉子的精度控制较小，生产更稳定，性能也相对会略好一点；缺点是成本较高，工艺复杂。下面简单介绍两步法生产 CAT 的步骤：

(1) 混料。按照化学计量比称取相应质量的 CeO_2、Tb_4O_7、$\alpha\text{-}Al_2O_3$、MgO（或碱式碳酸镁）及合适的助熔剂（如硼酸、氟化镁、氟化钡）在混料器中混匀。原料的纯度及配方对产品影响很大。除了纯度以外，原料的粒度、比表面积等性质也会对成品性能产生影响，生产时需要加以考虑。混料时的均匀性对产品的性能也是影响很大的一个因素。常规的混料器用的是双锥混料器，需要 24h 以上，也可以用一些新型的快速混料器，在半小时到几个小时之内混合均匀。

(2) 灼烧。混完料的原料需要到高温炉中进行灼烧。一般是在推板窑中进行灼烧。温度在1550℃左右，恒温区时间大约需要5h。灼烧温区的稳定性及原料受热的均匀性对产品性能有比较大的影响，生产时需要注意。

（3）粉碎。灼烧完的原料就成为了半成品，需要进行粉碎。粉碎的方法有对辊、气流粉碎、湿法球磨等。主要目的就是将半成品的粒度处理到一个合适的范围。

（4）洗涤。粉碎之后的粉体需要进行洗涤。洗涤的主要目的是将粉体中多余的助熔剂清洗干净。一是为了减少还原时对性能的影响；二是减少对制灯过程及制成荧光灯之后对灯的稳定性产生影响。

（5）还原。在灼烧阶段，晶格已经基本完整，只是有部分的 Ce 和 Tb 因是在空气气氛下灼烧而处于四价。因此还原的主要目的是减少四价的 Ce 和 Tb，将其还原成三价，以减少晶格缺陷，提高发光效率，一般还原后的发光效率会比灼烧后的高10%左右。还原一般需要在 1300～1500℃ 的还原气氛中还原，还原气氛可以选择 $5\% H_2$、$95\% N_2$，也可以选择 NH_3 的分解气，或者其他气源（如少量的水汽，或者直接的氨气）。

（6）粉碎分散。还原后的粉体因为在高温中处理过，也会有一定的团聚，还需要再一次的粉碎处理到合适粒径。粉碎完的粉体，如果是湿磨处理的则直接脱水烘干即可，如果是干磨或者气流粉碎处理的一般需要再用湿磨处理一下。主要目的是干磨或者气流粉碎的粉体表面电荷比较高，制灯时涂浆会不太均匀，涂覆性能比较差。粉碎分散完后直接脱水烘干再过下筛即可。

B　其他合成方法

除了上述的高温固相法外，也有研究人员对其他合成方法进行了探索，但因为成本、性能、设备等方面的原因，基本没有大规模的工业化生产，但是对研究 CAT 绿粉的发光机理起到了很重要的作用，这里也做简单介绍。

a　溶胶-凝胶法

溶胶-凝胶法合成 CAT 绿粉的基本过程是先将准确称量的 CeO_2、Tb_4O_7、碱式碳酸镁分别溶于硝酸然后混合均匀，将化学配比衡量的异丙醇铝溶于异丙醇中。然后将上述硝酸盐溶液和异丙醇铝溶液混合，调节 pH 值。在70℃的水中加热并搅拌数小时后，混合溶液逐渐变成黄色凝胶。将凝胶烘干，然后研磨粉碎，再在还原气氛下，1200℃左右烧结3h，即可得到 CAT 绿粉。

b　共沉淀法

共沉淀法制备 CAT 绿粉的基本工艺是配制 0.1mol/L 的 Ce、Tb、Mg、Al 的盐酸溶液（将氧化物或氯化物溶于一定的盐酸中，溶解 Ce 时需要加入 H_2O_2），按化学计量比称取各溶液，混合均匀（Mg 溶液过量），在充分搅拌的同时，缓慢加入70℃的 $H_2C_2O_4$ 溶液，同时以适当的速度加入氨水，调节 pH 值，搅拌30min后，静置、抽滤、烘干，与少量 H_3BO_3 助剂混合均匀，研磨，在还原气氛中，

1300℃下还原 3h，得到 CAT 绿粉。或还可在炭粉保护下，于微波炉中反应 40min，得到 CAT 绿粉。

采用液相法合成的 CAT 绿粉，可以得到粒度更细的产品，而且合成的温度可以更低，但是因为过程复杂，成本相对没有优势。从实际的结果上看，采用液相法得到的产品的量子效率反而不如用固相法合成的产品高，因此几乎没有工业化的应用。具体原因目前还没有文献报道过。

2.4.2.3 影响 CAT 绿粉性能的因素

A 原料对性能的影响

原料的纯度对 CAT 的性能有非常大的影响。CeO_2 和 Tb_4O_7 必须使用高纯（至少不小于 99.95%）原料，CeO_2 中主要杂质为 La、Pr 和 Nd，其中 Pr^{3+} 和 Nd^{3+} 对绿粉产生严重猝灭作用[1]，其影响不可忽视。采用 99.5% CeO_2 为原料的绿粉的，亮度比采用 99.95% CeO_2 的绿粉低 5% 以上。Al_2O_3 的纯度对绿粉也有较大影响，用光谱纯、高纯和分析纯 Al_2O_3 制备的绿粉的相对亮度分别为 100、98 和 95。

B 组分对性能的影响[4]

a 化学组成对性能的影响

CAT 绿粉的标准化学组成是 Verstegen 等人研制的化学式为 $Ce_{0.67}Tb_{0.33}MgAl_{11}O_{19}$ 的化合物。但经过其他人的研究表明，稀土组分并不能完全按上述比例进入晶格，稀土在晶格位置上的占据率小于 1，其余位置被氧所占据。而且为了保持晶体中的电荷平衡，Al 的含量应相对增加。绿粉的实际化学式表示为 $Ce_{0.67}Tb_{0.33}MgAl_{12}O_{20.5}$ 可能更为合理。如果采用严格的化学计量比，通常会有较多的杂相出现，发光效率也会降低 10% 左右。

b 氧化铝对性能的影响

在保证一定亮度的前提下，采用过量的原料 Al_2O_3，可以提高反应活性，减少 Tb 的用量，降低原料成本。但 X 射线衍射分析发现，这种绿粉中含有 $\alpha-Al_2O_3$ 杂相，在灯的点燃过程中，这些杂相会形成色心或缺陷，它们吸收汞 254nm 紫外光辐射和荧光粉的可见光发射，导致光通维持率下降。与正常 Al_2O_3 含量的绿粉相比，Al_2O_3 过量的 $(Ce,Tb)MgAl_{17}O_{28}$ 和 $(Ce,Tb)MgAl_{21}O_{34}$，100h 光衰分别增加约 4% 和 6%。

c 氧化镁对性能的影响

Mg 在 CAT 中是起到电荷补偿的作用，另外还会起到调整晶格参数，影响晶体场的作用。随着 Mg 量从小于 1（摩尔比）到大于 1 的过程中，Tb^{3+} 的 $^5D_4 \rightarrow {}^7F_5$ 跃迁的发射峰先蓝移后红移，色度坐标变化不大，但对于 Tb^{3+} 的 540nm 的发射峰与 490nm 发射峰的相对强度的比值影响较大，该值小，有利于提高灯的显色性，在标准化学计量比时最小，所以等于 1 最好。

d Ce 离子的影响

Ce^{3+} 是一种变价离子，在 185nm 紫外光辐射下易氧化成 Ce^{4+}，Ce^{4+} 强烈吸收 254nm 汞紫外辐射，但不发光，从而使灯的光通维持率下降。适当减少 Ce^{3+} 的用量，可改善绿粉的光衰特性，例如，可用少量 La^{3+}（小于 10%）取代 Ce^{3+}。

e 其他离子的掺杂对性能的影响

$CeMgAl_{11}O_{19}$ 具有磁铅矿相关结构，对磁铅矿型 $SrAl_{12}O_{19}$ 有兼容性，二者可形成完全固溶体。在 $(1-x)CeMgAl_{11}O_{19} \cdot xSrAl_{12}O_{19}$ 固溶体中，Ce^{3+} 的吸收和发射峰位置随 $SrAl_{12}O_{19}$ 的含量呈现规律性变化。当 x 取适当值时，Ce^{3+} 的最大吸收峰可从 280nm 紫移到 265nm，发射峰从 360nm 紫移到 340nm。这样，Ce^{3+} 对 254nm 紫外光辐射的吸收得到增强，Ce^{3+} 发射光谱与 Tb^{3+} 吸收光谱的重叠也得到改善。在该系列固溶体化合物中，$Ce^{3+} \rightarrow Ce^{3+}$ 之间存在短程能量传递，因而在减少 Tb 含量的情况下，仍能得到较高的发光亮度。研究还发现，在上述固溶体中掺入 Mn^{2+}，可发生 $Ce^{3+} \rightarrow Mn^{2+}$ 能量传递，形成 Ce^{3+}、Mn^{2+} 共激活的绿色荧光粉，亮度接近商用稀土三基色绿粉。

在实际应用中，其他离子的加入需要经过严格的设计与取舍，因为其他离子的加入在改变某一方面性能的同时，可能导致 $Ce^{3+} \rightarrow Tb^{3+}$ 的能量传递效率降低，亮度下降，同时也可能影响其光谱性质。因此一般只用于一些有特殊需要的情况下。对于常规的节能灯而言，还是不掺杂其他离子的配方，光效最高，综合性能最好。

C 工艺对性能的影响

除了配方、原料纯度对产品性能有很大影响外，生产工艺对产品的性能影响也很大。混料的均匀程度和灼烧的完善程度是对产品性能影响比较大的因素。混料时原料的选择及混料方式的选择都会影响产品的性能。

而灼烧温度和时间的选择也很关键，温度太高，结晶虽然好，但是颗粒容易生长得太大，不好处理；温度太低，结晶不完善，性能肯定不好。而温度的均匀性也会严重影响产品的性能，如果温度不均匀，则可能部分温度过高，部分温度过低。

另外，后处理对颗粒的破坏程度也会在一定程度上影响产品的最终性能，因此实际生产过程中对这些方面都要注意。也有人通过使用复合助熔剂降低烧成温度，缩短制备时间，同时可以提高产量和质量，产品的粒度小、光衰低、光通大，又降低了对原材料中杂质的要求。

2.4.2.4 灯型的匹配性

多铝酸盐（CAT）绿粉因其本身晶体结构比较稳定，且铽离子是内层跃迁，受外场干扰较小，所以稳定性非常好。且绿光在三基色灯中对光效起到主要作用，因此对绿粉的要求主要还是发光效率要高，同时根据不同的管形及涂粉要求，在粉体粒度上有些许的不同。管径较小的灯型，用一些小粒径的粉会较好，提高涂覆效果，从而提高光效。而对于管压较大的大功率灯型，用一些大粒度粉可以适当提高光通维持率，降低光衰。

对于直管，相比磷酸盐绿粉，因其色坐标上有一定的差异，y 值略高，因此在同样的色温下，用量反而较小，从而导致光效略低 $1 \sim 2lm/W$。而在节能灯，特别是工作温度更高带罩灯中时，铝酸盐绿粉因其稳定性较高，光效更有优势，因此在各个类型的节能灯中，用 CAT 绿粉的会更多。

2.4.3 磷酸盐绿粉

2.4.3.1 基本性质

A 化学组成

目前在日本和一些发达国家使用的三基色绿粉主要是 $LaPO_4 : Ce^{3+}, Tb^{3+}$ 及其变体（简称 LAP）。其量子效率高达 90% 以上，粒度较小，与 $Y_2O_3 : Eu$ 红粉密度接近，制成混合粉后在直管荧光灯上使用色差较小。

B 晶体结构

高效的绿色荧光体 $LaPO_4 : Ce, Tb$ 及其变体 $(La, Ce, Tb)_2O_3 \cdot 0.9P_2O_5 \cdot 0.2SiO_2$ 均属单斜结构。晶格常数：$a = 0.68366nm$，$b = 0.7076nm$，$c = 0.65095nm$，$\beta = 103.237°$，密度为 $5.07g/cm^3$。La 原子与 9 个 PO_4 四面体上的 O 原子相连。由于 $LaPO_4$ 具有高度畸变结构特征，导致晶格可以容纳多种价态相同或不同的离子，形成具有独居石结构的固溶体。

C 激发及发光机理[1]

图 2 - 14 所示为 $LaPO_4 : Ce, Tb$ 的激发和发射光谱，它的激发光谱是由 Ce^{3+} 和 Tb^{3+} 的激发光谱所组成，而发射光谱是典型的 Tb^{3+} 的 $^5D_4 \to {}^7F_5$ 能级跃迁发射，主发射峰属于 $^5D_4 \to {}^7F_5$ 跃迁发射。

$LaPO_4$ 在紫外光和可见光区没有吸收和发射，因此在此基质中的发光均属于所掺杂稀土离子和它们相互作用的结果。$LaPO_4 : Ce, Tb$ 中的 Tb^{3+} 的激发光谱是由 Tb^{3+} 的 $4f - 5d$ 跃迁激发光谱组成，Tb^{3+} 吸收紫外光辐射，从 $4f^8$ 态被激发到 $4f^7 5d$ 态，然后从 $4f^7 5d$ 态逐步跃迁到 $^5D_4$ 或 $^5D_3$ 状态，或同时跃迁到 $^5D_4$ 和 $^5D_3$ 两个状态上，在 $200 \sim 350nm$ 有吸收，激发峰值约在 270nm；Tb^{3+} 的发射峰主要有 4 个，分别位于 491nm、545nm、587.8nm 及 623nm，分别对应 Tb^{3+} 的 $^5D_4 \to {}^7F_6$、$^5D_4 \to {}^7F_5$、$^5D_4 \to {}^7F_4$、$^5D_4 \to {}^7D_3$ 跃迁，其中 $^5D_4 \to {}^7F_5$ 跃迁的发射强度最大，所以 LAP 发出的光还是较纯的黄绿色（545nm）。$LaPO_4 : Ce, Tb$ 中的 Ce^{3+} 只有一个 $4f$ 电子，它引起两个能级：一种状态下，电子的轨道距和自旋距平行（$^2F_{7/2}$），另一种状态下，则是反平行的（$^2F_{5/2}$），在 $250 \sim 290nm$ 紫外光区呈现

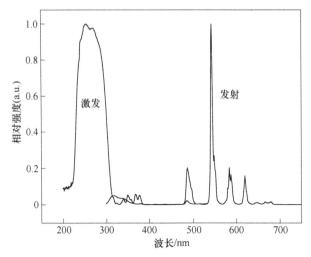

图 2 - 14　LAP 的激发和发射光谱图

强的宽带吸收，激发峰峰值位于 284.6nm，属于 Ce^{3+} 的 $4f-5d$ 跃迁的宽带吸收。Ce^{3+} 的发射也为宽带发射，分布于长波紫外区，发射峰位于 326.6nm 和 340nm，分别对应于 $5d \to {}^2F_{5/2}$ 和 $5d \to {}^2F_{7/2}$ 跃迁发射。LAP 中由于 Ce^{3+} 在紫外光区有宽带吸收和发射，而 Tb^{3+} 在紫外光区有吸收带，Ce^{3+} 的发射带和 Tb^{3+} 的吸收带有重叠，Ce^{3+} 将能量传递给 Tb^{3+} 起到敏化作用，所以在 $LaPO_4$: Ce, Tb 中能量从 Ce^{3+} 高效的无辐射共振传递给 Tb^{3+}，敏化 Tb^{3+}，使 Tb^{3+} 的 544nm 发射显著增强。

2.4.3.2　制备方法

A　高温固相法

高温固相法是将所需的 La_2O_3、CeO_2、Tb_4O_7 及相关的锂盐、硼酸与 $(NH_4)_2HPO_4$ 混合均匀，在弱还原气氛中，1100～1200℃下灼烧数小时，由高温固相反应生成。

B　共沉淀法

共沉淀法是将稀土草酸盐与磷酸盐直接共沉淀合成用作发绿光的 LAP 荧光体原料，再加入锂盐、硼酸等助剂在高温还原气氛中烧成 LAP 荧光体。

C　溶胶-凝胶法

溶胶-凝胶法是前驱体合成稀土磷酸盐白色溶胶，将其水洗至电导率合格，烘干得到白色粉末，然后在一定温度下进行高温还原，后处理后即可得到成品。原材料的纯度、合成工艺、助熔剂的选用和浓度因素对合成荧光体的粒度、晶型、发光性能及温度猝灭性均能产生重大影响。

2.4.3.3　影响 LAP 性能的因素

A　温度特性的改善

早期的 LAP 温度特性很差，通过广大研究人员的不懈努力，终于克服了温度猝灭问题。研究人员发现加 Li^+ 和硼酸后，能极大地改善 LAP 的温度猝灭特性。Li^+ 不仅可增强 Tb^{3+} 发光，而且使 LAP 在高温下仍保持高的效率。加入少量硼酸以后，LAP 荧光体在 $20 \sim 350℃$ 时发光强度几乎保持不变，且室温时的强度提高 10%。加入硼酸后，硼酸根置换少部分磷酸根后荧光体结构变成 $(La,Ce,Tb)(PO_4,BO_3)$，激发光谱的形状没有变化，且两者具有相等的激发效果。如果不加硼酸，LAP 在 200℃ 时的发光强度比 20℃ 时下降 20%。硼酸根的掺入可抑制有害的 Ce^{4+} 生成，使高温下不发生 $Ce^{3+} \rightarrow Ce^{4+}$ 通道的能量传递，保证 $Ce^{3+} \rightarrow Tb^{3+}$ 的无辐射能量传递概率不降低。

B 杂质离子的影响

对于 Tb^{3+} 激活的 $LaPO_4$：Ce，Tb 来说，杂质的影响可分为 5 类：

(1) 三价的 Pr、Nd、Dy、Ho、Er 及 Eu（$>0.01\%$）起猝灭剂作用，其顺序如下：$Nd^{3+} > Pr^{3+} \approx Ho^{3+} \approx Er^{3+} > Eu^{3+} > Dy^{3+}$，由 Tb^{3+} 的荧光寿命变化也得到上述规律。

(2) Pr^{3+} 只有极小影响。

(3) 过渡金属离子及其他杂质没有影响。

(4) Gd 的掺杂能够增强发光强度，提高发光纯度以及色坐标 x 值，减少红粉的用量。在铈、铽、钆共掺杂的硼磷酸镧基质中，存在铈到钆、钆到铽、铈到铽的能量传递。钆离子的存在使铈到铽的能量传递更有效，铈离子将吸收能量的一部分直接传递给铽离子，另一部分借助钆离子中间体传递给铽离子，钆离子在体系中充当中间体和敏化剂双重作用。

(5) Ce^{4+} 是一个强猝灭中心。由 $LaPO_4$：Ce 的漫反射光谱显示出靠近 Ce^{3+} 的 $4f-5d$ 跃迁的吸收带附近的长波区有一个与 Ce^{4+} 有关的吸收带。这个吸收带与 Ce^{3+} 的发射带交叠较好，至使 Ce^{3+} 的发射效率和 $Ce^{3+} \rightarrow Tb^{3+}$ 能量传递下降。

2.4.3.4 灯型的匹配性

目前 LAP 绿粉主要用于室内高效照明，主要用于 T5 和 T8 灯管，由于 CAT 绿粉和铝酸盐蓝粉（BAM）密度较 YOX 红粉小很多，LAP 绿粉与 YOX 红粉密度接近，为了使红、绿、蓝粉匹配，BAM 蓝粉和 CAT 绿粉的粒度都要求比红粉大，来减小三种粉间的差距，而使用 LAP 绿粉时需要降低粉体的粒度。LAP 的原料一般采用共沉淀工艺制得，原料的元素和粒度分布十分均匀，用此原料更易制得小颗粒的 LAP 产品。使用 LAP 的灯型，在涂管时由于 LAP 粒度小，减少用粉量的同时涂层能更加均匀致密，发出的光品质更好。由于 LAP 绿粉与 YOX 红粉密度接近，调成浆料后在涂管时具有接近的下降速度，在直管涂覆时不容易产生管端色差，制成灯后具有优异的光色一致性。使用 LAP 制成的 T5 灯管 28W，色温 6500K，点灯 100h 后，光通量 2688lm，$R_a = 85$。

2.5 灯用稀土蓝色发光材料

2.5.1 概述

稀土荧光灯中用到的蓝粉与绿粉类似，也有铝酸盐（$BaMgAl_{10}O_{17}$：Eu（简称 BAM：Eu））和磷酸盐（$(Sr,Ba,Ca)_{10}(PO_4)_6Cl_2$：$Eu^{2+}$）两个系列。这两个系列的粉在发光效率和光谱特性上都各有特点，使用在三基色灯中应该说是各有千秋，不相上下。不过因铝酸盐蓝粉的制备相对容易一些，使用的范围也相对广一些。以下就这两个系列的蓝粉分别进行介绍。

2.5.2 铝酸盐蓝粉

2.5.2.1 基本性质

A 化学组成

铝酸盐蓝粉有两个，主要区别在于一个是单掺杂 Eu 离子，另一个双掺杂 Eu 离子和 Mn 离子，其化学式为 $BaMgAl_{10}O_{17}$：Eu 和 $BaMgAl_{10}O_{17}$：Eu，Mn（后面简写为 BAM：Eu 和 BAM：Eu，Mn），行业内通常称为单峰蓝（BAM：Eu）和双峰蓝（BAM：Eu，Mn）。

B 晶体结构[1]

1974 年荷兰 Philips 公司 Verstegen 等人研制出 $BaMg_2Al_{16}O_{27}$：Eu 蓝色荧光粉，后确定其化学式为 $BaMgAl_{10}O_{17}$：Eu，其中 Eu^{2+} 作为发光中心，在 450nm 左右呈现出带状发射。后来又开发出双掺杂 Eu 离子和 Mn 离子的双峰蓝粉（BAM：Eu，Mn），主要作用是提高显色性能，但它们的晶体结构是一样的。单峰蓝粉即 Eu^{2+} 激活的 $BaMgAl_{10}O_{17}$，其发射光谱仅包含一个 450nm 的宽带；双峰蓝粉的发光中心除了 Eu^{2+} 以外还引入了 Mn^{2+}，发射光谱中除了 450nm 的宽带以外还包含 515nm 的 Mn^{2+} 的峰。

BAM 具有 $\beta - Al_2O_3$ 的结构，由密堆积结构的尖晶石层（$MgAl_{10}O_{16}$）和平面结构的镜面层（BaO）组成，系 $P63/mmc$ 空间群。Mg、Al 和 O 原子组成的尖晶石层按 ACBA 的形式形成立方密排堆积，组成一个尖晶石胞块。每一个尖晶石胞块中有 32 个 O 原子，构成 32 个八面体空隙和 64 个四面体空隙。一个晶胞由两个尖晶石胞块和两个镜面层组成，含有 32 个 Al 原子，四面体空隙被 8 个 Al 原子占据，八面体被 16 个 Al 原子占据。Ba 和 O 半径相近，不能进入 O 构成的空隙中，只能与 O 处于平面镜面层上。BAM 的晶体结构如图 2 - 15 所示。

C 激发及发光机理

a 单峰蓝粉

图 2 - 16 所示为 $BaMgAl_{10}O_{17}$：Eu^{2+} 的激发光谱和发射光谱。它主要是由一些

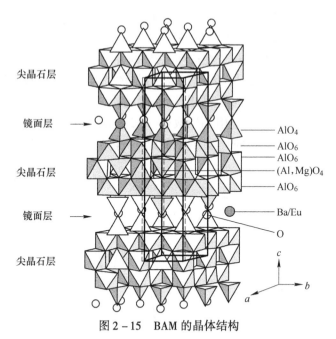

尖晶石层

镜面层 → ○   ●

AlO$_4$
AlO$_6$
AlO$_6$
(Al,Mg)O$_4$
AlO$_6$

尖晶石层

镜面层 →   ● Ba/Eu
○ O

尖晶石层

图 2-15 BAM 的晶体结构

宽带峰构成，BaMgAl$_{10}$O$_{17}$：Eu^{2+} 在 λ = 254nm 激发下的最大发射峰值位于 450nm，属于 Eu^{2+} 的 $4f^6 5d \rightarrow 4f^7$（$^8S_{7/2}$）宽带允许跃迁发射，由于 $4f^6 5d$ 组态能级结构受晶体场影响较大，因此激发和发射谱均为宽带。BAM 在 450nm 波长监测下，BaMgAl$_{10}$O$_{17}$：Eu^{2+} 的紫外激发光谱主要是由位于 273nm 和 304nm 附近的带构成，它们都属于 Eu^{2+} 的 $4f$-$5d$ 跃迁吸收带。

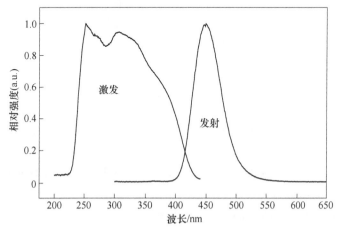

图 2-16 BaMgAl$_{10}$O$_{17}$：Eu^{2+} 蓝色荧光体的激发光谱和发射光谱

b 双峰蓝粉

双峰蓝粉 BaMgAl$_{10}$O$_{17}$：Eu^{2+}，Mn^{2+} 是在 BaMgAl$_{10}$O$_{17}$：Eu^{2+} 的基础上引入了

Mn^{2+}，所以其发射光谱除了包含 Eu^{2+} 的 450nm 的主峰外，还包含 Mn^{2+} 在 515nm 的蓝绿光发射。图 2-17 所示为 $BaMgAl_{10}O_{17}: Eu^{2+}, Mn^{2+}$ 的激发和发射光谱。在 254nm 激发下由 Eu^{2+} 吸收能量，在产生 Eu^{2+} 的发射的同时，一部分能量传递给 Mn^{2+}，同时产生 Mn^{2+} 的发射，因此提高 Mn^{2+} 的浓度，Eu^{2+} 的发光会减弱。在 $BaMgAl_{10}O_{17}: Eu^{2+}, Mn^{2+}$ 中，Mn^{2+} 取代了 Mg^{2+} 的格位。在实际应用中，为了调整双峰蓝粉的色坐标，通常还会用 Sr^{2+} 取代一部分 Ba^{2+}，引入 Sr^{2+} 后由于晶格的变形，Eu^{2+} 的发射峰值会略向长波方向移动，一般在 453nm 左右。

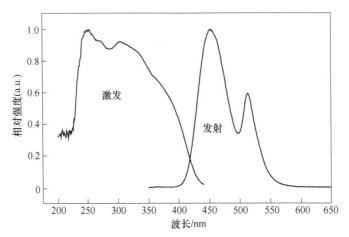

图 2-17　$BaMgAl_{10}O_{17}: Eu^{2+}, Mn^{2+}$ 的激发和发射光谱

2.5.2.2　制备方法

制备 BAM 的方法有高温固相法、溶胶-凝胶法、水热法、燃烧法、喷雾热解法、化学沉淀法等，在工业生产中通常采用高温固相法。高温固相法通常以 $BaCO_3$、MgO、Al_2O_3、Eu_2O_3 为原料，双峰蓝粉还要用到 $SrCO_3$ 和 $MnCO_3$。所有原料经球磨混合均匀后，首先在 1500~1600℃ 高温中烧结，取出粉碎后，然后在 1200~1500℃ 还原气氛中灼烧数小时。还原气氛（体积分数）为：5%~75% H_2 +95%~25% N_2。然后在该气氛中自然降温冷却后，产物经过破碎、粉碎、洗涤、过筛、烘干即得到成品。BAM 的合成可采用直接高温还原，也可先灼烧再还原。直接还原的优点是工艺简单、生产成本低，但是对设备要求较高，且产品稳定性相对较差。先灼烧再还原的优点是工艺容易控制、产品稳定性好，缺点是生产成本高、工艺繁琐。

2.5.2.3　影响 BAM 蓝粉性能的因素

A　Ba、Mg 含量对 BAM:Eu 的影响

Eu^{2+} 激活的贫 Ba 相和富 Ba 相的发射光谱显著不同，前者展现一个很宽的蓝-绿发射带，而后者为一较窄的蓝带。对通式为 $Ba_xMgAl_{10}O_{16+x}: Eu$ 的荧光体来说，当 $x \geqslant 1.3$ 时，生成 $\beta' - Al_2O_3$ 和 $\beta - Al_2O_3$ 两相，$1.29BaO \cdot 6Al_2O_3 : Eu$ 和 $BaMgAl_{10}O_{17} : Eu^{2+}$ 混合物的发射光谱为峰值在 450nm 附近较窄蓝带。在贫钡的六铝酸盐中，引入 Mg 会严重影响 Eu^{2+} 的发射光谱，其发射光谱和半宽均变窄。随 Mg 量增加主发射峰并不移动，但绿色长波处尾巴逐渐减弱，色坐标 x 值和 y 值逐渐减小。只有当 Mg 的量 $x = 1$ 时，即 $BaMgAl_{10}O_{17} : Eu^{2+}$ 的蓝色纯度最佳，长波尾巴消失。

B　原料和助剂的影响

原料的杂质含量要严格控制，如 Fe、Co、Ni、Cu 等元素是荧光粉的猝灭剂，含量过高会导致发光强度下降，Na 元素含量高会增大蓝粉光衰。为了促进反应的进行、减少杂相的产生且便于控制产品的粒径，所有原料均要控制在一定的粒度范围内，原料的颗粒度越细，越有利于混合均匀，对于反应也更有利。在高温固相反应中，原材料颗粒大小与制备的荧光体颗粒大小一般成正比关系，在制备 BAM:Eu 中也是如此。在不使用助熔剂的情况下，所用 Al_2O_3 原料颗粒小，合成的 BAM:Eu 蓝色荧光体颗粒也小，否则相反。另外，为了降低固相反应的温度、改善产品的晶型，通常会在原料混合时加入一定比例的助熔剂，目前常用的助熔剂有 H_3BO_3、Li_3PO_4、$BaCl_2$、AlF_3、BaF_2、NH_4Cl 等。由于各种助熔剂的熔点等性质不同，产品的晶体形貌也有所差异。

2.5.2.4　蓝粉的性质及用途

A　性质

目前国内外紧凑型荧光灯的光衰主要可以归结为以下三个因素：一是荧光粉涂层表面吸光薄膜的形成，二是无铅灯管玻璃的黑化（国内灯管普遍存在的问题），三是构成荧光粉涂层的荧光粉颗粒在低气压汞放电环境下的劣化。在稀土三基色荧光体中，相对红和绿色荧光体而言，$BaMgAl_{10}O_{17} : Eu^{2+}$ 蓝色荧光体的质量、光衰和热稳定性一直存在问题，且色坐标的 y 值变化较大。在制灯的过程中，经过 500~600℃ 左右高温烤管和弯管工艺，致使蓝色荧光体性能劣化，灯的光效下降，色温变化。且荧光灯在点灯过程中荧光体对汞的吸附是造成灯光衰的原因之一。目前改善 BAM:Eu 的主要方法如改用更合适的喷雾热解合成方法、提高合成反应温度、调整主要成分的化学组成、掺杂、无机物或有机物包膜等。对荧光体采用后处理包膜是一种改善荧光体热稳定性和降低光衰的有效办法，例如包覆 SiO_2、Al_2O_3 和 Y_2O_3、氟化物等。

B　用途

在三基色荧光灯中，蓝粉的主要作用是提高色温，改善显色性能。目前单峰蓝粉主要有几种用途，一是应用于 PDP 平板显示器中，用于提供蓝色成分，但要求其热稳定非常好，且粒径小；二是应用于普通的紧凑型节能荧光灯中，特别是环形荧光灯、2D 等异型荧光灯中，低 y 值的单峰蓝粉热稳定好，在制灯烤管、弯管过程中不容易氧化。总的来说，粉体分散性好、晶体颗粒结晶完整的蓝粉颗粒耐 185nm 左右的真空紫外辐射能力强，热稳定好，其在点灯使用过程中光通维持率高，另外在提高显色性能方面，单峰蓝粉还可以应用于全光谱荧光灯中，提高荧光灯的显色性，从而应用于美术馆、博物馆、纺织印染行业等。

双峰蓝粉由于增加了 515nm 的蓝绿光发射，能够有效地提高三基色荧光灯的显色指数，通常用于对显色性能要求比较高的荧光灯，如低色温的荧光灯。

2.5.3 磷酸盐蓝粉

2.5.3.1 基本性质

A 化学组成

目前商用三基色高显色蓝粉中还有一种是 $(Sr,Ba,Ca)_{10}(PO_4)_6Cl_2:Eu^{2+}$，它是一类高效的三基色稀土发光材料的蓝色组分，已在三基色荧光灯中得到广泛应用。

B 晶体结构

$(Sr,Ba,Ca)_{10}(PO_4)_6Cl_2:Eu^{2+}$ 具有氯磷灰石结构，和卤粉一样为六方晶系，Ca、Ba 同时置换 $Sr_{10}(PO_4)Cl_2:Eu^{2+}$ 中的一部分 Sr，制成 $(Sr,Ba,Ca)_{10}(PO_4)_6Cl_2:Eu^{2+}$。

C 激发及发光机理[5]

由于 Eu^{2+} 半径略小于 Sr^{3+} 半径，因此激活剂 Eu^{2+} 进入晶格取代 Sr^{2+} 或 Ca^{2+}，分别占据 Sr(I) 和 Sr(II) 位置，形成 Eu(I) 和 Eu(II) 发光中心。$(Sr,Ba,Ca)_{10}(PO_4)_6Cl_2:Eu^{2+}$ 的基质中不含 Ca、Ba 时，发光带位于 447nm，随 Ca 的加入取代部分 Sr 后，Eu^{2+} 的发光带移向长波。Ba、Ca 同时置换 Sr，Eu^{2+} 发光带移向短波。研究发现，用 Ba、Ca、Mg 等置换 Sr 以及 Sr/Ba 比值、PO_4^{3-} 等发生变化时，对蓝色荧光粉的发光光谱都有很大的影响。随着 Sr/Ba 比值增大，y 值下降、半宽度减小；随着 Ca 浓度增加，荧光粉的亮度、y 值、半宽度都随之而增大，当 Ca 浓度超过 0.2mol/mol 时，亮度不再增加，但是 y 值和半峰宽会继续增大；随着荧光粉中镁的含量增大，荧光粉的亮度、y 值、半峰宽都增大，但镁的浓度超过 0.02mol/mol 时，亮度增加缓慢；随着荧光粉中 Eu 浓度增加，荧光粉的亮度、y 值、半宽都随之增大，当 Eu 加入过多时，不仅使制造成本增加，且 y 值也过大，对配制三基色粉是不利的。图 2-18 给出了 Ca 为 0.1mol/mol、Ba 为 0mol/mol、Sr 为 0.9mol/mol 时的发光光谱。Eu^{2+} 的发光带已移到 453nm 附近，而且是不对称的发光带（图 2-18 中曲线 1）。对这一不对称的发光带进行光谱分解，得到两个峰值波长分别在 453nm（图 2-18 中曲线 2）和 479nm（图 2-18 中曲线 3）的发光带。453nm 带属于 Eu(I) 发光中心，

479nm 属 Eu(Ⅱ) 发光中心。

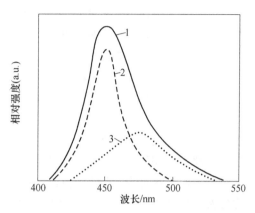

图 2 - 18　$(Sr,Ba,Ca)_{10}(PO_4)_6Cl_2:Eu^{2+}$ 的发射光谱

1—发射光谱；2，3—谱图 1 经过数据处理的分峰结果

2.5.3.2　制备方法

制备 Eu^{2+} 激活的氯磷酸盐发光材料的原料为 $SrHPO_4$、$SrCO_3$、$SrCl_2$、$CaCl_2$、$BaCl_2$、Eu_2O_3，按照各材料的化学组分称量、混合，在弱还原气氛中，1000 ~ 1200℃灼烧而成。

2.5.3.3　性质与特性的讨论

磷酸盐蓝粉对比 BAM 蓝粉，具有更高的显色性，更低的热劣性，更长的使用寿命，主要用于高显色照明。用于螺旋管 14W 灯，100h 后，色温在 6500K 时的光通量为 868lm，$R_a = 84$。

2.6　灯用稀土特种发光材料

现代光源与照明给人类带来了光文化，荧光灯除了用于普通室内照明外，用不同的发光材料还可以制备成各种特殊用途的荧光灯。但同时，光源的使用不当或者设计的不合理反而给环境造成光污染，影响着人们的生产和生活，破坏着人类的生态环境。随着照明能耗的增加以及能源问题和环保问题的日益严重，国际上在 20 世纪 90 年代初就提出了绿色照明的概念并实施，我国也在 1996 年启动了绿色照明工程的推广工作。绿色照明旨在发展和推广高效照明电器产品，节约照明用电，建立优质高效、经济舒适、安全可靠、有益环境的照明系统，满足社会对照明质量、照明环境和减少环境污染的需要，达到改善工作环境和提高人民的生活质量的目的。照明设计不仅要满足照明的本质要求：创造高质量的照明环境，同时，人造的光环境对周围物理环境的影响应该是最小的，随着生活水平的不断提高，人们对人工照明光源的品质要求也越来越高，照明对生态环境的直接影响也不可忽略。各个行业都要在发展中注重维持生态环境的平衡和可持续发

展。而生物所需要的能量，几乎全部地直接或间接来源于光，可以说，光辐射是
地球上一切生命的最终能量来源。植物依靠日光进行光合作用，制造有机物，成
为动物食物的来源；光照对于动物体的热能代谢、生长发育、繁殖、生活习性和
地理分布都有着直接或间接的影响。光生物学研究表明，光辐射与人类健康同样
息息相关，室内活动占据人们主要的时间，人们在窗户边接受天然光的时间总是
有限的，且地球与太阳的关系是每一秒都在发生变化，建筑是不变，天然光却在
不停地变化。人工照明可以根据照明光源光谱、亮度等对人类节律的影响来设计
照明光源从而改善人类的生活；办公室、商场、工厂、学校、图书馆、医院、
剧场、展览馆、体育馆、地下空间等必须使用人工照明才能满足人类需求，而
几乎所有的一般人工照明光源对生物都有不同程度的危害和影响，这就需要将不
同照明光源的光学性质与人的生理心理相联系进行考虑，才能使室内照明具有科
学性，既有利于满足功能需求，又符合人的健康需求，才是一种生态性照明。从
生态光源的功能分主要有：用于动物生长保健的紫外光源、模拟自然光的高显色
性光源和促进植物生长的光源等。

2.6.1 紫外灯用发光材料[6]

波长 100~380nm 的电磁波称为紫外光。紫外光按波长分为三个区域：380~
320nm 为长波紫外光（UVA），320~280nm 为中波紫外光（UVB），280~100nm
为短波紫外光（UVC），其中波长小于 200nm 的紫外光由于空气的强烈吸收又称
为真空紫外光。

紫外灯的特殊作用被广泛地应用于许多方面，如保健医疗业、采矿业、纺织
工业、光化反应（光催化）、（农业）诱虫、舞台特技、鉴别防伪等。UVC 主要
用于杀菌、消毒，一般由荧光灯中汞的发射谱线 UV 波段作为紫外光源。UVB 对
人体的生理作用较强，能引起皮肤的光化学作用，将胆固醇转化为维生素 D，使
人体的内脏器官产生有益的反应，经常适量照射中波紫外光能对人体起到保健和
强壮作用，增强新陈代谢功能，提高免疫力，减少疾病，可应用在采矿业、保健
业等。发射 320~370nm 波段紫外光的荧光粉俗称"黑光粉"，主要用于诱虫、
光复制、验伪等。如在诱虫方面，农业中诱杀害虫或日常生活中诱杀蚊子，诱杀
的昆虫可用于家禽和鱼的养殖，相对于用农药化学品，"黑光灯"经济、安全、
环保的优势很大。

当然，长时间地暴露于较强的紫外光之下，对人体也是有危害的，因为紫外
线的能量较高，对人体的细胞作用也更大，长时间的暴露可能会导致人体的
病变。

UVB 和 UVA 一般主要由发光材料转换荧光灯的 253.7nm 紫外线发射成相应
的光谱。市场和文献报道的主要紫外发光材料见表 2-6。

表 2-6　市场和文献报道的主要紫外发光材料

化学式	峰值波长/nm	化学式	峰值波长/nm
$LaF_3:Ce$	285	$LnPO_4:Ce(Ln=La,Gd,Y)$	315、325、356
$BaMg_2Si_2O_7:Pb$	290	$SrB_6O_{10}:Pb$	313
$(Sr,Mg)B_2O_4:Eu$	290	$Sr_2MgSi_2O_7:Pb$	325
$SrB_4O_7:Ce$	293	$Ca_3(PO_4)_2:Tl$	330
$CaLaB_7O_{13}:Ce$	291	$BaSi_2O_5:Pb$	350
$Ca_3(PO_4)_2\cdot KCl:Tl$	305	$Sr_3(BO_3)_2:Pb$	360
$Sr_4Al_{14}O_{25}:Pb$	305	$Ca_3(PO_4)_2:Ce(Tl)$	360
$SrMgAl_{11}O_{19}:Ce$	305~350	$SrB_4O_7:Eu$	370
$BaMgAl_{11}O_{19}:Ce$	330~350	$(Sr_{0.4}Ba_{1.6})MgSi_2O_7:Pb$	370
$(CaZn)_3(PO_4)_2:Tl$	307	$(Ba,Mg,Zn,Ca)_2SiO_4:PbAs$	380
$YAl_3(BO_3)_4:Gd$	313		

　　商用的 UVB 粉主要有：Tl 激活的 $(CaZn)_3(PO_4)_2$，它的主波长为 307nm，由于 Tl 的毒性，已禁止生产和使用。商用的 UVA 粉主要有：$BaSi_2O_5:Pb$，它也存在发光效率低、光衰大等缺点，以及使用"铅"的原因，也已被列入逐步淘汰的商品。这两种发光材料，特别是 $BaSi_2O_5:Pb$ 曾在紫外光源的应用中有过很重要的位置。

　　稀土紫外发光材料目前主要有 Ce 激活的磷酸盐系、Ce 激活的铝酸盐系以及 Eu 激活的硼酸盐系。

2.6.1.1　$LnPO_4:Ce(Ln=La,Gd,Y)$

　　磷酸盐紫外粉的发明是由 $LaPO_4:Ce,Tb$ 的发明而来的，晶体结构是正磷酸盐 $LnPO_4$，存在两种同质异构体，与 Ln 的离子半径有关，离子半径较大的 La、Gd 等具有独居石结构，属单斜晶系，离子半径较小的为磷钇矿结构，属四方晶系。主要有峰值波长在 317nm 左右的 $LaPO_4:Ce$ 和 350nm 左右的 $YPO_4:Ce$，发射光谱如图 2-19 所示。其中 Ce^{3+} 是发光中心，取代 La 和 Y 的位置，Ce^{3+} 在 250~290nm UV 区呈现强的吸收，激发带的峰值在 280nm 左右，发射峰在 317nm 左右。荧光体的发射光谱为 Ce^{3+} 的 $d-f$ 跃迁发射，$4f-5d$ 吸收带被激发后是由 $5d$ 态产生发射，发射强烈依赖于晶格。Gd 的适量掺杂可以使晶体结构产生畸变，使发射峰值产生位移。

　　$LnPO_4:Ce$ 的合成方法主要有高温固相法、稀土草酸盐和磷酸盐合成法以及化学沉淀法。从规模化生产以及工艺条件要求和产品性能综合考虑，目前应用较多的是稀土草酸盐和磷酸盐合成法。用所需的稀土草酸盐如草酸镧、草酸铈与磷酸盐混合加上锂盐、硼酸，硼酸的量一般为 1%~3%，锂盐的量为 0.1%~

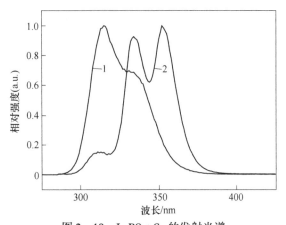

图 2-19 LnPO₄：Ce 的发射光谱

1—LaPO₄：Ce 的光谱；2—YPO₄：Ce 的光谱

0.3%，一般为碳酸锂或磷酸锂。在弱还原气氛中，1100~1300℃焙烧数小时。文献报道，Li 的掺入可以改善荧光体的温度猝灭特性，并对短波 UV 光吸收有所增强；硼酸根的掺入可抑制有害的 Ce^{4+} 的产生，使高温下不发生 $Ce^{3+} \rightarrow Ce^{4+}$ 的能量传递。

2.6.1.2　Sr（Ba）$MgAl_{11}O_{19}$：Ce

$CeMgAl_{11}O_{19}$具有磁铅矿相关结构，对 $SrAl_{11}O_{19}$ 有兼容性，二者可形成完全固溶体。Sr（Ba）$MgAl_{11}O_{19}$：Ce 类似 CAT 属磁铅矿结构，六方晶系。荧光体的发射光谱为 Ce^{3+} 的 $d-f$ 跃迁发射，$4f-5d$ 吸收带被激发后是由 $5d$ 态跃迁回 $4f$ 能带产生发射，由于 $5d$ 能级受晶体场影响很大，发射强烈依赖于晶格。在本晶体结构中，随着 Ce 含量的增加，波长从 300nm 往长波方向移动；当 Ce 完全取代 Sr 时 $CeMgAl_{11}O_{19}$发射的峰值波长为 345nm 左右，发射光谱如图 2-20 所示。

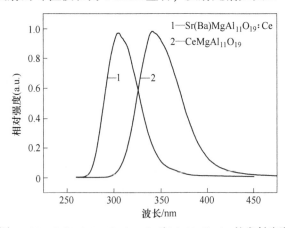

图 2-20　Sr（Ba）$MgAl_{11}O_{19}$：Ce 和 $CeMgAl_{11}O_{19}$的发射光谱

Sr(Ba)MgAl₁₁O₁₉:Ce 的制备方法一般为氧化物固相反应法，工艺类似稀土铝酸盐绿粉。按 $Sr(Ba)_{1-x}MgAl_{11}O_{19}:Ce_x$ 称量原料碳酸锶、氧化铝、氧化铈、氧化镁、助熔剂或再加碳酸钡。混料几十小时，将预备料在 1550℃ 左右预烧 4~6h，再在 1350℃ 左右还原气氛下焙烧 4~6h。原料的纯度、焙烧温度和助熔剂对粉体的性能影响较大，在配料过程中 Al_2O_3 适量过量的性能较优。

2.6.1.3　SrB_4O_7:Eu

SrB_4O_7:Eu 是一种发射高效性能优异的 UVA 发光材料。荧光体的发射是 Eu^{2+} 的 $4f-5d$ 发射，与 Ce^{3+} 的发射一样发射波长受基质晶格的强烈影响。其发射峰值在 370nm 左右，半峰宽为 17nm 左右，激发光谱和发射光谱如图 2-21 所示。

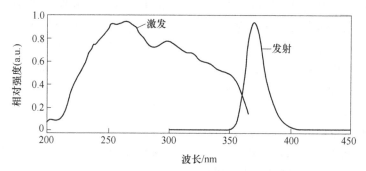

图 2-21　SrB_4O_7:Eu 的激发光谱和发射光谱

SrB_4O_7:Eu 的制备方法一般为氧化物固相反应法。原料简单，为碳酸锶、硼酸以及氧化铕。混料几十小时，将预备料在 800℃ 左右预烧 4~6h，再在 900℃ 左右在弱还原气氛下焙烧 4~6h。由于硼在制备过程中会挥发，在配料时会适量过量，一般为过量 0.2mol/mol，由于是硼酸盐，熔点较低，焙烧过程中需要严格控制温度。SrB_4O_7:Eu 是商品化最成功的硼酸盐体系发光材料之一。

2.6.2　高显色灯用荧光粉

颜色特性是荧光灯的一个重要技术指标，它包括两方面的含义，一是荧光灯的相关色温、另一个是其显色指数。所谓相关色温是荧光灯的色坐标与黑体轨迹最接近的颜色所对应的温度，显色指数是指荧光灯照射下物体的颜色与标准参照光源下物体的颜色相符合程度。国际照明委员会（CIE）推荐用色温接近于待测光源的普朗克辐射体作参照光源并将其显色指数定为 100，用 8 个 Munsell 色片作测色样品，观察比较参照光源下与待测光源下颜色再现的符合程度，8 个色片各有一个显色指数，平均值是总显色指数 R_a，最高为 100。其他还规定四种和色及肤色、簇叶色作为显色性评定的比较色板，用 $R_9 \sim R_{14}$（日本用 $R_9 \sim R_{16}$）表示。随着生活水平的不断提高，人们对照明光源的品质要求也越来越高，照明光源的显色性越来越受到重视。在一些特种行业及场所，对照明光源的显色性要求更加严格。例如印染业、彩色印刷业的颜色评定所使用的相关色温 5000K、6500K 的荧光灯，不仅要求一般显色指数 $R_a > 95$，而且 $R_9 \sim R_{14}$ 各特殊显色指数也要求大于 90。美术馆、博物馆、展览馆、美容院、医院等场所对照明光源的显色性要求也很高。如日本推荐的医院荧光灯 $R_a > 91$，R_{13}（西方人肤色）$\geqslant 95$，R_{15}（日本人肤色）$\geqslant 96$。因此，提高荧光灯的显色性，开发高光效、高显色性节能荧光灯不仅具有重要的意义也有很好的市场前景。

为了提高荧光灯的显色指数，不仅需要采取措施抑制 405nm 和 436nm 两条汞线，还需要增加荧光粉发射光谱中 480～520nm 蓝绿光及大于 620nm 的红光。关于抑制 405nm 和 436nm 汞线，以往通过滤色涂层（如黄色颜料）的办法来遮断这两条汞线，虽然可以提高灯的显色性，但由于滤色层吸收一部分灯的可见发光，造成荧光灯的光效下降。为了兼顾灯的高显色性和高光效，20 世纪 80 年代以来人们开展了许多研究，围绕降低荧光灯光谱中 405nm、436nm 汞的可见辐射强度，增加 480～520nm 蓝绿光及波长大于 620nm 红光的思路，研发能吸收 405nm、436nm 的辐射并且发射峰值波长在 480～520nm 的蓝绿粉及发射峰值波长大于 620nm 的红色荧光粉。用这些荧光粉通过配制成"全光谱"和"多组分"混合粉两种途径来提高荧光灯的显色性：

（1）全光谱。模拟昼光光谱，将两种或多种宽带发射荧光粉组合成在 380～780nm 范围内都有发射的全光谱的荧光粉。

（2）多组分。在三基色窄带发射荧光粉中附加蓝绿粉或蓝绿粉和深红色粉等第四、第五种荧光粉，组成多组分窄带发射荧光粉。

要组合成全光谱荧光粉，不仅需要在 480～520nm 范围具有宽带发射的蓝绿荧光粉，而且需要在 620nm 以上具有宽带发射的红色荧光粉。

对于在 480～520nm 发射的荧光粉，主要有 $2SrO \cdot 0.84P_2O_5 \cdot 0.16B_2O_3:Eu^{2+}$、$(BaCaMg)_{10}(PO_4)Cl_2:Eu^{2+}$、$Sr_4Al_{14}O_{25}:Eu$ 及 $Sr_2Si_3O_8 \cdot 2SrCl_2:Eu$ 等几个系列荧光粉。对于红色发射的荧光粉，主要有 $(SrMg)_3(PO_4)_2:Sn$、$(Gd,Ce,Tb)(Mg,Mn)B_5O_{10}$、$(Ba_xCa_{1-x})_3(PO_4)_2:Ce,Mn$ 等荧光粉[7,8]。

2.6.2.1　$2SrO \cdot 0.84P_2O_5 \cdot 0.16B_2O_3:Eu^{2+}$

$2SrO \cdot 0.84P_2O_5 \cdot 0.16B_2O_3:Eu^{2+}$ 荧光体基质属正交晶系，具有 $\alpha\text{-}Sr_2P_2O_7$ 相同的结构，在焦磷酸锶的基础上，由 16% 的 B_2O_3 取代 $Sr_2P_2O_7$ 中的 P_2O_5 而获得荧光体基质。该基质和 $Sr_2P_2O_7$ 的晶体结构不同，基质可近似表达为 $Sr_6P_5BO_{20}$。

在合成中如果条件控制不严，往往会有 $Sr_2P_2O_7$ 生成。发射光谱中 420nm 出现一个次峰，对提高灯的 R_a 不利。该荧光粉具有很宽的激发光谱（见图 2-22），不但能有效吸收汞的 254nm、365nm 辐射并被激发发光，而且还具有吸收 405nm、436nm 汞线并受激发发光的性能。它的发射主峰值随着 P/B 的比例变化在 420~480nm 之间变化。发射光谱不对称，意味着包含两个 Eu^{2+} 中心。当其组成为 $2SrO \cdot 0.84P_2O_5 \cdot 0.16B_2O_3 : Eu^{2+}$ 时，荧光粉的发射光谱主峰波长为 480nm，峰半高宽度 87nm（见图 2-23）。

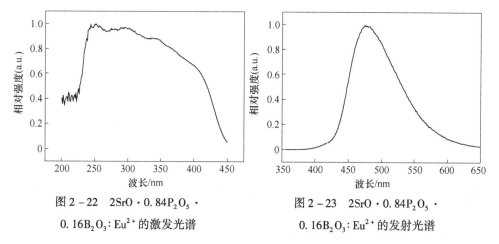

图 2-22　$2SrO \cdot 0.84P_2O_5 \cdot$ 　　　　图 2-23　$2SrO \cdot 0.84P_2O_5 \cdot$

$0.16B_2O_3 : Eu^{2+}$ 的激发光谱　　　　$0.16B_2O_3 : Eu^{2+}$ 的发射光谱

$2SrO \cdot 0.84P_2O_5 \cdot 0.16B_2O_3 : Eu^{2+}$ 的制备以 $SrHPO_4$、$SrCO_3$、H_3BO_3 和 Eu_2O_3 为原料，按配比称量，混料几十小时，将预备料在 1000℃ 左右预烧 4~6h，再在 1000℃ 左右在弱还原气氛下焙烧 4~6h。

2.6.2.2 　$(BaCaMg)_{10}(PO_4)Cl_2 : Eu^{2+}$

$(BaCaMg)_{10}(PO_4)Cl_2 : Eu^{2+}$ 是磷酸盐蓝粉的延伸，属氯磷灰石结构，六方晶系。其中碱土金属 Ba 占比例最大，Ca 次之，Mg 含量最低。该荧光粉在 400nm 附近的蓝区有很强的吸收，说明可吸收汞的蓝区谱线，起到提高显色性的效果（见图 2-24）。

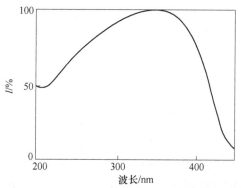

图 2-24　$(BaCaMg)_{10}(PO_4)Cl_2 : Eu^{2+}$ 的激发光谱

该荧光体的发射是 Eu^{2+} 的 $4f-5d$ 发射，属于宽带发射（见图 2-25），随着碱土金属（Ca/Ba）比例的变化，发射峰值波长在 482~495nm 之间变化。

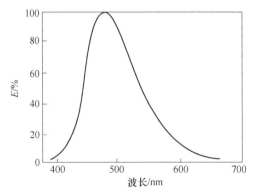

图 2-25 (BaCaMg)$_{10}$(PO$_4$)Cl$_2$:Eu^{2+} 的发射光谱

(BaCaMg)$_{10}$(PO$_4$)Cl$_2$:Eu^{2+} 的制备以 BaHPO$_4$、BaCO$_3$、CaCO$_3$、MgO、NH$_4$Cl 和 Eu$_2$O$_3$ 为原料，按配比称量，混料几十小时，将预备料在 1000℃ 左右预烧 4～6h，再在 1100℃ 左右在还原气氛下焙烧 4～6h。在制备过程中为了保证阴离子的充分，需要适量过量 NH$_4$Cl 和 PO$_4^{3-}$。

2.6.2.3 Sr$_4$Al$_{14}$O$_{25}$:Eu

Sr$_4$Al$_{14}$O$_{25}$:Eu 荧光体属正交晶系，空间群 *Pmma*；晶胞参数 $a = 2.47850$nm，$b = 0.8478$nm，$c = 0.4886$nm。它的激发光谱从 250nm 一直延伸到 450nm（见图2-26），它能够吸收汞的蓝区谱线，起到提高显色性的效果。Sr$_4$Al$_{14}$O$_{25}$ 中 Sr 存在两种不同的晶体学格位，在此晶体结构中，Eu 分别进入 Sr 的 2 个格位，发射有 400nm、490nm，因而存在 410nm 和 490nm 两个 Eu^{2+} 的发射，490nm 的发射占绝大多数，且会将发射 400nm 波长的 Eu^{2+} 的能量传递到发射 490nm 波长的 Eu^{2+}，在一定范围内，随着 Eu 加入量的增加，峰值波长 410nm 的发射受到抑制；Eu 少则在 400nm 处发射强，随着 Eu 增加，400nm 处"猝灭"，490nm 处发射加强；大约 Eu≤0.08mol，400nm 处有发射。Sr$_4$Al$_{14}$O$_{25}$ 基质中加入适量 B$_2$O$_3$ 有利于波长 490nm 的发射，而加入 P$_2$O$_5$ 后则不利于 490nm 的发射。Sr$_4$Al$_{14}$O$_{25}$:Eu 的典型发射光谱如图 2-27 所示。峰值波长为 491nm，半宽度 66.7nm。

Sr$_4$Al$_{14}$O$_{25}$:Eu^{2+} 制备方法一般为氧化物固相反应法，工艺类似稀土铝酸盐蓝粉。按 Sr$_4$Al$_{14}$O$_{25}$:Eu^{2+} 称量原料碳酸锶、氧化铝、氧化铕和助熔剂。混料几十小时，将预备料在 1500℃ 左右预烧 4～6h，再在 1550℃ 左右还原气氛下焙烧 4～6h。原料的纯度、焙烧温度和助熔剂对粉体的性能影响较大，在配料过程中 Al$_2$O$_3$ 适当过量的性能较优。当混料不匀在合成过程中会生成 SrAl$_2$O$_4$、SrAl$_{12}$O$_{19}$ 或者灼烧还原过程的温度也会影响使其生成 SrAl$_2$O$_4$、SrAl$_{12}$O$_{19}$，在这两个晶体结构中 Eu 的发射分别为 515nm 和 395nm。在制备过程中需要注意。

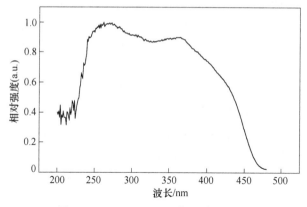

图 2 - 26 $Sr_4Al_{14}O_{25}$：Eu^{2+} 的激发光谱

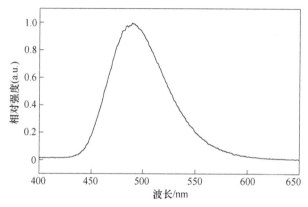

图 2 - 27 $Sr_4Al_{14}O_{25}$：Eu^{2+} 的发射光谱

上述这些荧光粉均具有蓝绿宽带发射，但从能被 254nm 和 365nm 紫外光高效激发及吸收 405nm、436nm 汞线效率等角度综合考虑，$2SrO \cdot 0.84P_2O_5 \cdot 0.16B_2O_3$：$Eu^{2+}$ 及 （$BaCaMg$）$_{10}$（PO_4）Cl_2：Eu^{2+} 是高显色性荧光粉最优良的蓝绿色组分。

2.6.2.4 （$SrMg$）$_3$（PO_4）$_2$：Sn

波长大于 630nm 的红色发射荧光粉对光通的贡献很小，但对显色指数的提高很有效。砷酸镁锰（$6MgO \cdot As_2O_5$：Mn^{4+}）和氟锗酸镁锰（$3.5MgO \cdot 0.5MgF_2 \cdot GeO_2$：$Mn^{4+}$）是适宜的红色发光材料。但由于砷的毒性，砷酸镁荧光粉的生产和使用受到限制；而 GeO_2 昂贵的价格也影响氟锗酸镁荧光粉的广泛应用。

（$SrMg$）$_3$（PO_4）$_2$：Sn 具有 β-Ca_3（PO_4）$_2$ 晶型结构，属三方晶系。$Sr_3P_2O_8$：Sn 发射 375nm 的宽带，当小离子 Mg 取代部分 Sr 后发光性质发生显著变化，峰值波长为 625nm 左右的宽带。Sn 在 $0.02 \sim 0.20mol/mol$ 范围内，都有很高的效率，但

其热猝灭性随 Sn 浓度的提高下降。该荧光粉能被 254nm 有效激发（见图 2-28），发射峰值波长在 625nm（见图 2-29）。（SrMg）$_3$（PO$_4$）$_2$：Sn 最早是由 Butler 研究发现的，西凡尼亚生产，应用于高压汞灯、高显色性灯的红色组分及植物生长灯中。

（Ba$_x$Ca$_{1-x}$）$_3$（PO$_4$）$_2$：Ce，Mn 的基质（Ba$_x$Ca$_{1-x}$）$_3$（PO$_4$）$_2$ 具有畸变的 Ca$_3$（PO$_4$）$_2$ 结构。该荧光粉中 Ce^{3+} 是助激活剂，Mn^{2+} 是激活剂，由 Ce^{3+}→Mn^{2+} 的能量传递使 Mn^{2+} 激发产生 650nm 左右的发射，当 Ce^{3+} 和 Mn^{2+} 浓度相等都为 0.15mol 时，荧光粉有最高的红色发射亮度。

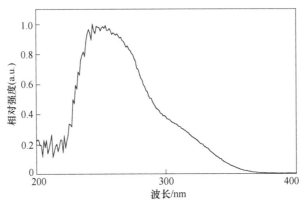

图 2-28　（SrMg）$_3$（PO$_4$）$_2$：Sn 的激发光谱

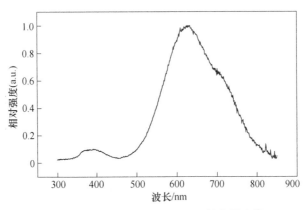

图 2-29　（SrMg）$_3$（PO$_4$）$_2$：Sn 的发射光谱

2.6.2.5　（Gd,Ce）（Mg,Mn）B$_5$O$_{10}$ 和（Gd,Ce,Tb）（Mg,Mn）B$_5$O$_{10}$

（Gd,Ce）（Mg,Mn）B$_5$O$_{10}$ 和（Gd,Ce,Tb）（Mg,Mn）B$_5$O$_{10}$ 为硼酸盐系，晶体结构为单斜晶体。

在 LnMgB$_5$O$_{10}$：Ce 荧光体中，从 170~280nm 之间存在 Ce^{3+} 强的激发带，而

Ce^{3+} 的发射带从 280nm 扩展到 360nm, 发射峰位于 300nm 附近。在 $LnMgB_5O_{10}$ 基质中, 加入 Gd^{3+} 后, Ce^{3+} – Tb^{3+} 离子间的能量传递更为有效。在无辐射能量传递过程中, Gd^{3+} 起重要的中介作用: Ce^{3+} – Gd^{3+} – Tb^{3+}。在 $LnMgB_5O_{10}$:Ce 材料中, 有不同的价态、占据结晶学格位不同的阳离子——Ln^{3+} 和 Mg^{2+}。三价 Ce、Gd、Tb 和 Bi 等离子可以占据 Ln^{3+} 的格位; Mg 原子位于一个畸变的八面体格位上, 由 6 个氧原子配位, Mn^{2+} 可部分取代 Mg^{2+}, 位于八面体格位上。因而可以得到 Mn^{2+} 的红光, 它是属于 Mn^{2+} 的 $^4T_1$ – $^6A_1$ 能级跃迁发射。在这体系中, Mn^{2+} 的发光不能直接被 Ce^{3+} 敏化, 而 Gd^{3+} – Mn^{2+} 的能量传递可以发生。荧光体的激发和发射光谱如图 2 – 30 所示。

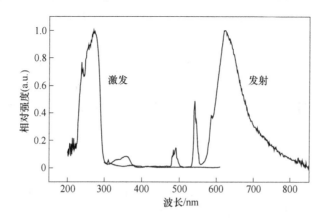

图 2 – 30 (Gd,Ce,Tb)(Mg,Mn)B_5O_{10} 的激发和发射光谱

(Gd,Ce)(Mg,Mn)B_5O_{10} 和 (Gd,Ce,Tb)(Mg,Mn)B_5O_{10} 的制备方法一般为高温固相法, 按 (Gd,Ce)(Mg,Mn)B_5O_{10} 和 (Gd,Ce,Tb)(Mg,Mn)B_5O_{10} 称量原料氧化铈、氧化铽、氧化钆、氧化镁、硼酸和氧化锰或碳酸锰。混料均匀后, 将预备料在 1000℃ 左右预烧 4 ~ 6h, 再在 1100℃ 左右还原气氛下焙烧 4 ~ 6h。同样因为是硼酸盐, 熔点较低, 焙烧过程中需要严格控制温度, 在预烧过程中还需要注意 H_3BO_3 的剧烈分解。由于发光中心之间需要能量传递, Ce – Gd – Tb 之间混合需要均匀, 能使用 Ce – Gd – Tb 共沉淀氧化物更合适。

2.6.2.6 $3.5MgO \cdot 0.5MgF_2 \cdot GeO_2$:$Mn^{4+}$

大红色的 $3.5MgO \cdot 0.5MgF_2 \cdot GeO_2$:$Mn^{4+}$ 是从锗酸镁 ($4MgO \cdot GeO_2$:Mn^{4+}) 演变而来, 属斜方晶系。在 253.7nm 和 365nm 紫外光激发下呈大红色。发射光谱由 626nm、634nm、643nm、654nm 和 660nm 组成, 发射峰值波长 660nm, 与砷酸镁光谱极为相似。氟锗酸镁和砷酸镁的激发和发射光谱如图 2 –31 和图 2 –32 所示。

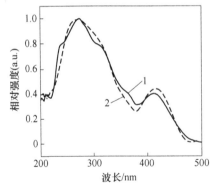

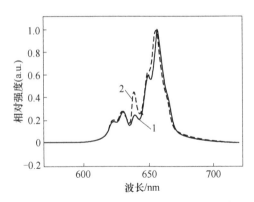

图 2-31   氟锗酸镁和砷酸镁的激发光谱 　　　图 2-32   氟锗酸镁和砷酸镁的发射光谱
1—氟锗酸镁；2—砷酸镁 　　　　　　　　　　　1—氟锗酸镁；2—砷酸镁

氟锗酸镁的制备方法一般为氧化物固相反应法，称量原料氧化锗、氧化镁、氟化镁和氧化锰或碳酸锰以及助剂。混料均匀后，将预备料在1200℃左右预烧4~6h，再破碎混料，再在1100℃左右焙烧4~6h。在制备过程中 MgF_2 需要适量过量。

2.6.3　植物生长灯用荧光粉

光是植物生长发育的基本因素之一。光质对植物的生长、形态建成、光合作用、物质代谢以及基因表达均有调控作用。通过光质调节，控制植株形态建成和生长发育是设施栽培领域的一项重要技术。不同光谱波段对植物生长的作用不同，300~380nm增加农作物叶片厚度，抑制植株徒长；380~480nm为绿叶光合作用的光谱带，能防止叶片黄化和产生丛叶，促进植物杆茎生长；480~600nm被植物反射，不吸收；600~780nm为绿叶光合作用的另一种重要光谱带，对花和叶片的形成、根茎的发育有很大的作用，尤其是对种子发芽、枝叶分叉、色素合成、杆茎生长、开花和酶的成型等特别重要；780~1000nm增加植物的干重；大于1000nm红外光作物吸收后变为热量外无其他作用。促进植物生长的荧光光谱主要集中在380~480nm的蓝紫光和600~760nm的橙红光。为了充分利用能量，光谱中480~600nm波段的光辐射尽可能少。这类植物生长灯粉由发射蓝光的荧光粉和发射红光的荧光粉按一定比例组合而成。

发射蓝光的发光材料可以是下述发光材料中的任一种或混合物。焦磷酸锶铕（$Sr_2P_2O_7:Eu$）、多铝酸钡镁铕（$BaMgAl_{10}O_{17}:Eu$），发射峰值波长为450nm；氯磷酸锶铕（$Sr_{10}(PO_4)_6Cl_2:Eu$）的发射峰值波长为448nm；焦磷酸锶锡（$Sr_2P_2O_7:Sn$），发射峰值波长为460nm。在这几种荧光粉中，以铕为发光中心的有高的发光效率和较好的光衰特性；而以 Sn 为发光中心的则价格比较便宜。

发射橙光至红光的荧光粉可以是下述几种发光材料的混合物。磷酸锶

镁:锡（SrMg)$_3$(PO$_4$)$_2$:Sn 的发射峰值波长为 625nm；磷酸钡钙:铈，锰
（CaBa)$_3$(PO$_4$)$_2$:Ce,Mn 的发射峰值波长为 650nm；氟锗酸镁:锰 3.5MgO ·
0.5MgF$_2$·GeO$_2$:Mn 的发射峰值波长为 650nm；砷酸镁:锰 6MgO·As$_2$O$_5$:Mn 的
发射峰值波长为 650nm；铝酸锂:铁 LiAl$_5$O$_8$:Fe 的发射峰值波长为 675nm，
LiAlO$_2$:Fe的发射峰值波长为 740nm。

　　在这些发射橙红光的荧光粉中，在 20 世纪 80 年代的资料和实样中一般采用
砷酸镁。但是由于砷酸镁生产中的"三废"问题，近几年已很少生产。在 90 年
代中期试验了用磷酸钡钙代替砷酸镁用于植物生长灯中。由于磷酸钡钙比砷酸镁
有更高的发光强度和更佳的稳定性，用于植物生长灯中取得同样的好效果。但若
用于单色灯和霓虹灯，由于磷酸钡钙的色彩远不及砷酸镁艳丽，则要逊色得多。
而对于铝酸锂:铁荧光粉，80 年代用的多是 LiAl$_5$O$_8$:Fe，而近几年的资料和国外
灯管实样中较多的成分似是 LiAlO$_2$:Fe，总体应用较少。LiAlO$_2$:Fe 荧光体的发射
光谱如图 2-33 所示，这种 Fe 激活的发光材料在短波 UV 光激发下，发射近红外
的波段，属于 Fe^{3+} 的 d-d 电子组态之间的跃迁发射。

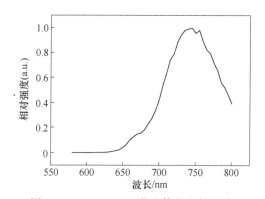

图 2-33　LiAlO$_2$:Fe 荧光体的发射光谱

　　Sr$_2$P$_2$O$_7$:Eu 和 Sr$_2$P$_2$O$_7$:Sn 的晶体结构一般有双晶或多晶型同质结构。它们
的相变转换十分缓慢，故通过快速冷却，能得到在室温时稳定的高温相。
Sr$_2$P$_2$O$_7$ 是同质双晶体，α 相为高温型正交晶系，β 相是在低温下形成的[1]。

　　Sr$_2$P$_2$O$_7$:Eu 荧光体在 254nm 激发下具有发射峰为 420nm 的宽发射带，其变
异体（Sr,Mg)P$_2$O$_7$:Eu 发射峰位于 393nm 附近，而 α-CaP$_2$O$_7$:Eu 的发射峰为
413nm；它们的激发和发射光谱如图 2-34 所示。Sr$_2$P$_2$O$_7$:Sn 发射光谱为一个相
当宽带谱，峰值在 464nm 附近，发射光谱如图 2-35 所示。它们的激发光谱很
宽，从短波 UV 区一直延伸到 400nm 附近的蓝紫区，它们具有良好的温度猝灭特
性和热稳定性。

　　对焦磷酸锶体系发光材料进行了两种方法的合成。一是用碳酸锶（钙）、氧
化镁或碱式碳酸镁、磷酸氢二铵、氧化铕（锡）根据化学式配料机械混合均匀，

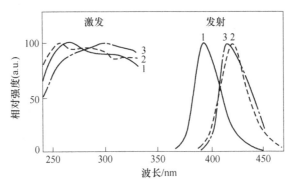

图 2 - 34   （Sr，Mg）P$_2$O$_7$：Eu、Sr$_2$P$_2$O$_7$：Eu 和
α-CaP$_2$O$_7$：Eu 的激发和发射光谱

1—（Sr，Mg）P$_2$O$_7$：Eu；2—Sr$_2$P$_2$O$_7$：Eu；3—α-CaP$_2$O$_7$：Eu

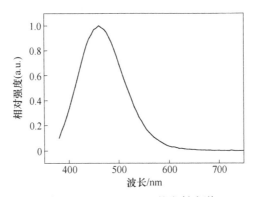

图 2 - 35   Sr$_2$P$_2$O$_7$：Sn 的发射光谱

在约 900~1000℃ 预烧，1100℃ 左右弱还原气氛下还原。二是用硝酸锶、氧化铈、磷酸氢二铵共沉淀制成前驱体 SrHPO$_4$：Eu、SrHPO$_4$：Sn，再和氧化镁或碱式碳酸镁在约 900~1000℃ 预烧，1100℃ 左右弱还原气氛下还原。从结果看两种方法制备的样品一次特性接近，但用共沉淀法制备简单易操作。用沉淀法制备前驱体，解决了混料不易均匀的问题，而且激活剂 Eu 或 Sn 共沉淀于基质使得产品均匀，性能一致。

2.7   小结

灯用稀土发光材料只占发光材料中的一部分，也只是稀土应用领域中的一部分。但是灯用发光材料在发光材料中的用量是最大的，节能灯的推广也影响到千家万户。从白炽灯到卤粉荧光粉再到稀土节能灯，随着人们生活水平的提高及人们对能源利用效率的提高，也不断地推动照明技术的发展和进步，对灯的要求也越来越多，从而对发光材料的要求也是越来越高，推动着发光材料不断地向前发展。

灯用稀土发光材料行业是稀土功能材料行业重要的子行业之一，也得到了国家的大力支持。2010 年 10 月国务院下发的《关于加快培育和发展战略性新兴产业的决定》〔国发（2010）32 号〕将稀土功能材料作为新材料产业，列入重点发展的七大战略性新兴产业之一。在国家发改委、科技部、商务部和国家知识产权局联合颁布的《当前优先发展的高技术产业化重点领域指南》（2011 年度）和科技部发展计划司公布的《国家火炬计划优先发展技术领域（2010 年）》等政策文件中，稀土发光材料均被列入重点支持和优先发展的高新技术产业领域。

而始于 20 世纪 80 年代的节能灯产业及灯用稀土发光材料产业，从国内外整体行业对比来看，我国具有起步晚、发展快、行业技术水平进步明显的特点。在30 多年的发展过程中，在国家的大力支持下，我国逐渐建立起了完善的节能灯产业，而灯用发光材料也在复旦大学、中国科学院长春应用化学研究所、武汉大学、中山大学、北京大学等高校、科研单位及上海跃龙、江门科恒、咸阳彩虹、杭州大明等企业的努力推动下，逐渐替代了外国企业，占据了主导地位。

经过 30 多年的发展，节能灯产业也受到了技术进步的冲击，随着固态照明逐渐的实用化，白光 LED 逐渐代替部分节能灯并迅速发展，这是技术不断进步的必然。当然在一定时期内，节能灯还会与 LED 并存并继续发挥重要的作用。同时灯用稀土发光材料在一些特殊的灯用照明中（如紫外灯），也是 LED 暂时所不可取代的。

参 考 文 献

[1] 徐叙瑢，苏勉曾. 发光学与发光材料 [M]. 北京：化学工业出版社，2004.
[2] 闫世润，胡学芳. 中国灯用稀土三基色荧光粉发展历程与动向. 内部资料.
[3] 孙家跃. 固体发光材料 [M]. 北京：化学工业出版社，2003.
[4] 李建宇. 稀土发光材料及其应用 [M]. 北京：化学工业出版社，2003.
[5] 洪广言. 稀土发光材料——基础与应用 [M]. 北京：科学出版社，2011.
[6] 石中玉. 紫外线光源及其应用 [M]. 北京：轻工业出版社，1984.
[7] 胡建国，闫世润，等. 高显色性灯用荧光粉的研究 [C]. 全国电光源科技研讨会，2005.
[8] 胡建国，万国江，等. 磷酸钡钙:铈、锰红色荧光粉的研制 [J]. 中国稀土学报，2005，23(5)：537~540.

3 白光 LED 用稀土发光材料

3.1 概述

3.1.1 白光 LED 简介

2014 年，诺贝尔物理学奖颁发给了 Akasaki Isamu、Amano Hiroshi 和 Nakamura Shuji 三位科学家，以表彰他们在高效率蓝光发光二极管（light emitting diode，LED）方面所作出的创造性贡献，他们的工作为白光 LED 光源的开发奠定了基础[1,2]。

LED 是一种能够将电能转化为光能的半导体固体发光器件，其主要原理是通过半导体中的载流子（电子和空穴）复合后释放出光子。LED 芯片发射出的光波波长取决于材料的能带间隙，可以覆盖紫外到红外的波长范围。1907 年，Round 发现具有肖特基二极管结构的 SiC 微晶可以发光[3]。1936 年，Destriau 报道了 ZnS 半导体发光材料，开创了 Ⅱ–Ⅵ型半导体发光材料的先河[4]。

1962 年，美国通用公司（GE）利用半导体材料 GaAsP 研制出第一颗可见光 LED，但是它只能发出红光。20 世纪 70 年代，红、黄、绿光 LED 开始出现，此时 LED 颜色得以丰富，但是亮度较低。80 年代早期到中期，对砷化镓、磷化铝的使用导致第一代高亮度 LED 的诞生：先是红色，接着是黄色，最后为绿色。1991 年，日本 Toshiba 公司和美国 HP 公司研制成功 InGaAlP 基橙色 LED；1992 年，InGaAlP 基黄色 LED 实现实用化；同年，Toshiba 又成功推出 InGaAlP 基绿色 LED。直到 1993 年，日亚化学公司（Nichia）发明了高效氮化镓（GaN）基蓝光 LED，突破了蓝光 LED 的技术瓶颈，高亮度、全彩化 LED 产品才得以实现[5,6]。

在高效蓝光 LED 芯片上涂覆荧光粉后，荧光粉通过吸收来自芯片的蓝光再转化为其他颜色的光，利用这种技术可以制造出任何颜色的可见光发射的 LED。如果在芯片上涂敷黄色荧光粉，而黄光和蓝光为互补色，它们混合形成白光，即可制得白光 LED 器件。进入 21 世纪后，白光 LED 技术得到了迅速发展，已广泛应用于照明领域。因其全固态的结构，白光 LED 照明又被称为固态照明（solid state lighting）；因为 LED 是半导体器件，白光 LED 照明又被称为半导体照明。

目前，白光 LED 被广泛认为是继白炽灯、荧光灯、高强度气体放电灯之后的第四代照明电光源。与传统光源相比较，白光 LED 具有许多优势：

（1）耗电量小，发光效率高。

（2）寿命长，普遍大于 3 万小时，没有灯丝熔断问题，即使是频繁地开关，也不会影响使用寿命。

（3）响应时间快（白炽灯的响应时间为毫秒级，LED 灯为纳秒级）。

（4）LED 灯为全固态结构，不需要像白炽灯或者荧光灯那样在灯管内抽真空或者充入特定气体，因此抗震、抗冲击性良好，给生产、运输、使用各个环节带来便利。

（5）不含有害的金属汞，无毒环保，是一种绿色的光源。

（6）LED 元件的体积小，布灯灵活，可制成可绕式或阵列式的元件，便于造型设计。

（7）使用低压直流电（3~24V），负载小、干扰小。

（8）LED 发光具有很强的方向性，从而可以更好地控制光线，提高系统的照明效率。

由于白光 LED 具有显著的优势及巨大市场前景，世界各国都在重点发展。日本、美国、欧盟、韩国及中国等均注入大量人力和财力设立专门的机构推动白光 LED 技术的发展，如日本的"21 世纪光计划"、美国的"固态照明计划"、欧盟的"彩虹计划"等。2014 年 5 月，美国能源部（Department of Energy，DOE）发布了 2014 版固态照明研发计划（Multi - year Program Plan，MYPP）。该计划重点阐述了固态照明的最新发展现状，并预计到 2020 年，冷白光的光效将达到 231lm/W，暖白光的光效将达到 225lm/W，两者的成本价格都要降为 0.7 美元/klm，将全方位进入普通照明领域。我国也于 2003 年紧急启动了"国家半导体照明工程"，通过国家科技攻关计划、"863 计划"等重大项目给予专项支持、推进，2014 年功率型白光 LED 产业化光效达 140lm/W，具有自主知识产权的功率型硅基白光 LED 的光效也达到 140lm/W[7]。

从世界各国的发展规划可以看出，全力提升白光 LED 的发光效率是重点。经过多年的发展，白光 LED 的光效得到了迅速提升：1998 年时白光 LED 光效只有 5lm/W；2014 年 3 月，Cree 宣告其研发出功率型的白光 LED 光效达到 303lm/W 的行业新高[8]。

表 3 - 1 为白光 LED 与其他种类照明光源的光效和寿命比较。白光 LED 在光效方面远高于白炽灯、高压汞灯和 T5 三基色荧光灯，并且寿命优势也极为突出。

表 3 -1　白光 LED 与其他种类照明光源的光效和寿命比较

项　目	LED	白炽灯	高压汞灯	T5 三基色荧光灯
光效/lm·W^{-1}	140	15	50	95
寿命/h	>30000	<2000	约 10000	约 10000

在光效快速提升的同时，白光 LED 的功率也逐渐变大。早期的白光 LED 一

般都在 0.06W 左右, 而现今 1W、3W 的白光 LED 产品的应用已非常广泛, 甚至出现了几十瓦的高质量产品。目前一般业内把功率为 0.5W 以上的 LED 称为功率型 LED。其中, 1~3W 的白光 LED 采用单芯片 LED 封装成点光源, 称为单核功率型白光 LED, 其特点是聚光效果好, 也能产生均匀的漫射, 常用作 LED 手电、头灯、小型便携式照明设备、小型闪光灯等。5W 以上的白光 LED 一般是由功率型蓝光 LED 芯片按照一定的规律排成发光体阵列, 然后用串联和并联方式集成的, 特别是 10W 以上大功率白光 LED 一般都直接集成在铝基板或铜基板上, 然后做成条状或圆盘状的面光源, 又称为多核功率型白光 LED。

　　白光 LED 的另一个发展趋势是追求高的色品质, 如照明应用的低色温、高显色, 显示应用的宽色域等。从日亚、Lumileds、欧司朗及晶元光电等近年来发布的产品即可窥见一斑, 他们最新推出的白光 LED 产品相关色温低于 5000K, 甚至 3000K, 而显色指数却大于 80、甚至 90。色温和显色指数属于表征光源光色品质的指标。随着白光 LED 应用的不断深入, 白光 LED 制作厂商也开始从早期的一味追求光效定位到光效与光色品质同时兼顾的方向上来, 这也是实际应用的需要。因为作为优质的照明光源, 不仅要求有高的亮度, 而且显色指数越高越好, 只有高的显色指数才能更真实地反映照明物体的真实颜色; 同时色温还要低一些, 这样才能在视觉上不给人过分阴冷、刺眼的感觉, 同时不影响远视时眼睛的观察能力, 一般认为低于 3000K 的黄光或暖白光是比较适合的照明光源。

3.1.2　白光 LED 的基本原理和结构

3.1.2.1　单色 LED 发光原理[9]

　　单色 LED 的核心部分是由 P 型半导体和 N 型半导体组成的芯片, P 型半导体和 N 型半导体的过渡连接部位被称为 “PN 结”。N 区有许多高迁移率的电子, P 区有许多低迁移率的空穴, 在常态下, 由于 PN 结势垒阻挡, 电子和空穴不能越过势垒发生复合, 而当电流通过导线作用于晶片时, 势垒降低, 电子流向 P 层, 空穴流向 N 层, 随后电子与空穴发生复合, 多余的能量以光的形式辐射出来, 这就是单色 LED 发光的原理。

3.1.2.2　白光 LED 的发光原理

　　半导体材料的 PN 结发光机理, 决定其不可能单一发出连续光谱的白光, 因此必须多种芯片组合或者芯片与荧光粉组合发出白光。目前, 从发光机理上实现白光的途径可分为三种:

　　(1) 荧光转换技术[10~12]。将荧光粉涂覆在 LED 芯片上, 通过荧光粉, 将半导体材料发出的较短波段的蓝光或紫光转化为波段较长的蓝、绿、黄、红以及蓝绿、黄绿、橙黄等光, 通过不同颜色的光的组合得到所需白光。这种技术被称为 “荧光转换” 技术。

（2）分别用发射出红光、绿光、蓝光的三基色光的多个半导体芯片进行组合发白光，称之为"三基色多芯片"技术[13,14]。该方法不需要采用荧光粉即可产生白光，可以避免荧光粉在发光波长转换过程中的能量损失。"三基色多芯片"技术的优点是还可以通过控制不同颜色的 LED 芯片所加电流强度，随意调节出所需要的颜色。但同时使用多个 LED 成本较高，控制电路复杂，另外由于三色 LED 芯片材料不同，不同颜色 LED 光衰程度差别很大，很容易造成后期混合白光的色差。

（3）通过调节 InGaN 芯片的量子阱结构实现白光发射。在芯片的发光层生长过程中掺入不同的元素形成各种量子阱，通过这些量子阱发出的光子混合发出白光。该项技术为"量子阱"技术，目前尚未成熟，仍不稳定。

在上述三种发白光技术中，"量子阱"技术还处于实验室研究阶段；"三基色多芯片"因成本较高，且技术也还不够成熟，产品较少；而荧光转化技术已经大量商业化，是 LED 实现发白光的主要途径。

目前最为常见的白光产生方式是蓝光芯片与黄色荧光粉组合产生白光，其原理是芯片发出的蓝光激发荧光粉发出黄光，黄光与蓝光为互补光，两者混合后获得白光。该方法的优点是结构简单，发光效率高，且技术成熟度高、成本相对较低；但其缺点是红光缺失，色温偏高，显色性不理想，难以满足低色温照明需要。

为改善该种方式白光应用于照明领域的显色性和应用于显示领域中的色彩还原效果，还在黄色荧光粉中添加红色、绿色荧光粉，提高显色性，降低色温。同时，调整涂敷的荧光粉的品种和用量，可得到不同色温的白光[15]。由此，高性能黄色、红色和绿色荧光粉研制成为推动白光 LED 技术发展和应用的重要内容之一，白光 LED 用荧光粉也成为近年来照明领域研发的最大热点之一。

3.1.3　白光 LED 的封装[16,17]

3.1.3.1　LED 封装工艺流程

简单地说，LED 封装就是将芯片与电极引线、管座和透镜等组件通过一定的工艺技术结合在一起，使之成为可直接使用的发光器件的过程。相比集成电路封装略有不同，LED 的封装不仅要求能够保护芯片，而且还要能够透光，这对材料的选择也提出了一些要求。

以单核功率型 LED 为例，其封装的一般工艺流程包括：LED 芯片黏结、黏结后烘烤、焊线、荧光粉涂布、荧光粉烘烤、灌胶成型/透镜安装、胶体烘烤、半切、初测、二切、测试分档、检验包装。

3.1.3.2　影响发光效率的封装要素[18]

A　散热技术

对于由 PN 结组成的 LED 芯片，当正向电流从 PN 结流过时，PN 结有发热损耗，造成结温上升，进而会使 PN 结发光复合的几率下降，其亮度下降。LED 的发光亮度将不再继续随着电流成比例提高，显示出热饱和现象。另外，随着结温的上升，发光的峰值波长也将向长波方向漂移，约 $0.2 \sim 0.3\text{nm}/℃$，这对于通过由蓝光芯片涂覆荧光粉混合得到的白光 LED 来说，蓝光波长的漂移，会引起与荧光粉激发波长的失配，降低白光 LED 的整体发光效率，并导致白光色温的改变。

对于功率白光 LED 来说，PN 结的电流密度非常大，所以 PN 结的温升非常明显。对于封装和应用来说，让 PN 结产生的热量能尽快地散发出去，可提高产品的饱和电流，提高产品的发光效率，同时也提高了产品的可靠性和寿命。首先封装材料的选择显得尤为重要，包括热沉、黏结胶等，要求导热性能良好。其次结构设计要合理，各材料间的导热性能连续匹配，材料之间的导热连接良好，避免在导热通道中产生散热瓶颈，确保热量从内到外层层散发。同时，要从工艺上确保热量按照预先设计的散热通道及时地散发出去。

B　出光技术

根据折射定律，光线从光密介质入射到光疏介质时，当入射角达到一定值，即大于等于临界角时，会发生全发射。以 GaN 蓝色芯片来说，GaN 材料的折射率是 2.3，当光线从晶体内部射向空气时，根据折射定律，临界角 $\theta = \arcsin(n_2/n_1)$。式中 n_2 等于 1，即空气的折射率；n_1 是 GaN 的折射率。由此计算得到临界角 θ 约为 25.8°。在这种情况下，能射出的光只有入射角不大于 25.8°这个空间立体角内的光。

为了提高 LED 产品封装的取光效率，必须提高 n_2 的值，即提高封装材料的折射率，以提高产品的临界角，从而提高产品的封装发光效率。同时，封装材料对光线的吸收要小。为了提高出射光的比例，封装的外形最好是拱形或半球形，这样，光线从封装材料射向空气时，几乎是垂直射到界面，因而不再产生全反射。

从另一角度考虑，提高反射光效率也可以提高出光效率，这主要有两方面，一是芯片内部的反射处理，二是封装材料对光的反射。通过内、外两方面的反射处理，来提高从芯片内部射出的光通比例，减少芯片内部吸收，提高功率 LED 成品的发光效率。从封装来说，功率型 LED 通常是将芯片装配在带反射腔的金属支架或基板上，支架式的反射腔一般是采取电镀方式提高反射效果，而基板式的反射腔一般是采用抛光方式，有条件的还会进行电镀处理，但以上两种处理方式受模具精度及工艺影响，处理后的反射腔有一定的反射效果，但并不理想。

C　荧光粉的选择与涂覆

为了提高蓝色芯片激发荧光粉的效率，荧光粉的选择要合适，包括激发波长、颗粒度大小、激发效率等，需全面考核，兼顾各个性能。此外，随着市场需求对大功率 LED 封装技术不断提高，对器件的出光均匀性也提出了更高的要求，特别是便携式照明和室内照明。因此荧光粉的涂覆要均匀，最好是相对发光芯片各个发光面的胶层厚度均匀、以免器件会出现蓝心，有黄圈的现象，影响了器件的出光质量，降低了器件的整体性能。

3.2 白光 LED 用铝酸盐荧光粉

3.2.1 白光 LED 用 YAG: Ce^{3+} 荧光粉

目前最为广泛应用的铝酸盐荧光粉是 YAG: Ce^{3+} 荧光粉，其基质材料为钇铝石榴石（$Y_3Al_5O_{12}$，YAG），是 Geusic 等人在 1964 年发现的[19]。YAG: Ce^{3+} 因发光效率高、热稳定好和化学结构稳定等优点，成为最经典的黄粉。YAG: Ce^{3+} 还因其超短余辉特性，在 20 世纪 60 年代曾被广泛用于飞点扫描仪，因而该荧光粉本身不存在专利问题。纯的 $Y_3Al_5O_{12}$ 晶体的价带与导带的能隙与紫外光的能量相当，因而其本身无法被可见光激发，也不吸收可见光，粉体颜色为白色；但在掺杂 Ce^{3+} 后，粉体表现为亮丽的黄色，在 430 ~ 480nm 激发下产生 Ce^{3+} 的特征宽谱（半波宽 80 ~ 100nm）黄绿光发射。

图 3 – 1 所示为 YAG: Ce^{3+} 的激发和发射光谱。YAG: Ce^{3+} 荧光粉以 Ce^{3+} 为激活离子，激发带为典型的双峰结构，较强峰位于 400 ~ 500nm 之间，在此区间的激发光下产生 500 ~ 600nm 的单峰结构发射带[20]。恰与蓝光 LED 芯片相匹配，复合产生白光，如图 3 – 2 所示，使 LED 应用于照明领域成为可能。

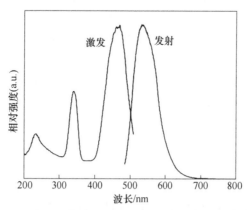

图 3 – 1 YAG: Ce^{3+} 的激发（$\lambda_{em} = 532nm$）和发射（$\lambda_{ex} = 470nm$）光谱

1997 年，日亚公司采用 GaN 芯片搭配 YAG: Ce^{3+} 荧光粉获得白光并申请了专利，从而在白光 LED 领域将 YAG: Ce^{3+} 荧光粉纳入专利保护范围内[21]。此后，主要围绕 YAG: Ce^{3+} 荧光粉在白光 LED 上的应用，并对其组成、结构、性能和制备开展了大量工作。其中欧司朗照明有限公司[22]和有研稀土新材料股份有限公

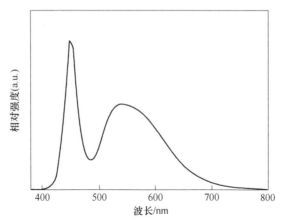

图 3-2   蓝光 LED 与黄光 YAG 荧光粉复合白光 LED 发射光谱

司等单位对 YAG: Ce^{3+} 荧光粉进行了掺杂改性的研究，均获得了相应的专利授权。有研稀土的庄卫东等人[23]通过二价金属离子部分取代 YAG: Ce^{3+} 基质中的 Al 或 Y，增强了对蓝光等激发光的吸收。同时，通过 F$^-$ 部分取代 O^{2-} 来进行补偿二价金属不等价取代引起的电荷不平衡，提高了材料结构和性能的稳定性。

虽然以 YAG: Ce^{3+} 黄色荧光粉搭配蓝光 LED 方式产生白光的发光效率很好，但从图 3-2 中也可以看出，蓝光 LED 与黄光 YAG 荧光粉复合白光光源由于 YAG: Ce^{3+} 荧光粉波长较短导致复合白光中缺少长波发光部分，使获得的白光 LED 显色指数不高[24]。由于其发光中心 Ce^{3+} 的发射在红光部分严重短缺，造成白光 LED 产品显色性较差，难以满足低色温照明需要，利用该荧光粉很难获得 4000K 以下、特别是 3000K 以下的低色温的白光 LED。这种光作为照明光源，在视觉感觉上过分阴冷，难以用于室内照明，因此必须降低 LED 灯的色温。此外，利用该方式所产生白光作为液晶显示背光源时，显示色域窄、色彩还原性差。人们从 YAG: Ce^{3+} 材料本身出发，主要通过组分调整的手段来改善其发射特征。庄卫东等人[25]还对 YAG: Ce^{3+} 材料进行了组合优化，化学式为：RE$_{3-x-y}$M$_5$O$_{12}$: Ce$_x$, R$_y$（其中：RE 为 Y、Gd、Lu、Sc、La、Sm 的一种或几种，M 为 B、Al、Ga、In、P、Ge、Zn 的一种或几种，R 可以是 Tb、Eu、Dy、Pr、Mn 的一种或几种），有效地提高了 YAG: Ce^{3+} 的发射峰强度，并调控其发射光峰值波长红移。此荧光粉相对于前述 YAG: Ce^{3+} 荧光粉光通量更高，而且显色性更好。

在这方面，其他研究者也以 YAG 为基底掺入其他稀土离子（Eu^{2+}、Eu^{3+}、Tb^{3+}、Nd^{3+}、Sm^{3+}等）作为激活剂离子。图 3-3 所示为 YAG: 0.01Sm^{3+} 的激发和发射光谱[26]。以 Sm^{3+} 为激活离子，激发带在 400～500nm 之间，在 408nm 的激发光下产生峰值为 567nm 和 618nm 的窄带发射。YAG: Sm^{3+} 为重要的激光材料。此外，YAG: Tb^{3+} [27] 是一款应用于显示的绿色荧光粉，YAG: Eu^{3+} [28] 为一款用于装饰照明的重要的红色荧光粉，YAG: Yb^{3+}[29]是一款被用来获得高的输出功率以及超短脉冲的激光晶体。

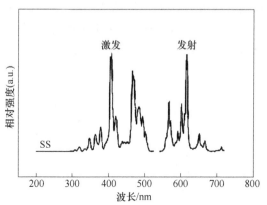

图 3 - 3 0.01%（摩尔分数）Sm 掺入 YAG 的激发
（$\lambda_{em} = 618nm$）和发射（$\lambda_{ex} = 408nm$）光谱

除此之外，有人提出根据三原色原理在原有荧光粉的基础上掺入红色荧光粉，从而提高显色指数。但由于混合荧光粉的均匀性、荧光粉之间再吸收、不同荧光粉的老化特性与温度特性有差异使获得的白光 LED 发光效率不高，制成的白光 LED 电路复杂。基于此，有的研究者提出对原有的荧光粉进行改性，使黄色荧光粉 YAG: Ce^{3+} 红色发光部分增强。Chiang 等人[30]通过共沉淀法合成了 $Tb_3Al_5O_{12}$: Ce^{3+}（TbAG: Ce^{3+}），如图 3 - 4 所示，TbAG: Ce^{3+} 在 460nm 的激发下为典型的 Ce^{3+} 宽带发射，发射带为 500 ~ 650nm。Ogiegło 等人[31]研究了 $Gd_3Ga_xAl_{5-x}O_{12}$: Ce^{3+}（x = 1，2，3，4）系列荧光粉的合成以及光学性质，$Gd_3Al_5O_{12}$: Ce^{3+} 在 445nm 的激发光下呈现 460 ~ 750nm 的宽带发射。由于 Y^{3+}、Tb^{3+}、Gd^{3+} 的原子半径是逐渐增大的，对比 YAG: Ce^{3+}、TbAG: Ce^{3+}、$Gd_3Al_5O_{12}$: Ce^{3+} 的发射光谱，YAG: Ce^{3+} 荧光粉，A 格位掺入半径相对较大的原子，

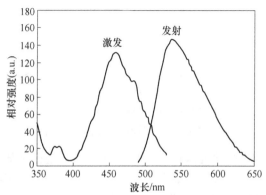

图 3 - 4 TbAG: Ce^{3+} 的激发（$\lambda_{em} = 550nm$）和发射（$\lambda_{ex} = 460nm$）光谱

光谱有向长波方向移动的现象。还有人研究了 YAG：Ce^{3+}、Y(Gd)AG：Ce^{3+}、Y(La)AG：Ce^{3+}荧光粉的发射光谱[32]，也有类似的现象，在十二面体 A 格位掺入较大的离子，光谱向长波方向移动（见图 3-5）。此外，从图 3-6 中也可以发现，Gd$_3$Ga$_x$Al$_{5-x}$O$_{12}$：Ce^{3+}随着 Al 格位 Ga 浓度的增加，光谱有向短波方向移动的现象。这是由于基质离子半径变化导致激活剂离子所处的晶体场环境变化从而影响发光。

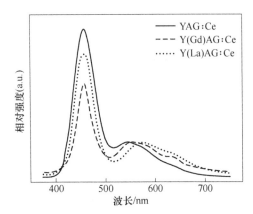

图 3-5　YAG：Ce^{3+}、Y(Gd)AG：Ce^{3+}、Y(La)AG：Ce^{3+}
荧光粉发射光谱（$\lambda_{ex}=456$nm）

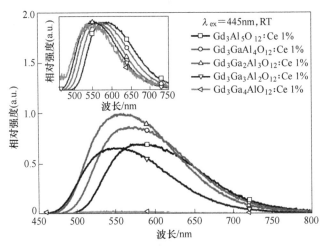

图 3-6　Gd$_3$Ga$_x$Al$_{5-x}$O$_{12}$：Ce($x=1$, 2, 3, 4)
的发射光谱（插图为归一化发射光谱）

研究者除对基质进行研究改性外，也对激发离子进行了研究。Jia 等人[33]合成了 YAG：Ce^{3+}，Mn^{2+}，Si^{4+}，如图 3-7 所示，通过 YAG：Ce^{3+}、YAG：Mn^{2+}，Si^{4+}、YAG：Ce^{3+}，Mn^{2+}，Si^{4+}的发射光谱对比，可以得出 Ce^{3+}与 Mn^{2+}之间发生

了能量传递，在 450nm 的蓝光激发下激发 Ce^{3+} 发出黄绿光以及 Mn^{2+} 发出红色光。且随着 Mn^{2+} – Si^{4+} 的浓度增大，Ce^{3+} 能量传递给了 Mn^{2+}，使红色发光部分增强。这样通过 YAG : Ce^{3+} 固溶 Mn^{2+} – Si^{4+} 就增强了铈掺杂的石榴石荧光粉中的红色部分，有望成为具有高显色指数的白光 LED 用荧光粉。Setlur 等人[34] 将 Si^{4+} – N^{3-} 离子对掺入 $RE_3Al_5O_{12}$: Ce^{3+}（RE = Lu^{3+}，Y^{3+}，Tb^{3+}）石榴石荧光粉，发现在与 N^{3-} 有局部配位的 Ce^{3+} 的吸收和发射带有明显的降低，与传统的 YAG : Ce^{3+} 荧光粉相比增宽了 Ce^{3+} 的发射光谱，即具有更强的长波方向发射光谱。Shang 等人[35] 将 Mg^{2+}、Si^{4+}、Ge^{4+} 掺入 YAG : Ce^{3+} 荧光粉中合成 $Y_3Al_{5-2x}Mg_x(Si/Ge)_xO_{12}$: Ce^{3+}（$0 \leqslant x \leqslant 2$），在蓝光的激发下，$Mg^{2+}$、$Si^{4+}$、$Ge^{4+}$ 的掺杂使 $Y_3Al_{5-2x}Mg_x(Si/Ge)_xO_{12}$: Ce^{3+}（$0 \leqslant x \leqslant 2$）荧光粉的发射光谱中长波方向的发射强度明显增大。在紫外芯片的激发下，人们观察到 Mg^{2+}、Si^{4+} 双掺杂的 YAG : Ce^{3+} 荧光粉具有 375 ~ 500nm 的发射带——随着 Mg^{2+} – Si^{4+} 的掺入，荧光粉发光颜色从黄绿光到蓝光变化，其有望成为一款在 UV 芯片激发下的单一相的白光 LED 用荧光粉。

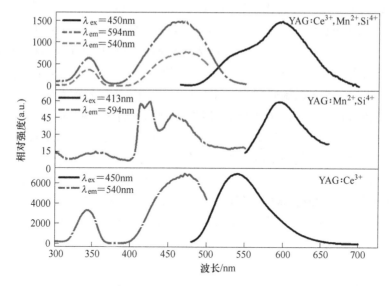

图 3 – 7　YAG : Ce^{3+}、YAG : Mn^{2+}，Si^{4+}、YAG : Ce^{3+}，Mn^{2+}，Si^{4+} 的激发和发射光谱

3.2.2　白光 LED 用氟铝酸盐荧光粉[36]

近年来，Sr_3AlO_4F : RE（RE = Eu，Tb，Er，Tm 等）铝酸盐基稀土发光材料被广泛研究，被认为是一种有潜力的白光 LED 用荧光粉。1999 年，Vogt 等人[37] 报道了 Sr_3AlO_4F 的结构，其为四方结构，$I4/mcm$ 空间群，$a = b = 0.678221(9)$ nm，

$c = 1.11437(2)$ nm，其中 Sr 存在 8 配位的 $Sr(1)O_6F_2$ 和 10 配位 $Sr(2)O_8F_2$ 两个格位，键长分别为 8 个 $Sr(1)$—O 键长为 $0.2842(4)$ nm，2 个 $Sr(1)$—F 键长为 $0.2786(1)$ nm，4 个 $Sr(2)$—O 键长为 $0.2797(4)$ nm，2 个 $Sr(2)$—O 键长为 $0.2460(4)$ nm，2 个 $Sr(2)$—F 键长为 $0.25188(8)$ nm，4 个 Al—O 键长为 $0.1761(4)$ nm。

Park 等人[38]对稀土激活剂 Eu、Tb、Er、Tm 掺杂的 $A(1)_{3-x}A(2)_xMO_4F$（其中 A = Sr，Ca，Ba；M = Al，Ga）铝酸盐体系荧光粉的发光性能进行研究。研究指出此铝酸盐基质中金属阳离子在晶格中具有两个不同的格位，分别为占据 10 配位的 $A(1)$ 和 8 配位的 $A(2)$。根据不同激活剂离子的掺入，在紫外光或近紫外光激发下，可以分别发出红光、黄光、绿光和蓝光，对掺入激活剂离子浓度的调节，可以对其发光的 CIE 色坐标进行有规律地调节。随后 Park 等人[39]又对 In 激活的这种铝酸盐基稀土发光材料进行了研究，其中分子式为：$(Sr_{3-x}Ba_x)_{1-\alpha-2\delta}Al_{1-c}In_cO_{4-\alpha}F_{1-\delta}$（$x = 0 \sim 0.6$，$\alpha = 0 \sim 0.05$，$\delta = 0 \sim 0.05$，$c = 0 \sim 0.2$），在近紫外光 400nm 激发下，发出橙红光，峰值波长接近 600nm。

Shang 等人[40]对 $Sr_3AlO_4F:RE^{3+}$（RE = Tm，Tb，Eu，Ce）荧光粉单一基质多激活剂离子共掺发白光进行了报道，因为此体系激活剂离子分别发出不同波段的光：Tm^{3+}（$^1D_2 \rightarrow {}^3F_4$，蓝光），$Tb^{3+}$（$^5D_4 \rightarrow {}^7F_5$，绿光），$Eu^{3+}$（$^5D_0 \rightarrow {}^7F_2$，红光）。同时激活剂离子之间存在 $Tb^{3+} \rightarrow Eu^{3+}$ 和 $Ce^{3+} \rightarrow Tb^{3+}$ 之间的能量传递。

Chen 等人[41]通过高温固相法制备了 $Sr_{3-2x}Eu_xNa_xAlO_4F$ 荧光粉，其中激活剂离子为正三价 Eu^{3+}，当 $x = 0.10$ 时，激发光谱从紫外光 250nm 到 350nm，峰值波长位于 300nm 处，Eu^{3+} 的 $^5D_0 \rightarrow {}^7F_2$ 跃迁所发光峰值波长为 618nm，CIE 色坐标为 $(0.63, 0.35)$，是一款潜在的 LED 用红色荧光粉。

Fang 等人[42]对 Ce^{3+} 掺杂的 Sr_3AlO_4F 基铝酸盐荧光粉进行了报道，指出其在近紫外区域有强的激发，最强激发峰位于 405nm 处，发射峰峰值波长位于蓝绿光 506nm 处，并且发射光谱是由 10 配位的 $Ce(1)$（$Ce(1)O_8F_2$）和 8 配位的 $Ce(2)$（$Ce(2)O_6F$）两个发光中心组合发光所得，又因为 Ce^{3+} 的 4f 轨道分为 $^2F_{5/2}$ 和 $^2F_{7/2}$，所以通过对发射光谱进行高斯函数拟合，可分解出 4 个子发射峰，峰值波长分别为 458nm、500nm、531nm、594nm。同时，此荧光粉在 405nm 处吸收效率较高，发射光可在蓝绿色和绿光区域调节，是一款潜在的近紫外激发的白光 LED 用荧光粉。

Im 等人[43]研究了 Ba 对 $Sr_3AlO_4F:Ce^{3+}$ 中 Sr 的取代，而且 Ba 仅取代 10 配位的 Sr，形成 $Ba(1)O_8F_2$ 多面体，获得一款在 405nm 激发下的绿色荧光粉，发射峰值波长位于 502nm，其量子效率接近 100%，与 405nm LED 芯片组合发光，输入电流为 20mA，可达到显色指数为 62。对激活剂离子 Ce^{3+} 进入 8 配位和 10 配位两个不同格位的发光性能也进行了研究。

庄卫东等人[44]用 Ca^{2+} 取代 Sr_3AlO_4F: Ce^{3+} 中碱土金属阳离子 Sr^{2+}，获得 $Sr_{2.975-x}Ca_xAlO_4F$: $Ce^{3+}_{0.025}$（$0 \leqslant x \leqslant 1.0$）发光材料。结果表明，Ca 在 Sr_3AlO_4F 基质中的固溶极限不超过 $x = 0.9$，而且当 $x = 0.4$ 时，发射光强度最高，同时对 Ca 不同浓度掺入时，激活剂离子 Ce^{3+} 的猝灭浓度进行了研究，发现当 Ca^{2+} 的掺入量由 $x = 0$ 增加至 $x = 0.4$ 时，对应的 Ce^{3+} 的猝灭浓度由 0.01 降低至 0.0025。

孙家跃等人[45]报道了 Sr_3AlO_4F: Ce^{3+}，Tb^{3+} 的发光性能，指出 Ce^{3+} 向 Tb^{3+} 通过偶极 – 偶极相互作用原理进行能量传递，发出峰值波长位于 544nm 的黄绿色光，属于 Tb^{3+}（$^5D_4 \rightarrow {}^7F_5$）发光中心发光，是一款潜在的白光 LED 用稀土发光材料。

3.3 白光 LED 用硅酸盐荧光粉[36]

硅酸盐体系荧光粉因硅酸盐的化学组成比较复杂，组成结构多样性，是一个庞大的荧光粉体系。一般硅酸盐的结构是由三部分组成，其一硅酸盐的基本结构单元硅氧骨干：是由结构中的硅原子和氧原子按不同比例组成的各种负离子团，另外两部分为除了硅氧骨干以外的正离子和负离子。硅酸盐的基本结构单元为 $[SiO_4]^{4-}$ 四面体，其连接方式多样性，所以使硅酸盐形成一个丰富的体系。硅酸盐体系中，外加的正离子一般为：Mn^{2+}、Na^+、K^+、Mg^{2+}、Li^+、Zn^{2+}、Ca^{2+}、Ba^{2+}、Al^{3+} 等，$[SiO_4]^{4-}$ 四面体中的 Si 原子可以被 Al、Be、B 等取代，形成铝硅酸盐、铍硅酸盐或硼硅酸盐等。硅酸盐晶体结构中 $[SiO_4]^{4-}$ 四面体的连接方式可分为链状连接、岛状连接、层状连接和架状连接四种。

硅酸盐体系荧光粉具有原料丰富、合成简单，且基质成分容易调整、热稳定性和化学稳定性良好等优点，是一类理想的稀土发光材料。近几年来硅酸盐体系荧光粉发展迅速，在等离子平面显示器（PDP）、长余辉材料和白光 LED 等领域得到了广泛应用。在白光 LED 照明领域，硅酸盐体系荧光粉激发带较宽，覆盖从紫外光区到蓝色光区，可与近紫外光和蓝光芯片组合发白光，另因其结构复杂，可为激活剂离子提供不同的格位，通过一种或多种激活剂离子的掺杂发出不同颜色的光，实现单一基质荧光粉发白光。

近年来硅酸盐基发光材料多采用二价离子 Eu^{2+}、Mn^{2+}，三价离子 Ce^{3+}、Dy^{3+} 等作为激活剂离子。硅酸盐基质通过其 Si/O 比的变化，可以形成一系列的晶体结构。硅酸盐基结构的多样性，使激活剂离子拥有丰富的晶体场环境，不同的晶体结构中激活剂离子所表现的发光性能也不相同，即使不改变激活剂离子，仅通过改变荧光粉的基质种类，就能实现从紫外光到红光波段的发射。

3.3.1 白光 LED 用正硅酸盐荧光粉

1997 年，Poort 等人[46,47]报道了稀土激活剂离子 Eu^{2+} 掺杂的正硅酸盐基荧光粉，同时对其固溶体的荧光特性进行了研究，提出 M_2SiO_4（$M = Ca$，Ba，Sr）结构属于正交晶系，高温时其结构为 α 相，低温时其结构为 β 相。实用荧光粉属于正交晶系的 α 相。这种荧光粉晶体结构中，二价金属阳离子具有两个不同的占位，激活剂离子 Eu^{2+} 取代二价金属阳离子后也具有两个不同的占位，晶体场较弱的 I 位和晶体场较强的 II 位，两个格位的晶体场环境不同，导致不同占位的激活剂离子 Eu^{2+} 的发射峰的位置不同。当 Eu^{2+} 占据 I 位时，其发出蓝绿光；当 Eu^{2+} 占据 II 位时，其发出黄光。根据硅酸盐中碱土金属元素 Sr、Ca、Ba 的掺入量不同，这一系列荧光粉的发射峰值波长为 440～570nm，可以实现蓝光到黄光的发射。

对于 Sr_2SiO_4 的合成温度的选择，研究者进行了系统的研究。Hsu 等人[48]报道了 Eu^{2+} 为激活剂的 Sr_2SiO_4 用溶胶－凝胶法制备，提出其制备的预处理温度的重要性，随着预处理温度的升高，其发射光强度先增大后减小，最佳预处理温度为 1200℃，并讨论了随着温度大于 1200℃，发光强度减小的原因是在高温时，有 Sr_3SiO_5 出现，降温至 1200℃后，发生反应 $Sr_3SiO_5 \rightarrow Sr_2SiO_4$，部分 Sr_2SiO_4 由 Sr_3SiO_5 分解得到，在 Sr_3SiO_5 转化为 Sr_2SiO_4 过程中，Eu 更易进入 Sr^{2+}（II）位置，其在 Sr^{2+}（II）位置几率增大，所以发光单一偏红光。在温度为 900～1200℃时合成正硅酸盐基荧光粉，其正常形成 Sr_2SiO_4，由 Sr^{2+}（I）位置引起的发光的强度要高于 1300～1500℃合成的正硅酸盐基荧光粉，并且粉末发射光是两个光谱组合，所以其发射峰峰值波长略微蓝移。通过 EDS 发现，在 1300℃合成的样品会有 Sr、Si 富余，进一步解释了高温下由 Sr_3SiO_5 转化得到 Sr_2SiO_4 后，荧光粉发光强度降低的原因。

为适应快速发展的白光 LED 照明产业的需要，研究者们对适用于白光 LED 的正硅酸盐基荧光粉进行了大量研究。Park 等人[49]通过溶胶－凝胶法制备出正硅酸盐基荧光粉 Sr_2SiO_4：Eu^{2+}，并指出发射光的峰值波长为 550nm，是一款高效黄色荧光粉。通过与 GaN 芯片组合产生白光，流明效率可达到 38lm/W。随后 Park 等人[50]通过 Ba^{2+}、Mg^{2+} 取代 Sr_2SiO_4：Eu^{2+} 中的 Sr^{2+}，得到 Ba^{2+}/Sr^{2+} 和 Mg^{2+}/Sr^{2+} 的正硅酸盐基荧光粉的固溶体，通过改变激活剂离子所在晶体场环境，提高了荧光粉的黄光发射，通过与 460nm InGaN 蓝光芯片组合发光获得白光 LED，其发射光谱如图 3－8 所示，色坐标位于（0.32，0.32），色温为 6200K，发光效率高于商业用 InGaN 和 YAG：Ce^{3+} 组合白光 LED[13]。

Sun 等人[51]对 β-Sr_2SiO_4：Eu^{2+} 进行了研究，指出由于两个不同的格位 Sr（I）和 Sr（II），因此在近紫外光激发下，β-Sr_2SiO_4：Eu^{2+} 发射光是由峰值波长为 540nm 的黄绿光和峰值波长为 470nm 的蓝光两个光谱项组成。用 β-Sr_2SiO_4：Eu^{2+} 结合近紫外光芯片组合发白光，色坐标位于（0.32，0.40），色温 6045K，显色指数（CRI）66，流明效率可达到 15.7lm/W，高于近紫外光芯片与

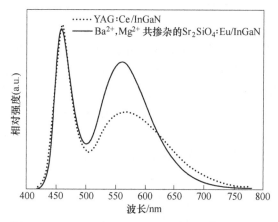

图 3-8   YAG: Ce^{3+}/InGaN 和 Ba^{2+}, Mg^{2+} 共掺杂的
Sr_2SiO_4: Eu^{2+}/InGaN 白光 LED 的发射光谱

α-Sr_2SiO_4: Eu^{2+} 荧光粉组合发白光 (3.8lm/W)。

Liu 等人[52]研究该体系 Ba/Sr 比对荧光特性的影响，发现随着 Ba/Sr 值改变，荧光粉发射峰红移至 569nm，并且提高了其近紫外光激发峰强度。随后，针对 M_2SiO_4: Eu^{2+} 体系，研究者通过改变合成条件、添加 NH_4Cl 助熔剂[53]，共掺 Y^{3+}、Ce^{3+} 等离子，显著提高了其发光强度[54,55]。

庄卫东等人[56]也研究开发了一款硅酸盐荧光粉：$AO \cdot aSiO_2 \cdot bAX_2$：$mEu^{2+}$，$R^{3+}$（其中 A 为 Sr、Ba、Ca、Mg、Zn 中的一种或几种；X 为 F、Cl、Br、I 卤素元素中的一种或几种；R 为 Bi、Y、La、Ce、Pr、Gd、Tb、Dy 中的一种或者几种）。这系列的荧光粉激发谱较宽，从 300 ~470nm 范围的激发效果都非常好。通过双掺杂或多掺杂的方法，得到适合激发条件下的发光明显优于其他含硅荧光粉。其中 $BaO \cdot 0.5SiO_2 \cdot 0.045BaF_2$：$0.2Eu^{2+}$，$0.06Y^{3+}$ 发光强度优于商用 $(Sr, Ba)_2SiO_4$：Eu^{2+}。

3.3.2   白光 LED 用偏硅酸盐荧光粉

$(Sr, Ba)_3SiO_5$ 具有四方晶系结构，空间群为 $P4/ncc$。2004 年，Park 等人[57]提出了用于白光 LED 的硅酸盐基质的 Sr_3SiO_5: Eu^{2+} 黄色荧光粉，在蓝光区域的吸收强度是 365nm 处吸收强度的 93%，可以与蓝光 LED 芯片组合发光。为进一步提高其白光 LED 的显色指数，Park 等人[58]还通过 Ba^{2+} 取代部分 Sr^{2+} 形成固溶体，荧光粉的发射峰值波长由 570nm 向长波移动至 585nm，增加了红光成分，使其与 LED 芯片组合发光的显色指数变大，产生暖白光。其中将 Ba^{2+} 共掺杂的 Sr_3SiO_5: Eu^{2+} 荧光粉与 Sr_2SiO_4: Eu^{2+} 正硅酸盐基荧光粉混合后，与 LED 芯片组合发光，显色指数为 85，色温范围为 2500 ~5000K。此体系中两种硅酸盐基荧光粉的比例影响其产生的白光的品质。

李盼来等人[59]在 2007 年指出 $Sr_3SiO_5 : Eu^{2+}$ 荧光粉具有良好的热稳定性和化学稳定性，其发射峰值波长位于黄光 570nm 附近，且具有宽带发射，其可实现发光热稳定性能好的暖白光发射，发光效率为 32lm/W、显色指数为 64。

Jang 等人[60]对 $Sr_3SiO_5 : Ce^{3+}$，Li^+ 荧光粉进行了相关研究，指出在蓝光和近紫外光激发下，通过激活剂离子 Ce^{3+} 的 $5d \rightarrow 4f(^2F_{7/2}$ 和 $^2F_{5/2})$ 跃迁，这种荧光粉呈现出一个宽的强的黄光发射，激发和发射光谱如图 3 - 9 所示。与 460nm 或 405nm 的 LED 芯片组合发光，色坐标分别为 (0.31，0.32) 和 (0.32，0.31)。

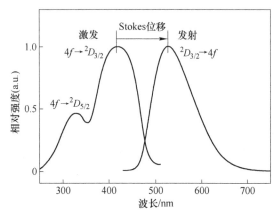

图 3 - 9 $Sr_3SiO_5 : Ce^{3+}$，Li^+ 的激发和发射光谱

杨翼等人[61]采用固相法合成了 $(Sr, Ba)_3SiO_5 : 0.024Ce^{3+}$，$0.024Li^+$、$Sr_{2.73}M_{0.2}SiO_5 : 0.07Eu^{2+}$ (M = Ba，Mg，Ca)、$(Sr, Ba)_3SiO_5 : xEu^{2+}$ 三个系列的硅酸盐荧光粉，指出 $(Sr, Ba)_3SiO_5 : 0.024Ce^{3+}$，$0.024Li^+$ 在 351nm 和 418nm 具有激发峰，随着 Ba/Sr 比增加，发射光谱红移，改变荧光粉的发射光峰值波长，从而调整白光 LED 的色坐标及显色指数等发光指标。$Sr_{2.73}M_{0.2}SiO_5 : 0.07Eu^{2+}$ (M = Ba，Mg，Ca) 中当 M = Ba 时其发光性能最好，激发光谱范围为 350 ~ 450nm。

冯珊等人[62]研究了 Ba 取代以及助熔剂对 $Sr_3SiO_5 : Eu^{2+}$ 结构和发光性能的影响，发现，Ba^{2+} 取代 Sr^{2+} 使配位多面体体积增大，导致激活剂离子 Eu^{2+} 占据的配位多面体压缩，晶体场强度增强。当 Ba^{2+} 含量增大到一定值后，激活剂离子 Eu^{2+} 占据 Ba^{2+} 位，造成晶体场强度减弱，所以其发射光峰值波长随 Ba/Sr 比增加呈先红移后蓝移的现象。当 Sr/Ba 比为 4 时，发射光谱的红移效果最佳。

孙晓园等人[63]报道了单一发白光荧光粉 $Sr_2MgSiO_5 : Eu^{2+}$，并研究了其与 LED 芯片组合发白光性能。近紫外光作为激发光源时，因为在基质晶格中 Eu^{2+} 占据两个不同的格位，所以 Eu^{2+} 发射光谱是由两个谱带组成，分别为蓝光 (470nm) 和黄橙光 (570nm)，蓝光和黄橙光混合成白光。这两个发射带对应的激发光谱范围均为 250~450nm，此荧光粉与发射光峰值波长在 400nm 的 LED 芯片组合，正向驱动电流为 20mA，获得色温 5664K、显色指数 85、色坐标（0.33，0.34）、光强为 8100cd/m² 的暖白光 LED。并且指出这些参数受电流变化影响较小，起伏量小于 5%，相比目前商用蓝光管芯泵浦白光 LED 性能更优，因此其是一种潜在的白光 LED 照明用荧光粉。

杨志平等人[64]研究了 Eu^{2+}、Mn^{2+} 共激活的单一基质 Sr_2MgSiO_5 白光荧光粉的荧光性能，指出峰值波长位于 459nm 和 555nm 处的两个发射光谱为激活剂离子 Eu^{2+} 的发射峰，并且存在 Eu^{2+} 向 Mn^{2+} 的能量传递，Mn^{2+} 的发射峰值波长位于 678nm，通过这 3 个光谱带叠加，实现在单一基质中的白光。其激发光谱覆盖了从紫外光 250nm 到蓝光 450nm，峰值位于近紫外光 390nm，可以被发射光在 380~410nm 的 InGaN 芯片有效激发。

张梅等人[65]报道了 Sr_3SiO_5：Eu^{2+}，RE^{3+}（RE^{3+} = Sm，Dy，Ho，Er）及其在 LED 上的应用，指出利用三价稀土离子的共掺杂，可以获得发光强度增强的高亮度橙黄色荧光材料 Sr_3SiO_5：Eu^{2+}，RE^{3+}，其热释光谱的主峰位于 100℃ 左右，其与蓝光 LED 组合发白光，光效可达 40lm/W 以上，在固态照明与显示及信息存储等方面具有潜在的应用价值。

3.3.3 白光 LED 用其他硅酸盐荧光粉

3.3.3.1 $M_2(Mg,Zn)Si_2O_7(M = Ba，Sr，Ca)$

$M_2(Mg,Zn)Si_2O_7(M = Ba，Sr，Ca)$ 被称为碱土焦硅酸盐，均为四方结构的黄长石。在单胞中，一个 SiO_4 四面体通过一个氧原子与另一个 SiO_4 四面体相连接，组成一个孤立的基团 Si_2O_7，Si_2O_7 基团通过八配位的碱土金属离子 Ca^{2+} 和四配位的 Mg^{2+} 连接在一起[66]。以此碱土焦硅酸盐为基质，掺入稀土激活剂离子形成的发光材料在长余辉和白光 LED 用照明领域有广泛的研究，当激活剂离子为 Eu^{2+} 时，基质为 $M_2MgSi_2O_7(M = Ca，Sr，Ba)$ 的系列荧光粉的发射光峰值波长分别为 537nm、465nm、505nm[67]。

Hölsä 等人[68]报道了碱土金属焦硅酸盐为基质的 $M_2MgSi_2O_7$：Eu^{2+}，R^{3+}（M = Ca，Sr，Ba；R = Nd，Dy，Tm）的发光材料。当 M = Sr 时其结构如图 3-10 所示，激活剂离子 Eu^{2+} 取代的是八配位的 Sr^{2+}。根据碱土金属种类不同，其发射光谱如图 3-11 所示，研究指出测量温度和 R^{3+} 的种类对发射光谱影响较小，而碱土金属阳离子的种类对其影响较大。

此外，Eu^{2+}、R^{3+} 掺杂的碱土焦硅酸盐还是一款性能优良的长余辉荧光粉，具有物理化学稳定性好、不易水解、稳定的余辉性能、发光范围广等特点，发射光光谱和余辉时间与铝酸盐基长余辉材料相当，是值得深入研究的长余辉和白光 LED 用荧光粉体系[69]。

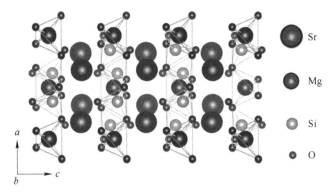

图 3 – 10 Sr₂MgSi₂O₇ 的晶体结构

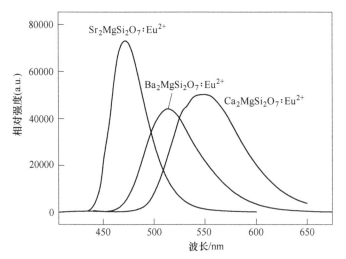

图 3 – 11 M₂MgSi₂O₇∶Eu²⁺（M = Ca，Sr，Ba）的发射光谱（10K，λ_ex = 165nm）

3.3.3.2 M₃MgSi₂O₈（M = Ba，Sr，Ca）

M₃MgSi₂O₈（M = Ba，Sr，Ca）属于正交晶系。以 Eu²⁺ 为激活剂时，当碱土金属 M 为 Ca 时，其发射光谱峰值波长为 475nm；当碱土金属 M 为 Sr 时，其发射光谱峰值波长为 460nm；当碱土金属 M 为 Ba 时，其发射光谱峰值波长为 440nm，随着碱土金属阳离子半径的增大，激活剂离子 Eu²⁺ 所在晶体场强度减弱，能级劈裂减弱，能量增大，发射光谱发生蓝移。此体系硅酸盐荧光粉的激发光谱覆盖了紫外光到可见光较宽的区域，其中 Ba₃MgSi₂O₈∶Eu²⁺ 的吸收范围可以从紫外光200nm 延伸到蓝光460nm，可以与紫外/近紫外及蓝光 LED 芯片很好的匹配[70]。

M₃MgSi₂O₈ 中 Mg²⁺ 格位适合 Mn²⁺ 的取代，Kim 等人[71]对 Eu²⁺、Mn²⁺ 共激活的 Ba₃MgSi₂O₈ 荧光粉的发光性能和其白光 LED 特性进行了连续报道。通过 Mn²⁺ 和 Eu²⁺ 共激活，可以在单一基质中实现白光发射，激活剂离子 Eu²⁺ 同时发出峰值波长为 440nm 的蓝光和 505nm 的绿光，分别属于弱晶体场强度 Ba^{2+}（I）格位的 Eu^{2+} 和强晶体场的 Ba^{2+}（II）、Ba^{2+}（III）格位的 Eu^{2+}；激活剂离子 Mn^{2+} 可发出位于 620nm 附近的红光，三色混合发光得到显色指数为 85 的全谱暖白光，与商用 LED + YAG: Ce^{3+} 组合发白光相比，这种方法产生的白光质量更加稳定，产生的白光色坐标受工作电流变化的影响较小。

Kim 还报道[72]，在 $Sr_3MgSi_2O_8$: Eu^{2+}，Mn^{2+} 中同样存在 470nm、570nm 和 680nm 三个发射峰，与近紫外 LED 芯片（375nm）组合，可得到色坐标为（0.32，0.33）、色温 4494K 和显色指数 92 的暖白光。此类方法得到的白光因三基色完备，所以显色指数较蓝光芯片和黄色荧光粉组合发光得到的白光相比明显提高。

Kim 等人对 Eu^{2+} 和 Mn^{2+} 共激活的 $M_3MgSi_2O_8$（M = Ba，Sr，Ca）荧光粉随温度变化的发光性能进行了系统的研究[73]，指出此类荧光粉的发光性能受温度影响较大，随温度升高，发射峰峰值波长，半峰宽和发光强度均有很大改变，其中 Mn^{2+} 的温度猝灭效应更加明显。

Zhang 等人报道了 Eu^{2+} 和 Mn^{2+} 共激活的 $Li_4SrCa(SiO_4)_2$ 基荧光粉在白光 LED 中的应用[74]，指出此种荧光粉适用于紫外光激发芯片组合发白光，在紫外光激发下，Mn^{2+} 所发出的橙红色光峰值波长受 Mn^{2+}/Eu^{2+} 比控制，并指出存在 Eu^{2+} 到 Mn^{2+} 之间的能量传递。

3.3.3.3 $CaAl_2Si_2O_8$

$CaAl_2Si_2O_8$ 属于三斜晶系。2005 年，Yang 等人[75]报道，当 Eu^{2+}、Mn^{2+} 共掺杂时，因 Eu^{2+} 的激发峰为 354nm，发射峰位于 425nm，而 Mn^{2+} 发射峰位于 575nm 左右，激发峰为 400nm，所以 Mn^{2+} 的激发峰和 Eu^{2+} 的发射峰交叠，$Eu^{2+} \rightarrow Mn^{2+}$ 之间存在无辐射能量传递，随着 Mn^{2+} 含量增加，Mn^{2+} 的发射峰强度增强，而 Eu^{2+} 的发射峰强度减弱。$(Ca_{0.99-n}Eu_{0.01}Mn_n)Al_2Si_2O_8$ 根据 $n = 0$，0.05，0.10，0.15，0.20，0.25 变化，在 354nm 激发下色坐标从（0.17，0.11）到（0.33，0.31）变化。由发蓝光转变为浅绿色光，最终发出白光。通过与日亚商用蓝光芯片和 YAG: Ce^{3+} 组合发白光比较，这种铝硅酸盐 Mn^{2+}、Eu^{2+} 共激发荧光粉的色饱和度要优于 YAG: Ce^{3+}（见图 3-12）。单一基质荧光粉发白光有希望避免两种或两种以上荧光粉混合发白光低流明效率和色彩还原性能差的不足。

Im 等人[76]对 $BaAl_2Si_2O_8$: Eu^{2+} 单斜晶体和六角形结构的热稳定性进行了研究，如图 3-13 所示，指出因为在单斜晶结构中激活剂离子 Eu^{2+} 与相接 O 原子的键长为 0.2934(2) nm，在六角形结构中键长为 0.3114(1) nm，一般来说键长较短热稳定性更好，所以单斜晶结构的 $BaAl_2Si_2O_8$: Eu^{2+} 热稳定性更加优异。

3.3.3.4 $Ca_3Sc_2Si_3O_{12}$

$Ca_3Sc_2Si_3O_{12}$ 也具有石榴石结构，Yasuo 等人在 2007 年报道了 $Ca_3Sc_2Si_3O_{12}$: Ce^{3+}

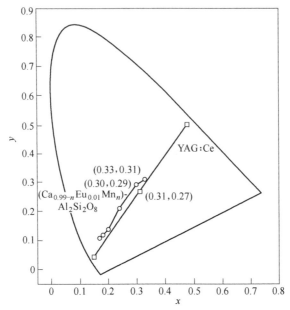

图 3-12 ($Ca_{0.99-n}Eu_{0.01}Mn_n$) $Al_2Si_2O_8$ ($\lambda_{ex}=354nm$) 和
日亚化学 YAG: Ce^{3+} ($\lambda_{ex}=467nm$) CIE 色品图

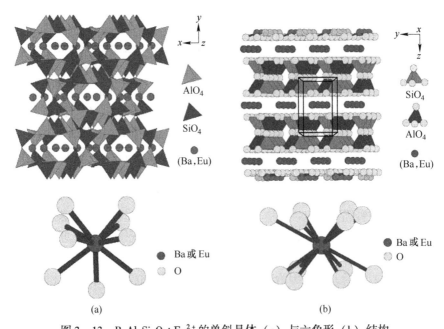

图 3-13 $BaAl_2Si_2O_8$: Eu^{2+} 的单斜晶体 (a) 与六角形 (b) 结构

荧光粉的发光性能[77]。该荧光粉吸收 450nm 左右的蓝光，发射峰位于 505nm 左右。150℃下，其热猝灭性能要优于 YAG 黄粉，被认为是一款很具前景的绿粉。但目前的主要难点在于采用高温固相法难以制得纯相，尽管在制备方法方面有了很大突破，例如庄卫东等人[78]采用溶胶 – 燃烧法成功制备了纯相，但由于 Sc 的价格昂贵，其应用仍受到很大限制。

总体而言，硅酸盐荧光粉的发光效率与铝酸盐荧光粉还有较大差距，且硅酸盐的热稳定性和耐湿潮性能差，如 Sr_3SiO_5 : Eu 和 Sr_2SiO_4 在 150℃下的亮度比室温分别下降 32% 和 62%。尽管硅酸盐荧光粉有较小的发射半峰宽和较好的色纯度，但其耐温特性和耐湿潮性差，会影响器件的使用性能和寿命[79]。

3.4 白光 LED 用硅基氮化物荧光粉[80]

硅基多元系氮化物的形成主要是通过在硅酸盐或者铝硅酸盐晶体结构中引入 N 原子，而得到一系列含有 Si – N、Al – N、(Si，Al) – N 等四面体的氮硅化物和氮铝硅化物。相对于常见的硅酸盐氧化物而言，氮化物在结构上更具有多样性和自由度，因此种类较多，这为研究氮化物的发光特性提供了丰富的空间。硅基氮化物的结构是由基本结构单元硅 – 氮四面体构成的三维网络结构，其氮氮键能（942kJ/mol）大于氧氧键能（484kJ/mol），与氧化物荧光粉相比，氮化物具有较强的共价性和较小的能带间隙。当 Eu^{2+} 或 Ce^{3+} 掺杂进入晶格时，由于受到晶体场影响，其电子组态出现劈裂，激发和发射能量下降，从而光谱产生红移，实现高效宽带光谱红光发射。因此，目前报道的氮化物荧光粉多为红色荧光粉。另外由于较强的共价性，氮化物具有热稳定性和化学稳定性好等优点。

硅基氮化物的 Si – N 四面体结构单元联结较为致密，SiN 四面体网络的凝聚度可以用四面体中心 Si 原子与桥联 N 原子的比例来表示。在硅酸盐氧化物中，Si：O 的比值在 SiO_2 中达到最高值 0.5，而在氮化物中，Si：N 的比值可以在 0.25 ~ 0.75 范围内变化。由此可见，氮化物的结构凝聚度相对比较高。这主要是由于在硅酸盐氧化物晶体结构中，O 原子一般联结一个 Si 原子或两个 Si 原子，而在氮化物结构中，N 原子既可以联结两个 Si 原子（N [2]），也可以是 3 个 Si 原子（N [3]），甚至可以联结 4 个 Si 原子（N [4]），如 $BaSi_7N_{10}$ 和 $MYbSi_4N_7$ (M = Sr，Ba）等。这些基于 Si – N 四面体的高度凝聚的网络以及各原子之间稳定的化学键造就了硅基氮化物非常突出的化学和热稳定特性。

硅基氮化物荧光粉具有较高的稳定性和高显色性，目前已是市场研究的主流方向。目前研究氮化物荧光粉主要包括 $M_2Si_5N_8$: Eu^{2+} (M = Ca，Sr，Ba）、$MAlSiN_3$: Eu^{2+} (M = Ca，Sr）、$MAlSi_4N_7$: Eu^{2+} (M = Ca，Sr）、$MSiN_2$: Eu^{2+}/Ce^{3+} 等体系，其中 $M_2Si_5N_8$: Eu^{2+} 和 $MAlSiN_3$: Eu^{2+} 红粉目前已经成功应用于商业化生产。

3.4.1 $M_2Si_5N_8$: Eu^{2+} (M = Ca，Sr，Ba) 荧光粉

对于 $M_2Si_5N_8$ (M = Ca，Sr，Ba) 体系的晶体结构，早在 1995 年 Schnick 课题

组[81,82]已进行过详细报道，其中，$Ca_2Si_5N_8$ 为单斜晶系，空间群为 Cc；$Sr_2Si_5N_8$
和 $Ba_2Si_5N_8$ 均为正交晶系，空间群为 $Pmn2_1$。该体系的配位键与三元碱土硅氮化
合物相似，一半的氮原子与 2 个硅原子相连，另一半的氮原子与 3 个硅原子相
连。在 $Ca_2Si_5N_8$ 中，每个 Ca 原子和 7 个氮原子配位，而在 $Sr_2Si_5N_8$ 和 $Ba_2Si_5N_8$
中，Sr 和 Ba 分别与 8 个或者 9 个氮原子配位（见图 3 – 14）。其碱土金属原子和
氮原子的平均键长约为 0.2880nm。

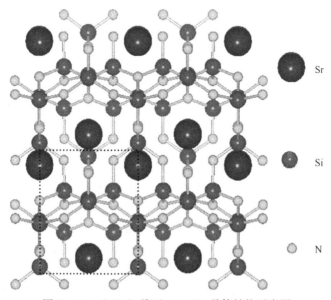

图 3 – 14　[110] 晶面 $Sr_2Si_5N_8$ 晶体结构示意图

　　Fang 等人用第一性原理对 $M_2Si_5N_8$（M = Ca，Sr）的结构进行了研究，研究表
明氮原子和硅原子之间的配位数目对这些原子的电子结构产生重要影响，N 原子
的 $2s$ 能级在其中起着重要作用，M 离子的导带和氮原子之间有一个能级差，分
别为 3.3eV（$Sr_2Si_5N_8$）和 4.1eV（$Ca_2Si_5N_8$）[83]。图 3 – 15 所示为 $M_2Si_5N_8$: Eu^{2+}
（M = Ca，Sr，Ba）在 450nm 激发下的发射光谱。其发射光谱与碱土金属有关，
由于晶体场强度与配位基到中心阳离子的距离成反比，随着碱土金属离子半径的
增大，晶体场强度逐渐减小，因而发射波长会产生红移。另外由于碱土金属离子
分别占据两种不同的格位，因而发射光谱可以通过 Gaussian 分解两种不同的发
射带。

　　而关于 $M_2Si_5N_8$: Eu^{2+} 荧光粉，Höppe 等人[83]用金属 Ba、Eu 和 Si(NH)$_2$ 首次
制备出具有红光发射的 $Ba_2Si_5N_8$: Eu^{2+} 荧光粉，其发射光谱是由 610nm 和 630nm
的两个发射峰组成，在该荧光粉中发现了余辉现象，并解释了余辉发光机理。
Hintzen 等人[84,85]申请了该体系荧光粉的专利，专利指出当 M = Sr 时，量子效率
最高，80℃时的发光强度只下降 4%。Bogner 的专利[86,87]指出粒度在 0.5 ~ 5μm

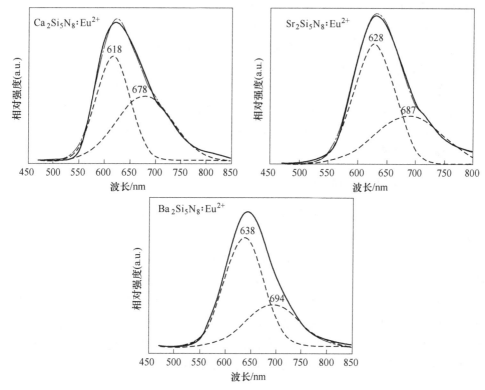

图 3 - 15　$M_2Si_5N_8 : Eu^{2+}$（M = Ca，Sr，Ba）的发射光谱

之间，中心粒径为 $1.3\mu m$ 的荧光粉性能较优，与 $YAG : Ce^{3+}$ 黄色荧光粉配合可制备出显色该指数高达 90 以上的白光 LED 器件。玉置宽人等人[88]针对该系列荧光粉的制造方法及制备的发光装置，在日本、美国、中国申请了多项发明专利，提供了含有较多的红色成分且发光效率、亮度及耐久性更高的荧光粉，开发出多款暖色系的白光 LED 器件。

Li 等人[89]研究了 $M_2Si_5N_8 : Eu^{2+}$ 系列 LED 荧光粉的发光性能，发现由于受晶体结构的影响，Eu^{2+} 在 $Ca_2Si_5N_8$ 存在有限固溶度，约为 7%（摩尔分数），而在 $Sr_2Si_5N_8$ 和 $Ba_2Si_5N_8$ 中 Eu^{2+} 则可以实现完全互溶。关于量子效率，研究结果显示，$Sr_2Si_5N_8 : Eu^{2+}$ 和 $Ba_2Si_5N_8 : Eu^{2+}$ 的量子效率优于 $Ca_2Si_5N_8 : Eu^{2+}$。Piao 等人[90~92]报道了 $(Sr_{1-x}Ca_x)_2Si_5N_8 : Eu^{2+}$ 的制备和发光性能，发现 Ca 在其中存在溶解限度，在一定的范围内，存在着 $Sr_2Si_5N_8$ 和 $Ca_2Si_5N_8$ 两相共存的现象。晶体结构和发射主峰随着 Ca 含量的变化而改变。

Xie 等人[93]深入研究了荧光粉的晶体结构、光谱、量子效率和热猝灭性，并通过将 $Sr_2Si_5N_8 : Eu^{2+}$ 与 α - sialon : Yb^{3+} 混合，在蓝光芯片的激发下制备出白光。Duan 等人[94]制备出 Mn^{2+} 激活的 $M_2Si_5N_8$（M = Ca，Sr，Ba）红色荧光粉，指出相

对于 $M_2Si_5N_8$∶Eu^{2+}，$M_2Si_5N_8$∶Mn^{2+} 的发射峰比较窄，随着碱土金属的不同，发射主峰的位置也不同，分别为 599nm、606nm 和 567nm。

针对 $M_2Si_5N_8$∶Eu^{2+} 氮化物红粉制备条件苛刻的现状，庄卫东等人[95]率先实现了氮化物荧光粉在常压高温下的氮化还原制备，通过对基质晶体场环境的有效调节制备出具有不同红光发射的荧光粉，可与蓝光芯片配合实现对白光 LED 色温及显色能力的调谐[96]。研究发现，Tm^{3+} 对发光中心的敏化可增强荧光粉的发光强度，同时在其中发现荧光粉的余辉性能，并对陷阱能级深度进行了计算，从理论上解释了余辉产生的原因[97]。

3.4.2 MAlSiN₃∶Eu²⁺（M = Ca，Sr）荧光粉

Uheda 和 Watanabe[98,99]分别对 $CaAlSiN_3$ 和 $SrAlSiN_3$ 荧光粉的晶体结构及荧光性能进行了研究。其中 $CaAlSiN_3$ 属于正交晶体结构，空间群为 $Cmc2_1$，晶格常数为 $a = 0.9801nm$、$b = 0.565nm$、$c = 0.5063nm$，其结构如图 3 – 16 所示。$CaAlSiN_3$ 结构是由（Si/Al）N_4 四面体在三维方向连接组成，其中 1/3 的氮原子和 2 个临近的 Si/Al 原子连接，剩下的 2/3 的氮原子和 3 个 Si/Al 原子连接，Al 和 Si 原子随意地分布在相同的四面体格位上，然后和 N 原子相连形成 M_6N_{18}（M = Al，Si）环，而 Ca 原子则位于周围 6 个角四面体（Si/Al）N_4 的轨道上。其中 Ca^{2+} 与 24 个 N 原子配位，Ca—N 的平均键长约为 0.2451nm。

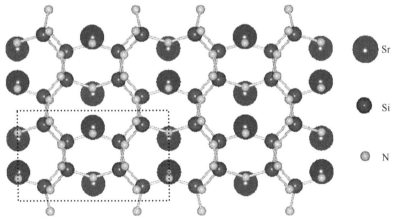

图 3 – 16 $CaAlSiN_3$ 的晶体 ［001］结构示意图

图 3 – 17 所示为 $Ca_{0.99}Eu_{0.01}AlSiN_3$ 的激发光谱和发射光谱。可以看出激发光谱和发射光谱与 $M_2Si_5N_8$∶Eu^{2+} 极为相似。激发光谱覆盖范围极广（250 ~ 600nm），能与紫外光以及蓝光 LED 芯片相匹配，其发射波长也可调谐，在发光性能方面，$CaAlSiN_3$∶Eu^{2+} 的激发光谱具有极宽的分布（250 ~ 600nm），发射主峰位于 650nm[100]。目前主要采用控制 Eu 浓度以及其他金属离子（如 Sr）

替代 Ca^{2+} 这两种方法来调控其发射波长。另外，通过计算，其 Stokes 位移较小，约为 $2200cm^{-1}$，这意味着该体系荧光粉具有较高的能量转换效率以及较低的热猝灭。在 150℃时，其发射强度是室温下的 89%，较 $M_2Si_5N_8$：Eu^{2+} 有更低的热猝灭。

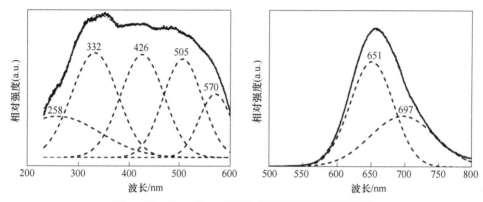

图 3-17　$Ca_{0.99}Eu_{0.01}AlSiN_3$ 的激发光谱和发射光谱

Piao 等人[101]采用高温自蔓延法，用 $Ca_{1-x}Eu_xAlSi$ 合金为前驱体制备出该系列荧光粉，并对其进行了结构精修，晶体结构精修结果表明发光中心 Eu^{2+} 处于四面体配位中心，高度致密的网络结构产生的较强电负性使得荧光粉具有波长较长的红光发射，并具有优良的化学稳定性和高的热猝灭温度。

Li 等人[102,103]采用 $CaAlSiN_3$ 加少量 Eu^{2+}，在低温下（500～800℃）合成了 $CaAlSiN_3$：Eu^{2+} 荧光粉，并指出在超临界氨状态下，加入适量的氨基化钠有利于反应的进行，而用叠氮化钠替代氨基化钠可减少含氧的杂相，却不利于提高发光性能。Watanabe 等人[104]提出 Sr 对 Ca 的取代对荧光粉荧光性能有一定的影响，Sr 的取代使得晶体场强度减弱，发射主峰从 650nm 蓝移至 620nm。同时，$SrAlSiN_3$ 和 $CaAlSiN_3$ 都属于正交晶系，晶格常数为 $a=0.9843nm$、$b=0.576nm$、$c=0.5177nm$，有效激发范围较宽，发射主峰则位于 610nm，相对亮度较 $CaAlSiN_3$：Eu^{2+} 荧光粉有明显增强。

庄卫东等人[105]通过对荧光粉原材料的活化、增加气固接触面积以及有效增强物料的扩散效率等途径，实现了荧光粉的常压高温氮化还原；并通过控制氧元素的引入方式，有效避免了氧对荧光粉发光的毒化作用，使氧元素进入晶格，实现对荧光粉光色特性的调谐，如图 3-18 所示；并成功在 $CaAlSiN_3$：Eu^{2+} 体系中，通过晶格氧的控制，有效增加了荧光粉发射光谱的半高宽。

刘荣辉等人[106~108]研究发现氧族元素中的 Se 作为添加剂，能够有效增加硅基氮化物红粉的相对亮度，荧光粉光谱发生红移，此现象有利于制备白光 LED 器件，光谱在可见光区域有较宽的分布，提高了器件的显色性，并申请了多项国

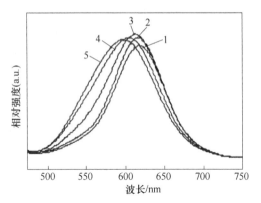

图 3 – 18 不同氧含量的荧光粉发射光谱图
(1 ~ 5 氧含量逐渐增加)

内外发明专利。目前 CaAlSiN$_3$ 基红色荧光粉以其优异的温度特性及高效的发光能力，已经成为白光 LED 用红色荧光粉的主流产品。

3.4.3 SrAlSi$_4$N$_7$:Eu^{2+} 荧光粉

Hecht 等人[109] 通过射频加热的方法制备得到一种新型荧光粉 SrAlSi$_4$N$_7$:Eu^{2+}。这种氮化物荧光粉属于正交晶系结构（$Pna2_1$），晶格参数是 $a = 1.17$nm，$b = 2.13$nm，$c = 0.49$nm，并且在晶格中具有通过［AlN$_4$］四面体的边共享而连接的、无限延伸的链结构，这是该荧光粉所具有的特殊的分子骨架，因此 SrAlSi$_4$N$_7$ 是一种新型的氮化物。SrAlSi$_4$N$_7$:Eu^{2+} 发射光谱较宽，其显色指数较高。发射主峰在 639nm 左右，半高宽为 116nm；该荧光粉在 300 ~ 500nm 的波段内有较强的吸收，可应用于紫外、近紫外或蓝光的 LED。

SrAlSi$_4$N$_7$ 是少数的氮硅铝化合物中具有［AlN$_4$］边共享四面体结构的化合物。在这个结构中，沿着晶体的［001］方向，具有通过［AlN$_4$］四面体的边共享而连接的、无限延伸的链结构。这种反式连接的链结构通过共点的方式与氮硅网络连接，具体如图 3 – 19 所示。在此特殊的结构中，SrAlSi$_4$N$_7$:Eu^{2+} 中的 Sr 有两种占位方式，Eu^{2+} 取代后也将会有两种不同的占位方式。通常可以看到 SrAlSi$_4$N$_7$:Eu^{2+} 的发射光谱出现两个谱峰（见图 3 – 20），这就是由 Eu^{2+} 占位不同造成的，均属于 Eu^{2+} 的 $4f^65d^1 - 4f$ 跃迁。

此外，Huppertz 等人[110] 和 Fang 等人[111] 已对 MYbSi$_4$N$_7$（M = Sr，Ba）和 MYSi$_4$N$_7$（M = Sr，Ba）这两种分子式相近的材料开展研究工作，MYbSi$_4$N$_7$（M = Sr，Ba）是属于六方晶系的一种四元氮化物，其空间群为 $P6_3mc$。BaYSi$_4$N$_7$ 晶格参数为 $a = 0.6057$nm，$c = 0.9859$nm，$V = 0.3133$nm^3，$Z = 2$。MYSi$_4$N$_7$ 基本结构是由 SiN$_4$ 四面体构成的三维网络结构，其中每个 Sr^{2+} 与近邻的 12 个 N 原子相

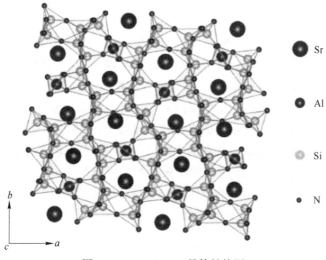

图 3-19　$SrAlSi_4N_7$ 晶体结构图

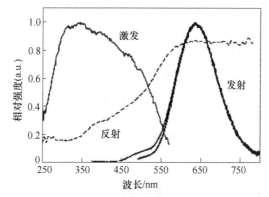

图 3-20　$Sr_{0.98}AlSi_4N_7:0.02Eu^{2+}$ 荧光粉发射光谱、
激发光谱和反射光谱图

连，而 Y 原子与 6 个 N 原子连接形成八面体结构。Li 等人[112] 研究了 Eu^{2+} 掺杂的 $MYSi_4N_7$（M = Sr，Ba）的荧光性能，发现其在近紫外光（390nm）的激发下发射绿光。$BaYSi_4N_7:Eu^{2+}$ 和 $SrYSi_4N_7:Eu^{2+}$ 的发射峰分别在 503 ~ 527nm 和 548 ~ 570nm 波段；与 α-SiAlON 相比，$MYSi_4N_7$ 由于 Eu—N 键长较长导致其发射峰有一定的蓝移[113]。

3.4.4　$MSiN_2:Eu^{2+}$（M = Ca，Sr，Ba）荧光粉

Gál 等人[114] 2004 年首先对 $MSiN_2$（M = Ca，Sr，Ba）的晶体结构进行了研究，发现 $CaSiN_2$ 和 $BaSiN_2$ 属于正交晶体，而 $SrSiN_2$ 属于单斜晶系。在 $CaSiN_2$

中，存在两种不同的 Ca 晶格位置 Ca1 和 Ca2，其配位数均为 6。

Toquin 等人[115]报道了另一种面心立方结构的 $CaSiN_2$，其晶格参数为 $a = 1.48822nm$。$SrSiN_2$ 和 $BaSiN_2$ 的晶体结构较为相似，包含角共享和边共享 Si—N 四面体，这些四面体以 Si_2N_6 结的形式相连，形成致密的二维层状结构。$SrSiN_2$ 和 $BaSiN_2$ 只有一种碱土金属位置，其配位数为 8。

Wang 等人[116]和 Duan 等人[117]对 Ce^{3+} 和 Eu^{2+} 掺杂 $MSiN_2$（M = Ca，Sr，Ba）荧光粉的光色性能进行了详细的研究。结果发现 Eu^{2+} 掺杂 $SrSiN_2$ 和 $BaSiN_2$ 在紫外光和蓝光均可被有效激发，其发射主要集中在深红色区域，其发射波长很大程度上取决于 Eu 浓度。Ce^{3+} 掺杂 $MSiN_2$ 荧光粉的发光均不同，M 为 Ca、Sr 和 Ba 时，由于结构中发光中心周围的晶体场强度存在差异，其发光分别为红色、绿色和蓝色，它们的激发光谱覆盖范围较广（300 ~ 600nm），能与紫外光以及蓝光 LED 芯片相匹配。

3.4.5 $CaAlSiN_3:Ce^{3+}$

Li 等人[118]报道了一种 Ce^{3+} 激活的 $CaAlSiN_3$，化学式可表述为 $Ca_{1-x}Al_{1-4\delta/3}Si_{1+\delta}N_3:xCe^{3+}$（$\delta \approx 0.3 \sim 0.4$），X 射线衍射分析表明其空间群为 $Cmc2_1$，其中 Al/Si 占据其 $8b$ 位置，Al/Si 比例约为 1/2。这种 $CaAlSiN_3:Ce^{3+}$ 荧光粉可以被 450 ~ 480nm 的蓝光有效激发，发射出橙黄光（从 570 ~ 603nm 范围内较宽的发射谱带，归因于 Ce^{3+} 的 $5d^1 - 4f^1$ 跃迁）。激活剂 Ce^{3+} 的猝灭浓度为 $x = 0.02$，且随着激活剂含量的增加其发射波长红移，主要是由于体系结构刚性降低导致的 Stokes 位移增加和 Ce^{3+} 能量传递引起的。研究发现该荧光粉吸收和外量子效率分别为 70% 和 56%。

3.5 白光 LED 用硅基氮氧化物荧光粉

3.5.1 SiAlON 荧光粉

SiAlON 是首先由日本人 Oyama[119]及英国人 Jack 和 Wilson[120]发现的，它是 $Si_3N_4 - Al_2O_3$ 系统中的一大类固溶体的总称，由 Al_2O_3 中的 Al、O 原子分别替换 Si_3N_4 中的 Si、N 原子而形成[121]。根据其结构起源，SiAlON 主要有 α 相和 β 相两种结构。α-SiAlON 的基本化学式可写为 $M_xSi_{12-(m+n)}Al_{m+n}O_nN_{16-n}$，其中 M 为碱土金属离子或镧系金属离子。α-SiAlON 具有六方结构，空间群是 $P31/c$，晶格结构中的 M 占据 Si(N，O)$_4$ 四面体的空隙位置，并与 7 个（N，O）配位。β-SiAlON 具有和 Si_3N_4 相同的基本结构，属于六方晶系，空间点群为 $P6_3$ 或 $P6_3/m$，是通过 Al—O 键替换 Si—N 键而形成的固溶体，可通过 Al—O 对 Si—N 键的替换量实现对其结构的连续调控，其通用的化学式可写为 $Si_{6-z}Al_zO_zN_{8-z}$

（z 代表了 Al—O 键对 Si—N 键取代数量）。SiAlON 是一种陶瓷材料，具有与 Si_3N_4 相类似的性能，具有硬度大、熔点高、化学性质稳定等优点，通常作为一种重要的结构陶瓷材料。

3.5.1.1　Ca－α-SiAlON

Xie 等人[122]报道了 Yb^{2+} 激发的 Ca－α-SiAlON，并研究了其荧光性能，如图 3－21 所示，激发峰为峰值在 445nm 的宽峰，蓝光激发下的发射峰峰值波长为 550nm。Ca－α-SiAlON 在 360～450nm 的发射峰归因于 Yb^{2+} 在 $4f^{13}5d$ 到 $4f^{14}$ 的跃迁，这种跃迁已经在卤化物、氟化物、硫酸盐得到证实。Ca－α-SiAlON 在低能量时发光主要是由于 Yb^{2+} 晶体场劈裂严重以及富氮环境引起的电子云膨胀效应。

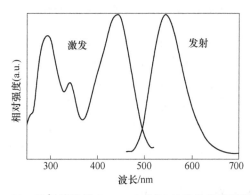

图 3－21　Yb^{2+} 掺杂的 Ca－α-SiAlON 的激发和发射光谱图

Xie 等人[123]系统研究了 Eu^{2+} 掺杂的 Ca－α-SiAlON 黄色荧光粉，此类荧光粉在 250～500nm 有较强的吸收效率，发射光谱在 500～750nm 之间，峰值波长为 580nm 左右（见图 3－22）。由于这种 SiAlON 荧光粉的发射波长大于 YAG: Ce^{3+}（550～570nm），使得能够通过蓝光芯片激发此黄色荧光粉合成暖白光。另外，可以通过阳离子替换的方法（比如用 Li、Mg 或 Y 替换 Ca）和调节基质成分的方式来改变发射波长及色坐标。例如 Li－α-SiAlON 可以发射黄绿光，可以与蓝光芯片结合产生暖白光。综上所述，可以通过采用蓝光芯片激发单一 α-SiAlON 黄色荧光粉发射不同波段的光，实现从冷白光到暖白光的发射。进一步研究表明该荧光粉温度特性明显优于传统的 YAG: Ce^{3+} 黄色荧光粉。

3.5.1.2　β-SiAlON 荧光粉

β-SiAlON 是一种比较稳定的氮氧化物绿色荧光粉基质[124]。Hirosaki 等人[125]首先报道了这种荧光粉，这是一种六边形结构，由 (Si,Al)(O,N)$_4$ 四面体构成的三维网络结构，这一基本结构沿 z 轴方向形成了一个连续通道，空间群为 $P6_3$ 或者 $P6_3/m$。β-SiAlON: Eu 基质的化学组成为 $Si_{6-z}Al_zO_zN_{8-z}$[126]，由于实现了 Al—O 键对 Si—N 键部分替换之后体系电荷仍旧保持平衡，因此不需要通过引入

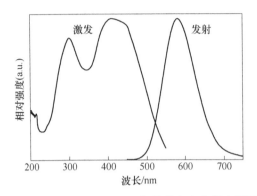

图 3 - 22　Ca - α-SiAlON：Eu^{2+} 的激发和发射光谱图

（激发波长和监测波长分别为 420nm 和 581nm）

金属离子实现体系整体电荷平衡。β-SiAlON 绿色荧光粉的发射主峰在 538nm，发射峰半高宽为 55nm；在 303nm 和 400nm 处有两个明显的激发峰。宽的激发峰使得 β-SiAlON：Eu^{2+} 在近紫外光（400 ~ 420nm）和蓝光（420 ~ 470nm）激发下有较强的发射。Xie 等人[127] 进一步研究了 z 值和 Eu^{2+} 浓度对相的形成和荧光性能的影响，结果表明：z 值小于 1 时制备的样品相纯度更高、粒度均一且荧光性能最优，同时具有优异的温度猝灭性能，150℃ 时发光强度达到室温时的 86%。这款 β-SiAlON：Eu 荧光粉在蓝光激发下有纯正的绿色发射，且耐温度性能优于其他氮氧化物绿粉，但其合成温度高达 2000℃，且需要一定高压环境，不利于其推广和应用。

台湾大学的 Liu 等人[128] 报道了一种 Pr^{3+} 激活的 β-SiAlON 红色荧光粉，属于六方结构，空间群为 $P6_3/m$，晶胞参数为 $a = b = 0.76$nm，$c = 0.29$nm，其基本化学式为 Si$_{6-z}$Al$_z$O$_z$N$_{8-z}$：xPr（$z = 0$ ~ 2.0，$x = 0.016$），他们在 1950℃ 及 N$_2$ 气氛压力 0.92MPa 的条件下合成该系列荧光粉。如图 3 - 23 所示，该体系荧光粉在 460nm 激发下在 613nm、624nm 和 641nm 处有 3 个尖的发射峰，这三处发射峰主要是由于 Pr^{3+} 的 $^1D_2 - ^3H_4$、$^3P_0 - ^3H_6$ 和 $^3P_0 - ^3F_2$ 跃迁引起的。激发谱图包括有 5 个尖峰：460/470nm，488/498nm 和 509nm，主要是由于 $^3H_4 - ^3P_J$（$J = 2$，1，0）的能量传递引起的。进一步研究表明 z 值的变化对其发射峰强度有一定的影响，$z = 0.1$ 时强度最高。该体系荧光具有高的热猝灭温度，300℃ 时发射峰值强度为室温时的 84%，可以作为一种白光 LED 用红色荧光粉。

3.5.2　MSi$_2$O$_2$N$_2$：Eu^{2+}（M = Ca，Sr，Ba）

在 MSi$_2$O$_2$N$_2$：Eu^{2+}（M = Ca，Sr，Ba）体系中 CaSi$_2$O$_2$N$_2$、SrSi$_2$O$_2$N$_2$ 和 BaSi$_2$O$_2$N$_2$ 均为单斜结构，空间群类型和晶格参数见表 3 - 2[129~131]。

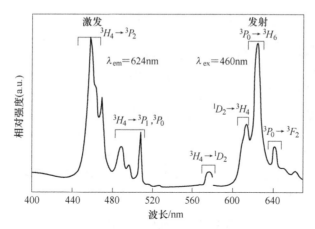

图 3 - 23 β-SiAlON: Pr^{3+} 荧光粉的激发和发射光谱
（激发波长和监测波长分别为 460nm 和 624nm）

表 3 - 2 $MSi_2O_2N_2$ 的晶体结构参数

化学式	空间群	a/nm	b/nm	c/nm	$\beta/(°)$	V/nm^3
$CaSi_2O_2N_2$	$P2_1/c$	1.5035	1.5450	0.6851	95.26	1.5845
$SrSi_2O_2N_2$	$P2_1/m$	1.1320	1.4107	0.7736	91.87	1.2346
$BaSi_2O_2N_2$	$P2/m$	1.4070	0.7276	1.3181	107.74	1.2852

$CaSi_2O_2N_2$ 和 $SrSi_2O_2N_2$ 晶体结构相类似均代表了一类由 Si - (O，N) 四面体组成的 $(Si_2O_2N_2)^{2-}$ 层状结构 (见图 3 - 24)。N 原子桥联 3 个 Si 原子，而 O 束缚在 Si 的尾端；M^{2+} 有 4 个占据位置，每个离子周围有 6 个 O 原子构成反三棱柱结构。

$MSi_2O_2N_2:Eu^{2+}$ (M = Ca，Sr，Ba)[132] 的发射谱归属于 Eu^{2+} 的 $4f^65d - 4f^7$ 跃迁，发射谱带较宽，激发光谱范围可以从紫外光区延伸到蓝光区 (370 ~ 450nm)，如图 3 - 25 所示。$CaSi_2O_2N_2:Eu^{2+}$ 发黄光，峰值波长为 562nm；$SrSi_2O_2N_2:Eu^{2+}$ 发射绿光，峰值波长为 543nm；$BaSi_2O_2N_2:Eu^{2+}$ 的发射在蓝绿光区 (490 ~ 500nm)，发射峰的半高宽较窄，约为 40nm，远低于 $CaSi_2O_2N_2:Eu^{2+}$ 和 $SrSi_2O_2N_2:Eu^{2+}$ 体系荧光粉的 80nm。

Li 等人[132] 采用 $N_2 - H_2$ 混合气体在 1100 ~ 1400℃ 条件下制备了 $MSi_2O_{2-\delta}N_{2+2/3\delta}:Eu^{2+}$ (M = Ca，Sr，Ba)，其发射光谱覆盖蓝、绿、黄光谱区。其中 $CaSi_2O_{2-\delta}N_{2+2/3\delta}:Eu^{2+}$ ($\delta = 0$) 发黄光，峰值波长为 560nm；$SrSi_2O_{2-\delta}N_{2+2/3\delta}:Eu^{2+}$ ($\delta = 1$) 发黄绿光，峰值波长可在 530 ~ 570nm 之间改变；影响发射峰因素较多，其中激活剂 Eu 含量、N/O 摩尔比的影响比较显著：随着 N/O 摩尔比升高，峰值波长红移；与氮化物红粉 $M_2Si_5N_8:Eu^{2+}$ 的发射波长在 600nm 以上的长

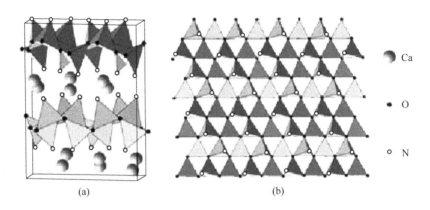

(a)
(b)

Ca
O
N

图 3 - 24 $CaSi_2O_2N_2$ 晶体结构

(a) 从 [100] 晶向方向看晶体结构；(b) 沿垂直于四面体层状结构
的 [010] 晶向方向上的晶体结构

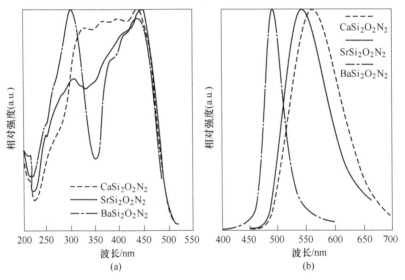

图 3 - 25 $MSi_2O_2N_2:Eu^{2+}$ (M = Ca, Sr, Ba) 荧光粉
的激发 (a) 和发射 (b) 光谱

波区域相比，氮氧化物荧光粉的发射主峰位置有一定的蓝移，主要是氮氧化物中 O^{2-} 的存在减弱了电子云扩散效应以及质心位移的降低[133]。

3.5.3 $M_3Si_6O_{12}N_2:Eu^{2+}$ (M = Sr, Ba)

Mikami 等人[134] 在分析 $BaO - SiO_2 - Si_3N_4$ 相图的基础上，设计并合成了一种新的氮氧化物荧光粉 $Ba_3Si_6O_{12}N_2:Eu^{2+}$，完善了 $Ba_3Si_6O_{15-3x}N_{2x}$ ($x = 0$, 1, 2, 3)

系列 氮 氧 化 物: $BaSi_2O_5$[135], $Ba_3Si_6O_{12}N_2$, $Ba_3Si_6O_9N_4$[136] 和 $BaSi_2O_2N_2$。$Ba_3Si_6O_{12}N_2$ 为单斜晶系, 空间群为 $P\bar{3}$, 晶胞参数 $a = 0.75nm$, $c = 0.65nm$。$Ba_3Si_6O_{12}N_2$ 的基本结构是由环状的层片结构组成, 这种环状层片结构是由 8 个 $Si - (O, N)$ 和 12 个 $Si - O$ 环组成的; 这种化合物是由共角的 SiO_3N 四面体组成的起伏的层状结构, Ba^{2+} 位于层状结构之间。Ba^{2+} 在晶体中有两种不同的占位: 一种是与 6 个氧形成的反三棱柱结构(扭曲八面体); 另一种是与 6 个氧形成反三棱柱结构, 并与一个氮原子相连(见图 3 – 26)。荧光性能研究表明: Eu^{2+} 激活的 $Ba_3Si_6O_{12}N_2$ 荧光粉的激发光谱是一个覆盖 $250 \sim 500nm$ 的宽谱带, 在紫外蓝光区域有很强的吸收; 发射峰在 525nm, 半高宽较窄为 68nm(是由于 Ba1 原子引起的), 并显示出较高的色纯度[137]。

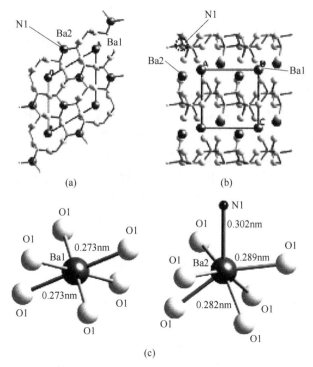

(a)　　　　　　　　　(b)

(c)

图 3 – 26　$Ba_3Si_6O_{12}N_2$ 晶胞侧视图

(a) 沿 c 轴; (b) 沿 b 轴; (c) 两种 Ba^{2+} 离子的配位环境

Braun 等人[138]采用高温固相法制备出了白光 LED 用 $M_3Si_6O_{12}N_2 : Eu^{2+}$ (M = Ba, Sr) 绿色荧光粉。如图 3 – 27 所示, $Ba_3Si_6O_{12}N_2 : Eu^{2+}$ 的激发峰为 $250 \sim 500nm$ 的宽峰, 发射峰峰值波长在 525nm 左右, 半高宽约为 65nm。基质中离子半径减小会导致晶体场分裂能变大, 当部分 Ba 被 Sr 取代(离子半径 $Sr^{2+} < Ba^{2+}$), Sr 取代后引起晶胞收缩, 引起 Eu^{2+} 周围环境的晶体场强度增加, 导致

$5d$ 轨道能级劈裂加剧及跃迁能量的降低，荧光粉发射光谱发生一定的红移，如图 3 - 27 所示；还发现 Sr 含量增加，发射峰半高宽逐渐变宽。

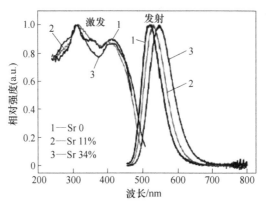

图 3 - 27 $Ba_{3-x}Sr_xSi_6O_{12}N_2 : Eu^{2+}$ 荧光粉的激发和发射光谱

Porob 等人[139] 采用 $BaCO_3$、$SrCO_3$、SiO_2、Si_3N_4 和 Eu_2O_3 等原料在 2% H_2 和 98% N_2 条件下制备了 $(Ba_{3-x-y}Sr_x)Si_6O_{12}N_2 : yEu^{2+}$ ($x = 0 \sim 0.5$, $y = 0.03$) 固溶系列绿色荧光粉。XRD 分析表明，合成的系列荧光粉均具有 $Ba_3Si_6O_{12}N_2$ 的主相结构，同时发现原料中存在少量的 Si_3N_4 杂相。根据 XRD 谱图计算得到激活剂 Eu 含量为 3% 时的晶格变化状况，发现随着 Sr 取代 Ba 的量的增加其晶胞收缩。这主要是由于 Sr^{2+} 离子半径小于 Ba^{2+} 半径导致 Sr 取代后晶格收缩。根据晶体场理论，晶胞的收缩可以导致晶体场强度增强，从而引起激活剂离子 $5d$ 能级劈裂的增加，导致发射波长的红移。同时还发现碱土金属阳离子掺杂对荧光粉的色坐标以及温度特性有调节作用。

Song 等人[140] 通过高温固相法制备了 $Ba_3Si_6O_{12}N_2 : Eu^{2+}$ 荧光粉并研究了 Eu^{2+} 猝灭浓度及其对荧光性能的影响。结果表明，在 $Ba_{3-x}Si_6O_{12}N_2 : xEu^{2+}$ 荧光粉中，Eu^{2+} 的猝灭浓度为 $x = 0.25$，随着 Eu^{2+} 的加入荧光粉峰值波长发生红移，这是由于 Eu^{2+} 的加入引起的晶格收缩导致。助熔剂 NH_4Cl 的加入能有效提高粉体的晶粒形貌以及荧光性能，当加入量为 9% (质量分数) 时荧光性能最好。Song 等人[141] 采用 B 包覆的 Eu_2O_3 原料分别置于氧化铝坩埚和 BN 涂覆的氧化铝坩埚内，在 1200℃ 焙烧合成了 $Ba_3Si_6O_{12}N_2 : Eu^{2+}$ 荧光粉。结果发现采用 BN 涂覆氧化铝坩埚的样品相纯度和发光强度均优于氧化铝坩埚合成的荧光粉。

Kang 等人[142] 采用 $Ba_3SiO_5 : Eu^{2+}$ 作为前驱体制备了 $Ba_3Si_6O_{12}N_2 : Eu^{2+}$ 荧光粉，并研究了样品的相结构、形貌以及荧光性能。反应温度对荧光粉的颗粒大小、微观形貌及荧光性能有重要的影响，焙烧温度为 1400℃ 时为最佳反应温度；同时还发现原料中过量氮化硅的存在有利于荧光粉相的形成以及荧光性能的提高。采用此方法制备的 $Ba_3Si_6O_{12}N_2 : Eu^{2+}$ 荧光粉的发光强度明显优于采用碱土碳酸盐、二氧化硅和氮化硅原料制备的荧光粉。Tang 等人[143]通过材料模拟软件研究了 Eu^{2+} 掺杂前后体系态密度（DOS）以及偏态密度（PDOS）的变化，通过结合理论模拟计算得到的吸收光谱和实验样品的吸收光谱得到了体系中各元素原子外层电子对吸收光谱的贡献。

庄卫东等人[144,145]选用 $BaCO_3$ 为反应原料，在 1300℃ 的反应温度、8h 的保温时间及氨分解气氛（$N_2 : H_2 = 1 : 3$）条件下合成了具有 $Ba_3Si_6O_{12}N_2$ 结构的荧光粉，且发光强度较高。二次焙烧能够提高荧光粉的发光性能；同时添加不同助熔剂也可提高荧光粉的荧光性能，其中 BaF_2 和 $BaCl_2$ 的效果最显著。同时，碱土金属阳离子替换以及氮氧元素的微调可调节荧光粉晶体结构、改变晶体场强度，进而改善荧光粉的光色性能。

3.6 其他白光 LED 用荧光粉

3.6.1 白光 LED 用硫化物荧光粉

由于硫原子具有较大的共价性，硫化物体系荧光粉的激发光谱大多红移到可见光区，与 460nm 有很好的匹配。在白光 LED 技术发展过程中，硫化物 $Ca_{1-x}Sr_xS : Eu^{2+}$ 红色荧光粉曾被关注和开发，该硫化物红色荧光粉化学稳定性差、性能衰减严重。此外，具有代表性的 LED 用绿粉 $MGa_2S_4 : Eu(M = Ba，Sr，Ca)$ 也曾被开发和研究，其在蓝光激发下发出峰值波长在 500～553nm 范围内可调的绿光，但稳定性差限制了其推广应用。

碱土金属硫化物体系 $Ca_{1-x}Sr_xS : Eu^{2+}$ 是一类用途广泛的发光基质材料[146]。Eu^{2+} 掺杂的 CaS 及 SrS 可以被蓝光有效激发而发射出红光，可用作蓝光 LED 芯片的白光 LED 的红色成分，可制造较低色温的白光 LED，显色性明显得到改善。该系列荧光粉的缺点是化学性能不稳定、易潮解，添加辅助剂和表面处理（如包裹 SiO_2、TiO_2、ZnO、Al_2O_3 等办法）可以有效地减缓荧光粉的潮解、氧化和硫的析出，使其稳定性得到很大提高。其在蓝区宽带激发，红区宽带发射，发射光谱属 600nm 附近的宽带发射，半高宽在 70nm 左右，发射效率较高。可根据白光 LED 的具体要求，灵活调整 Sr/Ca 的比例，调制其激发光谱及发射光谱，实现与芯片的良好匹配。共掺杂 Er^{3+}、Tb^{3+}、Ce^{3+} 等可增强红光发射。

$MGa_2S_4 : Eu(M = Ba，Sr，Ca)$[147]在 470nm 光激发下发光峰值大约为 530nm，半高宽大约为 50nm。这种荧光粉发光在纯绿光谱区，但是半高宽与白光 LED 相比太宽。这类型的荧光粉发光效率高，量子效率可以达到 YAG : Ce 的 90%，而且发光波长可以通过调整碱金属的比例实现在 205～580nm 之间可调。但热稳定性较差，对湿度敏感，容易潮解，并且在空气中容易汽化等。

总体来说，用作白光 LED 中的碱土金属硫化物荧光体是一类高效红光材料，但其物化性能很不稳定，易潮解，易产生腐蚀性强的 H_2S。使用不当时，对 LED

中的金属引线、反射碗，甚至芯片产生慢性腐蚀作用和中毒现象，致使 LED 器件性能严重受损和毁坏。

3.6.2 白光 LED 用钼酸盐荧光粉

Mo 作为一种过渡金属，在不同的制备条件下，可以形成不同价态的钼化合物。在钼酸盐中，钼离子被 4 个 O^{2-} 包围着，位于四面体的对称中心，MoO_4^{2-} 具有相对好的稳定性，是很好的基质材料。在近紫外光区，钼酸盐荧光粉具有宽而强的电荷转移吸收带和属于 Eu^{3+} 的有效 $f-f$ 跃迁。因而，钼酸盐荧光粉被认为是一种很有前途的荧光粉材料。

庄卫东等人开发了一种新型钼酸盐红色荧光粉 $CaMoO_4:Eu^{3+}$[148]，掺杂的激活离子 Eu^{3+} 与晶格中被取代的 Ca^{2+} 电荷不匹配，必须进行电荷补偿。加入电荷补偿剂可以有效提高该荧光粉在 395nm（近紫外光）和 465nm（蓝光）激发下的红色荧光强度。随后的研究者也对该体系深入研究，荆西平等人[149,150]对红色荧光体 $CaMoO_4:Eu^{3+}$，Li^+ 体系进行了研究，结果表明，碱金属 Li^+ 掺入后，样品的发光效率优于 $CaMoO_4:Eu^{3+}$。Liu 等人[151]制备了一系列 $CaMoO_4:Eu^{3+}$ 红色荧光粉，之后又分别引入 Li_2CO_3、Na_2CO_3、K_2CO_3 作为电荷补偿剂，其在 393nm 激发光下相对强度最高，并且色坐标也很符合 NTSC（国家电视系统委员会）标准。

针对传统高温固相法反应温度高、持续研磨破坏颗粒表面形貌而降低发光强度、产物粒度大、形貌不规则等突出问题，Guo 等人[152]采用溶胶 – 凝胶法制备了一系列 $Gd_{2-x}Eu_x(MoO_4)_3$ 红色荧光粉。DTA、TG 和 XRD 分析表明，其制备温度比高温固相法降低 150℃，FESEM 显示样品形貌为近球形，粒径约 1μm。进一步研究样品的发射光谱表明，在蓝光和近紫外光激发下，溶胶 – 凝胶法制备的样品比高温固相法制备的样品具有更强的发光强度，这很可能是受晶体粒度形貌、粒度分布和烧结温度的影响。

Si^{4+} 在紫外光和近紫外光区有很强的吸收峰，将 Si^{4+} 引入钼酸盐中取代部分 Mo^{6+} 很有可能增强钼酸盐在近紫外区的吸收峰强度，从而提高其发光亮度。Ci 等人[153]以 SiO_2 为原料将 Si^{4+} 引入 $CaMoO_4$ 中制备了一系列 $Ca_{1-x}Mo_{1-y}Si_yO_4:Eu^{3+}$ 荧光粉。XRD 谱表明，随着 Si^{4+} 含量的增加，颗粒尺寸逐渐变小，这说明 Si^{4+} 取代了部分 Mo^{6+} 进入晶格位置。激发光谱和发射光谱表明，在 393nm 激发光下 $Ca_{0.8}Mo_{0.8}Si_{0.2}O_4:Eu_{0.2}^{3+}$ 最强发射峰位于 615nm，是 $Ca_{0.8}MoO_4:Eu_{0.2}^{3+}$ 的 2 倍和 $Y_2O_2S:Eu_{0.05}^{3+}$ 的 5.5 倍。

3.6.3 白光 LED 用磷酸盐荧光粉

磷酸盐材料作为基质是当前材料科学的热门研究课题[154,155]，并且其具有易结晶、合成温度低、转换效率高、物理化学性质稳定、能承受大功率的电子束和高能射线辐照等优点[156]。由于正磷酸盐材料中含有 PO_4 四面体构成的刚性网络结构，易实现稀土离子（如 Eu^{2+}、Tb^{3+}、Ce^{3+}）的还原和在刚性网络结构中的稳定。

ABPO$_4$（A＝正1价碱金属离子，B＝正2价碱土金属离子）由于具有良好的物理化学稳定性和热稳定性，被广泛地用作发光材料的基质。例如，刘如熹等人研究了稀土 Eu^{2+}、Tb^{3+}、Sm^{3+} 分别掺杂 $LiSrPO_4$、$KSrPO_4$、$KBaPO_4$ 的发光、衰减及热稳定性能[157]。此外，磷酸盐 $NaCaPO_4:Tb^{3+}$ 在近紫外光 380nm 激发下发射位于 545nm 典型的 Tb^{3+} 的绿色发射。Eu^{2+} 掺杂 $NaCaPO_4$[158]在室温下可被近紫外光有效地激发，在 365nm 激发下，发射出峰值为 506nm 的绿光，该荧光粉在 493K 的发光强度是室温下的 90%，表明其具有很高的热猝灭温度，是 WLED 用绿粉很好的候选材料。

3.6.4　量子点发光材料

量子点是 20 世纪 80 年代发展起来的新型纳米材料，它是直径在 1～100nm 的一类半导体纳米粒子，具有宽的激发光谱、窄的发射光谱、可精确调谐的发射波长、可忽略的光漂白等优越的荧光特性，可以很好地用于荧光标记，可以成为一类理想的生物荧光探针[159]。在过去的 30 年中，量子点受到物理学、化学和生物学家们的广泛研究和关注，成为各个学科发展的交汇点，代表一项全新的科学技术。它的第一个真正应用是在生物和医药方面，在后续的研究中，发现其还可应用于显示、照明等相关领域，其作为实用发光材料则是近几年的发展。

与目前的有机 LED（OLED）相比，量子点 LED（QLED）用于显示的优势包括：

（1）量子点屏亮、寿命长，与 OLED 相比，不使用阴罩，可应用于大屏幕。

（2）成本低，它的生产成本还不及 OLED 屏的一半。

（3）能耗小，在同等画质下，QLED 的节能性有望达到 OLED 屏的 2 倍。

（4）色纯度高，QLED 从能产生各种不同纯色，在将电子转化为光子方面优于 OLED，因此能效更高，制造成本更低。

量子点又可称为半导体纳米微晶体，是一种由 Ⅱ–Ⅵ族或 Ⅲ–Ⅴ族元素组成的纳米颗粒。目前报道的主要是由 Ⅱ–Ⅵ族（如 CdS、CdSe、CdTe）和 Ⅲ–Ⅴ族（如 GaAs、InGaAs、InP）元素组成的均一或核–壳结构（如 CdS/HgS/CdS）纳米颗粒。由于光谱禁阻的影响，当这些半导体纳米晶体的直径小于其玻尔直径（一般小于 10nm）时，就会表现出特殊的理化和光谱性质[160]。

量子点的特殊结构导致了它具有量子尺寸效应、表面效应、介电限域效应和宏观量子隧道效应，展现出许多不同于宏观块体材料的物理化学性质和独特的发光特性。由于量子点粒径很小，电子和空穴被量子限域，连续能带变成具有分子特性的分立能级结构。随着尺寸的减小其电子结构由体材料的准连续能带结构变成类似原子的分立能级结构，同时能隙变宽、发光蓝移，通过改变量子点的尺寸和组分可以精确地调控量子点的发光颜色[161]，如图 3 – 28 所示。

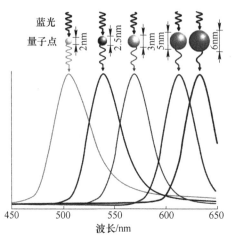

图 3 – 28　不同粒径 CdSe 量子点在激发下发出不同颜色的荧光示意图

此外，单独的量子点颗粒容易受到杂质和晶格缺陷的影响，荧光量子产率很低。但是将其用另一种半导体材料包覆，形成核 – 壳结构后，就可将量子产率提高到约 50%，甚至更高，达到 70%；并在消光系数上有数倍的增加，因而有很强的荧光发射。目前已合成了多种核 – 壳结构的纳米颗粒，如 CdS/Ag_2S、$CdS/Cd(OH)_2$ 等以及多层结构的 $CdS/HgS/CdS$[162,163]。壳核量子点被认为是量子点合成中最大的进展。

目前，主要开展量子点研究的机构有美国洛斯阿拉莫斯（Los Alamos）国家实验室、Nanosys、Evident 等公司和科研单位。其中，美国洛斯阿拉莫斯国家实验室主要研究胶体量子点、自组织量子点，积极开发将胶体量子点与量子线有效地应用到 LED 与光伏器件等方面的技术；Nanosys 公司已与 3M 合作，制造出 On – Surface 的产品，称为 QDEF(Quantum Dot Enhancement Film)，该材料由 3M 的保护材质上下夹着量子点材料，可以避免环境的影响导致 QDEF 的使用寿命减少；Evident 则是全球首家把量子点 LED 商业化的公司，他们在 2007 年就推出了相关产品，并于 2011 年将自有专利授权给三星公司。此外，为了降低量子点的毒性，Nanoco 公司开展了无镉量子点等纳米材料的开发，并与欧司朗签署了一项联合开发协议，将一般照明产品与无镉量子点连接使用；Nanoco 还与 Dow Chemical 合作试制量子点显示器。还有一家较大的量子点生产厂商——QD Vision 公司，则与 Sony 和 Lextar 合作，并在 Sony 新一代 QLED 电视中应用，现已陆续出货。

3.7　白光 LED 荧光粉的探索

整体而言，随着节能和显示技术正发生快速变革和更新换代，相应地，绿色照明及显示、高端探测等领域的迅速发展对稀土光功能材料提出更高要求，传统三基色节能灯荧光粉等发光材料正在逐渐被新型高性能稀土发光材料取代，需求量逐渐减少，白光 LED 的需求则快速增加。

在白光 LED 用发光材料方面，经典铝酸盐荧光粉的技术开发重点已由亮度提升转化为向短波（绿色 – 黄绿色）发射调控，以满足高显色低色温白光 LED 封装需求，且开始注重产品批次稳定性的控制、高结晶度荧光粉的烧成、高光效小粒径荧光粉制备技术的开发、无损后处理技术的改善，以提高荧光粉的光效和稳定性。氮化物/氮氧化物荧光粉方面，目前商业化的氮化物红色荧光粉主要为 $M_2Si_5N_8:Eu^{2+}$ 和 $MAlSiN_3:Eu^{2+}$（$M = Ca$, Sr, Ba）两个体系。氮化物荧光粉的制备一般需要高温高压条件，国外主要采用高温高压的合成技术，并基本实现产业化，该工艺对设备要求高、生产成本高，日本的三菱化学、电气化学等企业在氮化物荧光粉制备技术和产品方面均占据领先地位。国内有研稀土新材料股份有限公司开发的常压高温氮化技术，实现了氮化物红粉的常压制备。然而由于国内产业化技术开发起步晚以及装备落后等方面的原因，发光效率等核心性能与国外基本相当，但与国外产品在结晶度、耐候性能、粒径控制方面还存在一定差距。目前国内外在氮化物系列荧光粉研究的重点逐渐转移至荧光粉品质的提升，如开发大粒径氮化物红粉生长技术、氮化物红粉耐候性提升技术。

在高端背光源液晶显示领域具有广泛潜在应用前景的 β-SiAlON 氮氧化物荧光粉，其合成条件更加苛刻，国外采用高温高压烧结炉进行合成；而国内高温高压制备氮氧化物荧光粉尚处于探索阶段，国产氮化炉的压力仅为 1MPa 左右，难以满足基本的合成条件。此外，虽然目前普遍使用的氮化物/氮氧化物荧光粉的核心专利被日本三菱化学和 NIMS 等国外企业、研究机构拥有，但因氮化物/氮氧化物荧光粉的结构具有多种可变化性，且其开发仍处于起始阶段，尚有新型氮化物/氮氧化物荧光粉开发及取得自主知识产权的空间。

在白光 LED 用稀土发光材料开发过程中，要关注上下游产业对其发展的影响，如氮化物荧光粉合成所需的高纯氮化硅、氮化铝等主要靠进口获得，要培育包括上游原材料和设备产业的发展。此外，目前白光 LED 封装方式和技术发展迅速，如远程 LED 应用初现端倪，要开发远程 LED 专用荧光粉及其制备技术，深入开展国内率先开拓的交流 LED 用余辉型荧光粉基础研究。

预计 2020～2025 年，白光 LED 用荧光粉性能持续提升，特别是氮化物/氮氧化物荧光粉低成本可控制备技术广泛应用，开发出适合大功率 LED 的光功能陶瓷，核心产品国产化程度达到 80% 以上，生产的白光 LED 器件光效达到 250lm/W以上，显色指数和相关色温可根据应用需求任意调节，白光 LED 在普通照明领域的广泛应用。

参 考 文 献

[1] Okazaki N, Manabe K, Akasaki I, Amano H. Gallum Nitride-base Compound Semiconductor Light Emtting Element：JP, 2001177188 ［P］. 1990 – 12 – 26.

[2] Iwasa N, Mukai T, Nakamura S. Light-emitting Gallium Nitride-based Compound Semiconductor Device：US, 5880486 ［P］. 1992 – 11 – 20.

[3] Round H J. A note on carborundum ［J］. Electrical World, 1907, 49：309, 310.

[4] Destriau G. Electroluminescence in ZnS ［J］. J. Chim. Phys., 1936, 33：587 ~ 590.

[5] Nakamura S, Fasol G. The blue laser diode ［M］. Berlin：Springer-Verlag, 1996.

[6] Nakamura S, Senoh M, Mukai T. High-power InGaN/GaN double heterostructure violet light emiting diodes ［J］. Appl. Phys. Lett., 1993, 62：2390 ~ 2392.

[7] 国家半导体照明工程研发及产业联盟产业研究院. 2014 年中国半导体照明产业数据及发展概况 ［R］. 2014.

[8] Durham N C. Cree First to Break 300 Lumens-Per-Watt Barrier ［EB/OL］. http：// www. cree. com/News-and-Events/Cree-News/Press-Releases/2014/March/300LPW-LED-barrier, 2014 – 03 – 26.

[9] 梁春广. 半导体照明灯 ［J］. 半导体技术, 2000, 25(1)：1.

[10] Kuo C H, Sheu J K, Chang S J, et al. N-UV + blue/green/red white light emitting diode lamps ［J］. Jpn. J. Appl. Phys., 2003, 42(4S)：2284.

[11] 皇家飞利浦电子有限公司. 包括发光二极管和荧光发光二极管的混合白光源：中国, 1355936 ［P］. 2002 – 06 – 26.

[12] Sheu J K, Chang S J, Kuo C H, et al. White-light emission from near UV InGaN-GaN LED chip precoated with blue/green/red phosphors ［J］. IEEE. Photo. Tech. L., 2003, 15(1)：18 ~ 20.

[13] Muthu S, Gaines J. Red, green and blue LED-based white light source：implementation challenges and control design ［C］//Industry Applications Conference, 2003. 38th IAS Annual Meeting. Conference Record of the IEEE, 2003, 1：515 ~ 522.

[14] Börner H F, Busselt W, Jüstel T, et al. LED lighting system for producing white light：US, 6234645 ［P］. 2001 – 05 – 22.

[15] Lowery C H, Mueller G O, Mueller R. Red-deficiency-compensating phosphor LED：US, 6351069 B1 ［P］. 2002 – 02 – 26.

[16] 刘元红. 石榴石型钪硅酸钙荧光粉的制备和发光性质及其在白光 LED 中的应用研究 ［D］. 北京：北京有色金属研究总院, 2010.

［17］ 张东春，孙秋艳，等．照明用发光二极管封装技术关键［J］．技能技术，2005（5）：430.

［18］ 刘如熹．白光发光二极体制作技术——由晶元至封装［M］．中国台湾：全华科技图书，2005.

［19］ Geusic J E, Marcos H M, Van Uitert L G. Laser oscillation in Nd-doped yttrium aluminium, yttrium gallium and gadolinium garnets［J］. Appl. Phys. Lett. , 1964, 4: 182～184.

［20］ Pan Y, Wu M, Su Q. Comparative investigation on synthesis and photoluminescence of YAG: Ce phosphor［J］. Mater. Sci. & Eng. : B, 2004, 106(3): 251～256.

［21］ Shimizu Y, Sakano K, Noguchi Y, et al. Light emitting device having a nitride compound semiconductor and a phosphor containing a garnet fluorescent material: US, 5998925［P］. 1997－07－29.

［22］ Franz K, Franz Z, Andries E, et al. Luminous substance for a light source associates therewith: US, 6669866［P］. 2000－07－08.

［23］ 庄卫东，胡运生，龙震，等．含二价金属元素的铝酸盐荧光粉及制造方法和发光器件：中国，200610114519.8［P］. 2006－11－13.

［24］ Kimura N, Sakuma K, Hirafune S, et al. Extrahigh color rendering white light-emitting diode lamps using oxynitride and nitride phosphors excited by blue light-emitting diode［J］. Appl. Phys. Lett. , 2007, 90(5): 051109.

［25］ 庄卫东，张书生，黄小卫，等．一种蓝光激发的白色 LED 用荧光粉及其制造方法：中国，1482208［P］. 2004－09－13.

［26］ Zhou Y, Lin J, Yu M, et al. Synthesis－dependent luminescence properties of $Y_3Al_5O_{12}$: Re^{3+} (Re = Ce, Sm, Tb) phosphors［J］. Mater. Lett. , 2002, 56(5): 628～636.

［27］ Hakuta Y, Haganuma T, Sue K, et al. Continuous production of phosphor YAG: Tb nanoparticles by hydrothermal synthesis in supercritical water［J］. Mater. Res. Bull. , 2003, 38(7): 1257～1265.

［28］ Mączka M, Bednarkiewicz A, Mendoza-Mendoza E, et al. Low-temperature synthesis, phonon and luminescence properties of Eu doped $Y_3Al_5O_{12}$(YAG) nanopowders［J］. Mater. Chem. & Phys. , 2014, 143(3): 1039～1047.

［29］ Asakura R, Isobe T. Effects of post heat treatment on near infrared photoluminescence of YAG: Yb^{3+} nanoparticles synthesized by glycothermal method［J］. J. Lumin. , 2014, 146: 492～496.

［30］ Chiang C C, Tsai M S, Hon M H. Synthesis and photoluminescent properties of Ce^{3+} doped terbium aluminum garnet phosphors［J］. J. Alloys & Compds. , 2007, 431(1): 298～302.

［31］ Ogiegło J M, Katelnikovas A, Zych A, et al. Luminescence and Luminescence Quenching in Gd_3(Ga, Al)$_5O_{12}$ Scintillators Doped with Ce^{3+}［J］. J. Phys. Chem. A, 2013, 117(12): 2479～2484.

［32］ Kottaisamy M, Thiyagarajan P, Mishra J, et al. Color tuning of $Y_3Al_5O_{12}$: Ce phosphor and their blend for white LEDs［J］. Mater. Res. Bull. , 2008, 43(7): 1657～1663.

［33］ Jia Y, Huang Y, Zheng Y, et al. Color point tuning of $Y_3Al_5O_{12}$: Ce^{3+} phosphor via Mn^{2+}-

Si^{4+} incorporation for white light generation [J]. J. Mater. Chem., 2012, 22 (30): 15146 ~ 15152.

[34] Setlur A A, Heward W J, Hannah M E, et al. Incorporation of Si^{4+}-N^{3-} into Ce^{3+}-doped garnets for warm white LED phosphors [J]. Chem. of Mater., 2008, 20(19): 6277 ~ 6283.

[35] Shang M M, Fan J, Lian H Z, et al. A double substitution of Mg^{2+}-Si^{4+}/Ge^{4+} for Al(1)$^{3+}$-Al(2)$^{3+}$ in Ce^{3+}-doped garnet phosphor for white LEDs [J]. Inorg. Chem., 2014, 53 (14): 7748 ~ 7755.

[36] 马小乐. 铈激活铝硅酸盐基荧光粉的结构及光谱调控 [D]. 北京：北京有色金属研究总院，北京科技大学，2014.

[37] Vogt T, Woodward P M, Hunter B A, et al. Sr$_3$MO$_4$F(M = Al, Ga) —A new family of ordered oxyfluorides [J]. J. Solid State Chem., 1999, 144(1): 228 ~ 231.

[38] Park S, Vogt T. Luminescent phosphors, based on rare earth substituted oxyfluorides in the A(1)$_{3-x}$A(2)$_x$MO$_4$F family with A(1)/A(2) = Sr, Ca, Ba and M = Al, Ga [J]. J. Lumin., 2009, 129(9): 952 ~ 957.

[39] Park S, Vogt T. Defect monitoring and substitutions in Sr$_{3-x}$A$_x$AlO$_4$F(A = Ca, Ba) oxyfluoride host lattices and phosphors [J]. J. Phys. Chem. C, 2010, 114(26): 11576 ~ 11583.

[40] Shang M M, Li G G, Kang X J, et al. Tunable luminescence and energy transfer properties of Sr$_3$AlO$_4$F: RE^{3+} (RE = Tm/Tb, Eu, Ce) Phosphors [J]. ACS Appl. Mater. Inter., 2011, 3(7): 2738 ~ 2746.

[41] Chen W P, Liang H B, Xie M B, et al. Photoluminescence and low voltage cathodoluminescence of Sr$_3$AlO$_4$F: Eu^{3+} [J]. J. Electrochem. Soc., 2010, 157(2): J21 ~ J24.

[42] Fang Y, Li Y Q, Qiu T, et al. Photoluminescence properties and local electronic structures of rare earth-activated Sr$_3$AlO$_4$F [J]. J. Alloys & Compds., 2010, 496(1): 614 ~ 619.

[43] Im W B, Brinkley S, Hu J, et al. Sr$_{2.975-x}$Ba$_x$Ce$_{0.025}$AlO$_4$F: a highly efficient green-emitting oxyfluoride phosphor for solid state white lighting [J]. Chem. Mater., 2010, 22(9): 2842 ~ 2849.

[44] Peng P, Zhuang W D, He H Q, et al. Synthesis and luminescent properties of Sr$_{2.975-x}$Ca$_x$AlO$_4$F: Ce$^{3+}_{0.025}$ phosphors [J]. J. Chin. Soc. Rare Earth., 2013, 4 (31): 414 ~ 420.

[45] Sun J Y, Sun G C, Sun Y N. Luminescence properties and energy transfer investigations of Sr$_3$AlO$_4$F: Ce^{3+}, Tb^{3+} phosphor [J]. Ceram. Int., 2014, 40(1): 1723 ~ 1727.

[46] Poort S H M, Blasse G. The influence of the host lattice on the luminescence of divalent europium [J]. J. Lumin., 1997, 72 ~ 74: 247 ~ 249.

[47] Poort S H M, Reijnhoudt H M, Kuip H O T, et al. Luminescence of Eu^{2+} in silicate host lattices with alkaline earth ions in a row [J]. J. Alloys & Compds., 1996, 241(1): 75 ~ 81.

[48] Hsu W H, Sheng M H, Tsai M S. Preparation of Eu-activated strontium orthosilicate (Sr$_{1.95}$SiO$_4$: Eu$_{0.05}$) phosphor by a sol-gel method and its luminescent properties [J]. J. Alloys & Compds., 2009, 467: 491 ~ 495.

[49] Park J K, Choi K J, Kim K N. Investigation of strontium silicate yellow phosphors for white

light emitting diodes from a combinatorial chemistry［J］. Appl. Phys. Lett. ，2005，87(3)：031108 - 1 ~ 031108 - 3.

［50］Park J K，Choik J，Park S H. Application of Ba^{2+} · Mg^{2+} co-doped Sr_2SiO_4 ：Eu yellow phosphor for white-light-emitting diodes［J］. J. Electrochem. Soc. ，2005，152（8）：H121 ~ H123.

［51］Sun X Y，Zhang J H，Zhang X，et al. A green-yellow emitting β-Sr_2SiO_4 ：Eu^{2+} phosphor for near ultraviolet chip white-light-emitting diode［J］. J. Rare Earth，2008，26(3)：421 ~ 424.

［52］Liu H L，He D W，Shen F. Luminescence properties of green-emitting phosphor（$Sr_{1-x}Ba_x$)$_2SiO_4$ ：Eu^{2+} for white LEDs［J］. J. Rare Earth，2006，24：121 ~ 124.

［53］Kang H S，Kang Y C，Jung K Y，et al. Eu-doped barium barium strontium silicate phosphor particles prepared from spray solution containing NH_4Cl by spray pyrolysis［J］. Mater. Sci. Eng. B，2005，121(1)：81 ~ 85.

［54］Kang H S，Hong S K，Kang Y C，et al. The enhancement of photoluminescence characteristics of Eu-doped barium strontium silicate phosphor particles by co-doping materials［J］. J. Alloys & Compds. ，2005，402(1)：246 ~ 250.

［55］Kim J S，Park Y H，Kim S M，et al. Temperature-dependent emission spectra of M_2SiO_4 ：Eu^{2+}（M = Ca，Sr，Ba）phosphors for green and greenish white LEDs［J］. Solid State Commun. ，2005，133(7)：445 ~ 448.

［56］庄卫东，胡运生，方英，等. 一种含硅的 LED 荧光粉及其制造方法和所制成的发光器件：中国，200610088926.6［P］. 2006 - 07 - 26.

［57］Park J K，Kim C H，Park S H，et al. Application of strontium silicate yellow phosphor for white light-emitting diodes［J］. Appl. Phys. Lett. ，2004，84(10)：1647 ~ 1649.

［58］Park J K，Choi K J，Yeon J H，et al. Embodiment of the warm white-light-emitting diodes by using a Ba^{2+} co-doped Sr_3SiO_5 ：Eu phosphor［J］. Appl. Phys. Lett. ，2006，88（4）：043511 - 1 ~ 043511 - 3.

［59］李盼来，杨志平，王志军，等. 用于白光 LED 的 Sr_3SiO_5 ：Eu^{2+} 材料制备及发光特性研究［J］. 科学通报，2007，13：1495 ~ 1498.

［60］Jang H S，Jeon D Y. Yellow-emitting Sr_3SiO_5 ：Ce^{3+} ，Li^+ phosphor for white-light-emitting diodes and yellow-light-emitting diodes［J］. Appl. Phys. Lett. ，2007，90(4)：041906 - 1 ~ 041906 - 3.

［61］杨翼，金尚忠，沈常宇，等. 白光 LED 用碱土金属硅酸盐荧光粉的光谱性质［J］. 发光学报，2008，29(5)：800 ~ 804.

［62］冯珊，向明，雷婷，等. Ba^{2+} 取代及助熔剂对 Sr_3SiO_5 ：Eu^{2+} 结构和发光性能的影响［J］. 发光学报，2013，34(4)：438 ~ 443.

［63］孙晓园，张家骅，张霞，等. 新一代白光 LED 照明用一种适于近紫外光激发的单一白光荧光粉［J］. 发光学报，2005，26(3)：404 ~ 406.

［64］杨志平，刘玉峰，熊志军，等. Sr_2MgSiO_5 ：（Eu^{2+} ，Mn^{2+} ）单一基质白光荧光粉的发光性质［J］. 硅酸盐学报，2007，34(10)：1195 ~ 1198.

［65］张梅，李保红，王静，等. Sr_3SiO_5 ：Eu^{2+} ，RE^{3+}（RE = Sm，Dy，Ho，Er)的表征及其在

LED 上的应用 [J] . 中国稀土学报, 2009(2): 172 ~ 177.

[66] Furusho H, Holsa J, Laamanen T, et al. Probing lattice defects in $Sr_2MgSi_2O_7$: Eu^{2+}, Dy^{3+} [J] . J. Lumin. , 2008, 128(5 ~ 6): 881 ~ 884.

[67] Setlur A A, Srivastava A M, Pham H L, et al. Charge creation, trapping, and long phosphorescence in $Sr_2MgSi_2O_7$: Eu^{2+}, RE^{3+} [J] . J. Appl. Phys. , 2008, 103(5): 053513 – 1 ~ 053513 – 4.

[68] Hölsä J P, Niittykoski J, Kirm M, et al. Synchrotron radiation study of the $M_2MgSi_2O_7$: Eu^{2+} persistent luminescence materials [J] . ECS Transactions, 2008, 6(27): 1 ~ 10.

[69] Aitasalo T, Hölsä J, Kirm M, et al. Persistent luminescence and synchrotron radiation study of the $Ca_2MgSi_2O_7$: Eu^{2+}, R^{3+} materials [J] . Radiat. Meas. , 2007, 42(4): 644 ~ 647.

[70] Kim S H, Lee H J, Kim K P, et al. Spectral dependency of Eu-activated silicate phosphors on the composition for LED application [J] . Korean J. Chem. Eng. , 2006, 23(4): 669 ~ 671.

[71] Kim J S, Jeon P E, Park Y H, et al. Color tunability and stability of silicate phosphor for UV-pumped white LEDs [J] . J. Electrochem. Soc. , 2005, 152(2): H29 ~ H32.

[72] Kim J S, Jeon P E, Park Y H, et al. White-light generation through ultraviolet-emitting diode and white-emitting phosphor [J] . Appl. Phys. Lett. , 2004, 85(17): 3696 ~ 3698.

[73] Kim J S, Park Y H, Choi J C, et al. Temperature-dependent emission spectrum of $Ba_3MgSi_2O_8$: Eu^{2+}, Mn^{2+} phosphor for white-light-emitting diode [J] . Electrochem. Solid ST. , 2005, 8(8): H65 ~ H67.

[74] Zhang X M, Li W L, Seo H J. Luminescence and energy transfer in Eu^{2+}, Mn^{2+} co-doped $Li_4SrCa(SiO_4)_2$ for white light-emitting-diodes [J] . Phys. Lett. A, 2009, 373(38): 3486 ~ 3489.

[75] Yang W J, Luo L Y, Chen T M. Luminescence energy transfer of Eu- and Mn-coactivated $CaAl_2Si_2O_8$ as a potential phosphor for white-light UVLED [J] . Chem. Mater. , 2005, 17: 3883 ~ 3888.

[76] Im W B, Kim Y I, Jeon D Y. Thermal stability study of $BaAl_2Si_2O_8$: Eu^{2+} phosphor using its polymorphism for plasma display panel application [J] . Chem. Mater. , 2006, 18(5): 1190 ~ 1195.

[77] Shimomura Y, Honma T, Shigeiwa M, et al. Photoluminescence and crystal structure of green-emitting $Ca_3Sc_2Si_3O_{12}$: Ce^{3+} phosphor for white light emitting diodes [J] . J. Electrochem. Soc. , 2007, 154(1): J35 ~ J38.

[78] Liu Y H, Hao J H, Zhuang W D, et al. Structural and luminescent properties of gel-combustion synthesized green-emitting $Ca_3Sc_2Si_3O_{12}$: Ce^{3+} phosphor for solid-state lighting [J] . J. Phys. D: Appl. Phys. , 2009, 42(24): 347 ~ 371.

[79] Xie R J, Li Y Q, Hirosaki N, et al. Nitride phosphors and solid-state lighting [M] . USA: CRC Press, 2011.

[80] 陈观通. $M_3Si_6O_{12}N_2$: RE(M = Sr, Ba) 绿色荧光粉的制备及荧光性能研究 [D] . 北京: 北京有色金属研究总院, 2013.

[81] Schlieper T, Schnick W. Nitride silicate. I: high temperature synthesis and crystal structure of

$Ca_2Si_5N_8$ [J]. Z. Anorg. Allg. Chem., 1995, 621: 1037 ~ 1041.

[82] Schlieper T, Milius W, Schnick W. Nitrido silicate. Ⅱ: high temperature syntheses and crystal structures of $Sr_2Si_5N_8$ and $Ba_2Si_5N_8$ [J]. Z. Anorg. Allg. Chem., 1995, 621: 1380 ~ 1384.

[83] Höppe H A, Lutz H, Morys P, et al. Luminescence in Eu^{2+} doped $Ba_2Si_5N_8$: fluorescence, thermo-luminescence, and up-conversion [J]. J. Phys. Chem. Solids, 2000, 61 (12): 2001 ~ 2006.

[84] Hintzen H T, van Krevel J W H, Botty I G. Red Emitting Luminescent Materials: European, 1104799A1 [P]. 2001 – 06 – 06.

[85] Braune B, Waltl G, Bogner G, et al. Light Source Using a Yellow-to-Red-Emitting Phosphor: International, WO0140403A1 [P]. 2001 – 07 – 06.

[86] Bogner G, Botty G, Braune B, et al. Light Source Using a Yellow-to-Red-Emitting Phosphor: US, 6649946B2 [P]. 2003 – 11 – 18.

[87] 布劳尼, 怀特尔, 波格纳, 等. 使用发射黄 – 红光的磷光体的光源: 中国, 1200992C [P]. 2005 – 05 – 11.

[88] 玉置宽人, 龟岛正敏, 高岛优, 等. 氮化物荧光体及其制造方法及发光装置: 中国, 1522291A [P]. 2004 – 08 – 18.

[89] Li Y Q, van Steen J E J, van Krevel J W H, et al. Luminescence properties of red-emitting $M_2Si_5N_8$: Eu^{2+} (M = Ca, Sr, Ba) LED conversion phosphors [J]. J. Alloys & Compds., 2006, 417: 273 ~ 279.

[90] Piao X Q, Horikawa T, Hanzawa H, et al. Photoluminescence properties of $Ca_2Si_5N_8$: Eu^{2+} nitride phosphor prepared by carbothermal reduction and nitridation method [J]. Chem. Lett., 2006, 135(3): 334, 335.

[91] Piao X Q, Machida K, Horikawa T, et al. Self-propagating high temperature synthesis of yellow-emitting $Ba_2Si_5N_8$: Eu^{2+} for white light-emitting diodes [J]. Appl. Phys. Lett., 2007, 91: 041908 – 1 ~ 041908 – 3.

[92] Piao X Q, Horikawa T, Hanzawa H, et al. Preparation of $(Sr_{1-x}Ca_x)_2Si_5N_8$: Eu^{2+} solid solution and their luminescence properties [J]. J. Electrochem. Soc., 2006, 153 (12): 232 ~ 235.

[93] Xie R J, Hirosaki N, Suehiro T, et al. A simple, efficient synthetic route to $Sr_2Si_5N_8$: Eu^{2+}-based red phosphors for white light-emitting diodes [J]. Chem. Mater., 2006, 18: 5578 ~ 5583.

[94] Duan C J, Otten W M, Delsing A C A, et al. Preparation and photoluminescence properties of Mn^{2+}-activated $M_2Si_5N_8$ (M = Ca, Sr, Ba) phosphors [J]. Solid State Chem., 2008, 181: 751 ~ 757.

[95] Teng X M, Zhuang W D, Hu Y S, et al. Luminescence properties of nitride red phosphor for LED [J]. J. Rare Earth, 2008, 26(5): 652 ~ 655.

[96] Teng X M, Liu Y H, Zhuang W D, et al. Preparation and luminescence properties of the red-emitting phosphor $(Sr_{1-x}Ca_x)_2Si_5N_8$: Eu^{2+} with different Sr/Ca ratios [J]. J. Rare Earth, 2009, 27(1): 58 ~ 61.

[97] Teng X M, Liu Y H, Zhuang W D, et al. Luminescence properties of Tm^{3+} co-doped $Sr_2Si_5N_8$: Eu^{2+} red phosphor [J]. J. Rare Earth, 2010, 130(5): 851~854.

[98] Uheda K, Hirosaki N, Yamamoto Y, et al. Luminescence properties of a red phosphor, CaAlSiN$_3$: Eu^{2+}, for white light-emitting diodes [J]. Electrochem. Solid ST., 2006, 9: H22.

[99] Watanabe H, Yamane H, Kijima N. Crystal structure and luminescence of $Sr_{0.99}Eu_{0.01}AlSiN_3$ [J]. J. Solid State Chem., 2008, 181: 1848.

[100] Hu W W, Cai C, Zhu Q Q, et al. Preparation of high performance $CaAlSiN_3$: Eu^{2+} phosphors with the aid of BaF_2 flux [J]. J. Alloys & Compds., 2014, 613: 226~231.

[101] Piao X Q, Machida K, Horikawa T, et al. Preparation of $CaAlSiN_3$: Eu^{2+} by self-propagating high-temperature synthesis and their luminescent properties [J]. Chem. Mater., 2007, 19: 4592~4599.

[102] Li J W, Watanabe T, Wada H, et al. Low-temperature crystallization of Eu-doped red-emitting $CaAlSiN_3$ from alloy derived ammonometallates [J]. Chem. Mater., 2007, 19: 3592~3594.

[103] Li J W, Watanabe T, Sakamoto N, et al. Synthesis of a multinary nitride, Eu-doped $CaAlSiN_3$, from alloy at low temperatures [J]. Chem. Mater., 2008, 20: 2095~2105.

[104] Watanabe H, Wada H, Seki K, et al. Synthetic method and luminescence properties of $Sr_xCa_{1-x}AlSiN_3$: Eu^{2+} mixed nitride phosphors [J]. J. Electrochem. Soc., 2008, 155: 31~36.

[105] Shen Y, Zhuang W D, Liu Y H, et al. Preparation and luminescence properties of Eu^{2+}-doped CASN-sinoite multiphase system for LED [J]. J. Rare Earth, 2010, 28 (2): 289~291.

[106] 刘元红,何华强,刘荣辉,等. 一种氮化物荧光粉、其制造方法及含该荧光粉的发光装置: 中国, 103045267A [P]. 2013 – 04 – 17.

[107] 何华强,刘荣辉,刘元红,等. 一种红色荧光体、其制造方法及含该荧光体的发光装置: 中国, 103045266A [P]. 2013 – 04 – 17.

[108] 何华强,刘元红,刘荣辉,等. 一种 LED 红色荧光物质及含有该荧光物质的发光器件: 中国, 103045256A [P]. 2013 – 04 – 17.

[109] Hecht C, Stadler F, Schmidt P J, et al. $SrAlSi_4N_7$: Eu^{2+}-a nitridoalumosilicate phosphor for warm white light (pc) LEDs with edge-sharing tetrahedra [J]. Chem. Mater., 2009, 21: 1595~1601.

[110] Huppertz H, Schnick W. $BaYbSi_4N_7$-überraschende Strukturelle Möglichkeiten in Nitridosilicaten [J]. Angew. Chem., 1996, 35(17): 1983~1984.

[111] Fang C M, Li Y Q, Hintzen H T, et al. Crystal and electronic structure of the novel nitrides $MYSi_4N_7$ (M = Sr, Ba) with peculiar NSi_4 coordination [J]. Chem. of Mater., 2003, 13 (6): 1480~1483.

[112] Li Y Q, Fang C M, de With G, et al. Preparation, structure and luminescence properties of Eu^{2+} and Ce^{3+}-doped $SrYSi_4N_7$ [J]. J. Solid State Chem., 2004, 177: 4687~4690.

[113] Izumi F, Mitomo M, Suzuki J. Structure refinement of yttrium α-SiAlON from X-ray powder

profile data [J]. J. Mater. Sci. Lett., 1982, 1: 533~535.

[114] Gál Z A, Mallinson P M, Orchard H J, et al. Clarke synthesis and structure of alkaline earth silicon nitrides: $BaSiN_2$, $SrSiN_2$, and $CaSiN_2$ [J]. Inorg. Chem., 2004, 43 (13): 3998~4006.

[115] Toquin R L, Cheetham A K. Red-emitting cerium-based phosphor materials for solid state lighting applications [J]. Chem. Phys. Lett., 2006, 423: 352.

[116] Wang X M, Zhang X, Ye S, Jing X P. A promising yellow phosphor of Ce^{3+}/Li^+ doped $CaSiN_{2-2\delta/3}O_\delta$ for pc-LEDs [J]. Dalton Trans. 2013, 42(14): 5167~5173.

[117] Duan C J, Ottern X J, Delsing W M, et al. Preparation, electronic structure, and photoluminescence properties of Eu^{2+} and Ce^{3+}/Li^+-activated alkaline earth silicon nitride $MSiN_2$(Sr, Ba) [J]. Chem. Mater., 2008, 20: 1579.

[118] Li Y Q, Hirosaki N, Xie R J, et al. Yellow-orange-emitting $CaAlSiN_3$: Ce^{3+} phosphor: structure, photoluminescence, and application in white LEDs [J]. Chem. Mater., 2008, 20: 6704~6714.

[119] Oyama Y, Kamigaito O. Solid solubility of some oxides in Si_3N_4 [J]. Jpn. J. Appl. Phys., 1971, 10: 1637.

[120] Jack K H, Wilson W I. Ceramics based on the Si-Al-O-N and related systems nature phys [J]. Science, 1972, 238: 28~29.

[121] Van Krevel J W H, Rutten J W T, Mandal H, et al. Luminescence properties of terbium-, cerium-, or europium-doped [alpha]-Sialon materials [J]. J. Solid State Chem., 2002, 165: 19~24.

[122] Xie R J, Hirosaki N, Mitomo M, et al. Strong green emission from α-SiAlON activated by divalent ytterbium under blue light irradiation [J]. J. Phys. Chem. B, 2005, 109: 9490~9494.

[123] Xie R J, Hirosaki N, Mitomo M, et al. Photoluminescence of rare-earth-doped Ca-α-SiAlON phosphors: composition and concentration dependence [J]. J. Am. Ceram. Soc., 2005, 88: 2883~2888.

[124] Xie R J, Hirosaki N, Li Y Q, et al. Rare-earth activated nitride phosphors: synthesis, luminescence and applications [J]. Materials, 2010, 3(6): 3777~3793.

[125] Hirosaki N, Xie R J, Kimoto K. Characterization and properties of green-emitting β-SiAlON: Eu powder phosphors for white light-emitting diodes [J]. Appl. Phys. Lett., 2005, 86 (211): 9051~9053.

[126] Zhu X W, Masubuchi Y, Motohash T, et al. The z value dependence of photoluminescence in Eu^{2+}-doped-SiAlON($Si_{6-z}Al_zO_zN_{8-z}$) with $1 < z < 4$ [J]. J. Alloys & Compds., 2010, 489: 157~161.

[127] Xie R J, Hirosaki N, Li H L, et al. Synthesis and photoluminescence properties of β-SiAlON: Eu^{2+} ($Si_{6-z}Al_zO_zN_{8-z}$: Eu^{2+}) [J]. J. Electrochem. Soc., 2007, 154: 314~319.

[128] Liu T C, Cheng B M, Hu S F, et al. Highly stable red oxynitride β-SiAlON: Pr^{3+} phosphor for light-emitting diodes [J]. Chem. Mater., 2011, 23: 3698~3705.

[129] Zhang M, Wang J, Zhang Z, et al. A tunable green alkaline-earth silicon-oxynitride solid solution $(Ca_{1-x}Sr_x)Si_2O_2N_2:Eu^{2+}$ and its application in LED [J]. Appl. Phys. B, 2008, 93: 829~835.

[130] Song Y H, Park W J, Yoon D H. Photoluminescence properties of $Sr_{1-x}Si_2O_2N_2:Eu_x^{2+}$ as green to yellow-emitting phosphor for blue pumped white LEDs [J]. J. Phys. Chem. Solids, 2010, 71: 473~475.

[131] Song X F, He H, Fu R L, et al. Photoluminescent properties of $SrSi_2O_2N_2:Eu^{2+}$ phosphor: concentration related quenching and red shift behavior [J]. J. Phys. D: Appl. Phys., 2009, 42: 1~6.

[132] Li Y Q, Delsing A C A, With G D, et al. Luminescenceproperties of Eu^{2+}-activated alkaline-earth silicon-oxynitride $MSi_2O_{2-\delta}N_{2+2/3\delta}$ (M = Ca, Sr, Ba): a promising class of novel LED conversion phosphors [J]. Chem Mater, 2005, 17: 3242~3248.

[133] Jung K Y, Seo J H. Preparation of fine sized $SrSi_2O_{2-\delta}N_{2+2/3\delta}:Eu^{2+}$ phosphor by spray pyrolysis and its luminescent characteristics [J]. Electrochem Solid ST., 2008, 11(7): 64~67.

[134] Mikami M, Kijima N. 5d Levels of rare-earth ions in oxynitride/nitride phosphors: To what extent is the idea covalency reliable? [J]. Opt. Mater., 2010, 33(2): 145~148.

[135] Dorenbos P. Energy of the first $4f^7 \rightarrow 4f^65d$ transition of Eu^{2+} in inorganic compounds [J]. J. Lumin., 2003, 104: 239~260.

[136] Stadler F, Schnick W. The new layer-silicates $Ba_3Si_6O_9N_4$ and $Eu_3Si_6O_9N_4$ [J]. Z. Anorg. Allg. Chem., 2006, 632: 949~954.

[137] Mikami M, Shimooka S, Uheda K, et al. New green phosphor $Ba_3Si_6O_{12}N_2$: Eu for white LED: crystal structure and optical properties [J]. Key Eng. Mater., 2009, 403: 11~14.

[138] Braun C, Seibald M, Böger S L, et al. Material properties and structural characterization of $M_3Si_6O_{12}N_2:Eu^{2+}$ (M = Ba, Sr) —a comprehensive study on a promising green phosphor for pc-LEDs [J]. Chem. Eur. J., 2010, 16: 9646~9657.

[139] Porob D G, Satya K M, Kumar N P, et al. Synthesis and luminescence properties of green oxynitride phosphor [J]. ECS Transactions, 2011, 33(33): 101~107.

[140] Song Y H, Choi T Y, Senthil K, et al. Photoluminescence properties of green-emitting Eu^{2+}-activated $Ba_3Si_6O_{12}N_2$ oxynitride phosphor for white LED applications [J]. Mater. Lett., 2011, 65: 3399~3401.

[141] Song Y H, Kim B S, Jung M K, et al. Synthesis and photoluminescence properties of green-emitting $Ba_3Si_6O_{12}N_2$ oxynitride phosphor using boron-coated Eu_2O_3 for white LED applications [J]. J. Electrochem. Soc., 2012, 159(5): 148~152.

[142] Kang E F, Choi S W, Hong S H. Synthesis of $Ba_3Si_6O_{12}N_2:Eu^{2+}$ green phosphors using $Ba_3SiO_5:Eu^{2+}$ precursor and their luminescent properties [J]. J. Solid State Sci. Tech., 2012, 1(1): 11~14.

[143] Tang J Y, Chen J H, Hao L Y, et al. Green Eu^{2+} doped $Ba_3Si_6O_{12}N_2$ phosphor for white light-emitting diodes: synthesis, characterization and theoretical simulation [J]. J. Lumin., 2011, 131: 1101~1106.

[144] Chen G T, Zhuang W D, Hu Y S, et al. Luminescence properties of Eu^{2+}-doped $Ba_3Si_6O_{12}N_2$ green phosphor: concentration quenching and thermal stability [J]. J. Rare Earth, 2013, 31(2): 113~118.

[145] Chen G T, Zhuang W D, Hu Y S, et al. The δ value dependence of photoluminescence in green-emitting $Ba_3Si_6O_{12-\delta}N_{2+2/3\delta}$: Eu^{2+} phosphors for white light-emitting diodes [J]. J. Mater. Sci-Mater. El., 2013, 24(6): 2176~2181.

[146] Hu Y S, Zhuang W D, Ye H Q, et al. Preparation and luminescent properties of $(Ca_{1-x}Sr_x)$ S: Eu^{2+} red emitting phosphor for white LED [J]. J. Lumin., 2005, 111(3): 139~145.

[147] 徐剑, 张新民, 张剑辉, 等. MGa_2S_4: Eu^{2+} (M = Ca, Sr, Ba) 和 $EuGa_2S_4$ 系列荧光粉的合成和发光性能研究 [J]. 中山大学学报 (自然科学版), 2004, 3: 49~51.

[148] Hu Y S, Zhuang W D, Ye H Q, et al. A novel phosphor for white light emitting diodes [J]. J. Alloys & Compds., 2005, 390: 226~229.

[149] Wang J G, Jing X P, Yan C H, et al. $Ca_{1-2x}Eu_xLi_xMoO_4$: A novel red phosphor for solid-state lighting based on a GaN LED [J]. J. Electrochem. Soc., 2005, 152(3): G186.

[150] Wang J G, Jing X P, Yan C H, et al. Photoluminescent properties of phosphors in the system $Ca_xCd_{1-x}MoO_4$: Eu^{3+}, Li^+ [J]. J. Electrochem. Soc., 2005, 152(7): G534.

[151] Liu J, Lian H Z, Shi C S, et al. Improved optical photoluminescence by charge compensation in the phosphor system $CaMoO_4$: Eu^{3+} [J]. Opt. Mater., 2007, 29(12): 1591~1594.

[152] Guo C F, Tao C, Lin L, et al. Luminescent properties of $R_2(MoO_4)_3$: Eu^{3+} (R = La, Y, Gd) phosphors prepared by sol-gel process [J]. J. Phys. Chem. Solids, 2008, 69 (8): 1905~1911.

[153] Ci Z P and Wang Y H. $Ca_{1-x}Mo_{1-y}Si_yO_4$: Eu_x^{3+}: A novel red phosphor for white light emitting diodes [J]. Physica B, 2008, 403, 670~674.

[154] 李建宇. 稀土发光材料及其应用 [M]. 北京: 化学工业出版社, 2003.

[155] Di W H, Wang X J, Zhu P F, et al. Energy transfer and heat-treatment effect of photoluminescence in Eu^{3+}-doped $TbPO_4$ nanowires [J]. J. Solid State Chem., 2007, 180 (2): 467~473.

[156] Vergeer P, Vlugt T J H, Kox M H F, et al. Quantum cutting by cooperative energy transfer in $Yb_xY_{1-x}PO_4$: Tb^{3+} [J]. Phys. Rev. B, 2005, 7(1): 014119 – 1~014119 – 11.

[157] Lin C C, Xiao Z R, Guo G Y, et al. Versatile phosphate phosphors $ABPO_4$ in white light-emitting diodes: collocated characteristic analysis and theoretical calculations [J]. J. Am. Chem. Soc., 2010, 132: 3020~3028.

[158] Qin C X, Huang Y L, Shi L. Thermal stability of luminescence of $NaCaPO_4$: Eu^{2+} phosphor for white-light-emitting diodes [J]. J. Phys. D: Appl. Phys., 2009, 42: 185105~185109.

[159] Rosenthal S J. Bar-coding biomolecules with fluorescent nanocrystals [J]. Nat. Biotechnol, 2001, 19: 621~622.

[160] Xie R J, Peng X. Synthesis of Cu-doped InP nanocrystals (d-dots) with ZnSe diffusion barrier as efficient and color-tunable NIR emitters [J]. J. Am. Chem. Soc., 2009, 131:

10645 ~ 10651.

[161] Dabbousi B O, Bawendi M G, Onitsuka O, et al. Electroluminescence from CdSe quantum-dot/polymer composites [J]. Appl. Phys. Lett., 1995, 66(11): 1316 ~ 1318.

[162] Reiss P, Protie're M, Li L. Core/shell semiconductor nanocrystals [J]. Small, 2009, 5 (2): 154 ~ 168.

[163] Warren C W, Nie S M. Quantum dots bioconjugates for ultrasensitive nonisotopic detection [J]. Science, 1998, 281(5385): 2016 ~ 2018.

4 高压汞灯和金属卤化物灯用稀土发光材料

4.1 高压汞灯及其稀土发光材料

4.1.1 高压汞蒸气放电与高压汞灯[1~4]

利用汞蒸气放电而制成的灯统称汞灯，属于气体放电灯的一种。在不同的汞蒸气压下，汞灯的放电特性、光谱辐射能量分布以及启动方式有很大的差别。按照汞蒸气压的不同，通常可将汞灯分为低压汞灯（100～1000Pa）、高压汞灯（10^5～10^6Pa）和超高压汞灯（10^6～10^7Pa）。常用的稀土三基色荧光灯属于低压汞灯的一种，本节主要介绍高压汞灯及其所用的稀土发光材料。

高压汞灯是高强气体放电（high intensity dischage，HID）光源中最早出现的灯种，广泛应用于照明、医疗、化学合成、荧光分析以及塑料与橡胶制品的老化实验等领域。高压汞灯的放电特性与低压汞灯有很大的不同，因此其结构和所用材料也存在很大的差异。

汞在低气压放电时，主要辐射出 253.7nm 和 185nm 的紫外光，它们分别是由三重态的最低激发能级 6^3P_1（4.88eV）和单重态最低激发能级 6^1P_1（6.71eV）跃迁到基态 6^1S_0 所发出的光。因此，低压汞灯必须通过荧光粉对紫外光进行转化，才能获得足够亮度的可见光。在高压汞灯中，随着汞气压的升高，电子和汞原子的碰撞频率加剧，电子被激发到更高的能级，并在高能级之间跃迁，从而发出更多的可见光成分。当汞蒸气达到 0.1～0.5MPa 时，其光效可达 40～50lm/W，灯的电参数较容易与220V电源相匹配，因此高压汞灯的工作气压也通常在这一范围。

图 4-1 所示为高压汞灯的光谱能量分布图。由图可见，汞在可见光区域的一些特征谱线，如 404.7nm（紫）、435.8nm（蓝）、546.1nm（绿）、579.0nm（黄）等都变得十分明显，而紫外区的特征谱线则明显减弱，这主要是高压下汞原子的自吸收造成的。

从图 4-1 中还可以看出，高压汞灯的发光谱线以线状谱线为主，且可见光成分以蓝光、绿光为主，缺少 600nm 以上的红光成分，因此高压汞灯的显色性较差，其显色指数 R_a 通常只有 22～25，不适合用作照明。为改善高压汞灯的显色性，可在灯管内壁涂覆可被 365nm 紫外线激发的红色荧光粉，构成荧光高压汞

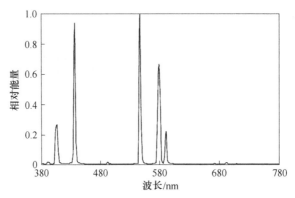

图 4-1　高压汞灯的光谱能量分布图

灯。由高压汞灯的光谱能量分布可知，高压汞灯中近一半的辐射分布在 313 ~
365nm 间的紫外光区，如果通过涂覆荧光粉将这部分的紫外光辐射转化成红光，
则可将高压汞灯的显色指数提高到 40 ~ 50，并将其色温降至 5000K 左右，从而
满足一些对显色性要求不高的照明需求。因此，市面上的高压汞灯通常分为两大
类，一类不带玻璃外壳，主要用作紫外光源，另一类带玻璃外壳，外壳内涂覆有荧光
粉，通常用于照明，后者即荧光型高压汞灯。

荧光型高压汞灯的结构如图 4-2 所示。
灯的内管为电弧放电发光管，管内充有一定
量的汞和 2.5 ~ 4.0kPa 的 Ar 气，发光管两端
接电极并密封。要获得 0.1 ~ 0.5MPa 的高压
汞蒸气，放电发光管的管壁温度需要达到
350 ~ 500℃，因此通常采用耐高温、高压的
透明石英玻璃制成。放电发光管密封在一个
玻璃外壳中，玻壳抽真空后充入 N₂ 气或者
Ar - N₂ 混合气体，玻壳内壁涂覆荧光粉，用
于改善灯的显色性。高压汞灯中充入的惰性
气体由于气压很低，对灯的工作特性几乎没

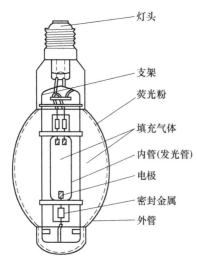

图 4-2　荧光型高压汞灯结构示意图

有影响，仅在启动时发挥作用。

高压汞灯具有如下工作特性[5]：

（1）启燃与再启燃。高压汞灯启动首先要从主电极和辅助电极之间的辉光
放电开始，随后过渡到两个主电极之间的弧光放电。高压汞灯从启动到正常工作
一般需要 4 ~ 8min 时间。而在低温环境中，高压汞灯的启动将很困难，甚至不能
启动。

高压汞灯熄灭后，不能立即启动。因为灯熄灭后，内部还保持着较高的汞蒸

气压，此时电子的自由程很短，在原来的电压下，电子不能积累足够的能量来电离气体。要等灯管冷却，汞蒸气凝结后才能再次点燃。冷却过程需要 5~10min。

高压汞灯使用时通常采用并联补偿电容的电感镇流器。另有一种自镇流高压汞灯，在外泡壳内安装了一根钨丝作为镇流器，可直接代替白炽灯进行使用。

（2）光输出。高压汞灯发光效率一般约为 35~65lm/W，色温约为 5000~5400K，光色为淡蓝绿色。高压汞灯可发出强的紫外线，是紫外固化的标准灯，可用于保健、化学合成、塑料及橡胶的老化试验、荧光分析等方面。用于照明时，则必须涂覆荧光粉来降低紫外线成分并提高其显色性。400W 的高压汞灯，汞自身的可见辐射只占 15% 左右，其他能量大部分都以热辐射损失掉，通过激发荧光粉可使可见辐射提高到 20% 左右，灯的光效可达 56lm/W。

（3）寿命。影响高压汞灯寿命的主要原因是电极发射物质的损耗，造成灯不能启动。对于自镇流高压汞灯，其寿命主要是受钨丝寿命的影响。此外，由于在实际使用过程中，存在光输出衰减现象，因此一般要求在灯使用 8000~10000h 后，即使仍可以点燃，也应予以更换。

高压汞灯自 20 世纪 40 年代步入实用化阶段，到 80 年代时全球产量已达到每年 3000 万只，2000 年时总产量达到 5000 万只。我国自 20 世纪 60 年代开始高压汞灯的研制和生产，90 年代之后一直是国际上高压汞灯生产规模最大的国家，其中 2000 年全国总产量为 3152 万只。根据最新数据统计，2014 年我国高压汞灯的产量仍在 3000 万只以上。但在照明领域，除了超高压汞灯在高亮度投影市场仍发挥重要作用以外，高压汞灯已基本被金属卤化物灯、白光 LED 等更优质光源所淘汰，仅在道路、广场等部分室外照明方面有少量使用。

4.1.2 高压汞灯用发光材料[1,2,6,7]

4.1.2.1 高压汞灯用发光材料的发展历史

高压汞灯虽然光效较高，但是光色较差。高压汞灯发出的可见光能量主要由汞的 4 根特征谱线（404.7nm、435.8nm、546.1nm、579nm）发出，因此它的光色以蓝、绿为主，缺少红色部分，一般显色指数只有 20 左右。为了弥补这一缺点，可以通过在灯的外壳内壁涂覆可被 365nm 紫外光激发的红色荧光粉材料来补充高压汞灯缺少的红色光，来有效提高其显色性，从而使其满足照明的应用需求。

最早使用的高压汞灯用发光材料是 20 世纪 50 年代发明的 Mn^{4+} 激活的氟锗酸镁（$3.5MgO \cdot 0.5MgF_2 \cdot GeO_2 : Mn^{4+}$）和 Mn^{4+} 激活的砷酸镁（$6MgO \cdot As_2O_5 : Mn^{4+}$）。前者虽然能够发出红光，可改善灯的显色性，但由于同时也吸收汞在 404.7nm 和 435.8nm 的蓝光成分，导致灯的发光效率偏低。后者则因为含有有毒的砷且化学稳定性较差，影响了其在高压汞灯中的应用。

1956 年开始使用 Sn^{2+} 激活的磷酸盐 $(Sr, M)_3 (PO_4)_2 : Sn^{2+}$（M = Zn，Mg），该材料发出 620nm 的红光，且不吸收汞的蓝色谱线。用该材料制备的高压汞灯在 $R_a = 44$ 时，光效可达 55～57lm/W。1966 年开始使用稀土荧光粉——Eu^{3+} 激活的钒酸钇（$YVO_4 : Eu^{3+}$），可使灯在 $R_a = 44$ 时光效达到 57lm/W。这一阶段的荧光型高压汞灯已广泛应用于道路、广场、仓库等场所的照明，但由于 R_a 仍偏低，尚不宜用作室内照明。

理论计算表明，在高压汞灯中添加 620nm 红光和 490nm 的蓝绿光，可使灯的 R_a 值达到最大。因此，利用不同的荧光粉组合，可获得更高显色性的荧光型高压汞灯。1973 年，美国威斯汀豪斯公司选用 $Y(V, P) O_4 : Eu^{3+}$ 红色荧光粉和 $Sr_{10} (PO_4)_6 Cl_2 : Eu^{2+}$ 蓝色荧光粉组合，使 400W 高压汞灯在光效为 55lm/W 的情况下，R_a 值达到 67。日本研究人员采用 $YVO_4 : Eu^{3+}$ 红粉、$Y_2 SiO_5 : Ce^{3+}$，Tb^{3+} 绿粉和 $Sr_{10} (PO_4)_6 Cl_2 : Eu^{2+}$ 蓝粉的组合，制成光效达 62.5lm/W、$R_a > 50$ 的 400W 高压汞灯。这些灯的光色与白色荧光灯相近，已可用于室内照明。到 20 世纪 80 年代，高压汞灯技术基本成熟，对高压汞灯用发光材料的研究也基本停止。

理想的高压汞灯用发光材料应具有以下性质：

（1）在 254～365nm 范围内，特别是在 365nm 紫外光激发下，有高的发光效率。

（2）具有较高的热稳定性，在 200～250℃ 高温下，发光效率不下降或仅有很少降低。

（3）对汞的蓝色谱线吸收小。

（4）耐短波紫外光辐射。

（5）具有适宜的粒径和粒度分布。

其中最关键的是热稳定性，这阻碍了不少红色、蓝色发光材料在高压汞灯中的应用。表 4-1 列出了常用的高压汞灯用荧光材料及其基本性质。

表 4-1　常用的高压汞灯用荧光材料及其基本性质

荧光粉组成	发光颜色	峰值波长/nm	半峰宽/nm	应 用
$Y_2 O_3 : Eu^{3+}$	红	612	5	标准灯
$YVO_4 : Eu^{3+}$	红	619	5	标准灯
$Y(V, P) O_4 : Eu^{3+}$	红	619	5	标准灯
$(Sr, Mg)_3 (PO_4) : Sn^{2+}$	橙红	620	40	改善灯颜色
$3.5MgO \cdot 0.5MgF_2 \cdot GeO_2 : Mn^{4+}$	深红	655	15	改善灯颜色
$Y_2 SiO_5 : Ce^{3+}$，Tb^{3+}	绿	543	—	改善灯颜色
$Y_2 O_3 \cdot Al_2 O_3 : Tb^{3+}$	绿	545	—	改善灯颜色
$Y_3 Al_5 O_{12} : Ce^{3+}$	黄绿	540	12	低色温灯

续表 4-1

荧光粉组成	发光颜色	峰值波长/nm	半峰宽/nm	应　用
$BaMg_2Al_{16}O_{27}:Eu^{2+}$，$Mn^{2+}$	蓝绿	450，515	—	改善灯颜色
$(Ba,Mg)_2Al_{16}O_{24}:Eu^{2+}$	蓝	450	—	改善灯颜色
$Sr_2Si_3O_8 \cdot 2SrCl_2:Eu^{2+}$	蓝绿	490	7	改善灯颜色
$Sr_{10}(PO_4)_6Cl_2:Eu^{2+}$	蓝	447	32	改善灯颜色
$(Sr,Mg)_3(PO_4)_2:Cu^{2+}$	蓝绿	490	75	改善灯颜色

4.1.2.2　稀土发光材料

早期使用的高压汞灯用发光材料，如氟锗酸镁、砷酸镁等都不含稀土，但后期使用的发光材料则大多含有稀土。高压汞灯在照明领域的大范围使用，也主要得益于这些稀土发光材料的应用。重要的高压汞灯用稀土发光材料介绍如下。

A　$YVO_4:Eu^{3+}$ 和 $Y(V,P)O_4:Eu^{3+}$

$YVO_4:Eu^{3+}$ 发光材料最早于 1966 年研制成功，它的使用使高压汞灯的显色性有了极大的提高。在此基础上，后人将磷引进 $YVO_4:Eu^{3+}$ 结构，获得 $Y(V,P)O_4:Eu^{3+}$ 荧光材料，使灯的亮度和显色性得到进一步的提高。

$YVO_4:Eu^{3+}$ 和 $Y(V,P)O_4:Eu^{3+}$ 的激发光谱如图 4-3（a）所示，二者的激发光谱基本一致，在 230～330nm 范围的宽激发带是由 VO_4^{3-} 所引起的。而 $YVO_4:Eu^{3+}$ 随着 P 掺杂后，激发光谱的截止波长向短波方向移动，但在 254nm 处的宽激发带位置和强度却没有发生变化。在 365nm 的长波紫外光激发下，$Y(V,P)O_4:Eu^{3+}$ 的发光亮度随着 PO_4 的取代量增加而下降。

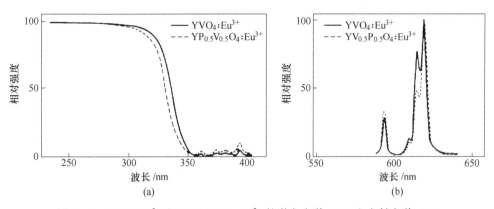

图 4-3　$YVO_4:Eu^{3+}$ 和 $Y(V,P)O_4:Eu^{3+}$ 的激发光谱（a）和发射光谱（b）

$YVO_4:Eu^{3+}$ 和 $Y(V,P)O_4:Eu^{3+}$ 的发射光谱如图 4-3（b）所示。二者的发射光谱都属于 Eu^{3+} 的特征发射光谱，由 610～620nm 的发射带和 593nm 的发射带组成，提高 593nm 发射带的发射强度，有利于提高材料的发光强度。研究表明，

YVO_4：Eu^{3+}和 $Y(V,P)O_4$：Eu^{3+}都具有良好的温度特性，在 300℃工作温度下的发光性能最优越，能够满足高压汞灯的高温工作要求。

为了进一步改进材料的发光性能和降低成本，有研究者采用 SiO_2 对 YVO_4：Eu^{3+}进行稀释，并采用助熔剂混合烧结以改善其性能，可有效降低 YVO_4：Eu^{3+}的生产成本而保持光效和光色不变。随后有其他研究者通过部分硼代替钒制成 $Y(V,B)O_4$：Eu^{3+}，随后又进一步添加硼酸钙，改善了高压汞灯的光通量、光色及色坐标[8]。

YVO_4：Eu^{3+}和 $Y(V,P)O_4$：Eu^{3+}的制备方法比较简单，采用 Y_2O_3、V_2O_5、$(NH_4)_2HPO_4$ 和 Eu_2O_3 为原料，按照化学计量比称量，并加入一定比例的助熔剂，在空气中 1200℃左右煅烧数小时后即可得到产品。

B　Y_2SiO_5：Ce^{3+}，Tb^{3+}

Y_2SiO_5：Ce^{3+}，Tb^{3+}是 20 世纪 70 年代开发出的一种绿色发光材料。这一材料同 YVO_4：Eu^{3+}和 $Sr_{10}(PO_4)_6Cl_2$：Eu^{2+}一起混合运用在荧光高压汞灯中，用来改进灯的显色性和提高光效，同时也可作为三基色发光材料的绿色组分，用于制作三基色荧光灯。

Y_2SiO_5：Ce^{3+}，Tb^{3+}的激发和发射光谱如图 4-4 所示，激发光谱由在 200～400nm 范围内 3 个宽激发带组成，248nm 的激发带属于 Tb^{3+}的激发带，而 304nm 和 360nm 的强激发带是由 Ce^{3+}引起的。在 365nm 激发下，由于存在 $Ce^{3+} \rightarrow Tb^{3+}$ 的能量传递，而使 Y_2SiO_5：Ce^{3+}，Tb^{3+}发射光谱呈现 Tb^{3+}的 $^5D_4 \rightarrow {}^7F_J$ 跃迁的特征发射光谱，发射主峰为 550nm。改变 Ce^{3+}的浓度能对 Tb^{3+}的绿光发射产生显著影响。

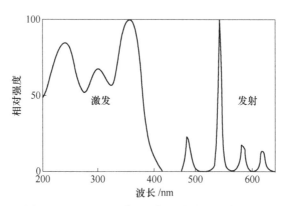

图 4-4　Y_2SiO_5：Ce^{3+}，Tb^{3+}的激发和发射光谱

制备 Y_2SiO_5：Ce^{3+}，Tb^{3+}的方法也很简单，将 Y_2O_3、SiO_2、Tb_4O_7、CeO_2 按照比例称量后，加入一定量的碱金属助熔剂（如 LiF、KF、LiBr 等）并混合均匀，在弱还原气氛下经高温煅烧数小时后即可。

C Y$_2$O$_3$·Al$_2$O$_3$:Tb^{3+}

采用 Y$_2$O$_3$·Al$_2$O$_3$:Tb^{3+} 与 YVO$_4$:Eu^{3+} 混合荧光材料制成的荧光型高压汞灯发光效率可达 60~64lm/W，可用于室内照明。

Y$_2$O$_3$·Al$_2$O$_3$:Tb^{3+} 激发光谱如图 4-5 所示，其激发光谱随着 Al$_2$O$_3$ 的含量改变而变化，在 Y/Al 比例为 0.2 时，275nm 的激发带最强，当 Y/Al 比例增加到 0.6 时，325nm 的激发带最强，而当 Y/Al 比例为 1 时，350~380nm 范围的多重激发带最强。

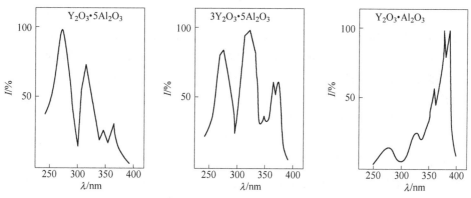

图 4-5 Y$_2$O$_3$·Al$_2$O$_3$:Tb^{3+} 的激发光谱

Y$_2$O$_3$·Al$_2$O$_3$:Tb^{3+} 发射光谱如图 4-6 所示，主要为 Tb^{3+} 的 $^5D_4 \rightarrow {}^7F_J$ 跃迁在 490nm、545nm、595nm、620nm 附近的特征发射带，发射主峰为 545nm 的绿光。Y$_2$O$_3$·Al$_2$O$_3$:Tb^{3+} 的温度特性优异，在 300℃ 工作温度的发光性能良好。

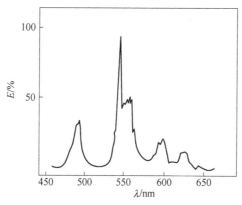

图 4-6 Y$_2$O$_3$·Al$_2$O$_3$:Tb^{3+} 的发射光谱

Y$_2$O$_3$·Al$_2$O$_3$:Tb^{3+} 的制备方法与 Y$_2$SiO$_5$:Ce^{3+}，Tb^{3+} 类似，将高纯 Y$_2$O$_3$、Al$_2$O$_3$、Tb$_4$O$_7$ 原料按照比例称量，加入一定量的碱金属氟化物作为助熔剂混合均匀，在弱还原气氛下经 1300℃ 灼烧数小时而成。

4.2 金属卤化物灯及其稀土发光材料[2,3,9,10]

4.2.1 金属卤化物灯

4.2.1.1 金属卤化物灯的基本原理

金属卤化物灯是在高压汞灯的基础上进一步发展出来的一种 HID 光源，最早由 Gilbert Reling 于 1961 年发明。金属卤化物灯起初是为了改善高压汞灯的光色而研制的，但与荧光型高压汞灯不同，它采取了另一条技术路线，即通过向灯中添加金属卤化物来增加红色成分。现在的金属卤化物灯在光色、光效、使用寿命等方面都超越了高压汞灯，具有光效高（$65 \sim 150 \text{lm/W}$）、显色性好（$R_a = 65 \sim 95$）、寿命长（$8000 \sim 20000 \text{h}$）、功率范围广（$20 \text{W} \sim 10 \text{kW}$）等多种优点，在厂矿、场馆、园林、道路等泛光照明以及影视、捕鱼、植物照明等特种照明领域都具有广泛应用。在白光 LED 出现之前，小功率金属卤化物灯还是高品质室内照明的首选，大量应用于室内商业照明。

金属卤化物灯是一种气体放电灯，其基本原理是在放电管内电子、原子、离子之间相互碰撞，从而使原子或分子电离，形成激发态，再经电子或离子复合而发光。金属卤化物发光材料是决定金属卤化物灯光色性能的关键材料。它们在放电管中受电弧激发后，辐射出元素的特征谱线而发光。稀土金属卤化物是金属卤化物灯中的最常用的发光材料。

在金属卤化物灯中，尽管参与发光的物质主要是金属原子，但充入灯内的并不是金属单质，而通常是金属卤化物。这主要是基于以下原因：

（1）在同一温度下，几乎所有的金属卤化物的蒸气压都比该金属的蒸气压高（钠除外），因此采用金属卤化物有利于形成高浓度的金属原子并产生有效辐射。

（2）金属卤化物（氟化物除外）不与石英泡壳发生明显的化学作用，而金属单质一般易与石英发生反应，造成泡壳损坏。

在金属卤化物灯中，金属卤化物会发生如图 4 - 7 所示的分解和复合循环。该循环的具体过程如下：

（1）在管壁的工作温度（约 1000K）下，金属卤化物大量蒸发，并因浓度梯度向电弧中心扩散。

（2）在电弧中心的高温区域（$4000 \sim 6000 \text{K}$），金属卤化物分解为金属原子和卤素原子，金属原子在放电过程中产生热激发、热电离，并在复合过程中向外辐射不同能量分布的光谱。

（3）电弧中心的金属原子和卤素原子因浓度较高，又转而向管壁扩散，并在接近管壁的低温区域又重新复合成金属卤化物。

就这样，这种循环不断向电弧提供足够浓度的金属原子，同时又避免金属在管壁上的沉积。

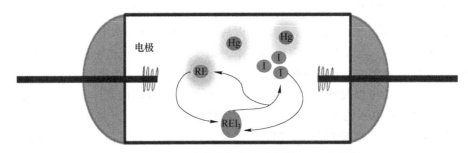

图 4 - 7　金属卤化物灯的基本工作原理示意图

要维持上述循环，加入灯内的金属卤化物除了必须满足蒸气压高和不与石英玻璃发生化学反应的条件外，还需满足另外三个条件：

（1）在电弧温度下不稳定，可分解成金属和卤素，以保证在电弧的发光部分具有较高的金属蒸气压。

（2）在管壁温度下稳定，不会在管壁析出金属，从而避免金属与石英玻璃发生反应。

（3）在室温时具有较低的蒸气压，这主要是因为所有的卤化物都易于俘获自由电子形成负离子，若室温下卤化物蒸气压过高，容易造成灯的启动困难。

大部分金属卤化物灯中均充有汞，但汞在金属卤化物灯中的作用却与在高压汞灯中大不相同。在高压汞灯中，汞是发光物质，但在金属卤化物灯中，汞的辐射很小。这主要是由于通常灯内金属的激发电位较低，平均在 4V 左右，而汞的平均激发电位较高，约为 7.8V，因而电弧内受激的金属原子比汞原子多，其光谱强度也远超过汞光谱。同样的，由于卤素原子的激发电位也比较高（碘为 6.8V，溴为 7.86V，氯为 8.9V），因此它们也很少参与发光。

尽管汞对辐射的贡献很小，但大多数金属卤化物灯都还要充入少量的汞，这主要是基于以下几个原因：

（1）加入汞可以提高灯的光效。通常，灯中金属卤化物的蒸气压较低，只有 $100 \sim 10000 Pa(0.001 \sim 0.1 atm)$，因而电弧中心的金属原子和卤素原子向管壁扩散并复合的速度很快。金属卤化物在分解时要吸收能量，而复合时放出能量，如果循环速度过快，会使电弧中的能量损失增大，从而导致灯的光效降低。同时，低气压放电时，管壁温度和电弧中气体温度都比较低，相应的卤化物的蒸气压也较低，并且卤化物的离解会不充分，导致金属原子不能被有效地激发。汞的加入可帮助建立起高气压（$10^5 \sim 10^6 Pa(1 \sim 10 atm)$）放电，起到阻碍金属蒸气和卤素气体扩散的作用，并提高电弧中气体的温度，故也被称为缓冲气体。之所以选择汞，是因为其热导率很小。同样具有较小热导率的氙气也可作为缓冲气体，但实践证明用汞作为缓冲气体比用氙气时的光效高。

（2）加入汞可以改善灯的电特性。在金属卤化物灯中，如果没有汞，金属卤化物的蒸气压又很低，电子的平均自由程很大，电子的迁移率也就很大，因而电位梯度和灯的管压也就很低。加入汞以后，灯内的气压大大升高，电位梯度和汞压也相应升高。充汞的金属卤化物灯中，由于汞的蒸气压远高于金属卤化物的蒸气压，灯的管压也主要由汞的蒸气压决定，因此汞量必须严格控制。

（3）加入汞可以改善灯的启动性能。汞可以与过量的卤素原子生成卤化汞，减少卤素原子对电子的吸附，有利于灯的启动。另外充汞与充氙相比，即使工作气压达到一样，但启动前冷态时气压相差大，充氙冷态时需几百托（1Torr = 133.3224Pa），而汞仅为 10^{-3}Torr 数量级。

4.2.1.2　石英金属卤化物灯

金属卤化物灯按照灯电弧管泡壳材质可分为两种类型：一类是石英金属卤化物灯，其电弧管泡壳是用石英玻璃制成；另一类是陶瓷金属卤化物灯，其电弧管泡壳是用半透明氧化铝陶瓷制成。另外金属卤化物灯也可按所填充的金属卤化物的不同分为钠铊铟灯、钪钠灯、镝灯等三类。

石英金属卤化物灯是第一代金属卤化物灯，采用石英玻璃作为电弧管泡壳材料，其基本结构如图 4-8 所示。相比于陶瓷金属卤化物灯，石英金属卤化物灯制灯技术相对简单，成本也相对低廉，因而在市场上占有量较大。我国目前每年生产金属卤化物灯超过 6000 万只，其中 80% 以上都是石英金属卤化物灯。但受石英材料特性的限制，石英金属卤化物灯在性能上也存在一些明显的不足，如光衰大、色漂移严重、寿命短、光效提升困难等。这主要是由以下几个原因造成的[9]：

（1）石英在燃点温度下会与金属卤化物发生缓慢的化学反应，从而影响灯的寿命和光色特性。例如，钪钠灯中常用的 ScI_3 会与石英在高温下产生如下化学反应：

$$4ScI_3 + 7SiO_2 \Longrightarrow 2Sc_2Si_2O_7 + 3SiI_4$$
$$SiI_4 \Longrightarrow Si + 4I$$
$$Si + W \Longrightarrow SiW$$

反应的结果是在管壳上形成金属元素的硅酸盐，造成金属元素减少，使灯的颜色产生漂移，影响管壳的透明度。分离出来的 Si 会溶解于钨电极中，使电极发射性能变差。此外，过剩的卤素会使灯启动困难，产生有害的卤钨循环，腐蚀电极，使管壁发黑，引起光衰。

（2）高温下 H_2 会透过石英管壁迁入放电管内，造成金属卤灯启动电压的不断提高，最终使灯泡启动困难，寿命缩短。同时，高温下 Na 元素会透过石英管壁迁移到放电管外，造成金属卤灯颜色的变化。

（3）受石英析晶温度的限制，石英金属卤化物灯的工作温度一般不超过 1000℃，而金属卤化物在这一温度下的饱和蒸气压相对较低，参与放电发光的金属原子浓度值也相应较少，从而影响了灯光效的提高。

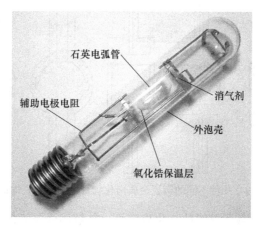

图 4 - 8 石英金属卤化物灯

4.2.1.3 陶瓷金属卤化物灯

为克服石英金属卤化物灯光色稳定性差、寿命短等问题，同时进一步提高光效，在石英金属卤化物灯的基础上开发了陶瓷金属卤化物灯，采用具有耐腐蚀、耐高温、化学稳定性好的半透明氧化铝陶瓷代替石英作为电弧管泡壳材料。在1150℃以下，氧化铝陶瓷一般不与填充的金属卤化物发生化学反应，因此陶瓷电弧管的工作温度可比石英电弧管提高约200℃，这使陶瓷金属卤化物灯的光效和显色性得到进一步提高，同时光色稳定性和使用寿命也得到了显著改善。以常用的4200K小功率金属卤化物灯为例，石英金属卤化物灯的显色指数 R_a 约为82～85，光效约为80～85lm/W，平均寿命约为9000h，而陶瓷金属卤化物灯的 R_a 值可达92～96，光效可达90～95lm/W，平均寿命可达15000h，各种参数均全面优于石英金属卤化物灯。

陶瓷金属卤化物灯的制作难度相比石英金属卤化物灯有所增加，主要技术难点在于陶瓷电弧管泡壳的制备。早期的陶瓷金属卤化物灯的陶瓷电弧管泡壳与高压钠灯的陶瓷电弧管泡壳结构基本相同，只是将陶瓷电弧管中的填充物由钠换成了金属卤化物而已，都是圆柱形结构。这种结构的缺点是电弧管各处的温度不均匀，在管内的棱角处温度较低，会导致金属卤化物的凝集，这样容易腐蚀陶瓷泡壳，并影响光输出和灯电压等性能。随后人们将其改进成椭球形结构。由于椭球形电弧管的形状与电弧的形状相近，电弧管壁的温度分布趋于均匀，消除了金属卤化物可能发生凝集的冷端，从而减轻了卤化物对电弧管的腐蚀。同时，相比于早期圆柱形结构，管壁承受的压力小，受力均匀，内管破裂的几率也大大减少。泡壳的制作工艺也经历了从5件套向一体化成型的转变（见图4-9），封接技术和工艺难度越来越高。

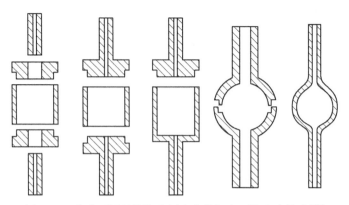

图 4 - 9　几种不同的陶瓷金属卤化物灯电弧管泡壳构造[10]

　　尽管陶瓷电弧管具有更好的物化稳定性，能够耐受更高的温度，但也并不能完全避免金属卤化物与管壁的化学反应。特别是在材料、工艺不成熟的情况下，严重的腐蚀会导致陶瓷管壁发白，影响出光，甚至引起电弧管漏气而使灯失效。陶瓷管内壁的腐蚀主要有两种情况：一是气相金属卤化物盐与管壁氧化铝材料反应造成的腐蚀，二是电弧管中过量的金属卤化物熔盐沉积在冷端，对冷端管壁的腐蚀。例如，DyI_3 在高温气相条件下会与 Al_2O_3 发生如下反应：

$$DyI_3 + Al_2O_3 \Longrightarrow DyAlO_3 + AlI_3$$

反应生成的 AlI_3 会继续与 Al_2O_3 反应：

$$Al_2O_3 + AlI_3 \Longrightarrow 3AlOI$$

　　生成 AlOI 的反应是一个可逆反应，高温下向右边进行，低温下向左边进行。因此气相条件下，灯内高低温区之间的强烈对流会将 Al_2O_3 不断地从高温区输运到低温区域，而 AlI_3 则起到一种搬运剂的作用。除了气相物质对陶瓷管壁的腐蚀外，金属卤化物熔盐也会腐蚀管壁。但这一腐蚀的机理目前尚不清楚。

　　防止管壁腐蚀的方法主要有两种：一是改进电弧管的结构，通过提高电弧管壁的温度均匀性，降低气相反应的"搬运"速率，从而达到减小腐蚀的效果。将圆柱形电弧管改成椭球形，即可大大减轻金属卤化物对管壁的腐蚀。二是降低金属卤化物的浓度。一般而言，金属卤化物浓度越高，光通量就越大，但相应的腐蚀就越严重。因此，通过降低金属卤化物浓度的方法来减轻腐蚀时，必须兼顾其对光效的不利影响。常规的办法是改进金属卤化物药丸的成分，提高药丸的光效，从而在减小腐蚀和保持光效之间达到某种平衡。

　　陶瓷金属卤化物灯大多在饱和蒸气压下工作，金属卤化物不完全蒸发，气相和液相共存。由于联结电极尖的金属钼熔点有限，通常在电弧管两端毛细管内部引出电极，以远离高温电弧区，因而在毛细管中留有间隙。这样，液相的金属卤化物很容易进入间隙，形成冷端，使灯的参数受冷端的变化而变化。同时液态金属卤化物也会腐蚀陶瓷管壁。Hendricx 等人[11] 通过探索发现，金属铱不但熔点高，而且膨胀系数与 Al_2O_3 陶瓷匹配，还耐高温卤化物腐蚀。他们用铱代替钼连接钨电极，将铱跟氧化铝毛细管直接高温烧结，实现膨胀系数匹配的真空气密封接，消除了封接处的间隙。排气、填充后，排气管用激光熔封。这种封接结构的电弧管的管壁温度可比饱和式电弧管高 250℃，金属卤化物完全气化后工作在非饱和蒸气压下。由于不再受冷端限制，光色的一致性大大改善，冷端的腐蚀也大大减小。

这种新型的非饱和陶瓷金属卤化物灯具有以下特点：（1）尺寸小；（2）启动快，从点燃到光通稳定只需要 30s 左右，而普通饱和金属卤化物灯需要大约 5min 的时间；（3）光效高，可达 120lm/W；（4）显色性好，显色指数 R_a 可达 98；（5）寿命期间光色稳定，且色温、色坐标不随燃点位置变化；（6）寿命长，可达 20000h；（7）易于实现无汞放电。其缺点主要是成本较高，使用铱电极引线会使电弧管的成本提高 20% 以上。同时，排气管的激光封接工艺复杂，技术难度高。

4.2.1.4　无汞金属卤化物灯

在金属卤化物灯中充有少量汞，虽然汞对发光的贡献很小，但在金属卤化物灯的发光机理中扮演着重要角色。众所周知，汞是有毒物质，会对环境造成严重污染。为了减少或替代汞的使用，人们尝试了多种方法以实现金属卤化物灯的无汞化。

目前无汞金属卤化物灯主要分两大类：一类是无电极金属卤化物灯，它通过电极耦合使充入灯的放电管内的稀有气体和金属卤化物电离放电发光；另一类是有电极的金属卤化物灯，是在现有的普通金属卤化物灯的基础上，寻找汞的替代物。

无电极金属卤化物灯按照其启动方法的不同，又分为电感耦合放电式和微波耦合放电式两种。无电极金属卤化物灯由于没有电极氧化溅射、耗损和密封等问题，具有高光效、高显色、光色稳定、长寿命等多种优点。

图 4-10 所示为电感耦合式无电极金属卤化物灯的结构和启动方法示意图。该灯的发光管是由石英制成的旋转椭球体，灯内充有氙气和金属卤化物。在发光管旋转轴的大直径外围有两圈耦合线圈，在放电管旋转轴的位置上接有石英制的启动辅助放电管，管的另一端部与一定面积的导电板相接触。管内充有低压稀有气体，在发光管的外围设有的线圈在灯启动时通过高频高电压使放电管的绝缘破坏，该状态下流经耦合线圈的高频电流产生足够强的磁场，使灯形成电弧放电发光。

典型的无电极金属卤化物灯的额定功率为 300W，发光效率可达 150lm/W，所用金属卤化物通常为 NdI_3-NaI-SnI_2（高光效型）和 ScI_3-NaI-SnI_2（长寿命

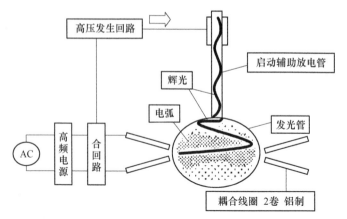

图 4-10 电感耦合式无电极金属卤化物灯的结构和启动方法示意图[12]

型)。图 4-11 所示为高光效型和长寿命灯的光谱能量分布图。微波耦合放电式金属卤化物灯所用金属卤化物与电感耦合式基本相同,只不过通过微波系统激发放电而已。

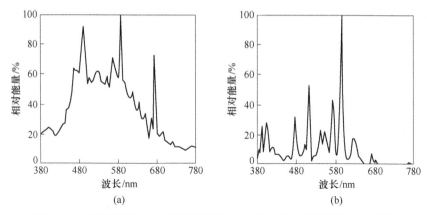

图 4-11 高光效型 (a) 和长寿命型 (b) 无电极金属卤化物灯光谱图

有电极金属卤化物灯实现无汞化的关键问题是找到一种可取代汞的填充材料。从物理角度分析,这种材料必须要满足一定条件,如电子散射的动量传递截面要大,中性粒子密度要大,激发和电离能量要大,以使灯电压上升并具有相对高的光效,还能补充无汞辐射的色度等。此外,这种材料还应不腐蚀管壁,不影响发光材料的正常放电发光。研究表明,金属锌能满足以上要求,是一种可能的汞的替代物。但由于锌的蒸气压较低及热量损失较大,需要在高的管壁负载下工作,管壁温度高达 1500℃ 以上,因此放电管需选用多晶氧化铝陶瓷作为管壁材料。

Born 等人[13]于 2001 年即开始研究用锌取代汞作为缓冲气体。研究发现,充锌的陶瓷金属卤化物灯除了光效比充汞陶瓷金属卤化物灯略低以外,其他光电参数均十分接近。例如，一组对比实验显示，充锌陶瓷金属卤化物灯光效可达 92.4lm/W，色温 2833K，$R_a = 79.2$，而同功率的充汞金属卤化物灯的光效为 101lm/W，色温为 3007K，$R_a = 83.8^{[14]}$。

4.2.2 金属卤化物灯用稀土发光材料[2]

4.2.2.1 稀土卤化物发光材料

理想的金属卤化物灯用卤化物发光材料应具备以下性质：

（1）室温下蒸气压要低，在工作管壁温度下则应具有足够高的蒸气压。

（2）在电弧温度下可以完全分解为金属和卤素原子，而在电弧之外又易于重新形成卤化物，且分解温度要高于管壁温度。

（3）对管壁（石英、陶瓷等）和电极材料无腐蚀作用。

（4）金属元素的发射最好位于可见光区，以便于用作照明光源。

自 20 世纪 60 年代以来，人们对金属卤化物灯进行了大量研究，对元素周期表中几乎所有金属的卤化物都进行了试验，最终发现 50 多种金属的卤化物可供选择。金属的碘化物通常比其氯化物和溴化物更为合适，这主要是由于金属碘化物一般比金属的氯化物和溴化物具有更高的蒸气压，且在金属卤化物灯的工作状态下易于分解和复合，有助于卤化物在灯内的物质循环。其中稀土金属钪、镝、钬、铒、铥、铈、钕的碘化物尤其符合金属卤化物灯的使用需求，因而获得了广泛的应用。

金属卤化物灯的光谱特性主要由卤化物中的金属元素所决定。稀土元素丰富的电子能级使其具有比汞灯丰富得多的可见光谱线。稀土卤化物通常辐射出十分密集的线状光谱，谱线之间的间隔非常小，近似于连续光谱。不同稀土卤化物灯与汞灯的光电参数见表 4-2。

表 4-2 不同稀土卤化物灯与汞灯的光电参数

元素	光效/lm·W⁻¹	色温/K	显色指数	元素	光效/lm·W⁻¹	色温/K	显色指数
La	51	6300	65	Ho	73	4600	83
Ce	78	6400	76	Er	73	5400	92
Pr	62	5600	53	Tm	72	5500	87
Nd	70	5600	80	Yb	81	5100	70
Sm	70	6500	79	Lu	69	7000	77
Eu	53	6800	73	Y	60	6400	64
Gd	61	7000	69	Sc	54	5800	90
Tb	66	6800	50	Hg	51	6900	29
Dy	75	5300	86				

　　总体而言，单一组分的稀土卤化物发光谱线仍以蓝紫光为主，而红光辐射较弱，但与汞灯相比，其显色指数和光效均有显著提升，一般 R_a 值可达 50~90，色温介于 4600~7000K 之间，光效可达 50~92lm/W。实际应用中，为了进一步提高金属卤化物灯的光色性能，常把稀土卤化物与其他非稀土卤化物如 NaI、CsI、TlI、InI 等混合使用。将非稀土金属卤化物与稀土卤化物混合使用还可以有效提高稀土卤化物的蒸气压，这是因为稀土卤化物可以与其他金属卤化物形成更低熔点、更高蒸气压的复合卤化物。例如，ScI_3 与 NaI 形成的复合卤化物 $NaScI_4$ 的饱和蒸气压是 NaI 的 50 倍、ScI_3 的 10 倍。这样一方面可以减少稀土卤化物在灯中的填充量，有利于高熔点物质的受激发光，同时可以降低放电管工作温度和管壁负载，从而延长灯的使用寿命。

　　市场上常用的照明用金属卤化物灯，根据其所用金属卤化物成分的不同，通常可分为三个系列：以 ScI_3、NaI 为主要发光材料的钪钠灯系列，以 DyI_3、CsI 为主要发光材料的镝灯系列，以及以 NaI、TlI、InI 为主要发光材料的钠铊铟灯系列。钪钠系列和镝灯系列都要使用大量的稀土卤化物发光材料。但目前也有很多新型的金属卤化物灯将上述三个系列的卤化物发光材料混合起来使用，根据不同的应用需求选取不同的发光材料进行组合，以达到特定的光色性能，已很难简单地将其划分到上述的某一种系列。

　　A　钪钠灯系列

　　钪钠灯是金属卤化物灯中用量最大的一类，所用发光材料成分相对简单，通常只有 ScI_3、NaI 两种，按照不同的比例混合而成，部分钪钠灯为了改善其启动性能，还加入很少量的 ThI_4。钪钠灯的典型发光谱线如图 4-12 所示，主要包括钠的强谱线、钪的连续弱谱线和部分汞线。钪钠灯的谱线主要集中于 500~600nm 区间，因此光效相对较高，通常在 80lm/W 以上，最高可达 110lm/W。其色温较低，通常在 3000~4500K，属于暖白光区间，较适合用作照明。使用寿命

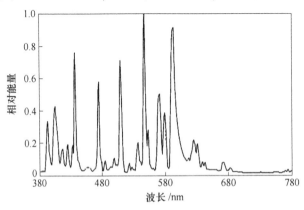

图 4-12　钪钠灯的典型发光谱线

约 10000h。缺点是显色性较差，R_a 值大约为 65 ~ 80。我国和美国等国家广泛使用钪钠灯作为大面积照明用灯。

B 镝灯系列

镝灯主要利用镝、钬、铒、铥等稀土的卤化物和 CsI 等碱土金属卤化物作为发光材料，在可见光区域具有大量密集的光谱谱线，近似于连续光谱，与太阳光较为接近，典型的镝灯光谱如图 4-13 所示。镝灯具有很好的显色性，其 R_a 值可达 90 以上，远高于钪钠灯，因此适合用作商业照明以及电影、电视拍摄光源。镝灯色温较高，通常在 5000K 以上，最高可达 8000K，具有较大的调整范围，缺点是光效相对较低，通常只有 70lm/W 左右，较难达到 80lm/W 以上。

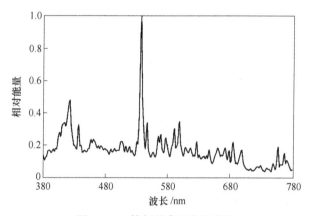

图 4-13 镝灯的典型发光谱线

C 复合稀土系列

由于钪钠灯和镝灯各有优缺点，因此近年来也有很多人尝试将不同发光材料混合起来使用，以达到改善其整体性能的目的。在钪钠灯的发光材料配方基础上添加一定量的 DyI_3、CsI、InI 等卤化物，可起到提高色温、改善显色性的作用；在镝灯的发光材料配方基础上添加一定量的 ScI_3、NaI、TlI_3 等，则可以起到降低色温、提高光效等作用。此外，有研究表明，Sc、Ce、Tm 的复合物可获得较高的光效，Gd 可提高色温，Dy、Er、Tm 可获得较高的显色性，Na、Tl、In、Cs 则可调整色温、显色指数和蒸气压。因此，复合稀土卤化物赋予了我们更多的选择，我们可以根据具体应用环境对灯的光色参数的要求，来选取不同的稀土卤化物作为其发光材料，从而实现对灯的性能设计。然而，混合稀土卤化物灯对发光材料的制备技术也提出了更高的要求，必须兼顾各种卤化物的组成、熔点、蒸气压、密度、表面张力、比热容、黏度等多种因素，才能正确设计熔融温度、气体压力等工艺条件，以制备出组分和粒径符合要求的灯用药丸颗粒。图 4-14 所示为碘化钪、碱金属碘化物及其复合物的蒸气压示意图。

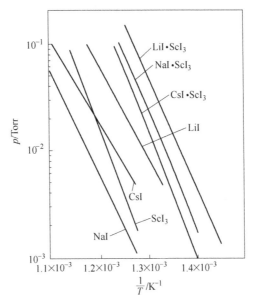

图 4 – 14 碘化钪、碱金属碘化物及其复合物的蒸气压

（1Torr = 133. 3224Pa）

4. 2. 2. 2 稀土金属卤化物的制备

金属卤化物发光材料的制备工艺复杂，技术难度高。国际上主要是美国的 APL 公司、韩国 Microchem 公司在从事该材料的研发和生产，国内则主要是北京有色金属研究总院有研稀土新材料股份有限公司在从事该材料的研发和生产。金属卤化物发光材料是以球形药丸颗粒的形式进行使用，制灯时采用注丸器将其注入电弧管，通过控制药丸颗粒数来控制发光材料的用量，因此对药丸的粒径均一性具有很高的要求。

金属卤化物发光药丸的关键制备技术有两点：一是高纯无水卤化物原料的制备技术；二是金属卤化物药丸的造粒技术。前者主要的难点在于控制原料的纯度，特别是控制水、氧杂质的含量，后者除了水、氧杂质的控制之外，还必须精确控制颗粒的粒径大小（通常在 0. 1 ~ 10mg）并保证组分的均一性。

水、氧杂质是灯用稀土卤化物中需要重点控制的。水蒸气的存在会导致高温下稀土卤化物的水解，生成稀土卤氧化物和卤化氢气体。稀土卤氧化物蒸气压很低，不参与发光，会造成灯光效降低、光色漂移，而卤化氢气体的生成则会造成灯启动电压大大升高，造成灯启动困难。由于稀土卤化物极易吸潮，为了严格控制卤化物药丸产品中的水含量，稀土卤化物的制备、造粒、筛分、保存等都必须在高纯干燥惰性气体保护下进行，最终的药丸产品通常烧封在充 Ar 硬质玻璃管中，以严格杜绝暴露空气。氧化物杂质虽然不会对灯的启动和光色性能造成明显影响，但会随着卤化物的循环而附着在管壁上，影响管壁的透光性。同时，含有过多的氧化物杂质会给金属卤化物的熔融造粒带来困难，影响药丸颗粒的成型和光洁度，容易造成颗粒的粘连，严重时会阻塞造粒管嘴尖，导致造粒失败[15~17]。

不同的金属卤化物有不同的制备和提纯方法，稀土卤化物的制备方法通常有以下几种：

（1）金属卤化法（干法）。以金属和卤素单质为原料，通过其直接化合来制备。大多数稀土碘化物都采用此方法制备。其优点是反应在干燥环境中进行，便于控制产物中的水含量。缺点是需采用稀土金属作为原料，成本较高，且部分稀土金属的反应温度较高。由于大多数稀土碘化物具有较高的蒸气压，因此采用该法制备粗产品，再通过真空升华进行提纯，可以获得很高纯度的稀土碘化物。表4-3给出了一些常用稀土碘化物的物化性质参数。图4-15所示为镝、钬等金属碘化物的蒸气压曲线。常用的ScI_3、DyI_3等稀土碘化物都采用此法进行制备。

表4-3　常用稀土碘化物的物化性质参数

稀土碘化物	沸点/℃	升华温度/℃	稀土碘化物	沸点/℃	升华温度/℃
ScI_3	909	700	TbI_3	1327	900
YI_3	1310	900	DyI_3	1317	900
LaI_3	1402	870	HoI_3	1297	930
CeI_3	1397	900	ErI_3	1277	950
PrI_3	1377	880	TmI_3	1257	950
SmI_3	1577	—	YbI_3	1027	—
GdI_3	1337	880			

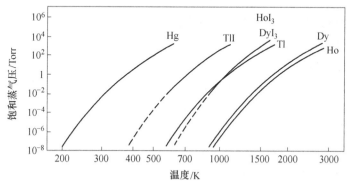

图4-15　镝、钬等金属碘化物的蒸气压曲线
（1Torr = 133.3224Pa）

（2）脱水法（湿法）。以稀土氧化物和氢卤酸为原料，先制备稀土卤化物的结晶水化合物，再经真空脱水或在保护气氛中脱水，制备无水卤化物。稀土氯、溴化物大多采用此法制备。该法的优点是成本低，缺点是稀土卤化物在脱水过程中极易水解氧化，因此产品中水、氧杂质含量的控制较为困难。

该法的基本反应如下：

$$RE_2O_3 + 6HX + (2n-3)H_2O \Longrightarrow 2REX_3 \cdot nH_2O$$

$$REX_3 \cdot nH_2O \Longrightarrow REX_3 + nH_2O$$

在脱水过程中，稀土卤化物容易发生如下水解反应：

$$REX_3 + H_2O \Longrightarrow REOX + 2HX(X = Cl, Br, I)$$

为抑制水解，通常将稀土卤化物的结晶水化合物与卤化铵混合脱水（卤化铵脱水法），或在脱水时通入干燥的卤化氢气体。

（3）碘化汞法。以稀土金属和碘化汞为原料，通过置换反应来制取稀土碘化物。其基本反应如下：

$$2RE + xHgI_2 \Longrightarrow 2REI_x + xHg$$

相比于金属碘化法，该法可以大大降低反应温度，从而避免采用密封石英管反应时因碘蒸气压过高而造成爆管。但该法的缺点也显而易见，易于造成汞污染，因此目前已很少使用。

经上述方法制备好稀土卤化物后，将其与其他金属卤化物混合，通过造粒塔进行熔融造粒，才能获得最终的颗粒产品，其基本操作流程如图4-16所示。造粒塔的基本原理是将卤化物原料在石英造粒管中加热熔融并混合均匀，随后让熔体经造粒管下端的细微滴料口以液滴的形式滴出，经一段较长的冷凝区后冷凝收集，整个过程都在惰性气体保护下进行。通过控制熔体的黏度、熔体上下的压力差、滴料口孔径、超声振荡频率等来控制颗粒的粒径大小。图4-17所示为北京有色金属研究总院有研稀土新材料股份有限公司生产的部分金属卤化物药丸颗粒产品照片。

金属卤化物灯用发光材料属于典型的多品种、小批量、高技术附加值产品，每克药丸售价在几十元到上百元不等，汽车灯用金属卤化物药丸单价则可达每克上千元。目前全球对金属卤化物灯用发光材料总的需求量在1t左右，我国占60%，美国APL公司占据了大部分的国内市场份额。受LED照明冲击，我国金属卤化物灯市场近两年已开始萎缩，相关企业对国产高品质、低成本金属卤化物灯用材料的需求正变得越来越迫切。

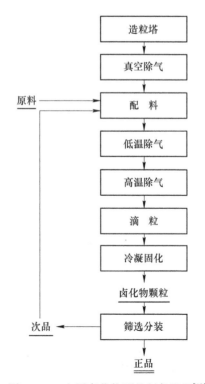

图4-16 金属卤化物颗粒制备流程[18]

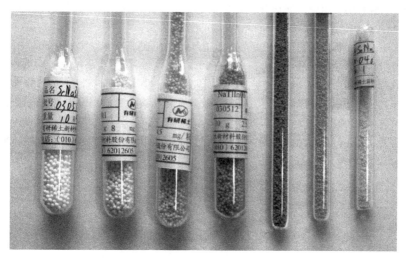

图 4 - 17　金属卤化物药丸颗粒照片

参 考 文 献

[1] 丁有生，郑继雨．电光源原理概论 [M]．上海：上海科学技术文献出版社，1994．

[2] 洪广言．稀土发光材料——基础与应用 [M]．北京：科学出版社，2011．

[3] 周太明，周详，蔡伟新．光源原理与设计（第二版）[M]．上海：复旦大学出版社，2006．

[4] 陈大华．高压汞灯原理特性和应用 [J]．灯与照明，2002，26(5)：13 ~ 15．

[5] 张万奎，张振．道路照明光源——高压气体放电灯 [J]．大众用电，2012，1：44 ~ 47．

[6] 徐叙瑢，苏勉曾．发光学与发光材料 [M]．北京：化学工业出版社，2004．

[7] 李建宇．稀土发光材料及其应用 [M]．北京：化学工业出版社，2003．

[8] 刘沃坦，杨植玑．我国稀土发光材料研究现状与发展 [J]．稀土，1988，3：35 ~ 43．

[9] 姜青松，王海波，朱月华．金属卤化物灯及其发光材料的研究进展 [J]．中国照明电器，2012，10：1 ~ 5．

[10] 陈育明，刘洋．金属卤化物灯的现状及研究进展 [J]．中国照明电器，2011，4：1 ~ 5．

[11] Hendricx J，Vrugt J，Densissen C，et al. Unsaturated ceramic metal halide lamps—A new generation of HID lamps [C] //Proceeding of the 12th International Symposium on Science & Technology of Light Sources，FAST - LS，2010．

[12] 王尔镇，王春锋．环保型新光源——无汞金属卤化物灯 [J]．照明工程学报，2003，14(2)：24 ~ 26．

[13] Born M. Investigations on the replacement of mercury in high-pressure discharge lamps by metallic zinc [J]．J. Phys. D：Appl. Phys.，2001，34：909．

［14］刘洋，陈育明．陶瓷金属卤化物灯的研究进展［J］．照明工程学报，2013，24(5)：7～11.

［15］李大明，张生栋，崔安智，等．灯用金属卤化物的研制和展望［C］//面向21世纪的科技进步与社会经济发展（下册）．1999.

［16］王政涛．金属卤化物提纯与造粒工艺的研究［J］．中国照明电器，1997，6：8～11.

［17］杨桂林，何华强，蒋广霞，等．超高光效复合稀土卤化物灯用发光材料的研究［J］．材料导报，2001，15(5)：58～60.

［18］吕雪丽．金卤灯用高纯颗粒状发光材料的制备和应用研究［J］．稀有金属，2000，24(3)：200～202.

5 稀土长余辉发光材料

5.1 概述

长余辉发光现象是发光领域中的一个既古老又长新的研究课题。与其他光致发光材料不同的是，这种材料能够吸收外界光辐照能量，并将其存储起来，在关闭激发源以后，于一定温度下以光的形式缓慢释放出来。

通常而言，余辉衰减或持续时间和余辉发射光谱是表征长余辉发光材料的两个最基本的光谱参数，其中，余辉持续时间通常是指暗环境下，激发停止后，材料余辉发光亮度减弱到人眼可分辨的最低亮度值（0.32mcd/m²）所持续的时间。通常而言，其值远远大于该材料激发中心离子的激发态的本征荧光寿命值，而稀土离子的本征荧光寿命一般在毫秒、微秒和纳秒量级。余辉发射光谱是激发光停止后，在某一余辉持续时刻，材料余辉发光强度的能量分布曲线，通常而言，材料余辉发射主要分布在可见光区。而材料余辉性能包括余辉持续时间和余辉发射颜色，主要决定于余辉材料组成。从表观组成上看，余辉发光材料与常见光致发光材料一样，主要包括基质和激活离子；而从发光机理上，与常见光致发光材料不同的是，长余辉材料主要由余辉发光中心和陷阱中心组成，常见光致发光材料只有发光中心；相同的是余辉发光中心和发光中心分别决定了余辉发光材料和常见光致发光材料的发光颜色，不同的是陷阱中心决定了余辉发光持续时间与余辉亮度。而不同余辉发光颜色、余辉持续时间与亮度共同决定了长余辉材料的应用领域。

总体而言，长余辉发光材料的发展可以大致以 1990 年和 2007 年为分界点，大致分为三个阶段，早期研究的热点是过渡金属离子 Cu^+ 和 Bi^{3+} 等掺杂的硫化物体系，由于军事和防空的需要，这个时期长余辉材料主要应用于弱光指示照明和显示[1]。进入 20 世纪 90 年代，高性能稀土离子掺杂的稀土铝酸盐体系长余辉材料的发现，引起了人们的极大兴趣，将稀土长余辉材料的应用和基础研究推向一个崭新的历史阶段。这一时期，从体系而言，长余辉材料逐步发展到铝酸盐[2~9]、镓酸盐[10,11]、硅酸盐[12~17]、硅铝酸盐[18~20]、锗酸盐[7,21,22] 及氧化物[23~29] 等体系；从发光颜色而言，材料呈现红、橙、黄、绿、青、蓝、紫及白色等多种余辉颜色；从余辉发光离子而言，发展到稀土离子 $Ce^{3+[30~33]}$、$Pr^{3+[34~38]}$、$Sm^{3+[39,40]}$、$Eu^{3+[41,42]}$、$Eu^{2+[43~51]}$、$Tb^{3+[52~61]}$、$Dy^{3+[62]}$、$Tm^{3+[63]}$

和过渡金属离子 Ti[64]、Mn[2+][68]；从形态而言，长余辉材料已从多晶粉末扩展至单晶、薄膜、陶瓷、玻璃和高分子复合材料等方面[66,67]；从应用而言，发展至装饰装潢、高能射线探测、光纤温度计、工程陶瓷的无损探测及超高密度光学存储与显示等高新科技领域[68~71]。进入 21 世纪以后，稀土长余辉发光研究又逐步成为研究热点，特别是与 21 世纪新型固体照明技术即白光 LED 有机结合，发展了新的应用即稀土长余辉发光材料在交流白光 LED 器件的应用，近年来，一种新型长波长发射即深红或近红外长余辉发光材料广受关注，其在生物医学成像领域具有潜在重要的应用背景。

本章以时间为主轴，综合回顾稀土长余辉发光材料的历史，详细地介绍不同阶段代表性稀土长余辉发光材料，总结其余辉发光性能及不足之处，汇总文献关于影响长余辉材料余辉发光性能的可能因素与规律，探讨了长余辉现象的发光机理。特别重点结合该领域研究前沿，介绍稀土长余辉材料的新体系与新应用，特别是稀土红色长余辉新体系，以及基于稀土长余辉的交流白光 LED 与近红外长余辉及其在生物荧光成像等新应用。

5.2 传统稀土硫化物长余辉发光材料

历史上真正有文字记载的长余辉发光材料最早可以溯及 976~998 年，即我国宋朝宋太宗时期，文中所载的用"长余辉颜料"绘制的牛就是用牡蛎制的发光颜料所画。然而，直到 19 世纪中后期，人们才开始科学系统地研究长余辉发光。硫化物体系是此阶段很长一段时间内发光学研究工作的中心，它主要包括 ZnS 和碱土硫化物，其中，ZnS 是研究最多、应用最广泛的一类材料。1866 年，法国化学家 Theodore Sidot 发明了 ZnS 型荧光粉，即 Sidot 闪锌矿，并报道了其余辉发光现象；随后，Lecoq de Boisbaudran 发现其余辉发光来源于少量的 Cu 杂质[14]。19 世纪末至 20 世纪 30 年代，德国科学家 E. A. Lenard 及其小组做了大量系统的合成和研究工作，致力于科学地认识少量的杂质离子，即激活剂在硫化物发光粉中的作用，并提出了发光中心的概念[72]。在这期间，Lenard 于 1928 年，报道了 $CaS: Bi^{3+}$ 等多种碱土硫/硒化物荧光粉，即 Lenard 荧光体。伴随着内过渡元素镧系 15 个稀土元素的完全分离，人们开始尝试以稀土离子作为激活离子掺入硫化物体系中，并获得了许多新的荧光体，其中，$CaS: Eu^{2+}, Tm^{3+}$ 至今仍然是最具特色的商品红色长余辉发光材料之一[14,73]。

5.2.1 碱土硫化物长余辉发光材料

碱土硫化物体系是一类很好的荧光体基质材料。稀土离子和过渡金属离子在碱土硫化物体系中可以呈现多种颜色发光，其光谱范围从近紫外光区覆盖到深红色区。它们被广泛地应用到阴极射线发光、光致发光、热释发光、电致发光及光学存储与显示等领域。而关于碱土硫化物体系的长余辉发光，研究最多的有两个体系，即蓝色长余辉发光材料 CaS: Bi 和红色长余辉发光材料 CaS: Eu。下面简要地介绍一下其相关的余辉发光特性[14]。

5.2.1.1 CaS: Bi 蓝色长余辉发光材料

CaS: Bi 的激发光谱和发射光谱如图 5-1 和图 5-2 所示。可以看出，其激发光谱呈现出核外电子排布为 $6s^2$ 构型的 Bi^{3+} 的特征激发峰。主峰位于 420nm，来源于 $^1S_0 \rightarrow {}^3P_1$ 禁戒磁偶极跃迁。次峰位于 320nm，半高宽约为 60nm，归属于 $^1S_0 \rightarrow {}^1P_1$ 跃迁。而 Bi^{3+} 的 $^1S_0 \rightarrow {}^3P_2$ 跃迁由于其属于禁戒的电偶极跃迁，可能被掩盖在 $^1S_0 \rightarrow {}^1P_1$ 跃迁谱带下。Bi^{3+} 的发射主峰位于 450nm，归属于 $^3P_1 \rightarrow {}^1S_0$[73,74]。图 5-3 和表 5-1 所示为 CaS: Bi 的余辉发光性能。对比 ZnS: Cu，可以看出 CaS: Bi 的蓝色余辉初始亮度相对较弱，且其余辉时间也只有 90min 左右。

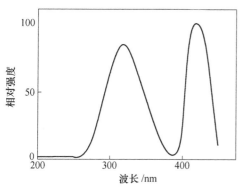

图 5-1　CaS: Bi 的激发光谱

（$\lambda_{em} = 450$nm）

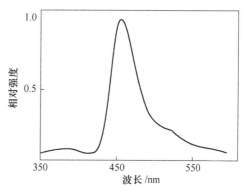

图 5-2　CaS: Bi 的发射光谱

（$\lambda_{ex} = 320$nm）

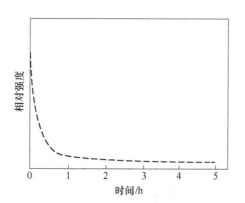

图 5-3　CaS: Bi^{3+} 的余辉衰减曲线

（$\lambda_{em} = 450$nm）

表 5 – 1　硫化物体系长余辉发光特性[14,25]

发光材料	余辉颜色	发射峰值/nm	余辉亮度/mcd·m^{-2}		余辉时间/min
			10min 后	60min 后	
CaS: Bi	蓝紫	450	5	0.7	约90
CaS: Eu，Tm	深红	650	1.2	—	约45

如图 5 – 4 的热释光谱显示，CaS: Bi 中存在两种不同能级深度的陷阱，它们的热释峰分别位于 193K 和 303K。由于 Bi^{3+} 不等价取代基质阳离子 Ca^{2+}，Jia 等人曾应用电荷补偿机制，设想这两个陷阱可能来自基质中阳离子空位 V$''_{Ca}$ 和间隙硫离子离子缺陷 S$_i^{\cdot\cdot}$，并通过共掺杂 Na$^+$、K$^+$ 等电荷补偿剂，进一步证实了这个设想，即缺陷 V$''_{Ca}$ 或 S$_i^{\cdot\cdot}$ 充当陷阱中心[75]。

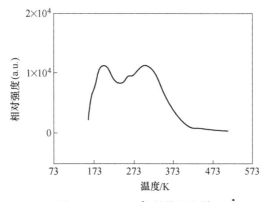

图 5 – 4　CaS: Bi^{3+} 的热释光谱

为了进一步改善 CaS: Bi^{3+} 的蓝色长余辉发光性能，人们尝试了各种金属离子的单掺或双掺的工作。发现掺杂稀土离子 Tm^{3+}、Er^{3+} 或 Tm^{3+} – Er^{3+} 的 CaS: Bi^{3+} 的蓝色余辉持续时间明显延长，其中，CaS: Bi^{3+}，Tm^{3+} 的余辉性能最好。图 5 – 5 和图 5 – 6 所示分别为 CaS: Tm^{3+} 和 CaS: Er^{3+} 的荧光激发和发射光谱。其发射主峰分别为 Tm^{3+} 的 $^1G_4 \rightarrow {}^3H_6$ 和 Er^{3+} 的 $^2P_{3/2} \rightarrow {}^4I_{13/2}$ 特征 f-f 跃迁。然而，如图 5 – 7 所示，在共掺杂的三种荧光体 CaS: Bi^{3+}，Tm^{3+}、CaS: Bi^{3+}，Er^{3+} 和 CaS: Bi^{3+}，Tm^{3+}，Er^{3+} 的发射光谱中，并没有观察到稀土离子的发光，只有 Bi^{3+} 的特征发射[14,76]。

5.2.1.2　CaS: Eu 红色长余辉发光材料

图 5 – 8 所示为 CaS: Eu^{2+}，Tm^{3+} 的荧光激发和发射光谱。由图可以看出，荧光体主要表现为 Eu^{2+} 带状光谱特性。激发光谱主要由两个宽带组成，分别位于 450nm 和 560nm，归属于 Eu^{2+} 的 $4f^7$ 基态 $^8S_{7/2}$ 到 $4f^6 5d$ 激发态的晶体场组项 $4f^6(^7F)5d(^2t_{2g})$ 和 $4f^6(^7F)5d(^2e_g)$。发射主峰位于 650nm，来源于 $5d \rightarrow 4f$ 的电偶极允许跃迁[73,74]。

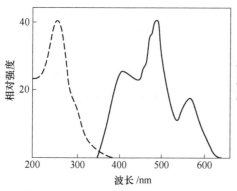

图 5-5 CaS: Tm^{3+} 的激发和发射光谱

($\lambda_{em} = 489nm$，$\lambda_{ex} = 420nm$)

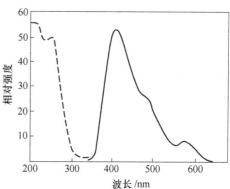

图 5-6 CaS: Er^{3+} 的激发和发射光谱

($\lambda_{em} = 400nm$，$\lambda_{ex} = 242nm$)

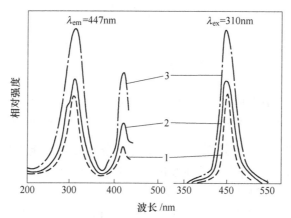

图 5-7 CaS: Bi^{3+}，Tm^{3+}、CaS: Bi^{3+}，Er^{3+}

和 CaS: Bi^{3+}，Tm^{3+}，Er^{3+} 的激发和发射光谱

1—CaS: Bi^{3+}，Tm^{3+}；2—CaS: Bi^{3+}，Er^{3+}；3—CaS: Bi^{3+}，Tm^{3+}，Er^{3+}

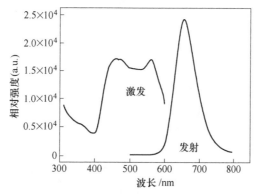

图 5-8 CaS: Eu^{2+}，Tm^{3+} 的激发和发射光谱

($\lambda_{ex} = 450nm$；$\lambda_{em} = 650nm$)

图 5 –9 和表 5 –1 为 CaS: Eu^{2+}, Tm^{3+} 的余辉发光性能数据。用可见光激发一定时间，并关闭激发源以后，样品发射出明亮的红色长余辉，其余辉时间可以持续约 45min。由图 5 –8 的荧光光谱中没有观察到 Tm^{3+} 的特征发光。结合图 5 –10 的热释光谱数据，Jia 等人认为，CaS: Eu^{2+}，Tm^{3+} 中主峰位于 273K 附近的陷阱中心，可能来源于 Tm^{3+} 的不等价掺杂所产生的缺陷。它是造成 Eu^{2+} 异常余辉发光的主要原因[75]。

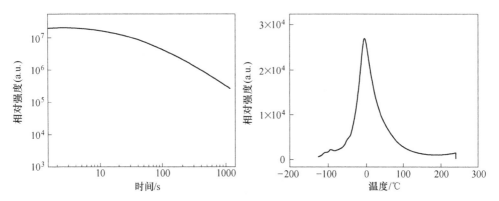

图 5 –9　CaS: Eu^{2+}，Tm^{3+} 的余辉衰减曲线
（$\lambda_{ex}=450nm$；$\lambda_{em}=650nm$）

图 5 –10　CaS: Eu^{2+}，Tm^{3+} 的热释光谱
（UV 照射 5min）

虽然 Tm^{3+} 的引入，使铕激活的硫化钙的余辉发光性能达到了实用化程度。但是，国内外的科研工作者仍然在改进合成工艺及材料的组成等方面进行了大量的工作，期望进一步提高其余辉发光性能。最近，文献报道了两种新的荧光体 $Ca_{1-x}Sr_xS$: Eu^{2+}, Dy^{3+} 和 $Ca_{1-x}Sr_xS$: Eu^{2+}, Dy^{3+}, Er^{3+}。其余辉发光分别可持续约 150min 以上。图 5 –11 所示为三种长余辉材料的相对余辉衰减趋势，可以看出，由于 Dy^{3+}、Er^{3+} 的引入，Eu^{2+} 的红色余辉发光亮度和余辉持续时间得到了相当程度的提高，其中，余辉时间延长了近 7 倍[14]。

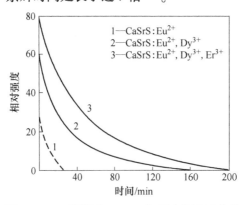

图 5 –11　不同掺杂 CaS: Eu^{2+} 的余辉衰减曲线

5.2.2 稀土硫化物长余辉发光材料的应用特性及其存在的不足

硫化物体系的长余辉发光材料的商业应用最早可以追溯到20世纪初，当时，主要应用于隐蔽照明和安全标示等，如防空洞的指示路标、设备及仪表的指示照明等方面，以保证在室内或地下建筑中遇到自然灾害、突然切断电源等情况下，能够提供最低亮度水平的照明。该体系的应用在当时具有实际意义。然而，由于以下两方面的主要原因，极大地限制了其应用范围[1,6,14]：

（1）基质稳定性差。硫化物体系普遍具有吸湿性，当这种材料与水汽接触时，会缓慢地分解，并产生刺激性有毒的 H_2S 或 H_2Se 气体，因此，无法适应室外全天候使用的商业化目的。中科院长春应化所苏锵课题组的工作显示[77~79]，未包膜的 $CaS:Eu^{2+},Tm^{3+}$ 在空气中放置5天后，荧光发射强度减至初始值的60%，10天后，则只有20%。通过包膜处理，荧光体的化学稳定性得到了一定程度的改善，但是，却是以损失材料的部分发光性能和增加生产成本为代价。此外，黄绿色长余辉材料 $ZnS:Cu,Co$ 还存在比较严重的光老化现象。研究显示，在太阳光照射下，10h后，发光亮度减小为80%，100h后，下降为35%；而在紫外线照射下，仅1min，材料的发光亮度就开始降低，20min 时，仅有初始亮度的60%，30min 时，则降至54%[14]。

（2）余辉发光性能弱。如前所述，经过人们长时间以来不懈的努力，硫化物体系的余辉初始发光亮度最高仍然只有 $40mcd/m^2$ 左右，并且这类材料在开始的几分钟里，余辉亮度急剧下降，有效余辉持续时间一般也只有 $0.5\sim3h$。

基于以上原因，在20世纪90年代以前的很长一段时间里，由于该体系在应用上未取得突破性的进展，客观上使人们淡化了对长余辉发光材料的研究兴趣。

5.3 稀土铝酸盐长余辉发光材料

20世纪90年代初，一种稀土长余辉发光材料 $SrAl_2O_4:Eu^{2+},Dy^{3+}$ 被研制成功，与传统稀土硫化物体系比，这种材料具有以下突出优点：（1）发光效率高，尤其在可见光区有很高的吸收效率；（2）余辉性能优良，其余辉发光亮度和余辉持续时间分别是传统稀土硫化物的10倍以上；（3）材料具有良好的抗氧化性、抗辐射性以及无放射性等优点。它的出现再次引起了人们对寻找新型环保节能高效长余辉发光材料的极大兴趣，推动了长余辉发光材料的研究开发，同时，也加速了长余辉发光材料的产业化步伐[1,6,7,14,65,80]。

目前，铝酸盐体系长余辉发光材料的研究主要集中在两个方面：

（1）基础研究领域。主要通过寻找新的铝酸盐长余辉发光体系和长余辉激活离子的途径，在同一化合物及不同化合物中，研究基质组成、结构和余辉性能之间的关系，探讨长余辉发光的机理，总结影响长余辉发光性能的基本要素与规律。从长余辉体系的角度，文献报道主要集中在稀土离子激活的 MAl_2O_4（M = Ca，Sr，Ba，Mg）和 SrO – Al_2O_3 系列化合物（$Sr_4Al_{14}O_{25}$、$SrAl_4O_7$、$Sr_2Al_6O_{11}$、$SrAl_{12}O_{19}$ 和 $Sr_5Al_8O_{17}$），尤其是 $CaAl_2O_4$：Eu^{2+}，Nd^{3+}、$SrAl_2O_4$：Eu^{2+}，Dy^{3+} 和 $Sr_4Al_{14}O_{25}$：Eu^{2+}，$Dy^{3+[5~7,47~49,53,76]}$。除此之外，还有 $CaYAl_3O_7$、$Ca_{12}Al_{14}O_{33}$、$SrGdAlO_4$、$SrMgAl_{10}O_{17}$、$BaMgAl_{10}O_{17}$ 和 $ZnAl_2O_4$ 等[7,9,11,18,81,82]。从长余辉发光激活离子的角度，文献报道主要集中在稀土离子 $Ce^{3+[9,18,20,30~33]}$、$Tb^{3+[31,52~61]}$，尤其是 $Eu^{2+[5~7,47~49,53,76]}$。

（2）应用开发研究。主要通过优化原料纯度、基质组分配比、激活离子浓度、助熔剂种类、烧结气氛及合成方法（高温固相法、化学沉淀法、水热合成法、溶胶 – 凝胶法、燃烧合成法、微波法）等角度，进一步提高商业长余辉发光粉 $CaAl_2O_4$：Eu^{2+}，Nd^{3+}、$SrAl_2O_4$：Eu^{2+}，Dy^{3+} 和 $Sr_4Al_{14}O_{25}$：Eu^{2+}，Dy^{3+} 的长余辉发光性能，研究其应用特性，如光照稳定性、耐水性及温度特性等[14]。此外，长余辉材料已从多晶粉末扩展至单晶、薄膜、玻璃陶瓷和玻璃等形态。结合不同形态，铝酸盐长余辉发光材料的应用也从暗环境下弱光照明和指示，如紧急出口标志、消防通道、器具的标志及工艺美术品如夜光玩具等传统领域，拓展到高能射线探测如 X 射线、α 射线、β 射线、γ 射线，光纤温度计以及工程陶瓷的无损探测等高新领域[68~70]。

5.3.1 鳞石英结构稀土长余辉体系 MAl_2O_4（M = Ca，Sr，Ba，Mg）

关于铝酸盐体系的报道，早期主要集中于 MAl_2O_4：Eu^{2+}（M = Ca，Sr，Ba）的荧光性质及其在光源及显示领域的应用研究。1968 年，Palilla 等人在研究 MAl_2O_4：Eu^{2+} 的发光寿命时，曾简要地报道了 Eu^{2+} 具有余辉发光特性，时间约为几分钟[83]。1975 年，Ю. С. Бланк 等人首次明确地报道了 MAl_2O_4：Eu^{2+}（M = Ca，Sr，Ba）的长余辉发光特性，并指出其余辉发光性质接近于传统 ZnS 型长余辉体系。1993 年，松隆嗣等人详细研究了 $SrAl_2O_4$：Eu^{2+} 的长余辉特性，指出其衰减规律为 $I = ct^{-n}$（$n = 1.10$），Eu^{2+} 在不同衰减阶段的发光亮度比 ZnS:Cu 高出 5~10 倍，衰减 2000min 以上仍可达到肉眼分辨水平（$0.32mcd/m^2$）[7,14]。自此，国内外开始出现大量关于稀土离子共掺杂的 MAl_2O_4：Eu^{2+} 的文献报道和专利申请。目前，在 MAl_2O_4 体系中，已经达到实用化的长余辉发光材料有蓝紫色 $CaAl_2O_4$：Eu^{2+}，Nd^{3+} 和黄绿色 $SrAl_2O_4$：Eu^{2+}，Dy^{3+}，因此，本节主要介绍 $CaAl_2O_4$：Eu^{2+}，Nd^{3+} 和 $SrAl_2O_4$：Eu^{2+}，Dy^{3+} 的研究进展。此外，表 5 – 2 列出了文献报道的其他稀土离子及过渡金属离子掺杂的碱土铝酸盐的长余辉材料。

表 5 - 2　MAl_2O_4（M = Ca，Sr，Ba，Mg）体系的长余辉发光性质[5,30,31,33,55]

基　质	余辉激活中心	余辉发射峰值/nm	余辉颜色
$MgAl_2O_4$	V_K^{3+}	520	绿色
	Tb^{3+}	387	紫色
	—	253	紫色
$CaAl_2O_4$	Eu^{2+}	445	紫蓝色
	Tb^{3+}	543	黄绿色
	Ce^{3+}	400	蓝紫色
	Mn^{2+}	520	绿色
$SrAl_2O_4$	Eu^{2+}	510	绿色
	Tb^{3+}	548	黄绿色
$BaAl_2O_4$	Ce^{3+}	402	蓝紫色
		450	紫蓝色
	Eu^{2+}	496	蓝绿色

5.3.1.1　荧光光谱和余辉发光性能

图 5 - 12 所示为碱土金属铝酸盐 MAl_2O_4：Eu^{2+}，RE^{3+} 的激发和发射光谱。从图 5 - 12 中可以看出，Eu^{2+} 在碱土铝酸盐 MAl_2O_4 中都呈现 $4f$ - $5d$ 宽带跃迁发射。对于碱土金属而言，虽然 MAl_2O_4 同属于鳞石英结构，但是由于其晶体结构存在明显差别：$MgAl_2O_4$ 隶属于立方晶系，$CaAl_2O_4$ 和 $SrAl_2O_4$ 隶属于单斜晶系，而 $BaAl_2O_4$ 隶属于六方晶系，这使得 MAl_2O_4：Eu^{2+} 的发射波长并没有按照碱土金属原子序数递增呈现有规律地向长波方向移动。此外，研究发现不同辅助激活离子（RE^{3+}）的引入也并没有引起相应基质中 Eu^{2+} 的荧光光谱的变化，并且在该体系中观察不到三价稀土 RE^{3+} 的特征 f - f 跃迁激发和发射[5,7,8]。

图 5 - 13 ~ 图 5 - 16 和表 5 - 3 列出了 $CaAl_2O_4$：Eu^{2+}，RE^{3+} 和 $SrAl_2O_4$：Eu^{2+}，RE^{3+} 的余辉性能。文献研究结果表明，余辉发射来源于 Eu^{2+}，而 RE^{3+} 的共掺杂并没有改变余辉发射的峰位和峰型。中科院长春应化所苏锵课题组曾系统地研究了所有稀土离子 RE^{3+} 的共掺杂对 $CaAl_2O_4$：Eu^{2+} 余辉性能的影响，发现对于 $CaAl_2O_4$：Eu^{2+} 而言，Pr^{3+}、Nd^{3+}、Dy^{3+}、Ho^{3+}、Er^{3+} 等均能有效地增强其余辉发光，且其性能由高到低依次为：Nd^{3+} > Dy^{3+} > Ho^{3+} > Pr^{3+} > Er^{3+}。而对于 $SrAl_2O_4$：Eu^{2+}，Pr^{3+}、Nd^{3+}、Dy^{3+}、Ho^{3+} 等均能有效地增强其余辉发光，且其性能由高到低依次为：Dy^{3+} > Nd^{3+} > Ho^{3+} > Pr^{3+}。并且结合三价稀土离子的光学电负性，提出对于二价铕激活的碱土铝酸盐，光学电负性在 1.21 ~ 1.09 之间的稀

土离子能有效地提高 Eu^{2+} 的余辉性能。与传统 $ZnS：Cu，Co$ 相比，$CaAl_2O_4：Eu^{2+}，Nd^{3+}$ 和 $SrAl_2O_4：Eu^{2+}，Dy^{3+}$ 的余辉亮度和余辉时间约提高了 10 倍以上[5,7,8]。

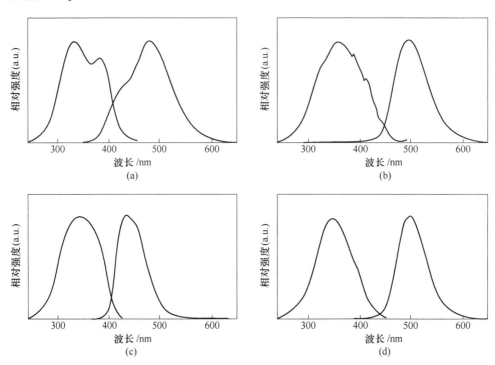

图 5 – 12　碱土金属铝酸盐 $MAl_2O_4：Eu^{2+}$，RE^{3+}（$M = Mg(a)$，$Ca(b)$，$Sr(c)$，$Ba(d)$）的激发和发射光谱

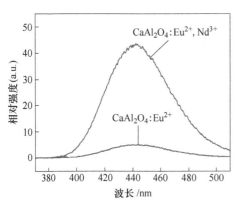

图 5 – 13　$CaAl_2O_4：Eu^{2+}$ 和 $CaAl_2O_4：Eu^{2+}$，Nd^{3+} 的余辉发射谱

（激发光源：标准三基色荧光灯）

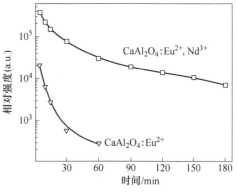

图 5 – 14　$CaAl_2O_4：Eu^{2+}$ 和 $CaAl_2O_4：Eu^{2+}$，Nd^{3+} 的余辉衰减曲线（$\lambda_{em} = 440nm$）

（激发光源：标准三基色荧光灯）

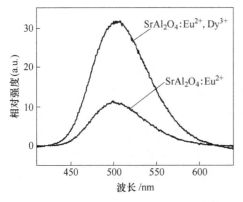

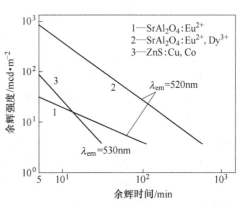

图 5-15　$SrAl_2O_4:Eu^{2+}$ 和 $SrAl_2O_4:Eu^{2+}$，

　　　Dy^{3+} 的余辉发射谱

（激发光源：标准三基色荧光灯）

图 5-16　$SrAl_2O_4:Eu^{2+}$ 和 $SrAl_2O_4:Eu^{2+}$，

　　　Dy^{3+} 的余辉衰减曲线

（激发光源：标准三基色荧光灯）

表 5-3　铝酸盐体系和 $ZnS:Cu$，Co 余辉性能[14,25]

发光材料	余辉颜色	余辉峰值/nm	余辉亮度/mcd·m⁻²		余辉时间/min
			10min 后	60min 后	
$CaAl_2O_4:Eu^{2+}$，Nd^{3+}	蓝紫	450	20	6	约 1000
$Sr_4Al_{14}O_{25}:Eu^{2+}$，$Dy^{3+}$	蓝绿	490	350	50	约 2000
$SrAl_2O_4:Eu^{2+}$，Dy^{3+}	黄绿	520	400	60	约 2000
$SrAl_2O_4:Eu^{2+}$	黄绿	520	30	6	约 2000
$ZnS:Cu$，Co	黄绿	530	40	5	约 500

5.3.1.2　热释光谱

　　Aitasalo 等人系统地研究了稀土离子共掺杂的 $CaAl_2O_4:Eu^{2+}$ 的热释光谱，发现 RE^{3+} 共掺杂的 $CaAl_2O_4:Eu^{2+}$ 的热释光谱峰型和峰位基本一致，大致在 353K 左右有一个宽的热释峰，Sm^{3+}、Yb^{3+} 和 Y^{3+} 则略有不同，除了这个峰以外，还在高温区产生新的热释峰，图 5-17 所示为典型的 $CaAl_2O_4:Eu^{2+}$，Nd^{3+} 的热释光谱。从热释光谱的强度上，不同的稀土离子表现出三种倾向：（1）易还原的稀土离子如 Sm^{3+}、Yb^{3+}

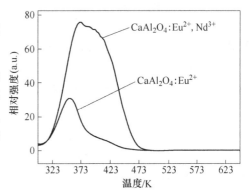

图 5-17　$CaAl_2O_4:Eu^{2+}$ 和 $CaAl_2O_4:Eu^{2+}$，

　　　Nd^{3+} 的热释光谱

抑制 $CaAl_2O_4:Eu^{2+}$ 的热释光；（2）易氧化的稀土离子如 Ce^{3+}、Pr^{3+} 和 Tb^{3+} 增强 $CaAl_2O_4:Eu^{2+}$ 的热释光；（3）4f 电子层全空、半满和全满的 La^{3+}、Gd^{3+} 和 Lu^{3+}

严重地猝灭 Eu^{2+} 的热释光。结合稀土离子对 CaAl$_2$O$_4$：Eu^{2+} 余辉性能的影响，Ai-tasalo 认为在 CaAl$_2$O$_4$：Eu^{2+}，RE^{3+} 体系中，陷阱密度而不是陷阱深度对 Eu^{2+} 的余辉发光产生重要的作用[84]。

Nakazawa 等人系统地研究了稀土离子共掺杂的 SrAl$_2$O$_4$：Eu^{2+}，RE^{3+} 的热释光谱（见图 5–18），并用瞬时热释发光的方法确定了不同稀土离子掺杂样品中陷阱能级的深度及其相对密度。认为在 SrAl$_2$O$_4$：Eu^{2+}，RE^{3+} 体系中，陷阱能级的深度是左右余辉发光性能的主要原因，且能级深度在 1.1eV 附近的 Nd^{3+}、Dy^{3+}、Ho^{3+} 和 Nd^{3+} 的陷阱能级最适合。Ce^{3+}、Pr^{3+}、Gd^{3+} 和 Tb^{3+} 的陷阱能级深度大于 1.1eV，而 Sm^{3+}、Eu^{3+}、Tm^{3+} 和 Yb^{3+} 的陷阱能级深度小于 1.1eV，它们的陷阱能级太深或太浅，因此，对余辉发光不利[85]。

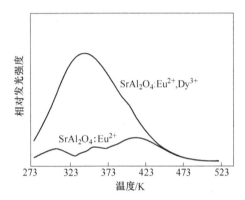

图 5–18　SrAl$_2$O$_4$：Eu^{2+} 和 SrAl$_2$O$_4$：Eu^{2+}，Dy^{3+} 的热释光谱

5.3.1.3　余辉发光机理

关于长余辉发光机理的研究一直是长余辉领域的重点。而长余辉性能优越的 MAl$_2$O$_4$：Eu^{2+}，RE^{3+} 的出现，更引起人们极大的研究兴趣。截至目前，对于 MAl$_2$O$_4$：Eu^{2+}，RE^{3+} 体系的余辉发光机理大致有以下三种模型：空穴转移模型、激发态吸收协助的能量转移模型和位型坐标模型等[1,5~7]。

图 5–19 所示为 Matsuzawa 针对 SrAl$_2$O$_4$：Eu^{2+}，RE^{3+} 提出的空穴转移模型[4]。他认为 Eu^{2+} 和 RE^{3+} 分别充当电子和空穴的俘获中心，当材料受光激发时，Eu^{2+} 俘获电子变成 Eu$^+$，而由此产生的空穴经价带转移，并最终被 RE^{3+} 俘获生成 RE^{4+}。此模型很好地解释了 SrAl$_2$O$_4$：Eu^{2+}，RE^{3+} 在余辉发光过程中的光电流现象[4]，并且其空穴转移也与 Abbruscato 通过 Hall 效应测定载流子为空穴的实验结果符合得很好[86]。尽管如此，此机理仍存在不足：（1）虽然 Pr、Nd、Dy 存在四价，但是 Eu$^+$、Ho^{4+}、Er^{4+} 截至目前还没有文献报道，其存在与否尚无定论；（2）即使 Eu$^+$ 存在，可是 Eu^{2+}→Eu$^+$ 的转变需要近几个电子伏特的能量，这与该体系用可见光即被激发的事实明显相左。

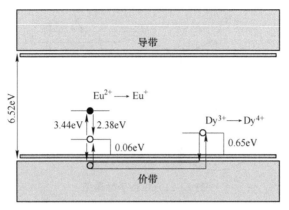

图 5 - 19 空穴转移模型

Aitasalo 为了避免这种矛盾的产生，提出了激发态吸收协助的能量转移模型，如图 5 - 20 所示[84]。他认为材料在受激发期间，电子直接通过激发态吸收的过程吸收能量并跃迁至较高陷阱能级，而空穴则被基质中的陷阱俘获。随后，在热激励下电子与空穴复合并通过无辐射跃迁的方式将能量传递给 Eu^{2+}，产生长余辉。这种模型虽然很好地避免了 Eu^+ 存在性的问题，但是，此模型存在新的问题，即在这种吸收过程中激发态必须要有相当长的寿命，才能满足在弱光源激励下的双光子吸收，否则需要激光等强光源才能产生吸收。此外，这种模型也无法解释材料在余辉发光过程中的光电流现象。

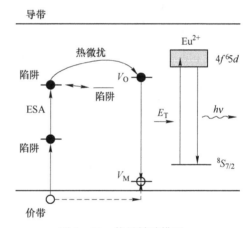

图 5 - 20 能量转移模型

中科院长春应用化学研究所苏锵课题组曾参考位型坐标，提出如图 5 - 21 所示的余辉模型[5]，认为：电子在光激励下由基态跃迁至激发态，并在激发态通过无辐射弛豫方式跃迁至陷阱低能级。停止激发后，在热激励下电子从陷阱低能级返回到激活离子 Eu^{2+} 的激发态，最后以辐射跃迁的方式发出长余辉。

总之，可以看出这些模型虽然都能从不同的角度较好地描述 MAl_2O_4 : Eu^{2+} , RE^{3+} 体系的余辉发光动力学，但是，仍然无法很好地解释各种相关实验数据。其原因主要是材料中缺陷的复杂性以及缺乏研究缺陷的直接的实验手段。

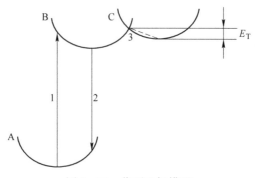

图 5 - 21　位型坐标模型

5.3.2　SrO – Al₂O₃ 体系和其他铝酸盐长余辉材料

若干 SrO – Al₂O₃ 体系及其他铝酸盐长余辉材料见表 5 - 4 和表 5 - 5。

表 5 - 4　若干 SrO – Al₂O₃ 体系及其他长余辉发光材料[5,7,45,47,55,81,82,84]

基　质	余辉激活中心	余辉发射峰值/nm	余辉颜色
$SrAl_2O_4$	Eu^{2+}	510	绿
	Tb^{3+}	548	黄绿
$Sr_4Al_{14}O_{25}$	Eu^{2+}	490	蓝绿
$SrAl_4O_7$	Eu^{2+}	475	蓝
$Sr_2Al_6O_{11}$	Eu^{2+}	493	蓝绿
$SrAl_{12}O_{19}$	Eu^{2+}	395	紫
$Sr_5Al_8O_{17}$	Eu^{2+}	390	紫
$SrGdAlO_4$	Tb^{3+}	547	黄绿
$SrMgAl_{10}O_{17}$	Eu^{2+}	465（荧光发射） 482（余辉发射） 502（余辉发射）	蓝绿 绿
$BaMgAl_{10}O_{17}$	Eu^{2+}	450（荧光发射） 489（余辉发射）	蓝绿

表 5 - 5　其他铝酸盐长余辉材料[9,11,18~20,87]

基　质	余辉激活中心	余辉发射峰值/nm	余辉颜色
$Ca_{12}Al_{14}O_{33}$	Eu^{2+}	440	紫蓝
$CaYAl_3O_7$	Ce^{3+}	420	蓝紫
$ZnAl_2O_4$	Mn^{2+}	512	绿
$Ca_2Al_2SiO_7$	Mn^{2+}	550	黄绿
	Ce^{3+}	410	蓝紫
$CaSrAl_2SiO_7$	Eu^{2+}	520	绿

5.3.3　稀土铝酸盐体系的应用特性及其存在的不足

与硫化物体系相比，铝酸盐体系长余辉发光材料具有：

（1）优异的余辉发光性能。其余辉亮度和余辉时间分别至少是传统硫化物体系的 10 倍。

（2）强耐紫外线辐照稳定性，见表 5 - 6，硫化物在光照 100h 时，其发光亮度只有初始亮度的 35%，此后，基本不再发光；而铝酸盐体系即使在室温太阳光下暴晒 1 年，其发光性能也基本不变化。

表 5 - 6　ZnS: Cu，Co 和 $SrAl_2O_4$: Eu^{2+},Dy^{3+} 的耐光性能[14]

材　料	实验前后的相对发光亮度				
	实验前	10h	100h	300h	1000h
ZnS: Cu，Co	100	86	35	—	—
$SrAl_2O_4$: Eu^{2+},Dy^{3+}	100	98	98	96	97

（3）无辐射性。

由于其优异的性能，铝酸盐体系被誉为第二代长余辉发光材料，是长余辉发光材料发展的一个里程碑[14]。

但是，铝酸盐体系长余辉发光材料也存在不足之处，主要表现在耐水性方面[14,88]。中科院长春应用化学所苏锵课题组曾系统地研究了 $SrAl_2O_4$: Eu^{2+}，Dy^{3+} 的耐水性能。当把 $SrAl_2O_4$: Eu^{2+}，Dy^{3+} 按质量为 1∶100 的比例放入去离子水中，仅几分钟便开始水解，在其溶液上面有一层白色的固体悬浮物，一天以后底部沉淀的荧光粉也由黄绿色完全变成白色。溶液的碱性迅速增加，分解产物为 $3SrO \cdot Al_2O_3$，水解后材料的余辉发射发生明显蓝移（490nm），且余辉性能急剧下降[88]。可以看出 $SrAl_2O_4$: Eu^{2+}，Dy^{3+} 的耐水性能极差。因此，许多科研工作者致力于对铝酸盐体系进行表面包膜处理，而另外一部分科研工作者则投入到开拓新的长余辉发光材料的工作中。

5.4　稀土硅酸盐长余辉发光材料

为了解决铝酸盐体系长余辉发光材料耐水性差、余辉颜色单一及原料纯度要求高等缺点，20 世纪 90 年代后期，人们将研究工作的重心转向硅酸盐体系，主要着眼点是硅酸盐基质具有良好的化学稳定性和热稳定性，而且高纯二氧化硅原料廉价易得。经过人们不懈的努力，终于成功研制出数种具有很好耐水性和紫外稳定性、余辉发光颜色多样、余辉亮度较高、余辉时间较长的新型硅酸盐长余辉发光材料。表 5 - 7 列出了这个时期文献报道的主要的长余辉发光材料，主要集中在偏硅酸盐和焦硅酸盐两大体系[12,14]，余辉激活离子主要有稀土离子 Pr^{3+}、

Sm^{3+}、Eu^{3+}、Tb^{3+}、Dy^{3+}和$Eu^{2+[26,43]}$，此外，还有过渡金属离子$Mn^{2+[21,89]}$。

表5-7 若干硅酸盐长余辉发光材料[14,15,21,26,43,49,89,90]

基 质		余辉激活中心	余辉发射峰值/nm	余辉颜色
$MgSiO_3$		Mn^{2+}	660	深红
$CdSiO_3$		—	420	蓝紫
		Pr^{3+}	602	橙红
		Sm^{3+}	603	橙红
		Eu^{3+}	613	红
		Tb^{3+}	541	黄绿
		Dy^{3+}	486，580	白
$CaMgSi_2O_6$		Eu^{2+}	447	蓝紫
$M_2MgSi_2O_7$	Ca	Eu^{2+}	516	绿
	Sr		469	蓝
$M_3MgSi_2O_8$	Ca	Eu^{2+}	471	蓝
	Sr		458	蓝紫
	Ba		439	蓝紫

在硅酸盐体系中，最具有代表性的长余辉材料是黄长石类的$M_2MgSi_2O_7$：Eu^{2+}，Dy^{3+}和镁硅钙石结构的 $M_3MgSi_2O_8$：Eu^{2+}，Dy^{3+}（M = Ca，Sr）。其荧光光谱及余辉发光性能如图5-22~图5-25及表5-8和表5-9所示[12,14,90]。可以看出余辉发射主要来源于 Eu^{2+} 的 $f-d$ 允许跃迁发射，其余辉性能明显优于ZnS：Cu，$M_2MgSi_2O_7$：Eu^{2+}，Dy^{3+}和$M_3MgSi_2O_8$：Eu^{2+}，Dy^{3+}分别是ZnS：Cu的10倍和3倍以上。

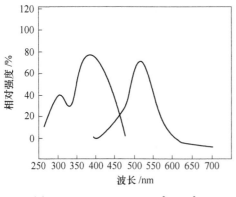

图5-22 $Ca_2MgSi_2O_7$：Eu^{2+}，Dy^{3+}
的激发和发射光谱
（λ_{ex} = 375nm，λ_{em} = 535nm）

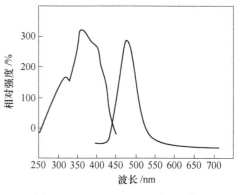

图5-23 $Sr_2MgSi_2O_7$：Eu^{2+}，Dy^{3+}
的激发和发射光谱
（λ_{ex} = 375nm，λ_{em} = 469nm）

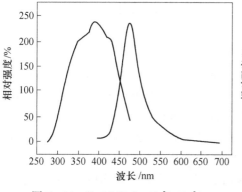

图 5-24 $Ca_3MgSi_2O_8:Eu^{2+},Dy^{3+}$
的激发和发射光谱
($\lambda_{ex}=385nm$, $\lambda_{em}=480nm$)

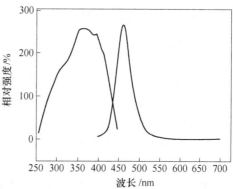

图 5-25 $Sr_3MgSi_2O_8:Eu^{2+},Dy^{3+}$
的激发和发射光谱
($\lambda_{ex}=350nm$, $\lambda_{em}=460nm$)

表 5-8 商业硅酸盐长余辉材料的发光性能[12,14]

发光材料	余辉颜色	发射峰值/nm	余辉亮度/mcd·m^{-2}	
			10min 后	60min 后
$Sr_2MgSi_2O_7:Eu,Dy$	蓝色	469	87	14
$Sr_{0.5}Ca_{1.5}MgSi_2O_7:Eu,Dy$	绿色	510	82	12
$Ca_2MgSi_2O_7:Eu,Dy$	黄色	536	18	1.5

表 5-9 $M_2MgSi_2O_7:Eu^{2+}$, Dy^{3+}、$M_3MgSi_2O_8:Eu^{2+}$, Dy^{3+}
和 ZnS:Cu 的相对余辉亮度

发光材料	余辉颜色	发射峰值/nm	相对余辉亮度/%	
			10min 后	60min 后
ZnS:Cu	黄绿	530	100	100
$Ca_2MgSi_2O_7:Eu,Dy$	黄绿	536	1914	1451
$Sr_2MgSi_2O_7:Eu,Dy$	蓝色	469	3947	1658
$Ca_3MgSi_2O_8:Eu,Dy$	绿色	480	146	67
$Sr_3MgSi_2O_8:Eu,Dy$	蓝色	460	579	300

可是应该看到，虽然硅酸盐体系长余辉材料弥补了铝酸盐体系耐水性差的不足，但硅酸盐体系的余辉发光性能在整体上距离铝酸盐体系还有相当的差距，目前，只有焦硅酸盐体系达到商业应用的水平，不过特别值得一提的是，与$CaAl_2O_4:Eu^{2+},Nd^{3+}$相比，蓝色余辉的$Sr_2MgSi_2O_7:Eu^{2+},Dy^{3+}$不仅解决了铝酸盐水溶性差的缺点，而且余辉性能也得到了进一步的提高[12,14]。

5.5 稀土长余辉发光材料的新体系、新现象与新应用

5.5.1 稀土红色长余辉发光材料

　　红色长余辉发光材料一直是长余辉发光材料研究中一个亟待解决的问题。在 20 世纪 90 年代以前的很长一段时间里，二价铕激活的硫化钙由于其相对不错的余辉发光性能一直在红色长余辉材料中占据着统治地位。但是，如前所述该体系存在严重的弱点，即很差的耐光辐射性和严重的基质不稳定性，这些不足极大地制约了它的广泛应用。进入 90 年代，尽管高效长余辉材料 $SrAl_2O_4$: Eu^{2+}, Dy^{3+} 的出现，带动了碱土铝酸盐和碱土硅酸盐长余辉体系研究工作的蓬勃发展，然而，从发光颜色的角度，铝酸盐和硅酸盐体系严重匮乏长波余辉发射，尤其是余辉性能优异的红色长余辉发光材料。

　　1997 年，Dillo 等人报道了 Pr^{3+} 在 $CaTiO_3$ 中的红色长余辉现象，随后，Martin 发现 Zn^{2+} 或 Mg^{2+} 的共掺杂可以改善 $CaTiO_3$: Pr^{3+} 的余辉性能[91,92]。尽管如此，其余辉时间也只有几十分钟。

　　1999 年，Murazaki 等人成功地研制出新一代红色长余辉材料 RE_2O_2S: Eu, Mg, Ti(RE = Y，Gd)，其余辉亮度和余辉时间与传统商业红色长余辉材料 CaS: Eu, Tm 相比，提高了数倍，成为目前已知的最好的商业红色长余辉粉末材料[24,25]。

　　中科院长春应用化学研究所苏锵和王静等人对单掺及多掺杂 Y_2O_2S: Eu 荧光体进行了系统光谱与缺陷性能表征以及余辉性能优化。图 5 - 26 所示为 Y_2O_2S: Eu^{3+}, Zn^{2+}, Ti^{4+} 的荧光激发谱、发射光谱和余辉发射光谱。由图可见，其荧光发射与余辉发射基本一致，红色余辉发光主峰位于 625nm 附近，来源于 Eu^{3+} 的 $^5D_0 \rightarrow {}^7F_2$ 跃迁发射。而并没有监测到样品 Y_2O_2S: Eu^{3+} 的任何波段的余辉发光。

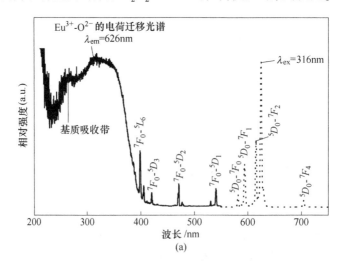

(a)

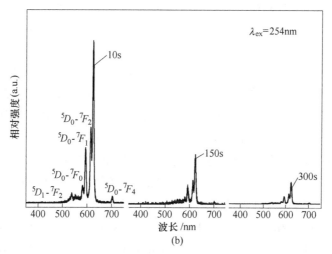

图 5 - 26 $Y_2O_2S: Eu^{3+}, Zn^{2+}, Ti^{4+}$ 的荧光激发
与发射光谱 （a） 和余辉发射光谱 （b）

此外，在用紫外灯或可见光激励后，与荧光光谱类似，所有多掺杂铕和钛离子的样品都没有观察到 R. S. Liu 和 P. Y. Zhang 等人报道的来自于钛离子位于 560nm 和 594nm 的黄色及橙色余辉发射，这说明缺陷与铕离子余辉发光中心之间的能量传递比与钛离子余辉发光中心更有效。

图 5 - 27 所示为双掺杂和多掺杂 $Y_2O_2S: Eu$ 体系样品的红色余辉衰减曲线，其中 $Y_2O_2S: Eu_{0.08}^{3+}, Mg_{0.02}^{2+}, Ti_{0.01}^{4+}$ 的组成与商业红色长余辉粉 $Y_2O_2S: Eu, Mg, Ti$ 完全一致。由图可见，在他们的合成条件下，$Y_2O_2S: Eu_{0.08}^{3+}, Zn_{0.02}^{2+}, Ti_{0.01}^{4+}$ 与 $Y_2O_2S: Eu_{0.08}^{3+}, Mg_{0.02}^{2+}, Ti_{0.01}^{4+}$ 表现出几乎完全一致的余辉衰减趋势和余辉发光性能，其余辉

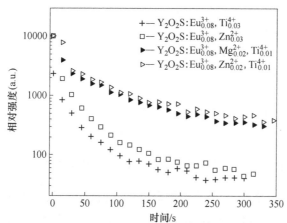

图 5 - 27   双掺杂和多掺杂 $Y_2O_2S: Eu$ 体系的余辉衰减曲线
（$\lambda_{ex} = 254nm$, $\lambda_{em} = 625nm$）

可持续 1.5h 左右。而 $Y_2O_2S: Eu_{0.08}^{3+}, Zn_{0.03}^{2+}$ 和 $Y_2O_2S: Eu_{0.08}^{3+}, Ti_{0.03}^{4+}$ 余辉衰减趋势和余辉发光性能也基本相同。但是，与 $Y_2O_2S: Eu_{0.08}^{3+}, Zn_{0.02}^{2+}, Ti_{0.01}^{4+}$ 相比，余辉性能则明显降低很多。

图 5 – 28 所示为双掺杂和多掺杂的样品的热释光谱。由图可见，不同离子掺杂样品基本呈现一个热释峰。从峰位上看，$Y_2O_2S: Eu^{3+}, Zn^{2+}$ 的峰温最低，位于 328K。$Y_2O_2S: Eu^{3+}, Ti^{4+}$ 和 $Y_2O_2S: Eu^{3+}, Mg^{2+}, Ti^{4+}$ 的热释峰峰温基本相同，位于 350K 附近。而 $Y_2O_2S: Eu^{3+}, Zn^{2+}, Ti^{4+}$ 的热释峰峰温最高，位于 363K。由热释峰峰温数据可以看到，上述材料中陷阱能级的深浅顺序大致为：$Y_2O_2S: Eu^{3+}$，$Zn^{2+} < Y_2O_2S: Eu^{3+}, Ti^{4+} \approx Y_2O_2S: Eu^{3+}, Mg^{2+}, Ti^{4+} < Y_2O_2S: Eu^{3+}, Zn^{2+}, Ti^{4+}$。此外，可以看到热释光强弱为：$Y_2O_2S: Eu^{3+}, Zn^{2+}, Ti^{4+} > Y_2O_2S: Eu^{3+}, Mg^{2+}$，$Ti^{4+} > Y_2O_2S: Eu^{3+}, Zn^{2+} > Y_2O_2S: Eu^{3+}, Ti^{4+}$。这说明上述不同共激活离子掺杂样品中陷阱浓度和俘获在陷阱中心的电荷密度存在差异，由于引入共激活离子浓度相同，认为俘获在陷阱中心的电荷密度的差异是导致热释光强度不同的主要原因，而且这种差异与掺杂离子的种类密切相关[15,16]。联系余辉发光性能可见，对于 Y_2O_2S 体系而言，陷阱能级深度和俘获在陷阱中心的电荷密度是导致材料呈现较高红色余辉发光性能的主要因素，而位于 360K 左右的热释峰峰温具有合适的陷阱能级深度。

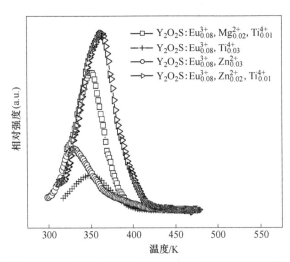

图 5 – 28 双掺杂和多掺杂 $Y_2O_2S: Eu$ 体系的热释光谱

2009 年，Smet 等人报道了一种新型红色长余辉发光材料 $Ca_2SiS_4: Eu^{2+}$，Nd^{3+}，其余辉发射主峰位于 660nm 左右，然而，同传统硫化物余辉发光材料类似，该体系同样存在化学稳定性差的问题[93]；同年，该课题组报道了在稀土氮化物发光材料 $M_2Si_5N_8(M = Ca, Sr, Ba)$ 中，Eu^{2+} 的余辉发光现象，分别在 Ca/

Sr/Ba 化合物中，产生红色（610nm）、橙红色（620nm）和橙色（580nm）余辉发光[94]。其余辉发射光谱与荧光光谱基本一致，如图 5-29 所示，Eu^{2+} 呈现典型的 $4f$-$5d$ 跃迁。如图 5-30 所示，在单掺杂 Ca/Sr/Ba 系列样品中，Eu^{2+} 在 Ba 样品中具有最慢余辉衰减趋势，其余辉持续时间大约 400s；其次为 Ca 样品，余辉持续时间大约 150s；余辉衰减趋势最快的是 Sr 样品，其余辉持续时间大约 80s。

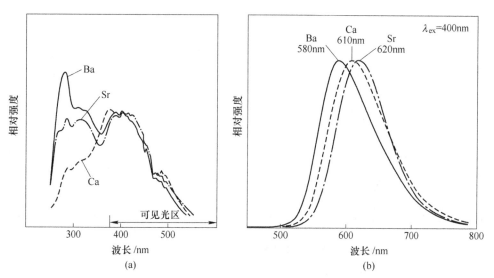

图 5-29　$M_2Si_5N_8$（M = Ca，Sr，Ba）：Eu^{2+} 的荧光激发（a）与发射（b）光谱

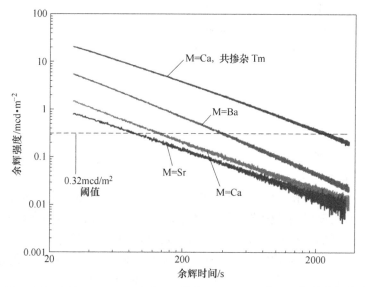

图 5-30　$M_2Si_5N_8$（M = Ca，Sr，Ba）：Eu^{2+} 和 $Ca_2Si_5N_8$：Eu^{2+}，Tm^{3+} 的余辉衰减曲线

如图 5-31(a) 所示，不等价共掺杂系列三价稀土离子对 Eu^{2+} 的余辉性能影响不一，其中，对 Ca 和 Ba 样品的余辉发光性能影响显著，而对 Sr 样品的余辉发光性能影响甚微。如图 5-31(b) 所示，对 $Ca_2Si_5N_8$：Eu 而言，共掺杂离子 Tm^{3+}、Nd^{3+} 和 Dy^{3+} 显著增强了 Eu^{2+} 的余辉发光性能，除此之外，其他共掺杂稀土离子对余辉性能影响不大或者猝灭余辉发光；而在 1000lx 的 Xe 灯激发 1min 后，$Ca_2Si_5N_8$：Eu^{2+}，Tm^{3+} 的橙红色长余辉发光可持续约 2500s。

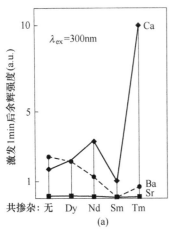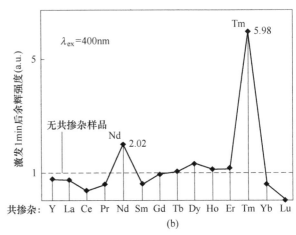

图 5-31　稀土共掺杂离子对 $M_2Si_5N_8$（M = Ca，Sr，Ba）：Eu，RE（a）和
$Ca_2Si_5N_8$：Eu，RE（b）的余辉强度的影响规律

（300nm 光激发 1min）

2014 年，中山大学苏锵和王静课题组针对目前缺乏高性能氧化物体系红色长余辉材料这一技术瓶颈，在文献报道的 Sr_3SiO_5：$0.03Eu^{2+}$ 黄色荧光粉的基础上，通过两步法的设计策略，获得了新型橙色稀土长余辉发光材料 $Sr_{3-x}Ba_xSiO_5$：$0.03Eu^{2+}$，$0.03Dy^{3+}$（$x = 0 \sim 0.6$）[95]。他们以离子不等价取代以调节缺陷能级的设计思路，用共掺杂三价稀土离子（RE^{3+}）取代基质 Sr^{2+} 来改善余辉发光。如图 5-32 所示，从峰型来看，无论是单掺 Eu^{2+} 还是 Eu^{2+}、Nd^{3+} 双掺杂样品都有宽带激发（250~550nm）和宽带发射（主峰位于 570nm）的光谱特征，说明 Nd^{3+} 的共掺杂并没有明显改变样品的光谱特征，激发和发射仍然来源于 Eu^{2+} 的宽带 $4f-5d$ 跃迁。

由图 5-33(a) 和 (b) 可见，单掺杂和双掺杂样品的余辉发射带主峰位于约 570nm，且与该样品的荧光发射光谱特征一致，说明该样品的余辉发射来源于 Eu^{2+} 的 $5d \rightarrow 4f$ 的宇称允许跃迁。对比而言，Eu^{2+} 单掺杂的样品余辉发射强度很弱，其余辉产生的原因可能来源于 Sr_3SiO_5 基质中固有的本征缺陷对能量的存储。如图 5-33(c) 所示，稀土离子（RE^{3+}）共掺杂的样品的余辉发光均明显强于单掺杂 Eu^{2+} 的样品。在共掺杂稀土离子（RE^{3+}）的样品中，余辉强度明显取决

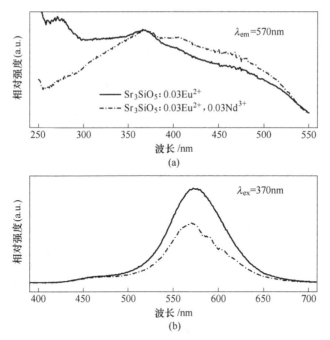

图 5 - 32　样品 $Sr_3SiO_5:0.03Eu^{2+}$ 及 $Sr_3SiO_5:0.03Eu^{2+},0.03Nd^{3+}$

归一化的激发（a）和发射（b）光谱

于共掺杂稀土离子 RE^{3+} 的种类，共掺杂样品的余辉强度排序如下：$Nd > Dy >$ $Ce > La > Ho > Er > Tm > Yb$。其中，$Sr_3SiO_5:0.03Eu^{2+},0.03Nd^{3+}$ 样品的余辉发光积分强度达到 $Sr_3SiO_5:0.03Eu^{2+}$ 样品的 4.5 倍。

如图 5 - 34(a) 所示，样品 $Sr_3SiO_5:0.03Eu^{2+}$ 呈现一个宽带热释峰，位于约 371K。由于在 $Sr_3SiO_5:0.03Eu^{2+}$ 样品中 Eu^{2+} 等价取代 Sr^{2+} 不会主动引入外来缺陷，因而认为该热释峰对应于 Sr_3SiO_5 基质的本征缺陷。单掺杂 Eu^{2+} 的样品热释峰的强度很弱，这说明这些本征缺陷捕获的载流子的浓度比较低。相比之下，$Sr_3SiO_5:0.03Eu^{2+},0.03Nd^{3+}$ 样品呈现一个主峰位于 369K 处且很强的宽带热释峰，这一差别明显是由于 Nd^{3+} 的共掺杂所引起的。Nd^{3+} 非等价取代 Sr^{2+} 可能会主动引入的 $Nd_{Sr}^{•}$ 外来缺陷的产生[47]，同时缺陷 $Nd_{Sr}^{•}$ 也可能诱导产生新的次生本征缺陷或者增加 Sr_3SiO_5 基质的本征缺陷的浓度。图 5 - 34(b) 中很强的热释峰信号也说明这些缺陷捕获了相当高的载流子浓度。如图 5 - 35 所示，通过热释光一般动力学理论进行拟合，可以得到 $Sr_3SiO_5:0.03Eu^{2+},0.03Nd^{3+}$ 样品中主要陷阱的能级深度为 0.94eV。

在共掺杂提高黄色余辉发光性能的基础上，进一步通过 Ba/Ca 同族元素取代 Sr 来对基质晶格结构进行调节，改变发光中心 Eu^{2+} 的配位环境期望调节其余辉发射波长，获得氧化物基质的高效红色长余辉发光材料。如图 5 - 36 所示，随着

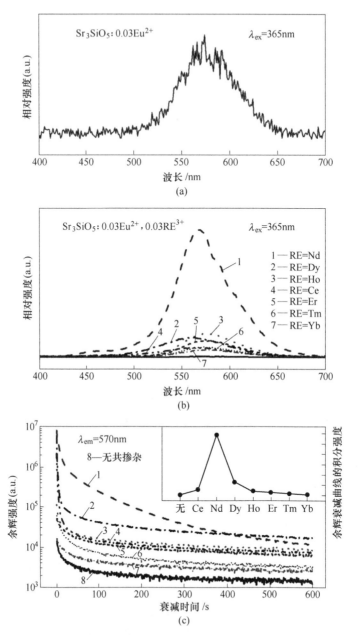

图 5 - 33 $Sr_3SiO_5:0.03Eu^{2+}$ 的余辉发射光谱 (a)、$Sr_3SiO_5:0.03Eu^{2+}$,
$0.03RE^{3+}$(RE = Ce, Nd, Dy, Ho, Er, Tm, Yb)
的余辉发射光谱 (b) 及余辉衰减曲线 (c)

Ba^{2+}取代量的增加,样品的激发和发射光谱都可以看到宽带峰的明显红移现象。从晶体场理论来分析,可以认为 Ba^{2+} 取代 Sr^{2+} 后导致其所处的八面体对称性降

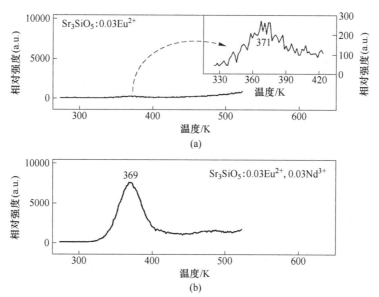

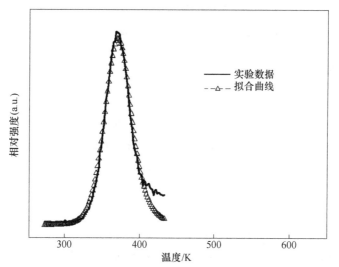

图 5-34 样品 $Sr_3SiO_5:0.03Eu^{2+}$（a）及样品
$Sr_3SiO_5:0.03Eu^{2+}$，$0.03Nd^{3+}$（b）的热释光谱

图 5-35 样品 $Sr_3SiO_5:0.03Eu^{2+}$，$0.03Nd^{3+}$
的热释光谱（273~433K）及其拟合曲线

低，Eu^{2+}在较低对称性的八面体中受到的晶体场更强，从而导致 Eu^{2+} 的 $5d$ 轨道
在晶体场中的劈裂更大。也就是说，激发态 $5d$ 轨道的最低能级位置下移，导致
基态与激发态的能级差变小，对应光谱红移。

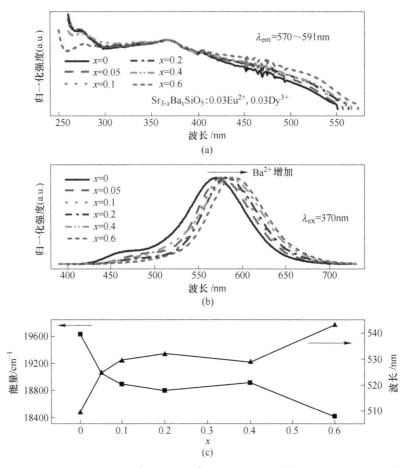

图 5 – 36 $Sr_{3-x}Ba_xSiO_5 : 0.03Eu^{2+}$, $0.03Dy^{3+}$（$x = 0 \sim 0.6$）样品归一化的激发光谱（a）
和发射光谱（b）及 Eu^{2+} 在样品中的最低 $5d$ 轨道的能级位置变化规律（c）

如图 5 – 37 所示，同样的稳态荧光发光红移趋势也出现在了余辉发射光谱
中。由图可见，通过简单地调节 Ba^{2+} 的取代量，Eu^{2+} 的长余辉发光颜色从黄光
（570nm，$x = 0$）移到了橙红光（591nm，$x = 0.6$）。而且，Ba^{2+} 的取代还有效地
改善了 Eu^{2+} 的长余辉发光强度。如图 5 – 37（c）所示，除了 $x = 0.6$ 的样品外，
其余 Ba 取代的样品的余辉强度都高于纯 Sr 的样品。$x = 0.2$ 的样品的余辉发光最
强，其积分强度达到纯 Sr 样品的 2.7 倍。对于 $Sr_3SiO_5 : 0.03Eu^{2+}$ 样品，裸眼看不
到其长余辉发光。相比之下，肉眼可以明显地看到 $Sr_{2.8}Ba_{0.2}SiO_5 : 0.03Eu^{2+}$,
$0.03Dy^{3+}$ 样品的长余辉发光，可持续约 5min。

如图 5 – 38 所示，对于纯 Sr 的样品（$x = 0$），热释光谱主峰位于 367K 的位
置。对于 $Sr_{3-x}Ba_x$（$x \neq 0$）系列样品来说，不同 Ba 的取代量对于热释光谱影响较
大。这里选取 $x = 0.05$，0.2，0.6 的样品为代表与纯 Sr 的样品对比。从图中可以

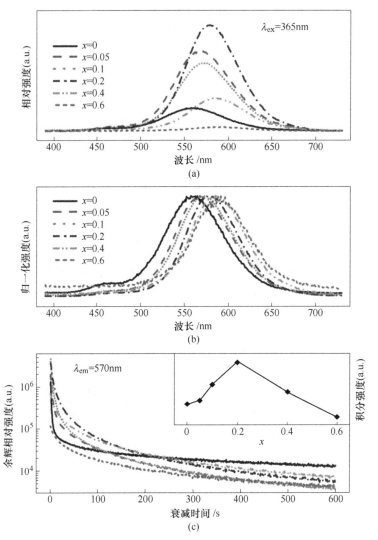

图 5－37　样品 $Sr_{3-x}Ba_xSiO_5:0.03Eu^{2+},0.03Dy^{3+}$ $(x=0\sim0.6)$ 的
余辉发射光谱 （a） 和归一化图 （b） 以及样品的余辉衰减曲线 （c）

看出，$Sr_{3-x}Ba_x(x\neq0)$ 系列样品的第一热释峰的位置均小于纯 Sr 样品 367K 的峰位。一般来说，样品的热释峰的温度与陷阱深度成正比。因此，可以认为 $Sr_{3-x}Ba_x(x\neq0)$ 系列样品的陷阱比纯 Sr 样品中的陷阱略浅。取余辉最强的 $Sr_{2.8}Ba_{0.2}SiO_5:0.03Eu^{2+}$，$0.03Dy^{3+}$ 样品的热释光谱用动力学公式拟合，得到 $x=0.2$ 时样品的陷阱深度约为 0.65eV，浅于纯 Sr 样品的 0.94eV。

　　根据上述光谱与热释光谱分析，相关余辉性能调控机理如图 5－39 所示。在紫外－可见光激发下，Eu^{2+} 的电子从基态的 $4f$ 轨道跃迁到高的激发态 $5d$ 轨道

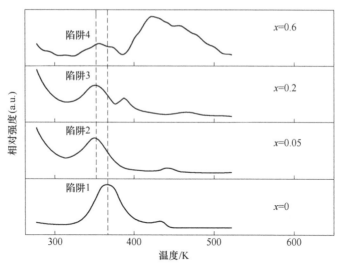

图 5 - 38　样品 $Sr_{3-x}Ba_xSiO_5 : 0.03Eu^{2+}, 0.03Dy^{3+}$

（$x=0$，0.05，0.2，0.6）的热释光谱

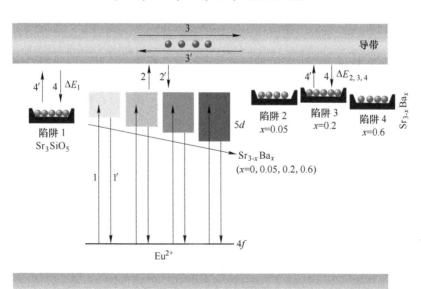

图 5 - 39　样品 $Sr_{3-x}Ba_xSiO_5 : 0.03Eu^{2+}, 0.03Dy^{3+}$

（$x=0$，0.05，0.2，0.6）的多色长余辉发光机理图

（对应图 5 - 39 中过程 1），然后部分电子跃迁到导带上（过程 2），在导带中进行转移（过程 3），部分电子被基质或 RE^{3+} 诱导产生的缺陷捕获（过程 4）。至此，

完成了光源激发下能量的存储过程。然而，这些被缺陷中心捕获的电子在热的作用下又可以从陷阱中逃逸出来（过程4′），进入导带并在导带中自由移动（过程3′），而后部分电子又弛豫回到Eu^{2+}的激发态$5d$能级（过程2′），最后电子从$5d$激发态回到基态$4f$轨道（过程1′），并伴随着长余辉发光。总的来说，Eu^{2+}的长余辉发光过程可以表示为图5–39中$1 \rightarrow 2 \rightarrow 3 \rightarrow 4 \rightarrow 4' \rightarrow 3' \rightarrow 2' \rightarrow 1'$的过程。

在$Sr_{3-x}Ba_xSiO_5:0.03Eu^{2+},0.03Dy^{3+}$（$x=0 \sim 0.6$）系列样品中，随着$Ba^{2+}$取代量$x$的增加，余辉发光中心$Eu^{2+}$的最低$5d$激发态能级下移，如图5–39所示，从而实现了长余辉发光颜色从黄色到橙红色的调节。而余辉发光强度一般是由缺陷的性质来决定的，包括陷阱能级的深度和捕获载流子的密度。从图5–39可以看出，纯Sr样品的陷阱深度高于$Sr_{3-x}Ba_x$（$x \neq 0$）系列样品（$\Delta E_1 > \Delta E_{2,3,4}$）。然而，纯Sr样品的余辉发光强度却比较弱，说明当陷阱能级深度过大时，其中捕获的电子逃逸出来会受限，从而导致余辉发光相对较弱。对于$Sr_{2.94-x}Ba_x$（$x = 0.05,0.2,0.6$）系列样品，随着Ba取代量x的增加，第一热释峰位的变化趋势与余辉积分强度的变化趋势完全相反，也说明稍浅一些的陷阱更利于Eu^{2+}的长余辉发光。

除上述稀土红色长余辉体系之外，其他体系见表5–10，在氧化物、硅酸盐和硫氧化物体系中，陆续报道了Pr^{3+}、Sm^{3+}、Mn^{2+}和Eu^{3+}的红色长余辉发光[21,26,96]，但是，其余辉性能都无法超过$Y_2O_2S:Eu,Mg,Ti$（见表5–11）。

表5–10 稀土橙色和红色长余辉发光材料的发展[1,21,25,26,39,63,64,89,91,93,95~99]

年 份	基 质	余辉激活离子	余辉峰值/nm	余辉颜色
1930	CaS	Eu^{2+}	650	深红
1997	$CaTiO_3$	Pr^{3+}	612	红
1999	Y_2O_2S	Eu^{3+}	626	红
2000	CaO	Eu^{3+}	594	橙
2003	Y_2O_2S	Ti	594	橙
		Sm^{3+}	606	橙红
	$CdSiO_3$	Pr^{3+}	602	橙红
		Sm^{3+}	603	橙红
		Eu^{3+}	613	红
2008	$Sr_3Al_2O_6$	Eu^{2+}	612	橙红
2009	Ca_2SiS_4	Eu^{2+}	660	深红
	$Ca_2Si_5N_8$	Eu^{2+}	620	红
2014	$(Sr,Ba)_3SiO_5$	Eu^{2+}	591	橙

表 5 -11 红色余辉材料余辉性能[24,25]

发光材料	余辉颜色	余辉峰值/nm	余辉亮度/mcd·m^{-2}		余辉时间/min
			10min 后	60min 后	
CaS: Eu,Tm	深红	650	1.2	—	约45
Y_2O_2S: Eu,Mg,Ti	红	625	40	3	约300
Gd_2O_2S: Eu,Mg,Ti	红	625	15	1	约100

从三基色的角度考虑，将余辉颜色为红、绿、蓝的三种材料按一定比例混合，就可以得到任意一种颜色的长余辉材料，但是，这要求材料必须具有相类似的化学稳定性、余辉亮度和余辉衰减行为。否则，混合的余辉颜色将在衰减过程中发生变化。截至目前，商业化最好的三基色长余辉材料有：蓝紫色$CaAl_2O_4$：Eu^{2+}，Nd^{3+}、蓝绿色 $Sr_4Al_{14}O_{25}$：Eu^{2+}，Dy^{3+}、黄绿色 $SrAl_2O_4$：Eu^{2+}，Dy^{3+}、蓝色 $Sr_2MgSi_2O_7$：Eu^{2+}，Dy^{3+}和红色 Y_2O_2S：Eu，Mg，Ti 等。M. Yoshinori 等人曾尝试按一定比例将蓝紫色 $CaAl_2O_4$：Eu^{2+}，Nd^{3+}、蓝绿色 $Sr_4Al_{14}O_{25}$：Eu^{2+}，Dy^{3+}和红色 Y_2O_2S：Eu，Mg，Ti 混合均匀，得到了发白色余辉的材料，但是，其白色余辉只能保持约5min[25]。其主要原因是与铝酸盐或硅酸盐相比，Y_2O_2S：Eu，Mg，Ti 的余辉性能还相差很远。当然，从色度学的角度讲，在相同辐照通量的情况下，绿光的电磁辐射的亮度是红光或橙光的 3~10 倍。也就是说，为了达到发绿光余辉粉的相同余辉亮度，红色长余辉材料必须有 3~10 倍的辐照量。这也是混合物余辉颜色无法保持的另一个原因[14]。

综上所述，可以看到红色长余辉发光材料的制备难度很大，还需要更进一步大量细致的研究工作，但是，同时也说明开拓新一代高效红色长余辉发光材料对于实现全色长余辉发光照明和显示具有非常重要的意义。

5.5.2 基于稀土长余辉发光材料的交流白光 LED

在新型激发方式 LED 用稀土发光材料方面，交流 LED 技术由于不需要交直流转换，具有能耗低、寿命长、成本低等优点，成为白光 LED 技术发展的一个新方向，但该技术必须解决交流周期性供电导致的发光频闪问题。韩国首尔半导体和中国台湾工研院等研究机构通过集成微芯片加工技术在一定程度上弱化频闪现象，但该路线加工难度大、芯片散热不畅。与传统微电子技术不同，从材料角度出发，开发荧光寿命与交流电周期高度匹配的新型稀土发光材料，是解决交流 LED 频闪难题的一个重要途径。中科院长春应用化学研究所张洪杰和李成宇课题组在国际上创新性通过调控长余辉发光材料的余辉衰减寿命，获得了与交流电周期高度匹配的新型稀土长余辉发光材料，如图 5-40 所示，解决交流 LED 器件频闪问题（专利号：ZL 201010537984.9）。

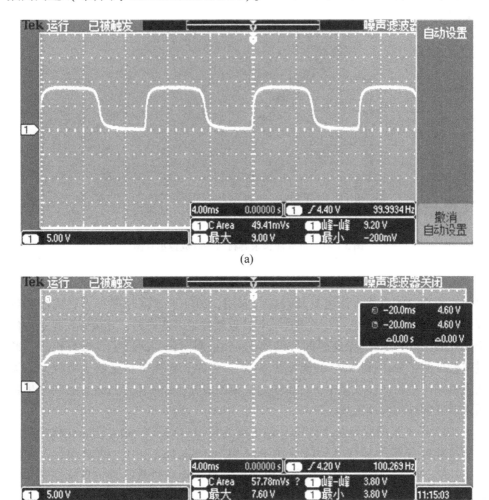

图 5 - 40　传统交流白光 LED 器件频闪图（a）和基于稀土长余辉
发光材料的新型交流白光 LED 器件频闪图（b）

5.5.3　稀土长余辉发光材料与生物荧光成像

2007 年，Scherman 与其合作者们开创性地提出可以将长余辉材料用于生物活体成像中[100]。如图 5 - 41 所示，将长余辉光学探针在生物体外激发后注入生物体内，接着长余辉光将缓慢释放出来，通过收集余辉光信号就可以实现生物组织的活体成像了。长余辉成像可以有效地避免激发组织自身发光和吸收从而提高信噪比和实现更深层的生物组织成像，并且在信噪比上具有明显的优势。在这之后，长余辉材料的研究引起了国内外学者的广泛关注，主要余辉激活离子集中在 Cr^{3+}。

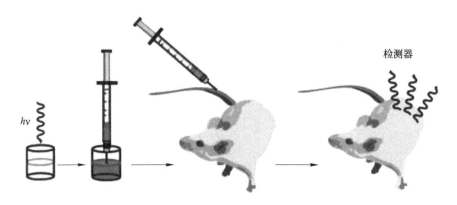

图 5 - 41　近红外长余辉材料生物成像示意图

Nd^{3+} 在 890nm 和 1064nm 的近红外特征发光使得 Nd^{3+} 掺杂的近红外长余辉材料在生物活体成像方面也有其潜在的应用。2011 年，邱建荣等人利用溶胶凝胶燃烧法制备了 $SrAl_2O_4: Eu^{2+}, Dy^{3+}, Nd^{3+}$ 近红外长余辉材料，其余辉发光主峰位于 890nm 和 1064nm，余辉时间持续约 15min；同时他们研究了其余辉机理，通过实验证明了 Eu^{2+} 到 Nd^{3+} 的能量传递[101]。但是，粉体材料受制于颗粒大小无法直接用于生物活体成像中，尽管如此，相关研究已经展示了长余辉材料在生物活体成像领域的应用前景。

2012 年，张洪武等以介孔 SiO_2 纳米球为模板合成了在 50 ~ 500nm 粒径范围内，窄粒径分布的蓝色余辉发光的 $SrMgSi_2O_6: Eu, Dy (SED)$ 纳米颗粒，如图 5 - 42 和图 5 - 43 所示。由于长余辉成像可以有效地避免激发组织自身发光和吸收，从而获得了较高信噪比的活体小鼠成像效果（见图 5 - 44）[102]。

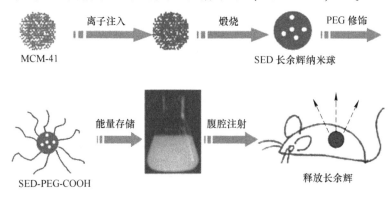

图 5 - 42　近红外长余辉材料生物成像示意图

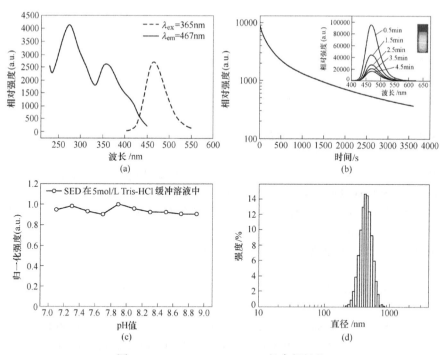

图 5-43 SrMgSi$_2$O$_6$：Eu，Dy 长余辉性能

（a）激发与发射光谱；（b）余辉衰减曲线，内插图为余辉照片；（c）在 Tris-HCl 缓冲液中
SrMgSi$_2$O$_6$：Eu,Dy 的化学稳定性；（d）SED-PEG-COOH 的动态光散射谱

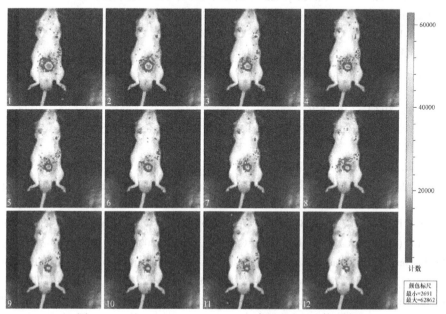

图 5-44 基于 SrMgSi$_2$O$_6$：Eu，Dy 长余辉发光的活体成像图

（采集时间：60s；采集间隔：5min）

参 考 文 献

[1] 李成宇, 苏锵, 邱建荣. 稀土元素掺杂长余辉发光材料研究的最新进展 [J]. 发光学报, 2003, 24(1): 19~27.

[2] 苏锵, 梁宏彬, 赫泓, 等. 重镧系离子在发光材料中的应用 [J]. 中国稀土学报, 2002, 20(6): 485~490.

[3] 宋庆梅, 陈暨耀, 吴中亚. 掺镁的铝酸锶铕磷光体的发光特性 [J]. 复旦学报 (自然科学版), 1995, 34(1): 103~106.

[4] Matsuzawa T, Aoki Y, Takeuchi N, et al. A new long phosphorescent phosphor with high brightness $SrAl_2O_4:Eu^{2+}$, Dy^{3+} [J]. J. Electrochem., 1996, 143(8): 2670~2673.

[5] 张天之, 苏锵, 王淑彬. $MAl_2O_4:Eu^{2+}$, RE^{3+} 长余辉发光性质的研究 [J]. 发光学报, 1999, 20(2): 170~175.

[6] 刘应亮, 丁红. 长余辉发光材料研究进展 [J]. 无机化学学报, 2001, 17(2): 181~187.

[7] 张天之. 稀土在铝酸盐中发光性质的研究 [D]. 长春: 中国科学院长春应用化学研究所. 1999.

[8] Zhang T, Su Q. Rare-earth materials for use in the dark [J]. J. SID, 2000, 8(1): 27~30.

[9] Kodama N, Tanii Y, Yamaga M. Optical properties of long-lasting phosphorescent crystals Ce^{3+}-doped $Ca_2Al_2SiO_7$ and $CaYAl_3O_7$ [J]. J. Lumin., 2000, 87~89: 1076~1078.

[10] Uheda K, Maruyama T, Takizawa H, et al. Synthesis and long-period phosphorescence of $ZnGa_2O_4:Mn^{2+}$ [J]. J. Alloys and Compds., 1997, 262~263: 60~64.

[11] Matsui H, Xu C N, Tateyama H. Stress-stimulated luminescence from $ZnAl_2O_4:Mn$ [J]. Appl. Phys. Letter., 2001, 78(8): 1068~1070.

[12] 罗昔贤, 段锦霞, 林广旭, 等. 新型硅酸盐长余辉发光材料 [J]. 发光学报, 2003, 24(2): 165~170.

[13] 王静, 李成宇, 苏锵, 等. 蓝紫色 $ZnO-Al_2O_3-SiO_2$ 长余辉陶瓷 [J]. 中国稀土学报, 2002, 20(6): 616~619.

[14] 肖志国. 蓄光型发光材料及其制品 [M]. 北京: 化学工业出版社, 2002.

[15] 黄立辉, 王晓君, 张晓, 等. Eu^{2+} 在 $Sr_3(Mg_{1-x}Zn_x)Si_2O_8$ 中的发光性质 [J]. 中国稀土学报, 1998, 16: 1090~1092.

[16] Fu J. Long-lasting phosphorescence of transparent surface-crystllized glass-ceramic [J]. J. Am. Ceram. Soc., 2000, 83(10): 2613~2615.

[17] Lei B F, Liu Y L, Ye Z R, et al. Novel indigo light emitting long-lasting phosphors $CdSiO_3:RE^{3+}$ (RE = Y, La, Gd, Lu) [J]. Chemistry Letters, 2003, 32(10): 904~905.

[18] Kodama N, Takahashi T, Yamaga M, et al. Long-lasting phosphorescence in Ce^{3+}-doped $Ca_2Al_2SiO_7$ and $CaYAl_3O_7$ crystals [J]. Appl. Phys. Letter., 1999, 75(12): 1715~1717.

[19] Kodama N, Sasaki N, Yamaga M, et al. Long-lasting phosphorescence of Eu^{2+} in melilite [J]. J. Lumin., 2001, 94~95: 19~22.

[20] Yamaga M, Tanii Y, Kodama N, et al. Mechanism of long-lasting phosphorescence process of

Ce^{3+}-doped Ca$_2$Al$_2$SiO$_7$ melilite crystals [J]. Physical Review B, 2002, 65: 235108 – 1 ~ 235108 – 11.

[21] Iwasaki M, Kim D N, Tanaka K, et al. Red phosphorescence properties of Mn ions in MgO-GeO$_2$ compounds [J]. Science and Technology of Advanced Materials, 2003, 4: 137 ~ 142.

[22] Qiu J R, Wada N, Ogura F, et al. Structural relaxation and long-lasting phosphorescence in sol-gel-derived GeO$_2$ glass after ultraviolet light irradiation [J]. J. Phys.: Condens. Matter., 2002, 14: 2561 ~ 2567.

[23] 王静, 苏锵, 王淑彬. 杂质离子对 Y$_2$O$_3$: Eu^{3+} 发光性能的影响 [J]. 功能材料, 2002, 33(5): 558 ~ 560.

[24] 宫敬治. 长残光荧光体とのろ应用 [J]. 发光材料の进展. 化学工业, 2000: 34 ~ 41.

[25] Yoshinori M, Kiyataka A, Keiji I. A new long persistence red-emitting phosphor [J]. Kidorui, 1999, 35: 41 ~ 45.

[26] 雷炳富, 刘应亮, 叶泽人, 等. 稀土离子在 CdSiO$_3$ 基质中的多光色长余辉发光 [J]. 科学通报, 2003, 48(19): 2038 ~ 2041.

[27] 宋春燕, 刘应亮, 张静娴, 等. 微波法合成橙红色长余辉磷光粉 Gd$_2$O$_2$S: Sm^{3+} [J]. 暨南大学学报（自然科学版）, 2003, 24(5): 93 ~ 96.

[28] Lin Y H, Nan C W, Cai N, et al. A nomalous afterglow from Y$_2$O$_3$-based phosphor [J]. Journal of Alloys and Compounds, 2003, 361: 92 ~ 95.

[29] Wang X X, Zhang Z T, Tang Z L, et al. Characterization and properties of a red and orange Y$_2$O$_2$S-based long afterglow phosphor [J]. Materials Chemistry and Physics, 2003, 80: 1 ~ 5.

[30] Jia D, Yen W M. Enhanced V$_K^{3+}$ center afterglow in MgAl$_2$O$_4$ by doping with Ce^{3+} [J]. J. Lumin. 2003, 101: 115 ~ 121.

[31] Jia D, Meltzer R S, Yen W M. Green phosphorescence of CaAl$_2$O$_4$: Tb^{3+}, Ce^{3+} through persistence energy transfer [J]. Appl. Phys. Letter., 2002, 80(9): 1535 ~ 1537.

[32] Dorenbos P, Bos A J J, van Eijk C W E. Photostimulated trap filling in Lu$_2$SiO$_5$: Ce^{3+} [J]. J. Phys.: Condens. Matter, 2002, 14: L99 ~ L101.

[33] Jia D, Wang Xiaojun, van der Kolka E, et al. Site dependent thermoluminescence of long persistent phosphorescence of BaAl$_2$O$_4$: Ce^{3+} [J]. Optics Communications, 2002, 204: 247 ~ 251.

[34] 廉世勋, 林建华, 苏勉曾. Ca$_{1-x}$Zn$_x$TiO$_3$: Pr^{3+}, R$^+$(R = Li, Na, K, Rb, Cs, Ag) 的合成和发光性质 [J]. 中国稀土学报, 2001, 19(6): 603 ~ 605.

[35] 杨志平, 朱胜超, 郭智, 等. 锌对 CaTiO$_3$: Pr^{3+} 发光亮度和余辉时间的影响 [J]. 中国稀土学报, 2002, 20: 42 ~ 45.

[36] Pan Y X, Su Q, Xu H F, et al. Synthesis and red luminescence of Pr^{3+}-doped CaTiO$_3$ nanophosphor from polymer precursor [J]. Journal of Solid State Chemistry, 2003, 174: 69 ~ 73.

[37] 杨志平, 郭智, 王文杰, 等. Pr^{3+}摩尔浓度对 CaTiO$_3$: Pr^{3+}红色长余辉材料的影响 [J]. 功能材料与器件, 2003, 9(4): 473 ~ 476.

[38] 刘立民, 曾立华, 廉世勋, 等. CaTiO$_3$: Pr^{3+}的合成及发光性质 [J]. 湖南有色金属,

1998, 5: 45~47.

[39] 雷炳富, 刘应亮, 唐功本, 等. 一种新的橙红色长余辉荧光材料 Y_2O_2S: Sm^{3+} [J]. 高等学校化学学报, 2003, 24(2): 208~210.

[40] Lei B F, Liu Y L, Liu J, et al. Pink light emitting long-lasting phosphorescence in Sm^{3+}-doped $CdSiO_3$ [J]. Journal of Solid State Chemistry, 2004, 177: 1333~1337.

[41] Zhang J Y, Zhang Z T, Tang Z L, et al. A new method to synthesize long afterglow red phosphor [J]. Ceramics International, 2004, 30: 225~228.

[42] 宋春燕, 雷炳富, 刘应亮, 等. Eu^{3+} 在 La_2O_2S 中的长余辉发光 [J]. 无机化学学报, 2004, 20(1): 89~93.

[43] Jiang L, Chang C K, Mao D L, et al. A new long persistent blue-emitting $Sr_2ZnSi_2O_7$: Eu^{2+}, Dy^{3+} prepared by sol-gel method [J]. Materials Letter, 2004, 58: 1825~1829.

[44] Peng T Y, Yang H P, Pu X L, et al. Combustion synthesis and photoluminescence of $SrAl_2O_4$: Eu, Dy phosphor nanoparticles [J]. Materials Letter, 2004, 58: 352~356.

[45] Chang C K, Jiang L, Mao D L, et al. Photoluminescence of $4SrO \cdot 7Al_2O_3$ ceramics sintered with the aid of B_2O_3 [J]. Ceramics International, 2004, 30: 285~290.

[46] Chang C K, Mao D L, Shen J F, et al. Preparation of long persistent $SrO \cdot 2Al_2O_3$ ceramics and their luminescent properties [J]. J. Alloys and Compds. , 2003, 348: 224~230.

[47] Lin Y L, Tang Z L, Zhang Z T. Preparation of long-afterglow $Sr_4Al_{14}O_{25}$-based luminescent material and its optical properties [J]. Materials Letters, 2001, 51: 14~18.

[48] Nag A, Kutty T R N. Role of B_2O_3 on the phase stability and long phosphorescence of $SrAl_2O_4$: Eu, Dy [J]. Journal of Alloys and Compounds, 2003, 354: 221~231.

[49] Jiang L, Chang C K, Mao D L, et al. Concentration quenching of Eu^{2+} in $Ca_2MgSi_2O_7$: Eu^{2+} phosphor [J]. Materials Science and Engineering B, 2003, 103: 271~275.

[50] Qiu J R, Hirao K. Long lasting phoshorescence in Eu^{2+} doped calium aluminoborate glasses [J]. Solid State Communication, 1998, 106(12): 795~798.

[51] Lin Y H, Tang Z L, Zhang Z T, et al. Influence of co-doping different rare earth ions on the luminescence of $CaAl_2O_4$-based phosphors [J]. Journal of the European Ceramic Society, 2003, 23: 175~178.

[52] Qiu J R, Miura K, Inouye H, et al. Femtosecond laser-induced three-dimensional bright and long-lasting phosphorescence inside calcium aluminosilicate glasses doped with rare earth ions [J]. Appl. Phys. Letter. , 1998, 73(13): 1763~1765.

[53] Qiu J R, Jiang X W, Zhu C S, et al. Photostimulated Long-lasting phosphorescence in rare-earth-doped glasses [J]. Chemistry Letters, 2003, 32(8): 750, 751.

[54] Yamazakia M, Kojima K. Long-lasting afterglow in Tb^{3+}-doped SiO_2-Ga_2O_3-CaO-Na_2O glasses and its sensitization by Yb^{3+} [J]. Solid State Communications, 2004, 130: 637~639.

[55] 傅茂媛, 邱克辉, 高晓明. $SrAl_2O_4$: Tb^{3+}荧光粉的合成与发光性研究 [J]. 中国稀土学报, 2003, 21: 22~24.

[56] Kinoshita T, Hosono H. Materials design and example of long lasting phosphorescent glasses utilizing electron trapped centers [J]. Journal of Non-Crystalline Solids, 2000, 274:

257 ~ 263.

[57] Nakagawaa H, Ebisua K, Zhanga M, et al. Luminescence properties and afterglow in spinel crystals doped with trivalent Tb ions [J]. Journal of Luminescence, 2003, 102 ~ 103: 590 ~ 596.

[58] Liang Z Q, Zhang J S, Sun J S, et al. Enhancement of green long lasting phosphorescence in $CaSnO_3 : Tb^{3+}$ by addition of alkali ions [J]. Physica B-Condensed Matter. , 2013, 412: 36 ~ 40.

[59] Lakshmanan A R, Shinde S S, Bhatt R C. Ultraviolet-induced thermoluminescence and phosphorescence in $Mg_2SiO_4 : Tb$ [J]. Phys. Med. Biol. , 1978, 23 (5): 952 ~ 960.

[60] Yamazaki M, Yamamoto Y, Nagahama S, et al. Long luminescent glass: Tb^{3+} -activated ZnO-B_2O_3-SiO_2 glass [J]. Journal of Non-Crystalline Solids, 1998, 241: 71 ~ 73.

[61] Hosonoy H, Kinoshita T, Kawazoe H, et al. Long lasting phosphorescence properties of Tb^{3+}-activated reduced calcium aluminate glasses [J]. J. Phys. : Condens. Matter. , 1998, 10: 9541 ~ 9547.

[62] Lei B F, Liu Y L, Ye Z R, et al. A novel white light emitting long-lasting phosphor [J]. Chinese Chemical Letters, 2004, 15 (3): 335 ~ 338.

[63] 雷炳富, 刘应亮, 唐宫本, 等. 掺铽硫氧化钇的特殊余辉性质 [J]. 高等化学学报, 2004, 24(5): 782 ~ 784.

[64] Kang C C, Liu R S, Chang J C, et al. Synthesis and luminescent properties of a new yellowish-orange afterglow phosphor $Y_2O_2S : Ti$, Mg [J]. Chem. Mater. , 2003, 15: 3966 ~ 3968.

[65] Wang J, Wang S B, Su Q. The role of excess Zn^{2+} ions in improvement of red long lasting phosphorescence (LLP) performance of $\beta\text{-}Zn_3(PO_4)_2 : Mn$ phosphor [J]. J. Solid State Chem. , 2004, 177: 895 ~ 900.

[66] Kato K, Tsuta I, Kamimura T, et al. Thermoluminescence properties of $SrAl_2O_4 : Eu$ sputtered films with long phosphorescence [J]. J. Lumin. , 1999, 82: 213 ~ 220.

[67] Kinoshita T, Yamazaki M, Kawazoe H, et al. Long lasting phosphorescence and photostimulated luminescence in Tb ion activated reduced calcium aluminate glasses [J]. J. Appl. Phys. , 1999, 86(7): 3729 ~ 3733.

[68] Kowatari M, Koyama D, Satoh Y, et al. The temperature dependence of luminescence from a long-lasting phosphor exposed to ionizing radiation [J]. Nuclear Instruments and Methods in Physics Research A, 2002, 480: 431 ~ 439.

[69] Aizawa H, Katsumata T, Takahashi J, et al. Fiber-optic thermometer using afterglow phosphorescence from long duration phosphor [J]. Electrochem. Solid-state Letter, 2002, 5 (9): H17 ~ H19.

[70] Akiyama M, Xu C, Liu Y, et al. Influence of Eu, Dy co-doped strontium aluminate composition on mechanoluminescence intensity [J]. Journal of Luminescence, 2002, 97: 13 ~ 18.

[71] Li C Y, Yu Y, Wang S, et al. Photo-stimulated long-lasting phosphorescence in Mn^{2+} -doped zinc borosilicate glasses [J]. Journal of Non-Crystalline Solids, 2003, 321: 191 ~ 196.

[72] Hoogenstraaten W. Electron traps in zinc-sulphide phosphors [J]. Philips Res. Repts. , 1958:

515~693.

[73] 贾东东，姜联合，刘玉龙，等. CaSrS: Bi,Tm,Cu 和 CaS: Eu 荧光材料的研究 [J]. 发光学报，1998，19(4)：312~316.

[74] Jia D D, Zhu J, Wu B Q. Correction of excitation spectra of long persistent phoshors [J]. J. Lumin. , 2000, 90：33~37.

[75] Jia D D, Zhu J, Wu B Q. Trapping centers in CaS: Bi^{3+} and CaS: Eu^{2+}, Tm^{3+} [J]. J. Electrochem. Soc. , 2000, 147(1)：386~389.

[76] Jia D D, Zhu J, Wu B Q. Improved persistent phosphorescence of $Ca_{0.9}Sr_{0.1}$S: Bi^{3+} by codoping with Tm^{3+} [J]. J. Lumin. , 2000, 91：59~65.

[77] Guo C F, Chu B L, Su Q. Improving the stability of alkaline earth sulfide-based phosphors [J]. Applied Surface Science, 2004, 225：198~203.

[78] Guo Chongfeng, Chu Benli, Wu Mingmei, et al. Preparation of stable CaS: Eu^{2+}, Tm^{3+} phosphor [J]. J. Rare Earths, 2003, 21(5)：501~504.

[79] Guo Chongfeng, Chu Benli, Wu Mingmei, et al. Oxide coating for alkaline earth sulfide based phosphor [J]. J. Luminescesce, 2003, 105：121~126.

[80] 王东，王民权. 碱土铝酸盐掺二价铕离子磷光体的研究、应用和发展 [J]. 材料科学与工程，1998，16(4)：40~43.

[81] Matsui H, Xu C N, Watanabe T, et al. Long lasting phosphorescence from Eu^{2+} doped Srβ-Alumina [J]. J. Electrochem. Soc. , 2000, 147(12)：4692~4695.

[82] 刘应亮，冯德雄，杨培慧，等. $BaMgAl_{10}O_{17}$: Eu^{2+}, RE^{3+} 荧光体的燃烧法合成和发光性质 [J]. 发光学报，2001，22(1)：16~19.

[83] Palilla F C, Levine A K, Tomus M R. Fluorescent properties of alkaline earth aluminates of the type MAl_2O_4 activated by divalent europium [J]. J. Electrochem. Soc. , 1968, 115：642~644.

[84] Aitasalo T, Deren P, Holsa J, et al. Persistent luminescence phenomena in materials doped with rare earth ions [J]. J. Solid State Chem. , 2003, 171：114~122.

[85] Nakazawa E, Mochida T. Traps in $SrAl_2O_4$: Eu^{2+}, Dy^{3+} phosphor with rare earth ion doping [J]. J. Lumin. , 1997, 72~74：236~237.

[86] Abbruscato V. Optical and electrical properties of $SrAl_2O_4$: Eu^{2+} [J]. J. Electrochem. Soc. , 1971, 118(6)：930~932.

[87] Zhang J Y, Zhang Z T, Wang T M, et al. Preparation and characterization of a new long afterglow indigo phosphor $Ca_{12}Al_{14}O_{33}$: Nd, Eu [J]. Materials Letters, 2003, 57：4315~4318.

[88] 郭崇峰，吕玉华，苏锵. 长余辉发光材料 $SrAl_2O_4$: Eu^{2+}, Dy^{3+} 的稳定性研究 [J]. 中山大学学报（自然科学版），2003，42(6)：47~50.

[89] Wang X J, Jia D D, Yen W M. Mn^{2+} activated green, yellow, and red long persistent phosphors [J]. J. Lumin. , 2003, 102~103：34~37.

[90] Jiang L, Chang C K, Mao D L. Luminescent properties of $CaMgSi_2O_6$ and $Ca_2MgSi_2O_7$ phosphors activated by Eu^{2+}, Dy^{3+} and Nd^{3+} [J]. J. Alloys and Compds. , 2003, 360(1~2)：193~197.

[91] Dillo P T, Boutinaud P, Mahiou R. Red luminescence in Pr^{3+}-doped calcium titanates [J]. Phys. Stat. Sol. A, 1997, 160: 255~258.

[92] Martin R, Tamaki H, Maststuda S. Red emitting long decay phosphors: US, US005650094A [P]. 1997-1-22.

[93] Smet P F. Red persistent luminescence in Ca_2SiS_4: Eu,Nd [J]. Journal of The Electrochemical Society, 2009, 156(4): 243~248.

[94] Van den Eeckhout K. Luminescent Afterglow Behavior in the $M_2Si_5N_8$: Eu Family(M = Ca, Sr, Ba) [J]. Materials, 2011, 4: 980~990.

[95] Li Ye. Synthesis, persistent luminescence, and thermoluminescence properties of yellow Sr_3SiO_5: Eu^{2+}, RE^{3+} (RE = Ce, Nd, Dy, Ho, Er, Tm, Yb) and orange red $Sr_{3-x}Ba_xSiO_5$: Eu^{2+}, Dy^{3+} phosphor [J]. Chem. Asian J., 2014, 9: 494~499.

[96] Li C Y, Su Q, Wang S. Multi-color long-lasting phosphorescence in Mn^{2+} doped $ZnO-B_2O_3$-SiO_2 glass-ceramics [J]. Mater. Res. Bull., 2002, 37: 1443~1449.

[97] Fu J. Orange and red emitting long-lasting phosphors MO: Eu^{3+} (M = Ca, Sr, Ba) [J]. Electrochem. Solid. Sate Lett., 2000, 3(7): 350~351.

[98] Van den Eeckhout K, Smet P F, Poelman D. Persistent luminescence in rare-earth codoped $Ca_2Si_5N_8$: Eu^{2+} [J]. J. Lumines, 2009, 129: 1140~1143.

[99] Zhang P, Xu M. Rapid formation of red long afterglow phosphor $Sr_3Al_2O_6$: Eu^{2+}, Dy^{3+} by microwave irradiation [J]. Mater. Sci. Eng. B Solid State Mater. Adv. Technol., 2007, 136: 159~164.

[100] Quentin L M D C, Corinne C, Johanne S, et al. Nanoprobes with near-infrared persistent luminescence for in vivo imaging [C] //Proceedings of the National Academy of Sciences, 2007, 22, 104: 9266~9271.

[101] Teng Yu, Qiu Jianrong. Persistent near infrared phosphorescence from rare earth ions Co-doped strontium aluminate phosphors [J]. Journal of The Electrochemical Society, 2011, 158(2): 17~19.

[102] Li Zhanjun, Zhang Hongwu. A facile and effective method to prepare long-persistent phosphorescent nanospheres and its potential application for in vivo imaging [J]. J. Mater. Chem., 2012, 22: 24713~24720.

6 真空紫外光激发的稀土发光材料

真空紫外光（vacuum ultraviolet，VUV）指波长小于 200nm 或者能量高于 50000cm^{-1} 的紫外光。真空紫外光激发下的发光材料可用于等离子体平板显示（plasma display panel，PDP）和无汞荧光灯中。在这两类器件中，147nm 和 172nm 的 VUV 激发发光材料产生可见光发射，从而实现照明和显示。

发光是不同能态之间电子的跃迁导致的结果。稀土发光材料在 VUV–vis 范围主要有三种类型的电子跃迁：带间跃迁（inter–band transition）、稀土离子自身能级间的跃迁（intra–lanthanide transition）及稀土离子和配体间的电荷迁移跃迁（charge transfer transition）。带间跃迁是电子在价带（valence band）与导带（conduction band）间的跃迁，这种跃迁代表了材料的禁带宽度或者带隙（band gap）。稀土离子自身能级之间的跃迁分为 $4f$–$4f$ 能级之间及 $4f$–$5d$ 能级之间的跃迁；前者属于宇称禁阻跃迁（parity forbidden transition），在光谱上通常表现为线状；后者属于宇称允许跃迁（parity allowed transition），在光谱上通常表现为带状。电荷迁移跃迁是稀土离子能级与基质能带之间的电子跃迁，可以反映稀土离子能级与基质导带及价带之间的能量差[1]。

根据 VUV–vis 范围可能涉及的电子跃迁类型，本章按照以下顺序介绍：（1）带间电子跃迁；（2）稀土离子的 f–d 跃迁，重点是 Ce^{3+} 在 VUV–vis 范围的 f–d 跃迁及 Ce^{3+} 的 f–d 跃迁和其他稀土离子 f–d 跃迁间的能量关系；（3）稀土离子在 VUV–vis 范围 f–f 跃迁，重点是稀土离子如 Pr^{3+}、Gd^{3+}、Gd^{3+}–Eu^{3+}、Gd^{3+}–Er^{3+}–Tb^{3+} 等在 VUV 激发下的量子剪裁（quantum cutting）；（4）稀土离子的电荷迁移跃迁，重点是 Eu^{3+}–O^{2-} 电荷迁移与其他稀土离子电荷迁移的能量关系；（5）VUV 激发下的荧光粉。

6.1 带间电子跃迁

电子在价带与导带间的跃迁主要涉及两个方面的问题：（1）导带底和价带顶的结构，即构成导带底和价带顶的电子轨道；（2）带隙的大小，即导带底和价带顶间的能量差。

6.1.1 导带底和价带顶的结构

对宽带隙基质来说，价带顶大体上由配体阴离子的电子轨道构成，而导带底一般为金属离子的电子轨道。一些理论计算也已给出与实验吻合较好的结果。图 6-1 所示为通过密度泛函理论计算得出的 $Ba_2MgSi_2O_7$ 样品的态密度分布图，从图中可以看出价带顶是由 O 的 $2p$ 轨道构成，而导带底部为 Ba 的 $5d$ 轨道[2]。

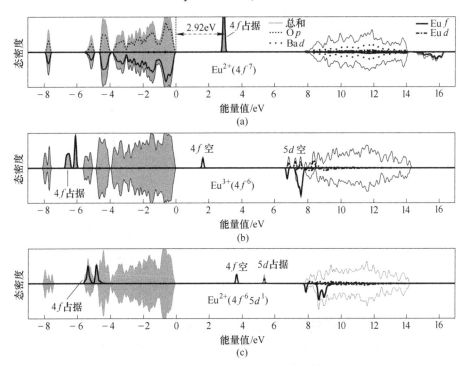

图 6-1　Eu^{2+}、Eu^{3+} 掺杂 $Ba_2MgSi_2O_7$ 的态密度及轨道投影图

6.1.2　带隙的大小

漫反射光谱可以帮助估算带隙大小[3]，图 6-2 所示为 $BaCaBO_3F$ 的漫反射光谱。若 R_{max}、R_{min} 和 R 分别为漫反射光谱上反射率的最大、最小值和光谱曲线上任一点的反射率，在以 $\ln\left(\dfrac{R_{max}-R_{min}}{R-R_{min}}\right)^2$ 为纵坐标，以 $E(E=h\nu(eV))$ 为横坐标得到的图 6-2 插图部分，将直线外推至 $y=0$，即可得到带隙大小。

带隙大小也可通过 Tauc 关系式进行计算[4]：

$$(\alpha h\nu)^n = B(E_g - h\nu)$$

式中，α 为吸收系数，可以通过 Kubelka - Munk 等式 $\alpha = \dfrac{(1-R)^2}{2R}$ 进行计算，其中 R 为相对反射率；$h\nu$ 为光子能量；B 为常数；E_g 为带隙大小；n 值取决于跃迁的本质，对于不同的跃迁形式，可以确定其具体的 n 值大小。

之后以 $(\alpha h\nu)^n$ 为纵坐标，$h\nu$ 为横坐标所得的曲线上最大斜率处做切线，

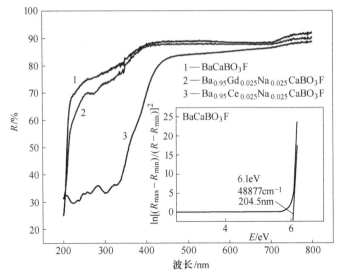

图 6-2　基质及 Gd^{3+}、Ce^{3+} 掺杂 $BaCaBO_3F$ 的漫反射光谱

此切线与横坐标所交位置的能量值即为此种跃迁形式下样品的带隙能量。图 6-3 所示为 $NaGaTiO_4$ 与 $NaGa_{0.98}Pr_{0.02}TiO_4$ 的漫反射光谱、吸收光谱及带隙大小。

　　带隙大小也可通过激发光谱来估算。当激发能量较高时，会使基质产生激子。电子从价带被激发到激子态时，在激发光谱可看到基质吸收带。Dorenbos 通过总结实验结果[6]，认为对宽带隙材料来说，激子束缚能约为价带与激子态之间能量差值的 8%，所以价带与导带之间的能量差为价带到激子态之间能量差的 1.08 倍。利用该法估算，$Ba_2MgSi_2O_7$ 的带隙约为 $7.44eV$[2]，$NaCaPO_4$ 的带隙约为 $8.21eV$[7]。

6.2　稀土离子的 f-d 跃迁

　　对于不同镧系元素，其 $4f$ 轨道上存在着不同数量的电子，这些电子会受到外层 p 及 s 轨道的屏蔽，因此 $4f$ 电子能级几乎不受到晶体场强度变化的影响，$4f$ 能级之间的跃迁能量基本是定值。而对于 $5d$ 轨道上的电子，由于其外层没有对其进行屏蔽的轨道，且配体轨道与稀土离子 $5d$ 轨道有较为明显的重叠，因此较易受到周围配位环境的影响。

　　对于 $4f-5d$ 能级之间的跃迁，很多人选择 Ce^{3+} 作为研究对象。Ce^{3+} 只有一个 $4f$ 电子，电子跃迁情况较为简单，这就为在 VUV-vis 区内研究其能级位置提供了方便。受所占据的基质晶格位置对称性的影响，Ce^{3+} 的 $5d$ 轨道会劈裂为最多 5 个不同的能级，劈裂后能量最高和最低的 $f-d$ 跃迁的能量差称为晶体场劈

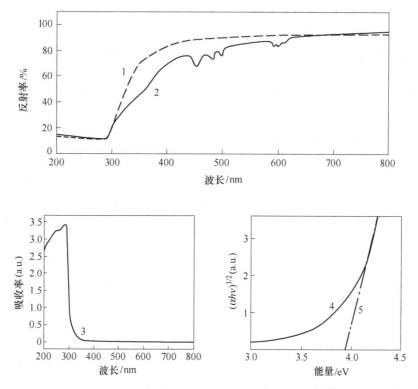

图 6 - 3　$NaGaTiO_4$ 与 $NaGa_{0.98}Pr_{0.02}TiO_4$ 的漫反射光谱、吸收光谱及带隙大小[5]

1—$NaGaTiO_4$ 的漫反射光谱；2—$NaGa_{0.98}Pr_{0.02}TiO_4$ 的漫反射光谱；

3—$NaGaTiO_4$ 的紫外光至可见光范围吸收光谱；4—求得的 $(\alpha h\nu)^{\frac{1}{2}} - h\nu$ 曲线；

5—曲线上最大斜率处切线，此斜线与横坐标所交位置即为带隙能量大小

裂作用 ε_{cfs}。这 5 个 $f-d$ 跃迁的平均值称为能级重心位置 E^C，特定基质中能级重心位置与自由 Ce^{3+} 的能级重心位置（6.35eV）之间的能量差称为能级重心位移值 ε_c，见式（6-1）[8]：

$$\varepsilon_c \equiv 6.35 - E^C \qquad (6-1)$$

在某个确定基质特定格位上的 Ce^{3+}，可以认为其激发光谱所覆盖的范围和激发光谱的光谱轮廓大体上是由 $5d$ 轨道的晶体场劈裂和能级重心决定的，因为这两个因素决定了激发光谱上最高 $5d$ 和最低 $5d$ 的能量。如果 $5d$ 轨道的晶体场劈裂大，能级重心能量低，则最低 $5d$ 轨道能量低；反之，如果 $5d$ 轨道的晶体场劈裂小，能级重心能量高，则最低 $5d$ 轨道能量高。因为 Ce^{3+} 的 $f-d$ 跃迁发射主要源自其最低 $5d$ 轨道，如果知道在这个基质格位上 Ce^{3+} 的 Stokes 位移，那么其发射光谱所覆盖的范围和发射光谱的光谱轮廓也可大致确定。

基质组成、结构、格位占据等因素对 Ce^{3+} 的 $f-d$ 跃迁能量和 Ce^{3+} 的 $5d$ 电子

的电-声作用影响较大，因而对激发光谱、发射光谱及其浓度猝灭和温度猝灭等发光行为有较大影响。如在 $Lu_2SiO_5:Ce^{3+}$（LSO:Ce）中 Ce^{3+} 为中心波长约为425nm 的蓝紫光发射，与常用的蓝敏光电倍增管（PMT）的探测波长匹配，LSO:Ce目前已经成功用作 X/γ 射线闪烁体；在 $Y_3Al_5O_{12}:Ce^{3+}$（YAG:Ce）中 Ce^{3+} 为中心波长约为530nm 的黄光发射，YAG:Ce 已成为目前白光 LED 中使用最广泛的黄光发射发光材料。

根据晶体场理论容易理解，在强场作用下，Ce^{3+} 的 $5d$ 轨道产生较大的晶体场劈裂。对系列基质化合物来说，通常随着配位数的增多，中心阳离子与配位阴离子之间键长变长，使中心阳离子的晶体场劈裂程度明显下降[9]。另外，$5d$ 轨道能级重心与中心离子与配体之间的电子云扩大效应、稀土离子与配体间化学键的共价性及配位原子的光谱极化率密切相关，电子云扩大效应、共价性及光谱极化率的增大会导致 $5d$ 轨道能级重心下降。

由于基质晶格的变化，导致在特定基质中 Ce^{3+} 的最低 $5d$ 轨道发生下移，这部分下移量被称为光谱红移值 D。光谱红移值可以通过比较自由 Ce^{3+} 能量最低 $f-d$ 跃迁（6.12eV）与特定基质中 Ce^{3+} 能量最低 $f-d$ 跃迁 E_{fd} 之间的能量差值得到，见式（6-2）[10]：

$$D \equiv 6.12 - E_{fd} \qquad\qquad (6-2)$$

对位于相同基质同一格位上的不同三价稀土离子，由于晶体场劈裂作用和共价性对 $5d$ 轨道的影响相近，可以认为光谱红移值 D 不随着 $4f$ 层电子数量的不同而发生变化。表6-1 为具有 $4f^n$ 结构的自由稀土离子的最低 $f-d$ 跃迁所需的能量。通过对特定基质中三价稀土离子（如 Ce^{3+}）的红移值进行计算，进而与各自由三价稀土离子的最低 $f-d$ 跃迁所需的能量进行比较，可以得到同格位上其他三价稀土离子能量最低 $f-d$ 跃迁。

表6-1 不同自由稀土离子的最低 $f-d$ 跃迁所需的能量

n	稀土离子	E_{fd}/eV	波数/cm^{-1}	波长/nm
0	La	—	—	—
1	Ce	6.12	49400	203
2	Pr	7.63	61600	162
3	Nd	8.92	72000	139
4	Pm	9.24	74500	134
5	Sm	9.34	75300	133
6	Eu	10.5	84700	118
7	Gd	11.8	95200	105

n	稀土离子	E_{fd}/eV	波数/cm^{-1}	波长/nm
8	Tb	7.78	62800	159
9	Dy	9.25	74600	134
10	Ho	10.1	81500	123
11	Er	9.86	79500	126
12	Tm	9.75	78700	127
13	Yb	10.89	87900	114
14	Lu	12.26	98900	101

基于上述观点，当得知特定基质中掺杂 Ce^{3+} 时的光谱红移值 D 后，此基质中相同格位其他稀土离子的最低 $5d$ 能级的相对位置同样可以确定，对其他三价稀土离子在特定基质中的发光特性起到一定的预测作用。例如，$Sr_2Mg(BO_3)_2$ 中，占据 Sr^{2+} 格位的 Ce^{3+} 的最低 $5d$ 激发带位于约336nm，利用式（6-2），可推测占据相同格位的 Pr^{3+} 的最低 $5d$ 激发带位于约238nm，实验与推测结果非常吻合[11]。

由于多数二价稀土离子不稳定，因此只有少数可以作发光中心。Eu^{2+} 具有 $4f^7$ 结构，因为电子云扩大效应和晶体场劈裂等因素的共同作用，在很多氧化物基质中 Eu^{2+} 的最低 $5d$ 能级通常低于其 ^6P_J 激发态能级位置，所以 Eu^{2+} 具有显著的 $f-d$ 跃迁发射。由于 Eu^{2+} 的 $4f$ 轨道存在 7 个电子，因此会导致其 $4f-5d$ 激发峰出现一定的展宽（约0.8eV）。在理想状态下，这 7 个近似的 $f-d$ 跃迁是相互独立的，此时的激发光谱会出现明显的阶梯形状。然而由于这些跃迁可能和更高能量的 $f-d$ 跃迁重叠，因此实际情况下，这部分实验数据是带有一定的误差。对于 Eu^{2+}，可以将激发光谱中长波长一侧 $f-d$ 跃迁峰值的 15% ~ 20% 处的能量值认定为 Eu^{2+} 最低 $f-d$ 跃迁能量。通过对 Ce^{3+} 和 Eu^{2+} 的红移值在不同基质中进行对比，发现如下近似关系[12,13]：

$$D(Eu^{2+},A) = 0.64D(Ce^{3+},A) - 0.233 \qquad (6-3)$$

式中，$D(Eu^{2+},A)$ 为在 A 基质中 Eu^{2+} 的红移值；$D(Ce^{3+},A)$ 为在 A 基质中 Ce^{3+} 的红移值。通过这种近似关系，当二价稀土离子的红移值无法进行测量时，可以通过较容易得到的三价稀土离子的红移值进行推测。例如，在 $Ba_3MgSi_2O_8$ 中，存在 3 个不同的 Ba^{2+} 格位[14]。格位 1 为 12 配位 S_6 对称性，格位 2 为 9 配位 C_3 对称性，格位 3 为 10 配位 C_1 对称性，Ba^{2+}—O^{2-} 平均键长分别为 308.1pm、293.4pm 和 284.2pm。实验发现，在这 3 个格位上的 Ce^{3+} 的最低 $f-d$ 激发带分别位于约 316nm、335nm 和 360nm；而 Eu^{2+} 的最低 $5d$ 激发带在约 412nm 和 450nm。利用式（6-3），可推测这两个 Eu^{2+} 的发射分别来自格位 1 和格位 3，

同时推测 Eu^{2+} 在格位 2 上的最低 $5d$ 可能在约 428nm。推测与实验结果吻合较好，说明可较好地借助式（6 – 3）来认识光谱。

6.3 稀土离子在 VUV 光激发下的量子剪裁

量子剪裁（quantum cutting），也称为量子劈裂（quantum splitting）、光子级联发射（photon cascade emission，PCE）或多光子发射（multi – photon emission，MPE）。根据发光学原理，当稀土离子吸收一个高能量的光子后，经过激发态能量转移，发射两个或者两个以上低能量的光子，使发光材料的量子效率（指发光材料发射的光子数和它所吸收的光子数之比）大于 100%，这种现象被称为量子剪裁，量子剪裁过程也被称为下转换过程（down – conversion）。量子剪裁现象可以在单一离子中实现，也可以通过离子对之间的能量传递过程实现。

6.3.1 单个稀土离子的量子剪裁

6.3.1.1 Pr^{3+} 的量子剪裁

在不同的基质材料中，由于 Pr^{3+} 受到晶体场、声子能量、能带宽度、阴离子 – 阳离子间距和配位数的影响不同，Pr^{3+} 的 $4f5d$ 最低能态可能位于 $^1S_0$ 能态之上（见图 6 – 4(a)）或之下（见图 6 – 4(b)）[15]。当 Pr^{3+} 的 $4f5d$ 最低能态位于 $^1S_0$ 能态之下时，只能观察到来自于 $4f5d \rightarrow 4f^2$ 不同组态间的宽带跃迁发射；当 Pr^{3+} 的 $4f5d$ 最低能态位于 $^1S_0$ 能态之上时，能量可通过无辐射跃迁从 $4f5d$ 有效占据 $^1S_0$ 能态，受激发的 $^1S_0$ 能态可通过 $^1I_6$, ^3P_J 中间能级产生两步级联发射可见量子剪裁：(1) $^1S_0 \rightarrow (^1I_6, ^3P_J)$ 跃迁产生 1 个 400nm 左右的近紫外光子；(2) $^3P_{0,1}$ 能态的电子可继续跃迁至 ^3F_J, ^3H_J 能态，发射第二个波长位于 480 ~ 700nm 的可见光子。在很多氟化物基质中，如 $KMgF_3$ 就体现了这两步跃迁：$^1S_0 \rightarrow {}^1I_6$（约 400nm），$^3P_0 \rightarrow {}^3H_4$（约 480nm）[16]。

基质晶格声子能量大小以及 Pr^{3+} 掺杂浓度对 Pr^{3+} 量子剪裁的第二步有决定性影响。Pr^{3+} 的 $^3P_0 \rightarrow {}^1D_2$ 能量差约为 3400cm^{-1}，根据 van Dijk 和 Schuurmans 改进的能带定律[17,18]：

$$W_{NR} = \beta_{el} \exp[-\alpha(\Delta E - 2\hbar\omega_{max})] \qquad (6-4)$$

式中，W_{NR} 为无辐射跃迁速率；β_{el}，α 分别为掺杂离子所在基质晶格常数；ΔE 为能级间的能量差；$\hbar\omega_{max}$ 为基质晶格最大声子能量。

对具有较低声子能量的氟化物基质（$\hbar\omega_{max}$ 约为 500cm^{-1}），计算可得 $^3P_0 \rightarrow {}^1D_2$ 无辐射跃迁速率约为 53s^{-1}，远远小于 $^3P_0$ 能级辐射跃迁速率（约为 2×10^4 s^{-1}），因此，实验中可以得到有效的 $^1S_0 \rightarrow {}^1I_6$（约为 400nm）和 $^3P_0 \rightarrow {}^3H_4$（约为 480nm）双光子量子剪裁发射。然而，对具有较高声子能量的基质，如硼酸盐

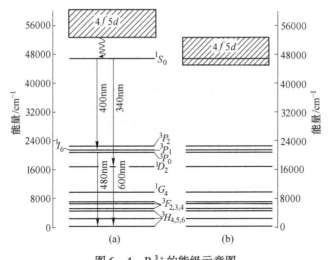

图 6-4 Pr^{3+} 的能级示意图

(a) 最低 $5d$ 轨道在 $^1S_0$ 能级之上；(b) 最低 $5d$ 轨道在 $^1S_0$ 能级之下

($\hbar\omega_{max}$ 约为 $1400cm^{-1}$)，$^3P_0 \rightarrow {}^1D_2$ 无辐射跃迁速率高达 $1.9 \times 10^5 s^{-1[19]}$，占据于 $^3P_0$ 能态的电子将有效无辐射弛豫至 $^1D_2$ 能态，由于 $^1D_2 \rightarrow {}^1G_4$ 具有较大能量差（约为 $6400cm^{-1}$），其受声子辅助的无辐射跃迁影响较小，Pr^{3+} 量子剪裁的第二步发射主要为 $^1D_2 \rightarrow {}^3H_4$（约为 600nm）。事实上，在实验中，除了声子能量较低的铝酸盐（$\hbar\omega_{max}$ 约为 $650cm^{-1}$）外[20]，其他 Pr^{3+} 掺杂声子能量较高的氧化物均不能产生来自 $^3P_0$ 能态的可见光发射，Pr^{3+} 的第一步跃迁发射（$^1S_0 \rightarrow {}^1I_6$，约 400nm）可以很清楚地看到，但是第二步来自 $^3P_0$ 的发射却没有得到，在 SrB$_4$O$_7$ 中 Pr^{3+} 就发生了这种情况[21]。

Pr^{3+} 掺杂浓度对量子剪裁过程也有一定影响。随着 Pr^{3+} 掺杂浓度的增加，如 Pr^{3+} 在 YF$_3$ 基质中高达 10%，交叉弛豫 $^3P_0 \rightarrow {}^3F_2 + {}^3H_4 \rightarrow {}^1D_2$ 和 $^3P_0 \rightarrow {}^1G_4 + {}^3H_4 \rightarrow {}^1G_4$ 可有效发生，从而大大减弱或消除来自于 $^3P_0$ 能态的可见光发射，高浓度掺杂的 Pr^{3+} 往往以 Pr^{3+} 离子对的形式进入基质，从而使交叉弛豫 $^1D_2 \rightarrow {}^3F_4 + {}^3H_4 \rightarrow {}^1G_4$ 更加有效，进而猝灭 $^1D_2 \rightarrow {}^3H_4$ 的可见光发射。如当 Pr^{3+} 的浓度达到 1% 时，在 BaSO$_4^{[15]}$ 和 SrB$_4$O$_9^{[21]}$ 中，$^1D_2$ 的发射就发生了猝灭。

6.3.1.2 Gd^{3+} 的量子剪裁

以 NaGdFPO$_4$ 为例[22]，当 Gd^{3+} 吸收 195nm 的光子被激发到 ^6G_J 能级后，发射过程（见图 6-5）如下：Gd^{3+} 离子辐射跃迁至中间能级 ^6P_J 产生一个 593nm 左右的光子，或 Gd^{3+} 离子辐射跃迁至中间能级 ^6I_J 发射第一个约为 762nm 的光子。由于 ^6I_J 和 ^6P_J 之间的能级差很小，光子很快从 ^6I_J 能级快速弛豫到 ^6P_J。电子再次从 ^6P_J 发射一个 313nm 的光子回到基态 $^8S_{7/2}$，实现量子剪裁的最后一步。其发射光谱如图 6 - 6 所示。

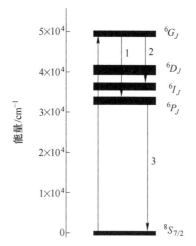

图 6 - 5　Gd³⁺ 的量子剪裁能级示意图[22]

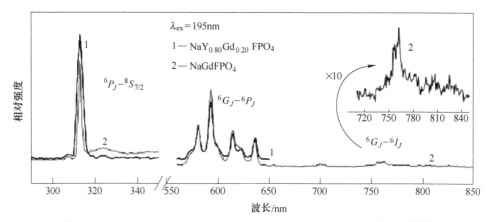

图 6 - 6　NaY₀.₈₀Gd₀.₂₀FPO₄ 和 NaGdFPO₄ 在 195nm 激发下的发射光谱[22]

从图 6 - 5 可见，要实现 Gd³⁺ 的光子级联发射，^6G_J 激发态的辐射跃迁（图 6 - 5 中的过程 1 和 2）是至关重要的。由于 ^6G_J 与下能级 ^6D_J 间的能隙（约 80000cm⁻¹）大体上不随基质改变，考虑多声子弛豫作用，声子能量越低，^6G_J 与下能级间的无辐射几率越低，Gd³⁺ 越易实现光子级联发射。这也是为什么低声子频率的氟化物中 Gd³⁺ 容易实现光子级联发射的原因。

6.3.2　多个稀土离子作用下的量子剪裁

6.3.2.1　Gd³⁺ - Eu³⁺ 之间的量子剪裁

René T. Wegh 和 Andries Meijerink 等人首先发现 LiGdF₄：Eu³⁺ 中 Gd³⁺ - Eu³⁺

离子对的量子剪裁现象[23~25]，理论量子效率接近 190%。随后，研究发现在
KGd_3F_{10}[26]，KGd_2F_7[26]、$Ba_5Gd_8Zn_4O_{21}$[27]、$NaGdF_4$[28]、GdF_3[29]、$KLiGdF_5$[30]等
体系中均可以观察到量子剪裁现象。图 6 - 7 所示为 Gd^{3+} - Eu^{3+} 离子对实现量子
剪裁的过程，Gd^{3+} 的 ^6G_J 能级首先吸收真空紫外光（过程 1），由于 Gd^{3+} 的
^6G - ^6P 能级之间的距离与 Eu^{3+} 的 $^7F_1$ - $^5D_0$ 能级差接近，因此可以通过交叉弛豫
将一部分能量传递给 Eu^{3+}（过程 2），通过 Eu^{3+} 离子发射第一个红光光子（过程
3）。同时，Gd^{3+} 的 ^6P_J 能级上的电子可以通过非辐射过程传递给另一个 Eu^{3+}
（过程 4），随后通过 5、6 两步实现第二个红光光子的发射。

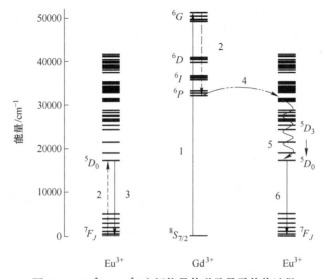

图 6 - 7　Gd^{3+} - Eu^{3+} 之间能量传递及量子剪裁过程

　　在发射光谱中，通过比较不同波长激发样品的发射峰相对强度，可以判断是
否发生量子剪裁。以激发 Gd^{3+} 的 ^6I_J 能级后的发射光谱为参考，当将 Gd^{3+} 基态电
子激发至 ^6G_J 能级时，得到的发射光谱中 Eu^{3+} 的 $^5D_0$ 能级的发射增强，与图 6 - 7
所示过程吻合，由此证明发生了量子剪裁。

　　根据图 6 - 7 中的模型，Wegh 等人提出了 Gd^{3+} - Eu^{3+} 离子对之间量子效率
Q_{CR} 的近似计算公式[23,24]：

$$Q_{CR} = \frac{P_{CR}}{P_{CR} + P_{DT}} = \frac{R(^5D_0/^5D_{1,2,3})_{6_{G_J}} - R(^5D_0/^5D_{1,2,3})_{6_{I_J}}}{R(^5D_0/^5D_{1,2,3})_{6_{I_J}} + 1} \qquad (6-5)$$

式中，P_{CR} 为 Gd^{3+} - Eu^{3+} 离子之间交叉弛豫的概率；P_{DT} 为 Gd^{3+} - Eu^{3+} 之间直接
能量传递的概率；$R(^5D_0/^5D_{1,2,3})_{6_{G_J}}$ 为激发 Gd^{3+} 的 ^6G_J 能级得到的 $^5D_0$ 与 $^5D_{1,2,3}$ 发
射强度比值；$R(^5D_0/^5D_{1,2,3})_{6_{I_J}}$ 为激发 Gd^{3+} 的 ^6I_J 能级得到的 $^5D_0$ 与 $^5D_{1,2,3}$ 发射强度
的比值。

式（6–5）适用于所有 Gd^{3+} – Eu^{3+} 掺杂的体系。

6.3.2.2 Gd^{3+} – Er^{3+} – Tb^{3+} 离子对之间的量子剪裁

继 Gd^{3+} – Eu^{3+} 离子对量子剪裁之后，Wegh 等人又发现了 $LiGdF_4$：Er^{3+}，Tb^{3+} 体系中 Gd^{3+} – Er^{3+} – Tb^{3+} 离子对之间的量子剪裁现象，通过离子对之间能量传递，吸收一个真空紫外光子，发射两个绿光光子[31]。Lorbeer 和 Mudring 最近也报道了在纳米 $NaGdF_4$：Er^{3+}，Tb^{3+} 体系中的量子剪裁[32]。图 6–8 所示为 Gd^{3+} – Er^{3+} – Tb^{3+} 离子对量子剪裁过程，Er^{3+} 的 $4f$–$5d$ 跃迁吸收一个高能光子，随后 $5d$ 上的电子跃迁回到 $^4S_{3/2}$ 能级，同时将这部分能量传递给 Gd^{3+}，$^4S_{3/2}$ 上电子跃迁回基态 $^4I_{15/2}$ 发射第一个绿光光子。Gd^{3+} 被激发后，通过非辐射过程将能量传递到 Tb^{3+} 的 ^5D_J 能级，进一步通过 Tb^{3+} 发射第二个绿光光子。但由于整个过程中涉及多个离子之间的能量传递过程，量子剪裁效率相对较低。

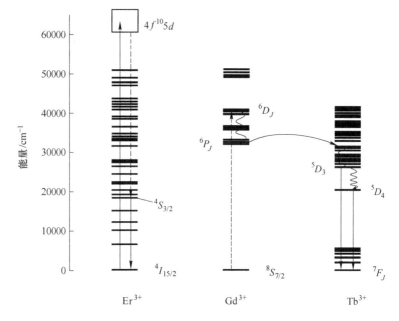

图 6–8 Gd^{3+} – Er^{3+} – Tb^{3+} 离子对之间的量子剪裁

量子剪裁自从被发现以来，就受到很大的关注，并且对量子剪裁现象的研究也逐渐深入，许多量子剪裁离子对和体系都被报道。尽管如此，目前发现的这些剪裁体系仍然存在不足，从而限制了其实际应用。对于真空紫外光激发的荧光粉，量子效率较高的量子剪裁体系主要出现在氟化物体系（声子能量低），由于氟化物存在真空紫外吸收差，材料中的氟易被氧取代而导致荧光效率下降的问题，因此还需要进一步深入地开发研究。

6.4　稀土离子的电荷迁移跃迁

对于电荷迁移跃迁，可以通过其跃迁能量来确定稀土离子能带与基质价带及导带的相对能级位置关系。电子转移可以被认定为一个从邻近阴离子配体轨道向稀土离子 $4f$ 轨道上的电子定域传输过程。这个过程所需的能量可以近似认为是稀土离子的 $4f$ 基态与基质价带顶之间的能量差，这种跃迁一般在三价离子的激发光谱或吸收光谱上表现为带状（宽约 0.8eV）[33]。对于不同的同价稀土离子，随着 $4f$ 轨道中电子数目的改变，电荷迁移跃迁能量表现出较为规律的变化趋势。文献 [34] 对不同基质中 Eu^{3+}、Yb^{3+} 和 Sm^{3+} 掺杂时电荷迁移跃迁能量的变化趋势研究发现，代表不同离子电荷迁移能量的拟合线几乎是平行的，这说明其他三价稀土离子的电荷迁移能量与 Eu^{3+} 的电荷迁移能量之间存在着一定的关系，即平均电荷迁移能量差，见式 (6-6)：

$$\Delta E(RE^{3+}) \equiv E^{CT}(RE^{3+}, A) - E^{CT}(Eu^{3+}, A) \qquad (6-6)$$

式中，$\Delta E(RE^{3+})$ 为平均电荷迁移能量差；$E^{CT}(RE^{3+}, A)$ 为在 A 基质中三价稀土元素 RE 的电荷迁移能量；$E^{CT}(Eu^{3+}, A)$ 为在 A 基质中 Eu^{3+} 的电荷迁移能量。

所有具有 $4f^n$ 结构的三价稀土离子的平均电荷迁移能量差列于表 6-2 中。

表 6-2　所有三价稀土离子的平均电荷迁移能量差

n	稀土离子	$\Delta E(RE^{3+})/eV$	波数差/cm^{-1}
0	La	—	
1	Ce	5.24	42300
2	Pr	3.39	27300
3	Nd	1.9	15300
4	Pm	1.46	11800
5	Sm	1.27	10200
6	Eu	0	0
7	Gd	-1.34	-10800
8	Tb	3.57	28800
9	Dy	2.15	17300
10	Ho	1.05	—
11	Er	1.12	—
12	Tm	1.28	—
13	Yb	0.236	—
14	Lu	—	—

由于大部分稀土离子的电荷迁移跃迁能量难以通过实验进行确定，因此通过平均电荷迁移能量差公式可以近似地得出在相同基质中其他稀土离子的电荷迁移能量。通过平均电荷迁移能量差，若从光谱得知任意稀土离子在基质中的电荷迁移能量（一般为 Eu^{3+}），通过式（6-7）即可简便地计算出同基质中其他三价稀土离子的电荷迁移能量[35]。

$$E^{CT}(RE^{3+}, A) = E^{CT}(Eu^{3+}, A) + \Delta E(RE^{3+}) \qquad (6-7)$$

6.5 VUV 激发下的荧光粉

在真空紫外光（VUV）激发下发光性能好的荧光粉，目前主要应用于等离子平板显示器（PDP）。PDP 是将氙基等离子体放电产生的 147nm 和 172nm 真空紫外光通过荧光粉转换为可见光而实现显示的，因此荧光粉的优劣直接影响 PDP 器件的性能，目前可作 PDP 用的荧光粉性能见表 6-3。在红粉中，$(Y,Gd)BO_3$: Eu^{3+}（YGB）和 $Y(P,V)O_4$: Eu^{3+} 的相对发光效率高，色度坐标接近国际电视标准委员会（NTSC）基色坐标，是性能较好的红粉，但 $(Y,Gd)BO_3$: Eu^{3+} 的发射主峰位于 593nm（Eu^{3+}，$^5D_0 \rightarrow {}^7F_1$），颜色偏橙，色坐标不合适；而 Y_2O_3: Eu^{3+} 的发射主峰在 611nm（Eu^{3+}，$^5D_0 \rightarrow {}^7F_2$），色坐标较合适，但在真空紫外光激发下其发光效率较低。在绿粉中，Zn_2SiO_4: Mn^{2+}（ZSM）和 Tb^{3+} 激活的稀土硼酸盐具有较高的发光效率，但 Tb^{3+} 激活的荧光粉的色坐标与 NTSC 基色坐标差距较大，而 Zn_2SiO_4: Mn^{2+} 的余辉过长。从综合性能来看，绿粉中 $BaAl_{12}O_{19}$: Mn^{2+} 的性能有一定优势，然而因 Zn_2SiO_4: Mn^{2+} 色坐标最好且价格低廉，尽管其余辉较长，仍广泛用于 PDP 器件。在蓝粉中，$BaMgAl_{14}O_{23}$: Eu^{2+} 相对发光效率高，且色坐标最接近 NTSC 基色坐标，是当前效果最佳的蓝粉。但 Eu^{2+} 激活的铝酸盐在 PDP 制屏过程中存在严重的热劣化，并且长期在 VUV 辐照和惰性气体放电产生电子、离子的剧烈轰击下，荧光粉的发光亮度衰减较大，同时发射波长可能红移导致色纯度下降。

表 6-3 PDP 适用荧光粉的性能

荧光粉名称	色坐标		相对发光效率/%
	x	y	
NTSC 标准红	0.67	0.33	100
Y_2O_3: Eu^{3+}	0.65	0.34	67
$(Y,Gd)BO_3$: Eu^{3+}（YGB）	0.65	0.35	120
YBO_3: Eu^{3+}	0.65	0.35	100
$GdBO_3$: Eu^{3+}	0.64	0.36	94

荧光粉名称	色坐标		相对发光效率/%
	x	y	
$ScBO_3 : Eu^{3+}$	0.61	0.39	94
$LuBO_3 : Eu^{3+}$	0.63	0.37	74
$Y_2SiO_5 : Eu^{3+}$	0.66	0.34	67
$Y_3Al_5O_{12} : Eu^{3+}$	0.63	0.37	47
$Zn_3(PO_4)_2 : Mn^{2+}$	0.67	0.33	34
NTSC 标准绿	0.21	0.71	100
$Zn_2SiO_4 : Mn^{2+}$ (ZSM)	0.21	0.72	100
$BaAl_{12}O_{19} : Mn^{2+}$	0.182	0.723	110
$SrAl_{12}O_{19} : Mn^{2+}$	0.16	0.75	62
$CaAl_{12}O_{19} : Mn^{2+}$	0.15	0.75	34
$ZnAl_{12}O_{19} : Mn^{2+}$	0.17	0.74	54
$BaMgAl_{14}O_{23} : Mn^{2+}$	0.15	0.73	92
$YBO_3 : Tb^{3+}$	0.33	0.61	110
$LuBO_3 : Tb^{3+}$	0.33	0.61	110
$GdBO_3 : Tb^{3+}$	0.33	0.61	53
$ScBO_3 : Tb^{3+}$	0.35	0.60	36
NTSC 标准蓝	0.14	0.08	100
$BaMgAl_{10}O_{17} : Eu^{2+}$ (BAM)	0.147	0.67	
$BaMgAl_{14}O_{23} : Eu^{2+}$	0.142	0.087	160
$Y_2SiO_5 : Ce^{3+}$	0.16	0.09	110
$CaWO_4 : Pb^{2+}$	0.17	0.17	74

商用红（YAG）、绿（ZSM）、蓝（$BaMgAl_{10}O_{17} : Eu^{2+}$，BAM）三基色荧光粉在 147nm 真空紫外光激发下的发射光谱如图 6-9 所示。鉴于目前 PDP 商品荧光粉存在以下不足：（1）红粉中，$(Y,Gd)BO_3 : Eu^{3+}$ 的色坐标不合适，而 $Y_2O_3 : Eu^{3+}$ 的发光效率相对较低；（2）绿粉的余辉时间长；（3）蓝粉的稳定性差，光色变化大，因此，国内外发光材料工作者对在 VUV 激发下的荧光粉研究相当关注：一方面对现有商用荧光粉进行改进，另一方面发展新型高效的稀土荧光粉。

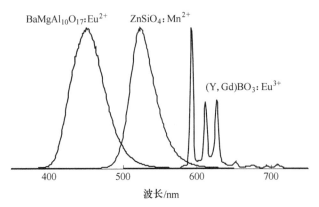

图 6 - 9　PDP 常用三基色荧光粉的发射光谱

参 考 文 献

[1] Dorenbos P. A review on how lanthanide impurity levels change with chemistry and structure of inorganic compounds [J]. ECS Journal of Solid State Science and Technology, 2013, 2 (2): R3001 ~ R3011.

[2] Yan J, Ning L, Huang Y, et al. Luminescence and electronic properties of $Ba_2 MgSi_2 O_7 : Eu^{2+}$: a combined experimental and hybrid density functional theory study [J]. Journal of Materials Chemistry C, 2014, 2 (39): 8328 ~ 8332.

[3] Lin H, Zhang G, Tanner P A, Liang H. VUV-vis luminescent properties of $BaCaBO_3 F$ doped with Ce^{3+} and Tb^{3+} [J]. The Journal of Physical Chemistry C, 2013, 117 (24): 12769 ~ 12777.

[4] Tauc J. Amorphous and Liquid Semiconductors [M]. New York: Plenum Press, 1974: 159.

[5] Zhang S, Liang H, Liu C, et al. High color purity red-emission of $NaGdTiO_4 : Pr^{3+}$ via quenching of $^3P_0$ emission under low-voltage cathode ray excitation [J]. Optics Letters, 2013, 38 (5): 612 ~ 614.

[6] Dorenbos P. The Eu^{3+} charge transfer energy and the relation with the band gap of compounds [J]. Journal of Luminescence, 2005, 111 (1): 89 ~ 104.

[7] Wang Y, Brik M G, Dorenbos P, et al. Enhanced green emission of Eu^{2+} by energy transfer from the $^5D_3$ level of Tb^{3+} in $NaCaPO_4$ [J]. The Journal of Physical Chemistry C, 2014, 118 (13): 7002 ~ 7009.

[8] Dorenbos P. $5d$ – level energies of Ce^{3+} and the crystalline environment. I. Fluoride compounds [J]. Physical Review B, 2000, 62 (23): 15640.

[9] Dorenbos P. $5d$ – level energies of Ce^{3+} and the crystalline environment. III. Oxides containing ionic complexes [J]. Physical Review B, 2001, 64 (12): 125117.

[10] Dorenbos P. The $4f^n \longleftrightarrow 4f^{n-1}5d$ transitions of the trivalent lanthanides in halogenides and chalcogenides [J]. Journal of Luminescence, 2000, 91 (1): 91 ~ 106.

[11] Liang Hongbin, Lin Huihong, Zhang Guobin, et al. Luminescence of Ce^{3+} and Pr^{3+} doped $Sr_2Mg(BO_3)_2$ under VUV-UV and X-ray excitation [J]. J. Lumin., 2011, 131: 194~198.

[12] Dorenbos P. Energy of the first $4f^7 \rightarrow 4f^6 5d$ transition of Eu^{2+} in inorganic compounds [J]. Journal of Luminescence, 2003, 104 (4): 239~260.

[13] Dorenbos P. $f \rightarrow d$ transition energies of divalent lanthanides in inorganic compounds [J]. Journal of Physics: Condensed Matter., 2003, 15 (3): 575.

[14] Ding Xuemei, Liang Hongbin, Hou Dejian, et al. Ultraviolet-vacuum ultraviolet photoluminescence and X-ray radioluminescence of Ce^{3+}-doped $Ba_3MgSi_2O_8$ [J]. J. Appl. Phys., 2011, 110: 113522.

[15] Van der Kolk E, Dorenbos P, Vink A P, et al. Vacuum ultraviolet excitation and emission properties of Pr^{3+} and Ce^{3+} in MSO_4 (M = Ba, Sr, and Ca) and predicting quantum splitting by Pr^{3+} in oxides and fluorides [J]. Phys. Rev. B, 2001, 64: 195129.

[16] Sokolska I, Kuck S. Observation of photon cascade emission in Pr^{3+}-doped pervoskite $KMgF_3$ [J]. Chem. Phys., 2001, 270: 355~362.

[17] Van Dijk J M F, Schuurmans M F H. On radiative and non-radiative decay-rates and a modified exponential energy-gap law for $4f-4f$ transitions in rare-earth ions [J]. J. Chem. Phys., 1983, 78: 5317~5323.

[18] Schuurmans M F H, van Dijk J M F. On radiative and non-radiative decay times in the weak coupling limit [J]. Physica B & C, 1984, 23: 131~155.

[19] Srivastava A M, Doughty D A, Beers W W. On the vacuum-ultraviolet excited luminescence of Pr^{3+} in LaB_3O_6 [J]. J. Electrochem. Soc., 1997, 144: L190~L192.

[20] Srivastava A M, Beers W W. Luminescence of Pr^{3+} in $SrAl_{12}O_{19}$: Observation of two photon luminescence in oxide lattice [J]. J. Lumin., 1997, 71: 285~290.

[21] Van der Kolk E, Dorenbos P, van Eijk C W E. Vacuum ultraviolet excitation of $^1S_0$ and $^3P_0$ emission of Pr^{3+} in $Sr_{0.7}La_{0.3}Al_{11.7}Mg_{0.3}O_{19}$ and SrB_4O_7 [J]. J. Phys.: Condens. Matter., 2001, 13: 5471~5486.

[22] Tian Zifeng, Liang Hongbin, Han Bing, et al. Photon cascade emission of Gd^{3+} in Na(Y, Gd)FPO_4 [J]. J. Phys. Chem. C, 2008, 112: 12524~12529.

[23] Wegh R T, Donker H, Oskam K D, et al. Visible quantum cutting in $LiGdF_4$: Eu^{3+} through downconversion [J]. Science, 1999, 283: 663~666.

[24] Wegh R T, Donker H, Oskam K D, et al. Visible quantum cutting in Eu^{3+}-doped gadolinium fluorides via downconversion [J]. Journal of Luminescence, 1999, 82: 93~104.

[25] Oskam K D, Wegh R T, Donker H, et al. Downconversion: a new route to visible quantum cutting [J]. Journal of Alloys and Compounds, 2000, 300~301: 421~425.

[26] Kodama N, Watanabe Y. Visible quantum cutting through downconversion in Eu^{3+}-doped KGd_3F_{10} and KGd_2F_7 crystals [J]. Applied Physics Letters, 2004, 84: 4141~4143.

[27] Yang Yanmin, Li Ziqiang, Li Zhiqiang, et al. White light emission, quantum cutting, and afterglow luminescence of Eu^{3+}-doped $Ba_5Gd_8Zn_4O_{21}$ [J]. Journal of Alloys and Compounds, 2013, 577: 170~173.

[28] Ghosh P, Tang Sifu, Mudring A V. Efficient quantum cutting in hexagonal NaGdF$_4$: Eu^{3+} nanorods [J]. Journal of Materials Chemistry, 2011, 21: 8640 ~ 8644.

[29] Lorbeer C, Cybinska J, Mudring A V. Reaching quantum yields ≫ 100% in nanomaterials [J]. Journal of Materials Chemistry C, 2014, 2: 1862 ~ 1868.

[30] Kodama N, Oishi S. Visible quantum cutting through downconversion in KLiGdF$_5$: Eu^{3+} crystals [J]. Journal of Applied Physics, 2005, 98: 103515.

[31] Wegh R T, van Loef E V D, Meijerink A. Visible quantum cutting via downconversion in LiGdF$_4$: Er^{3+}, Tb^{3+} upon Er^{3+} $4f^{11} - 4f^{10}5d$ excitation [J]. Journal of Luminescence, 2000, 90: 111 ~ 122.

[32] Lorbeer C, Mudring A V. Quantum cutting in nanoparticles producing two green photons [J]. Chemical Communications, 2014, 50: 13282 ~ 13284.

[33] Dorenbos P. Energy of the Eu^{2+} $5d$ state relative to the conduction band in compounds [J]. Journal of Luminescence, 2008, 128 (4): 578 ~ 582.

[34] Dorenbos P. Lanthanide charge transfer energies and related luminescence, charge carrier trapping, and redox phenomena [J]. Journal of Alloys and Compounds, 2009, 488 (2): 568 ~ 573.

[35] Dorenbos P, Krumpel A H, van der Kolk E, et al. Lanthanide level location in transition metal complex compounds [J]. Optical Materials, 2010, 32 (12): 1681 ~ 1685.

7　稀土闪烁体

7.1　无机闪烁体[1,2]

　　闪烁体是在高能粒子或射线作用下可发出闪烁脉冲光的一类发光材料。闪烁体的发现与近代物理学的发展息息相关。19世纪末期，人们发现了放射线和X射线，并发现在这些射线的激发下许多物质能发光。由于很多发光是不连续的闪光，因此称为闪烁，相应的发光材料即闪烁体。闪烁体是人们发现和研究看不见的射线的重要工具之一，闪烁计数器也成为原子核物理中研究放射性同位素的重要探测器之一。

　　高能粒子包括带电粒子（如α粒子、β粒子）以及不带电的粒子（如X射线、γ射线）。带电粒子进入闪烁体时，与闪烁体中的原子发生碰撞，引起原子（或分子）的激发和离化，并产生各类电磁作用，引起能量损失和不同的辐射，如电离损失、库仑散射、韧致辐射、契伦柯夫辐射和穿越辐射等。在这一过程中，带电粒子的能量逐渐降低，同时闪烁体则从带电粒子中吸收能量。当这些激发或离化状态的原子重新回到平衡状态时，就会产生发光。

　　X射线和γ射线是不带电的粒子流，也称为高能光子流。高能光子入射到闪烁体上时，闪烁体将吸收一部分能量。闪烁体对高能光子的吸收与射线的能量、材料的密度、组成元素的原子序数及相对原子质量有关。闪烁体吸收高能光子后的闪烁发光过程可以分为转换、传递和发光三个阶段，如图7-1所示[3]。在第一个阶段，高能光子与闪烁材料的晶格发生一系列复杂交互作用，包括光电效应、康普顿散射和电子对效应。当高能光子能量低于100keV的时候，光电效应是最主要的作用机制。在该过程中，闪烁材料在导带和价带中形成很多电子空穴对并被激发。这一过程很短，在1ps内就能够完成。随后进入第二个阶段，电子和空穴在材料中发生迁移，并被禁带中的陷阱所捕获。由于材料中的点缺陷、位错以及界面都可能在材料的禁带中引入陷阱能级，因此这一过程并不完全依赖于材料的本征特性，很大程度上也与材料的制造工艺有关。该过程可能存在较长时间的延迟。第三个阶段，电子和空穴在发光中心连续被捕获并发生辐射跃迁，形成闪烁发光。在一些特定的材料中，还会发生价带和芯带能级之间的辐射跃迁发光。这种发光非常快，可以达到亚纳秒级，但是通常伴随一些很慢的激子相关的发光。这种发光主要出现在 BaF_2 等卤化物单晶中。

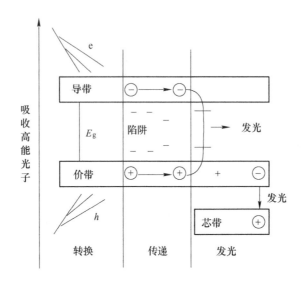

图 7 - 1 闪烁材料在高能光子作用下的发光过程

因此，闪烁体本质上是将电离辐射能转化为光能（主要是可见光）的物质。按物态可将其分为固体、液体、气体闪烁体；按化学成分可分为有机、无机闪烁体；按结构和形态可分为单晶、微晶粉末、玻璃、陶瓷闪烁体。目前，应用最普遍的是无机相的单晶态闪烁体，即无机闪烁晶体。

无机闪烁体的主要应用领域包括高能物理、核医学、安全检查、石油测井、地质勘探、空间物理、工业 CT 等。20 世纪 80 ~ 90 年代以前，高能物理和大型科学工程是支撑闪烁晶体材料发展的主要动力。随着核医学技术的快速发展，X 射线计算机断层扫描（X - CT）和正电子发射断层扫描（positron emission tomography，PET）等医疗诊断设备对闪烁晶体产生了巨大需求，核医学成为闪烁晶体材料最主要的应用领域。进入 21 世纪，国际恐怖主义活动日益猖獗，国土安全和反恐斗争对闪烁晶体的性能提出了新的要求，安检也成为当前闪烁晶体材料的一个重要应用方向[4]。

理想的闪烁体应具有以下性能：（1）高的发光效率（发光效率 = 发光光子的能量/被吸收射线的能量）；（2）短的发光衰减时间；（3）高的能量分辨率；（4）较好的能量线性响应；（5）较高的密度；（6）无自吸收；（7）发光光谱易与光电倍增管等光电转换器件的光谱灵敏区间相匹配；（8）物化性能稳定；（9）易于制造，成本低。

同时满足上述条件的理想闪烁体并不存在，且不同应用领域对闪烁体的性能要求存在较大的差异。人们通常根据不同的用途对上述参数作出取舍，以选择最合适的闪烁体。表 7 - 1 列出了各种常见应用领域对闪烁体的基本要求[5]。

表7－1　不同应用领域对闪烁体的性能要求

	应用领域	光产额/ph·MeV^{-1}	衰减时间/ns	密度/g·cm^{-3}	有效原子序数	发射峰/nm
计数技术	高能物理	>200	<20	高	高	>450
	核物理	高	不同	高	高	>300
	工业应用	高	不同	高	高	>300
	PET	高	<1	高	高	>300
	空间物理	高	不重要	高	不同	>450
	γ相机	高	不重要	高	高	>300
	中子探测	高	10~100	低	Li, Bi, Gd	>300
积分技术	X-CT	高	无余辉	>4	>50	>450
	工业应用	高	不重要	高	高	>450
	中子探测	高	不重要	低	Li, Bi, Gd	>450
	X射线成像	高	不重要	高	高	>450

7.2　高能物理用闪烁体

　　高能物理又称粒子物理或基本粒子物理，主要研究比原子核更深层次的微观世界中物质的结构性质和在很高的能量下这些物质相互转化的现象，以及产生这些现象的原因和规律。高能物理研究中需要精确测量实验中基本粒子衰变的产物或次级粒子的能量，测量粒子能量的探测器称为量能器。粒子穿过介质时，因粒子的能量、特性以及介质特性的不同而发生不同的电磁作用、强作用、弱作用，因此量能器又分为电磁量能器（electromagnetic calorimeter，EMC）和强子量能器（hadron calorimeter，HAC）两类。

　　电磁量能器又称簇射计数器，是利用γ光子和高能电子等在介质中会产生电磁簇射的原理，通过测量电磁簇射的次级粒子的沉积能量得到γ光子和电子等的能量，它是鉴别γ光子和电子等电磁作用粒子与其他种类粒子的主要探测器。电磁量能器通常用无机闪烁体制作，分为全吸收型和取样型两种。全吸收型有很好的能量分辨，如CsI量能器的能量分辨率可达2%（1GeV时）。取样型由取样计数器与铅板交叠而成。取样计数器可以是液氩电离室、塑料闪烁计数器和多丝室，吸收体多为铅板，也有使用钨板的，其能量分辨率为10%~25%（1GeV时）。

　　强子量能器利用强子会在介质中产生复杂的强子簇射的原理，通过测量强子簇射过程（也包括少量电磁簇射）次级粒子的沉积能量得到入射强子的能量。它是鉴别强子和其他种类粒子的主要探测器。它不但可以测量带电粒子，也可测量中性强子（如中子）。强子量能器通常都是取样型的，其结构与电磁量能器十分相似，采用塑料闪烁体计数器、漂移室、流光室（管）、阻性板室和阴极条室等与铁（铀）板交叠而成。吸收体用铁、铜、铅板，也有用铀板的，可捕获簇射中产生的快中子而发生裂变，从而减少中子的泄漏，改善量能器的能量响应和分辨率。一个适中规模的强子量能器的能量测量范围可以覆盖几个量级。

无机闪烁体作为电磁量能器的核心探测材料，在高能实验物理研究中起到了重要作用并为很多科学发现作出了重大贡献。常用的高能物理用闪烁晶体主要有碘化钠（NaI：Tl）、碘化铯（CsI：Tl）、钨酸铅（PbWO$_4$，PWO）、锗酸铋（Bi$_3$Ge$_4$O$_{12}$，BGO）、氟化钡（BaF$_2$）等。表7-2列出了20世纪70年代至21世纪初国际上一些大型高能物理实验及其闪烁晶体使用情况[6]。其中，欧洲大型强子对撞机（large hardron collider，LHC）上的CMS探测器使用了76000根钨酸铅晶体，晶体总体积达到了11m^3[7]。钨酸铅晶体电磁量能器在运行过程中展现了极为优异的性能，为2013年希格斯玻色子的发现作出了重要贡献。

表7-2 已经建成的高能物理晶体量能器

年 份	1975~1985	1980~2000	1990~2010	1994~2010				1995~2020
实验加速器	C. Ball SPEAR	L3 LEP	CLEO II CESR	C. Barrel LEAR	K Te V FNAL	BaBar SLAC	BELLE KEK	CMS CERN
晶体类型	NaI：Tl	BGO	CsI：Tl	CsI：Tl	CsI：Tl	CsI：Tl	CsI：Tl	PWO
磁场强度/T	—	0.5	1.5	1.5	—	1.5	1.0	4.0
半径/m	0.254	0.55	1.0	0.27	—	1.0	1.25	1.29
晶体数/个	672	11400	7800	1400	3300	6580	8800	76000
晶体长度	16	22	16	16	27	16~17.5	16.2	25
晶体体积/m^3	1	1.5	7	1	2	5.9	9.5	11
光输出/p. e. · MeV^{-1}	350	1400	5000	2000	40	5000	5000	2
光探测器	PMT	Si PD	Si PD	WS + SiPD	PMT	Si PD	Si PD	APD
光探测器增益	大	1	1	1	4000	1	1	50
σN/通道/MeV	0.05	0.8	0.5	0.2	小	0.15	0.2	40
动态范围	10000	100000	10000	10000	10000	10000	10000	10000

注：表中"晶体长度"为辐照长度X_0的倍数，X_0与晶体的密度有关。

高能物理对闪烁体的基本要求如下：

（1）高密度（>6g/cm^3）。高密度材料对高能粒子有大的阻止本领。闪烁体的辐射长度和吸收系数都直接与材料原子序数Z相关。辐射长度的定义为电子在闪烁体介质中因辐射能损失而使其能量降到初始值的1/e时所穿越的介质长度。对高能物理用闪烁体而言，辐射长度越短越好，因此应尽可能选择Z值大的重元素。

（2）快衰减（<100ns）。衰减时间越短，闪烁体的时间分辨率越高，对辐射事件的分辨能力越强。

（3）高光产额（＞6000ph/MeV）。高光产额意味着高光强和高的能量探测效率。

（4）高辐照硬度（≥10^6rad）。辐照硬度指在强辐射环境下的抗辐射损伤能力。例如，一般要求10^{15}eV能量下，闪烁晶体在所使用的计量范围内，应不改变闪烁机制，光输出稳定，饱和光输出损失小于5%，物理损伤恢复时间不长于1h。

其他要求还包括高的物化稳定性、低廉的价格以及发射波长与光电探测元件的光谱灵敏度曲线相匹配等。表7-3列出了一些高能物理实验常用的闪烁晶体性能参数。

表7-3 高能物理常用闪烁晶体性能参数

闪烁晶体	辐射长度/cm	密度/g·cm^{-3}	衰减时间/ns	光产额/ph·MeV^{-1}	发光波长/nm
NaI:Tl	2.59	3.67	230	45000	415
CsI:Tl	1.86	4.51	1050	56000	550
BaF$_2$	2.03	4.88	0.6/620	2000/10000	220/310
BGO	1.12	7.13	300	8000	480
PWO	0.92	8.2	6	200	420

7.3 核医学成像用闪烁体[1,8]

核医学成像是"X射线"计算机断层扫描成像（X-CT）、γ相机、正电子发射断层扫描成像（PET）等射线投影成像和放射性核素成像的统称。核医学成像所探测的X、γ光子能量大多为15~1000keV（在人体内的衰减长度为2~10nm），少数（如γ相机）可扩展到2MeV，因而射线对医用闪烁体的作用主要是光电效应和康普顿效应。由于人体组织的元素（C、H、O、N）均具有低原子序数，大多数入射光子会经过多次康普顿散射后离开人体，作为成像背景。被探测器接受的光子只有10%~15%未被散射而构成精确的成像。

典型的X-CT系统由旋转的X射线和圆形探测元件阵列组成，探测器由闪烁晶体（或透明陶瓷）与相应的光电元件构成。其工作基本原理是：病人静躺着，由X射线光源绕病人旋转时从不同方向（或不同角度）观测病人上千幅的二维横截面内部结构图，经数据处理重建病人体内的三维器官结构形貌。图像的空间分辨由探测单元的宽度、X射线光源、准直器和探测器的集合构型所决定。一般为毫米量级，但对比度对图像的分辨更重要。由于X射线的线性动态范围达10^6，灰度等级多，对比度必须在千分之几内。

单光子发射计算机断层扫描成像（single photon emission computed tomography，SPECT）的工作原理是由病人服用或注射含有放射性同位素的药物，此药物分布于人体不同部位并发射单个 γ 光子，通过围绕病体旋转的一台或多台高灵敏度 γ 相机拍摄，用 X‒CT 方法可得到体内不同方位、不同截面的药物位置与 γ 射线强度分布图。根据人体不同部位的药物代谢情况，来诊断可能存在的病变组织。常用的放射性药物^{99m}Tc，其发射的 γ 光子能量为 140keV。

PET 的工作原理与 SPECT 基本相似，只是药物类型不同，是发射正电子的放射性同位素（如^{18}F、^{11}C、^{13}N、^{15}O），这类药物发射的正电子不会穿透人体组织，在几毫米内就会与人体组织中的电子相遇而湮灭，正负电子湮灭时的能量转变为一对方向相反的 γ 光子同时射出（γ 光子能量为 511keV），被围绕病人的圆形探测器所接收。图 7‒2 所示为 PET 的原理示意图。PET 通常与 X‒CT 或磁共振（magnetic resonance imaging，MRI）联用。PET 特别适用于在没有形态学改变之前的早期诊断，在肿瘤、冠心病和脑部疾病这三大类疾病的诊疗中具有重要的价值。

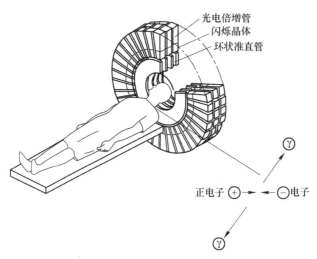

图 7‒2　PET 原理示意图

作为目前闪烁晶体最重要的应用领域之一，PET 对闪烁体的性能具有很高的要求。PET 探测器的设计需满足[9]：（1）高灵敏度，对 511keV 的 γ 射线具有高的探测效率；（2）高空间分辨率，能够精确地确定湮灭位置；（3）良好的时间分辨率，消除随机符合事件；（4）良好的能量分辨率，消除康普顿散射的影响；（5）死时间短；（6）稳定性好；（7）成本低廉。

相应的，对闪烁晶体则提出了以下要求：

（1）高密度。PET 系统采用符合探测技术，系统灵敏度与单个探测器灵敏度的平方成正比。密度大的闪烁晶体有较高的阻止本领，γ 射线的射程短，被完全吸收的概率大，因此使用高密度晶体的 PET 探测器能获得较高的灵敏度和探测效率。

（2）高光输出。光输出直接影响探测器的能量、时间及空间分辨率。闪烁晶体吸收 γ 射线后产生的光子数 N 越大，则探测 γ 射线的作用位置越准确。能量分辨率与 $1/N$ 成正比，时间分辨率与 τ/N 成正比（τ 为衰减时间）。

（3）短的衰减时间。闪烁晶体受激后不立即发射全部光子，单位时间内放出的光子数随时间变化较为复杂。在一级近似下，可表示成两个指数过程的组合，即分别描述闪烁增长和闪烁下降（衰减）。增长时间一般小于 $10^{-12}\,s$，远小于衰减时间。因此，闪烁晶体的衰减时间十分重要，其数值大小直接影响探测器的时间分辨率与死时间。衰减时间越短，时间分辨率越好。

（4）发射光谱易与光电传感器匹配。闪烁晶体的发射光谱应与相耦合的光电传感器的光谱响应曲线吻合，这样才有高的探测效率。例如，双碱光阴极光电倍增管所期望的光谱范围为 $300\sim500\,nm$，而光电二极管所要求的光谱范围则为 $400\sim900\,nm$。

此外，还要求闪烁体具有稳定的物化性质，易于切割加工且成本尽可能低廉。最早用于 PET 的闪烁晶体是 NaI：Tl，目前商业化应用的晶体则主要是 BGO、硅酸钆（Gd_2SiO_5：Ce，GSO）、硅酸镥（Lu_2SiO_5：Ce，LSO）和硅酸钇镥（$Lu_{2-x}Y_xSiO_5$：Ce，LYSO），以 LYSO 综合性能最为优异。铝酸镥（$LuAlO_3$：Ce，LuAP）和溴化镧（$LaBr_3$：Ce）晶体在 PET 的应用方面展现出了很大的潜力。表 7-4 列出了一些重要的 PET 用闪烁晶体的性能参数。

表 7-4 PET 用闪烁晶体性能参数

闪烁晶体	密度 /$g\cdot cm^{-3}$	光产额 /$ph\cdot MeV^{-1}$	衰减时间 /ns	发光波长 /nm	能量分辨率 (662keV 时)/%
NaI：Tl	3.67	45000	230	415	7.0
BGO	7.13	8000	300	480	9.5
GSO	6.71	12500	56	430	7.8
LSO	7.4	27000	40	420	7.9
LYSO	—	27000	40	420	7.9
LuAP：Ce	8.34	11000	17	365	6.8
LaBr$_3$：Ce	5.1	65000	30	380	3

7.4 稀土闪烁晶体

传统的闪烁晶体以 NaI：Tl 和 CsI：T 为代表。NaI：Tl 自 20 世纪 40 年代发现至今，一直是用量最大、用途最广的闪烁晶体。其他的早期闪烁晶体如 $PbWO_4$、BGO 等，都基本不含稀土。但自 90 年代以来，一大批性能优异的稀土闪烁体涌现出来，成为当前无机闪烁材料的重要组成部分，在核医学、高能物理、工业 CT、石油勘探等民用领域取得了广泛应用，在军事、国防、安全检查等涉及国家安全的领域也发挥着重要作用。目前常用的稀土闪烁体按照化学成分来划分，主要可分为稀土硅酸盐、稀土铝酸盐和稀土卤化物三大类。

7.4.1 稀土硅酸盐闪烁体

重要的稀土硅酸盐闪烁体主要有硅酸钆（Gd_2SiO_5：Ce，GSO）、硅酸镥（Lu_2SiO_5：Ce，LSO）、硅酸钇镥（$Lu_{2-x}Y_xSiO_5$：Ce，LYSO）和焦硅酸镥（$Lu_2Si_2O_7$：Ce，LPS）等，它们都主要应用于核医学成像领域。

7.4.1.1 硅酸钆（Gd_2SiO_5：Ce，GSO）

GSO 晶体由日本 Hitachi 公司的 Takagi 和 Fukazawa 发明于 1983 年[10]。在该晶体问世之前，BGO 晶体是 PET 用闪烁晶体的最好选择，一度占据了 50% 以上的 PET 市场。但 BGO 晶体光输出偏低（8000ph/MeV），衰减时间也偏长（300ns），因而时间分辨率和空间分辨率都不甚理想。Takagi 和 Fukazawa 采用提拉法生长出直径 25.4mm（1in）的 Gd_2SiO_5：$1\% Ce$ 晶体，并对其闪烁性能进行了研究[10]，发现其光输出是 BGO 的 1.3 倍，密度与 BGO 相当，而衰减时间仅为 60ns，远优于 BGO，因而迅速引起人们的广泛关注。后续研究表明[11]，GSO 晶体还具有良好的能量分辨率（7.8%）。采用 GSO 晶体研制的 PET 设备，可大幅缩短全身扫描时间（由 BGO 晶体的 1 ~ 1.5h 缩短到 0.5h）并提高图像分辨率[12]。最重要的是，其良好的时间和空间分辨特性为 3D – PET 的技术实现提供了可能，从而促使 PET 迈入 3D 时代。

GSO 晶体属于单斜晶系，$P2_1/c$ 空间群。Gd 离子在晶体结构中具有 7 配位和 9 配位两种格位，因此发光中心 Ce^{3+} 也有两种格位，具有不同的发光特征。1992 年，Suzuki 等人[13]通过研究低温下 GSO 晶体的光谱特征，阐述了 GSO 晶体中 Ce1（9 配位）和 Ce2（7 配位）发光中心的性质，并指出室温下 GSO 晶体的发光与衰减主要是靠 Ce1 发光中心。GSO 晶体在不同激发条件下（γ 射线和 UV）衰减时间有显著区别，说明 Gd 离子到 Ce 离子之间存在能量传递现象。此外，GSO 晶体的闪烁性能对 Ce^{3+} 浓度具有明显的依赖性，因此晶体中 Ce^{3+} 分布的不均匀，会严重影响晶体的光输出和衰减时间等闪烁性能。

GSO 晶体具有很高的辐照硬度（10^9rad，比 BGO 高 2 ~ 3 个数量级），而且其光产额对质子束流（0 ~ 160MeV）的反应十分灵敏，在 30 ~ 160MeV 能量范围内具有很好的线性响应，因此也被认为是良好的可用于高能量强辐射环境下的高精度电磁量能器用闪烁材料。此外，GSO 还有很好的温度属性，因此广泛用于制作石油测井用 γ 射线探测器[14]。

GSO 晶体存在的主要问题在于单晶生长困难。GSO 晶体具有层状结构，存在（100）解理面，单晶生长、切割时均容易沿该面开裂。同时，GSO 晶体不同方向的线膨胀系数差异较大，晶体生长时轴心方向易出现空洞、云雾等缺陷，因此其大尺寸、高质量单晶的生长较为困难。晶体生长问题在很大程度上制约了 GSO 晶体的应用。而随着 PET 技术的进一步发展，GSO 晶体光输出偏低的缺陷也开始逐渐凸显出来。

7.4.1.2　硅酸镥 (Lu₂SiO₅：Ce，LSO) 和硅酸钇镥 (Lu$_{2-x}$Y$_x$SiO₅：Ce，LYSO)

1992 年，Melcher 等人首次报道了 LSO 晶体[15,16]，发现 LSO 的光输出为 GSO 的 3 倍，衰减时间仅为 40ns，密度也更高 (7.4g/cm³)，综合性能相比 GSO 有很大提高，因而迅速成为新的研究热点。

尽管化学组成和闪烁性能都十分相似，但 LSO 的晶体结构与 GSO 完全不同。LSO 晶体属于单斜晶系 $C2/c$ 空间群，不具有 GSO 的层状结构，因此 LSO 晶体具有良好的生长习性，能够生长出优质、大块晶体，且具有很好的机械加工性能。但 LSO 晶体的熔点比 GSO 高，达到 2150℃，这一温度已经十分接近提拉法生长时常用铱坩埚和氧化锆绝缘材料的温度承受极限，因此单晶生长的技术难度较大且能耗很高。同时，LSO 中所含 Lu 元素十分昂贵，造成 LSO 晶体的生产成本居高不下。价格因素成为制约 LSO 晶体应用的首要因素。

考虑到 GSO 的熔点只有 1900℃且 Gd 的成本更为便宜，人们试图在 Lu 位掺入部分 Gd 以降低 LSO 的生长温度和成本，从而开发出 Lu$_{1-x}$Gd$_x$Si₂O₅ (LGSO) 晶体[17]。实验结果表明，LGSO 晶体的熔点在 2000℃以下，晶体生长难度确有降低。随着 Gd 掺杂量的增加，晶体的光产额呈直线下降趋势。当 Gd 的掺杂量 $x <$ 0.5 时，晶体的结构、硬度和闪烁性能都接近于 LSO 晶体，其中以 $x = 0.2$ 时综合性能最佳，光产额为 LSO 的 77%[17]。

Y₂Si₂O₅ (YSO) 具有与 LSO 相同的晶体结构，可与 LSO 形成连续固溶体。但由于其密度偏小，用于闪烁材料的价值不大。选用 Y 对 LSO 晶体进行掺杂，也可以起到降低生长温度和成本的作用。因此，人们继 LGSO 晶体之后，又开发出了 LYSO 晶体[18,19]。与 LGSO 不同的是，Y 的掺入不会显著降低 LSO 的光产额，在某些情况下还会对光产额有所增加。表 7－5 给出了不同 Y 掺杂的 LYSO 晶体性能的实验对比情况[19]。因此，综合来看，Y 掺杂是比 Gd 掺杂更优的方案。Y 掺杂形成的 LYSO 晶体的闪烁性能与 LSO 晶体基本一致，而生长难度和成本均有显著降低，因而更有利于实际应用。

表 7－5　不同 Y 含量的 LYSO 晶体性能参数

Lu/Y	密度/g·cm⁻³	辐射长度/cm	光产额/BGO	能量分辨率 (662keV 时)/%
100	7.4	1.49	5.7	10
70/30	6.5	1.84	6.1	10
50/50	6.0	2.19	5.8	9.7
30/70	5.4	2.66	6.2	8.6
15/85	4.9	3.20	4.5	12

LSO 和 LYSO 的出现，有力促进了具有飞行时间（time - of - flight，TOF）技术的新一代 PET 设备的发展[20,21]。TOF 技术可大大降低 PET 设备的噪声信号，从而有效提高成像精度。目前两大医疗设备巨头西门子和飞利浦的商用 TOF - PET 设备，即分别采用 LSO 和 LYSO 晶体。美国 CTI 公司持有 LSO 晶体的专利，是全球范围内 LSO 晶体的主要供应商，美国 CPI 公司和法国 Saint - Gobain 公司则是 LYSO 晶体的主要供应商。

LSO 和 LYSO 晶体优异的综合闪烁性能，使其在其他领域特别是高能物理领域也展现出良好的应用前景[22]。研究表明，LSO 和 LYSO 晶体对 γ 射线、中子以及强子都具有很好的探测效率和极高的抗辐照损伤硬度，因而在高亮度大型强子对撞机（high luminosity large hadron collider，HL - LHC）方面具有重要应用前景。但由于高能物理领域对闪烁晶体的需求量较大，动辄数吨，因此希望闪烁晶体的价格尽可能低廉。显然，LSO 和 LYSO 过高的成本，是阻碍其在高能物理领域获得大范围应用的关键原因。

7.4.1.3 焦硅酸镥（$Lu_2Si_2O_7$：Ce，LPS）

除 GSO、LSO、LYSO 等正硅酸盐之外，焦硅酸盐晶体 LPS 也是一种具有良好应用前景的稀土硅酸盐闪烁晶体。2003 年，Pidol 等人首先报道了这种新型的闪烁晶体材料，发现其具有十分优异的闪烁性能[23]。与 LSO 相比，LPS 主要具有以下特点[24]：

（1）LPS 晶体为单斜晶系 $C2/m$ 空间群，Lu 只有一个晶体学格位，被 Ce 取代后，只有一个发光中心；而 LSO 中，Lu 有 6 配位、7 配位两种晶体学格位，被 Ce 取代后有两个发光中心。

（2）LPS 的光输出约为 26000ph/MeV，能量分辨率约为 10%，均与 LSO 相当；密度为 6.23g/cm³，比 LSO 略低。

（3）LPS 的衰减时间为 38ns 且没有余辉，衰减特性优于 LSO 晶体。

（4）LPS 晶体具有良好的高温特性，在 180℃ 的情况下仍具有很高的发光效率，而 LSO 晶体的发光效率随温度的升高而显著下降。

（5）LPS 为同成分熔融化合物，熔点 1900℃，温度适中，适合采用提拉法进行生长。且 Ce 离子在 LPS 中的分凝系数（0.5%）要比在 LSO 中的分凝系数（0.2%）大得多，所以用提拉法生长的 LPS 晶体比 LSO 晶体质量更好、缺陷更少。

（6）LPS 中 Lu 的含量比 LSO 要低，因此 LPS 晶体生长所需原料成本比 LSO 低。

总的来看，LPS 的性能与 LSO 较为接近，部分参数甚至优于 LSO，因此在 PET 领域具备较强的潜在应用价值。此外，LPS 良好的高温特性使其在石油测井中也具有很好的应用前景。

7.4.2　稀土铝酸盐闪烁体

铝酸盐闪烁晶体是氧化物类闪烁晶体的重要组成部分。稀土铝酸盐闪烁体主要分为两类，一类具有钙钛矿结构，另一类具有石榴石结构。铝酸盐闪烁体的主要应用领域同样是在核医学成像领域。

7.4.2.1　钙钛矿型稀土铝酸盐闪烁晶体

钙钛矿型稀土铝酸盐闪烁晶体主要包括铝酸钇（$YAlO_3$：Ce，YAP）、铝酸镥（$LuAlO_3$：Ce，LuAP）和铝酸钇镥（$Lu_xY_{1-x}AlO_3$：Ce，LuYAP）。

YAP 晶体最早于 1969 年由 Weber 等人报道[25]，最初期望该晶体能够用作激光晶体，因此所用的激活剂为 Nd^{3+}。1973 年，Weber 用 Ce^{3+} 对 YAP 晶体进行了掺杂，并研究了其发光性质，指出该晶体具有用作闪烁体的潜在价值[26]，从而揭开了 YAP 作为闪烁晶体的研究序幕。YAP 晶体具有较大的密度（5.37g/cm^3）、较高的光输出（约 20000ph/MeV）、很短的衰减时间（约 25ns）以及稳定的物化性能，整体性能较为符合核医学成像领域的要求[27]。

在 YAP 基础上，Moses 等人于 1995 年发明了 LuAP 晶体[28]。LuAP 晶体具有极高的密度（8.34g/cm^3）和极短的衰减时间（约 17ns），光输出约 11000ph/MeV，综合性能甚至超越了 LSO 晶体，因此一度被认为是下一代 PET 用热门晶体[29]。同时，LuAP 晶体的超高密度和快衰减特性使其在高能物理领域也具有良好的应用前景。但很快人们发现，该晶体的生长十分困难，虽然生长温度并不高（1960℃），但晶体生长时极易于析出石榴石相，很难获得大尺寸的纯相 LuAP 单晶。这一问题极大地阻碍了该晶体的发展。

由于 YAP 晶体相对而言更易于生长，人们试图采用 Y 掺杂的方式来稳定 LuAP 的相结构，并开发出不同 Lu/Y 比的 LuYAP 晶体[30]。研究表明，Y 的掺入确实可以在一定程度上帮助稳定 LuAP 的相结构，但并不能完全避免物相偏析。同时，在应力诱导作用下，低镥含量的 LuYAP 晶体易于在 <110> 方向上形成孪晶[31]。Y 掺杂对 LuAP 晶体的闪烁性能也有一定影响，随着 Y 掺杂量的增加，LuYAP 的光产额有所增加，密度下降，慢衰减成分也有所增多[32]。尽管如此，LuYAP 仍不失为一种优秀的 PET 用闪烁材料。欧洲核子中心（CERN）于 2004 年启动的 ClearPET 小动物用高分辨 PET 项目中，选用了 LSO 和 LuYAP 两种晶体组成的复合探测器，其位置分辨率可达 1.5mm[33]。俄罗斯 BTCP 公司 2005 年为 ClearPET 项目提供了 60 根 $Lu_{0.7}Y_{0.3}AlO_3$：Ce 晶体并将其加工成 9000 个像素器件，这些晶体的平均光输出可达 12000ph/MeV，具有 3 个衰减成分，衰减时间分别为 20ns（85%）、70ns（12%）和 400ns（3%）[34]。LuYAP 具有良好的高温特性，因此在核测井方面也具有一定的应用潜力。

7.4.2.2 石榴石结构稀土铝酸盐闪烁晶体

石榴石结构稀土铝酸盐闪烁晶体主要包括钇铝石榴石（$Y_3Al_5O_{12}$：Ce，YAG）、镥铝石榴石（$Lu_3Al_5O_{12}$：Ce/Pr，LuAG）和钆镓铝石榴石（$Gd_3Al_{5-x}Ga_xO_{12}$：Ce，GAGG）等。

Ce^{3+}激活的 YAG 晶体具有较高的光输出（16700ph/MeV）和较短的衰减时间（88ns），但密度偏小（4.55g/cm³），相比 LuAG 和 LuYAG 晶体，总的闪烁性能并不十分突出[35]。其最大的特点是对 γ 射线和 α 粒子具有不同的脉冲响应，因此可以利用脉冲分形技术（pulse shape discrimination，PSD）实现对不同的轻带电粒子的探测[36]。相比 YAG：Ce，Ce^{3+}激活的 LuAG 晶体具有更大的密度（6.67g/cm³），其他性能则与 YAG：Ce 基本相同，因而在 X 射线和 γ 射线探测方面具有良好的应用前景。

2005 年，Nikl 等人报道了 Pr^{3+}激活的 LuAG 晶体[37]，发现这种晶体具有比 Ce^{3+}激活的晶体更快的衰减时间（20ns），同时具有较高的光产额（20000ph/MeV）和很好的能量分辨率（4.6%），因而在 PET 方面具有很好的潜在应用前景。在 LuAG 基础上通过 Y 掺杂开发出的 LuYAG 晶体[38]，也具有很好的性能。

为进一步改善石榴石结构晶体的性能，近年来日本、捷克和美国的研究人员采用能带工程学方法，通过元素替代和掺杂，开发出了一系列其他的石榴石结构新型闪烁晶体[39]，如 GAGG、$Gd_{3x}Y_{3(1-x)}Ga_{5y}Al_{5(1-y)}O_{12}$：Ce(GYGAG)等。相比于 YAG 和 LuAG 晶体，这些新晶体的闪烁性能有显著改善，特别是光输出得到了大幅提高。相比于 LSO 和 LYSO 晶体，GAGG 晶体光产额更高（可达到 40000ph/MeV 以上），能量分辨率也更好（4.9% ~ 5.5%），成本有显著优势，且不含有 ^{176}Lu 这样的同位素本底辐射背景，因而在 PET 方面具有很大的应用潜力，在 SPECT、γ 相机等其他核医学应用方面也具有很好的应用前景[39]。

特别的，相对于其他闪烁材料，石榴石结构铝酸盐闪烁材料还具有一个巨大的潜在优势，即它们的立方相结构使其易于制成透明陶瓷，因而在大尺寸闪烁器件制备方面相比单晶材料更具优势。对这些材料的闪烁陶瓷研究也是当前国际上一个重要研究方向[40,41]。

在石榴石结构的稀土铝酸盐闪烁晶体中，普遍存在一种特殊的缺陷，即稀土离子与 Al 离子互换位置而形成的反位缺陷。激活离子通常占据稀土格位，但少量激活离子也会占据 Al 离子的位置。反位缺陷会在价带与导带之间引入陷阱能级，造成衰减时间的延长[39]。

几种主要的铝酸盐闪烁晶体的性能参数总结于表 7-6。

表7-6　铝酸盐闪烁晶体性能参数

闪烁晶体	密度 /g · cm^{-3}	光产额 /ph · MeV^{-1}	衰减时间 /ns	发光波长 /nm	能量分辨率 (662keV 时)/%
YAP	5.37	20000	25	365	4.4
LuAP	8.34	11000	17	365	6.8
LuYAP	—	12000	20(85%)	365	9.7
YAG	4.55	16700	88	550	3.5
LuAG: Ce	6.67	18000	55~65	510	5.5
LuAG: Pr	6.67	20000	20	310	4.6
GAGG	6.63	46000	88	535	4.9

7.4.3　稀土卤化物闪烁体

早期的稀土卤化物型闪烁晶体以稀土氟化物为主，典型代表是 CeF_3。其特点是衰减快（2~30ns），密度大（6.16g/cm^3），对温度的依赖性小，热中子俘获截面高，因而在高能物理实验领域内有较好的应用前景，曾被列为欧洲核子中心大型强子对撞机装置用候选闪烁体[42]。但其光输出低（4000ph/MeV），高质量的大尺寸单晶生长困难，限制了其在各领域的实际应用。20 世纪末和 21 世纪初，一大批性能优异的新型稀土非氟卤化物闪烁晶体涌现，使卤化物闪烁晶体重新成为近十几年来的研究热点。按照这些新型卤化物闪烁晶体的化学组成，可将其大致分为简单稀土卤化物、复合稀土卤化物和 Eu^{2+} 激活的碱土金属卤化物三类。

7.4.3.1　简单稀土卤化物型

简单稀土卤化物主要包括氯化镧（$LaCl_3$: Ce）、溴化镧（$LaBr_3$: Ce）、溴化铈（$CeBr_3$）、碘化镥（LuI_3: Ce）、碘化钆（GdI_3: Ce）和碘化钇（YI_3: Ce）等。

$LaCl_3$: Ce 和 $LaBr_3$: Ce 晶体于 2000 年和 2001 年先后被报道[43,44]，发明者均为荷兰 Delft 大学的 van Loef 等人。它们都具有高光输出、快衰减、高能量分辨率的特点，其中又以 $LaBr_3$: Ce 晶体的性能更为突出，其光输出可达65000ph/MeV，衰减时间短于 30ns，能量分辨率约3%，各单项指标都达到了当前无机闪烁体的最好水平，综合性能更是全面超越了已有的各种闪烁体，因而一经面世，迅速成为闪烁晶体材料领域的研究热点。$LaBr_3$: Ce 被认为是下一代 TOF–PET 用闪烁晶体的有力候选者。2010 年的研究表明，采用 $LaBr_3$: Ce 探测器，可将现有基于 LSO 和 LYSO 晶体的 TOF–PET 的时间分辨率由 550~600ps 提高至 375ps 甚至 100ps[45,46]。2012 年的另一项研究表明，在采用单块晶体的新型

PET 探测技术中，$LaBr_3$:Ce 探测器也展现出比 LYSO 探测器更好的性能。LYSO 探测器的空间分辨率为 1.58mm，能量分辨率为 14.2%，时间分辨率为 960ps，而 $LaBr_3$:Ce 探测器的空间分辨率为 1.7mm，能量分辨率为 6.4%，时间分辨率为 198ps，性能全面占优[47]。2013 年 Alekhin 等人通过 Ca^{2+}、Sr^{2+} 等共掺杂对 $LaBr_3$:Ce 闪烁性能进行了优化，将晶体的能量分辨率进一步提高到 2% 左右[48]。随后，他们对 Ca^{2+}、Mg^{2+}、Sr^{2+}、Ba^{2+}、Li^+、Na^+ 共掺杂的 $LaBr_3$:Ce 晶体进行了更深入的研究，发现 Ca^{2+}、Sr^{2+}、Ba^{2+} 共掺杂会显著地改善晶体的光输出以及能量分辨率，但伴随有衰减时间的延长[49]。

$LaBr_3$:Ce 晶体也存在一个显著的缺点，即极易吸潮，这造成晶体原料制备困难、成本昂贵，且晶体必须封装使用。吸潮和成本问题限制了该晶体的大范围使用，目前其应用仅限于少量前沿科技领域。欧美国家利用 $LaBr_3$:Ce 晶体开展了大量的 γ 射线谱学研究，我国于 2010 年发射的嫦娥二号卫星上所配备的最新 γ 射线谱仪，即采用溴化镧晶体作为探测核心。$LaBr_3$:Ce 晶体的另一个缺点是具有较大的各向异性，导致大尺寸单晶生长易于开裂，同时晶体性质较脆，机械加工性能不佳。

$LaBr_3$:Ce 晶体熔点较低，在 780℃ 左右，通常采用垂直 Bridgman 法进行生长。除了易于开裂之外，整体来看生长难度并不算大，晶体质量主要受原料纯度的影响较为明显。Higgins 等人于 2008 年报道了直径 50.8mm(2in)$LaBr_3$:Ce 晶体的生长[50]。目前 $LaBr_3$:Ce 晶体市场主要由法国 Saint-Gobain 公司所垄断，其提供的晶体器件尺寸最大已可达直径 101.6mm(4in)。

$CeBr_3$ 晶体的发现略晚于 $LaBr_3$:Ce，其光产额和能量分辨率与 $LaBr_3$:Ce 相当，发光衰减时间更短 (17ns)[51]。其特点在于不含 ^{138}La 天然放射性元素，因而在某些对辐射背景要求较为严格的场合有其独特的优势[52]。

$LaBr_3$:Ce 晶体的问世引发了人们对稀土卤化物型闪烁晶体的研究热潮，随后 LuI_3:Ce、YI_3:Ce、GdI_3:Ce 等晶体也相继被发现。它们都具有高光输出、快衰减的特点，但普遍缺点是极易吸潮，高纯无水原料制备困难，成本昂贵。

LuI_3:Ce 晶体发明于 2004 年[53]，具有极高的光输出和很快的发光衰减时间，性能十分优异，在 PET 领域具有潜在应用价值[54]。LuI_3 熔点较高 (1050℃)，具有层状生长习性，加上高纯原料难于制备，因此其单晶生长存在困难，目前还没有生长出大尺寸、高质量晶体的报道。另外，原料价格极其昂贵，在一定程度上削弱了这种晶体的开发价值。GdI_3:$Ce^{[55,56]}$、YI_3:$Ce^{[56]}$ 这两种晶体文献报道较少，初步研究表明也都具有优异的性能，但目前还没有得到高质量、大尺寸的晶体的报道。GdI_3:Ce 晶体可用于中子探测，发光效率为 5000ph/n[55]。

上述几种简单稀土卤化物型闪烁晶体的基本性能参数总结于表 7-7。

表 7 - 7 几种简单稀土卤化物闪烁晶体的性能参数

闪烁晶体	密度 /g·cm^{-3}	光输出 /ph·MeV^{-1}	衰减时间 /ns	发光波长 /nm	能量分辨率 (662keV 时)/%
LaBr$_3$:Ce	5.1	65000	30	380	3
LaCl$_3$:Ce	3.8	48000	17	350	3.1
CeBr$_3$	5.2	60000	17	371	4.1
LuI$_3$:Ce	5.6	115000	33(74%)	505	3.6
YI$_3$:Ce	4.6	99000	45	532	9.3
GdI$_3$:Ce	5.2	90000	43 (77%)	552	8.7

7.4.3.2 复合稀土卤化物型

Spijker 等人于 1995 年首次报道了 K$_2$LaCl$_5$:Ce 晶体的闪烁性能[57]，后续研究发现其具有很高的光输出，是一种可用的闪烁材料[58]。Van Loaf 等人于 2005 年报道了 K$_2$LaX$_5$:Ce（X = Cl，Br，I）系列三种晶体的闪烁性能[59]，结果见表 7-8。随着卤素原子序数的增大，三种晶体的光产额呈增加趋势，而衰减时间呈缩短趋势。K$_2$LaI$_5$:Ce 晶体展现出了最佳的综合闪烁性能。

表 7 - 8 K$_2$LaX$_5$:Ce（X = Cl，Br，I）的闪烁性能比较

闪烁晶体	密度 /g·cm^{-3}	光产额 /ph·MeV^{-1}	衰减时间 /ns	发光波长 /nm	能量分辨率 (662keV 时)/%
K$_2$LaCl$_5$:Ce	2.9	30000	80 + 慢分量	347，372	5
K$_2$LaBr$_5$:Ce	3.9	40000	50	359，391	5
K$_2$LaI$_5$:Ce	4.4	55000	24	401，439	4.5

继 K$_2$LaCl$_5$:Ce 之后，Dorenbos 等人于 1997 年报道了 RbGd$_2$Br$_7$:Ce 晶体[60]。该晶体具有很高的光输出（56000ph/MeV）和很高的能量分辨率（在 662keV 时为 4.1%），密度为 4.79g/cm^3，整体性能上佳，美中不足的是衰减性能一般，虽然主衰减成分较快（43ns），但同时存在一些慢衰减成分（约 400ns）[60,61]。

在 K$_2$LaCl$_5$:Ce 和 RbGd$_2$Br$_7$:Ce 被发现的同时，一系列具有钾冰晶石结构的复合稀土卤化物闪烁晶体材料也相继被发现[62,63]，并在随后的十余年里引起了人们的广泛关注。这些晶体可以用通式 A$_2$BREX$_6$:Ce 来表示，其中 A 为 Cs 或 Rb，B 为 Li 或 Na，RE 为 La、Gd、Y、Lu 中的一种，X 为 Cl、Br、I 中的一种。各种元素排列组合之后，可以得到数十种不同的化合物。目前已发现的具有良好闪烁性能的就有十余种，典型代表包括 Cs$_2$LiYCl$_6$:Ce(CLYC)[64]、Cs$_2$LiLaCl$_6$:Ce (CLLC)[65]、Cs$_2$LiLaBr$_6$:Ce(CLLB)[65] 等。它们普遍具有很高的光输出和很好的能量分辨率，且具备很好的中子探测能力。CLYC 的中子探测效率为 70000ph/n，高于常用的中子探测材料^{6}LiI：Eu。Cs_2LiYBr_6：Ce 的中子探测效率更高，可达 88200ph/n[64]。CLYC 和 CLLC 晶体在 γ 射线激发下可产生超快（约 1ns）的芯带 – 价带发光（core – to – valence luminescence，CVL），可利用这一点，通过脉冲分形技术实现对 γ 射线和中子的双敏探测[65]。Glodo 等人于 2013 年对 CLYC 的研究历史和闪烁性能进行了较为详细的总结[66]。近期的研究表明，$Cs_2NaGdBr_6$：Ce[67]、$Cs_2NaLaCl_6$：Ce[68]、$Cs_2NaLaBr_6$：Ce[68] 等晶体也都具有优异的闪烁性能。表 7 – 9 列出了几种具有代表性的钾冰晶石结构复合稀土卤化物闪烁晶体的基本性能参数。

表 7 – 9   几种钾冰晶石结构复合稀土卤化物闪烁晶体的性能参数

闪烁晶体	密度 /g·cm^{-3}	光输出 /ph·MeV^{-1}	衰减时间/ns	发光波长 /nm	能量分辨率 （662keV 时）/%
Cs_2LiYCl_6：Ce	3.31	20000	2800	390	3.9
$Cs_2LiLaCl_6$：Ce	3.3	35000	450（71%）	400	3.4
$Cs_2LiLaBr_6$：Ce	4.2	60000	55，>270	410	2.9
Cs_2LiYBr_6：Ce	4.15	24000	85（39%）+ 慢分量	389，423	7.0
$Cs_2NaGdBr_6$：Ce	4.18	48000	65（48%）+ 慢分量	393，422	3.3
$Cs_2NaLaCl_6$：Ce	3.26	26400	66（26%）+ 慢分量	373，400	4.4
$Cs_2NaLaBr_6$：Ce	3.93	46000	48（18%）+ 慢分量	387，415	3.9

基于稀土卤化物与碱金属卤化物的其他二元或多元复合稀土卤化物还有很多，这里不再一一赘述。所有的复合稀土卤化物都是易潮解的，需密封使用。荷兰 Delft 大学、美国 RMD 公司和劳伦斯伯克利国家实验室（LBNL）等单位近年来在该领域做了大量工作，并发现了大批的新材料。复合稀土卤化物是新型闪烁晶体材料的宝库，预计未来几年仍将是闪烁晶体领域一个不可忽视的重要发展方向。

7.4.3.3   碱土金属卤化物型

碱土金属卤化物闪烁晶体以 SrI_2：Eu 为典型代表，还包括 CaI_2：Eu、BaI_2：Eu、$CsBa_2I_5$：Eu 和 BaBrI：Eu 等。它们都采用 Eu^{2+} 作为激活剂，通常具有极高的光输出以及优异的能量分辨率。Eu^{2+} 激活的闪烁晶体通常具有发光衰减时间较长的缺点，其发光衰减时间通常达到微秒级，这可能会限制这类晶体在一些快计数领域的应用，但并不妨碍其在安全检查、核素甄别、工业探伤等领域的应用。

CaI_2：Eu 和 SrI_2：Eu 晶体最早由 Robert Hofstadter 分别发现于 1964 年和 1968 年[69,70]，但一直未能引起人们的关注。2008 年，Cherepy 等人对 SrI_2：Eu 晶体进行了重新研究[71]，发现其具有优异的闪烁性能，光输出甚至超过了 $LaBr_3$：Ce，这才使碱土金属卤化物闪烁晶体重新受到关注。CaI_2：Eu 闪烁晶体具有极高的光

输出 （110000ph/MeV）[72]，但是由于层状生长习性，晶体生长以及晶体后期的加工都很困难，限制了其实际应用。SrI_2:Eu 晶体没有层状习性，但高质量单晶的生长也并不容易，这主要是由于单晶生长用无水 SrI_2、EuI_2 原料极易吸潮、氧化，纯度不足。在美国国土安全部的资助下，美国 RMD 公司、劳伦斯利沃莫尔国家实验室 （LLNL）、橡树岭国家实验室 （ORNL） 等对这种闪烁晶体进行了大量的研究[73,74]。通过对原料的深度提纯，上述几家单位的研究人员于 2013 年采用垂直 Bridgman 法成功生长出了直径最大达 63.5mm（2.5in） 的 SrI_2:Eu 单晶[75,76]。测试结果证实，SrI_2:Eu 的光输出在 90000ph/MeV 以上，能量分辨率可达 2.6% （在 662keV 时），闪烁性能极为优异。SrI_2:Eu 晶体的应用前景一度因其严重的自吸收现象而蒙上乌云[77]，但最新研究表明，这一问题可通过改进信号处理方式来解决[78]。BaI_2:Eu 晶体[71]也有较好的闪烁性能，但总体上逊于 SrI_2:Eu。

在 SrI_2:Eu 晶体的基础上，LBNL 的研究人员在 2009 年和 2010 年相继报道了 $CsBa_2I_5$:Eu[79] 和 BaBrI:Eu[80] 两种新型闪烁晶体。这两种晶体同样具有很高的光输出和优秀的能量分辨率，且衰减速度比 SrI_2:Eu 有所加快，具有很大的发展潜力[81,82]。2013 年，Shirwadkar 等人采用垂直 Bridgman 法成功生长出了直径 25.4mm（1in） 的 $CsBa_2I_5$:Eu 和 BaBrI:Eu 的单晶[83]。

所有的碱土金属卤化物也都是极易吸潮的，因此单晶生长用高纯无水原料的制备也存在很大困难。对上述晶体更全面的性能研究有待于高纯无水原料制备技术和大尺寸单晶生长技术的进展。

几种主要的碱土金属卤化物型闪烁晶体的性能参数总结于表 7 - 10。

表 7 - 10　碱土金属卤化物闪烁晶体的性能参数

闪烁晶体	密度 /g·cm^{-3}	光输出 /ph·MeV^{-1}	衰减时间 /ns	发光波长 /nm	能量分辨率 (662keV 时) /%
CaI_2:Eu	3.96	110000	790	470	5.2
SrI_2:Eu	4.55	>90000	1200	435	2.6
BaI_2:Eu	5.1	40000	317(36%) 646(42%)	420	8
$CsBa_2I_5$:Eu	4.9	102000	284(10%) 1200(58%) 14000(32%)	435	2.55
BaBrI:Eu	5.2	97000	70(1.5%) 432(70%) 9500(28.5%)	413	3.4

7.5   闪烁陶瓷

7.5.1   闪烁陶瓷概述[84]

如前文所述，无机闪烁体大多以单晶的形式进行应用。单晶闪烁体固然性能优良，但存在成本高、各向异性和大尺寸晶体生长困难等问题。与之相比，闪烁陶瓷具有各向同性、易加工和易于获得大尺寸产品等优点，在医用 X – CT 闪烁屏等特定应用领域比单晶更有优势。

陶瓷是由粉体微晶在略低于熔点的高温下烧结而成的多晶聚集体。透明闪烁陶瓷具有陶瓷固有的耐高温、耐腐蚀、高绝缘、高强度等特性，又具有玻璃的光学性能，是单晶闪烁体的有力竞争者。大尺寸的单晶材料生长需要特殊的设备和复杂的工艺，生产周期长、成本高、成品率低。对于具有复杂掺杂状态的新型光功能材料，传统的晶体生长技术难以保证掺杂离子的高浓度和均匀分布，对材料光学性能的调控受到了限制。透明陶瓷可以在大大低于材料熔点的温度下完成高致密度光学材料的制备，工艺所需时间远低于提拉晶体所需时间，易于实现批量化低成本生产，特别是能够根据器件应用要求较方便地实现高浓度离子的均匀掺杂，避免由于晶体生长工艺限制所造成的掺杂浓度低、分布不均匀的状况，这对材料发光性能的提高至关重要。

最近十年来，美国、日本、德国等国家相继开展了闪烁陶瓷的研究，并已经实现部分产品的工业化生产。GE、Siemens、Hitachi 等公司以及一些研究单位相继开展了陶瓷闪烁体的研究，开发出 $(Y, Gd)_2O_3$：$Eu, Pr(YGO)$[85,86]、Gd_2O_2S：$Pr, Ce, F(GOS)$[87,88]、$Gd_3Ga_5O_{12}$：$Cr, Ce(GGG)$[89]、$BaHfO_3$：Ce[90]、Lu_2O_3：Eu[91]等稀土氧化物陶瓷闪烁体。这些材料不仅密度高、吸收系数大，而且发光效率接近同成分的闪烁单晶。其中西门子公司已经在医学 X – CT 成像系统上成功地应用了 GOS 陶瓷闪烁体。

对闪烁陶瓷的性能要求与闪烁晶体大致相同，额外增加的指标主要是透明性。透明性对陶瓷闪烁体材料十分重要。闪烁体发出紫外或可见光后，光子需要高效地传输到光二极管，因此要求闪烁陶瓷具有高的透明度，尽可能地减少光的反射、散射以及对发射波长的光吸收等现象。此外，针对闪烁陶瓷在 X – CT 等医学方面的应用特点，通常还要求其具有快的衰减速度和短的余辉[92]，以满足其快速扫描应用要求。余辉现象会致使重构图像产生变形或失真，所以通常在制备陶瓷闪烁体材料时掺加余辉抑制剂。

影响陶瓷透明性的因素主要有以下四种[93]：

（1）晶界结构。陶瓷材料通常有两相或多相的结构，从而导致了光在相界表面上发生散射。透明陶瓷材料是单相的，晶界和晶体的光学性质差别不大，晶界模糊，而非透明材料具有多相结构，晶界清晰。

（2）气孔率。气孔率是对透明陶瓷透光性能影响最大的因素。普通陶瓷中存在大量封闭气孔，即使其具有很高的致密度，往往也难以透明。多晶和气孔的折射率相差很大，使入射光发生强烈的散射。

（3）第二相杂质。由杂质生成的异相会导致光散射，使入射方向上透射光的强度被削减，使制品的透明度明显降低，甚至不透明。因此，透明陶瓷的结构须是连续、均一的单相，这就要求原料必须有很高的纯度，以避免杂质和杂相的生成。

（4）晶粒尺寸与添加剂。研究表明，晶粒的尺寸和分布也能影响陶瓷的透明性。入射光波长大于晶粒直径时光线容易通过。分散性良好且粒度小的原料微粒经过烧结时可以使气孔的扩散途径有效缩短，这样得到的陶瓷结构均匀，透明度高。因此，超细、高分散粉体制备技术是透明陶瓷制备过程中的一项关键技术。为了获得透明陶瓷，有些条件下需加入少量添加剂，从而抑制晶粒的生长，通过晶粒边界的缓慢移动减少气孔。但同时，添加剂还应该完全溶于主晶相且保证系统的单相性。

7.5.2　稀土陶瓷闪烁体

目前已有的陶瓷闪烁体主要是稀土掺杂的氧化物、硫化物和含氧酸盐。一些重要的稀土闪烁陶瓷介绍如下。

7.5.2.1　$Gd_2O_2S: Pr^{3+}, Ce^{3+}, F^-$（GOS）[84]

GOS 是一种很好的 X 射线探测材料。由于无法获得 X－CT 所要求的足够大的 GOS 单晶，人们在 1101.325kPa 氩气中采用 1300℃的热静压技术，制备了致密的 GOS 陶瓷闪烁体。该陶瓷闪烁体和硅光电二极管配合使用，探测灵敏度是 $CaWO_4$ 晶体探测器的 1.8～2.0 倍，由此可以提高低对比度的可探测性和减少 X 射线透射剂量。助熔剂 Li_2GeF_6 对于这种半透明陶瓷的性质影响很大。在 GOS 闪烁体中，Pr^{3+} 是主要的发光离子，Ce^{3+} 和 F^- 主要用来缩短余辉时间。

Pr^{3+} 由于 $^3P_0 \rightarrow {^3H_J}$ 跃迁引起的峰值发射位于 510nm，发射光谱分布宽，从 470nm 延伸到 900nm，可与硅光电二极管的光谱灵敏度较好匹配。X 射线激发时 $Gd_2O_2S: Pr$ 的发光过程如下[94]：

$$X\ 射线 \longrightarrow e + \hbar^+$$
$$Pr^{3+} + \hbar^+ \longrightarrow Pr^{4+}$$
$$Pr^{4+} + e \longrightarrow (Pr^{3+})^* \longrightarrow Pr^{3+} + \hbar\gamma$$

GOS 闪烁体用于 X－CT 技术有以下优点：（1）有效原子序数约为 60，具有高的 X 射线吸收系数，即对 X 射线的阻止本领高；（2）X 射线的转换效率高，约为 15%；（3）发光中心 Pr^{3+} 的余辉相当短，10% 余辉时间为 3～6μs；（4）无毒、不潮解、化学性质稳定。

其主要缺点包括：（1）GOS 为六方晶体结构，光学各向异性，双折射效应导致该陶瓷仅能做成半透明，较高的光散射降低了探测效率，逸出光还会对光探测器造成损害；（2）辐照损伤值相对较高（-3%），和 $CdWO_4$ 相当。

7.5.2.2　$(Gd,Y)_2O_3$：Eu（YGO）[95]

第一块陶瓷闪烁体 YGO 是由美国 GE 公司为高性能医学 X - CT 特制的[96]，商品名为 HiLighit™，主要应用于 CT 探测器上，它是 Eu 掺杂的 Y_2O_3 和 Gd_2O_3 固溶体的透明陶瓷。HiLighit™ 的化学计量比为：$Y_{1.34}Gd_{0.6}Eu_{0.06}O_3$，是在 Y_2O_3：Eu 中添加 Gd_2O_3 用来提高密度并增加对 X 射线阻止本领。由于 Y^{3+}、Gd^{3+} 和 Eu^{3+} 的离子半径相似（Y^{3+} 为 0.0892nm，Gd^{3+} 为 0.0938nm，Eu^{3+} 为 0.095nm），Gd^{3+} 和 Eu^{3+} 可以很好地固溶到 Y_2O_3 晶格中得到立方相的 $(Y,Gd)_2O_3$：Eu^{3+} 晶体[86]。

Gd_2O_3 和 Eu_2O_3 在低温下是立方相结构，但在 1570K 和 1670K 温度下处理后会变成单斜相的结构，而 Y_2O_3 则是稳定的立方相结构[97]。一些学者对不同化学剂量比的 YGO 的粉体和陶瓷的晶体结构进行了研究。含 10%（摩尔分数）Y_2O_3 的 YGO 粉体和陶瓷烧结体在 1300℃ 都会从立方相向立方单斜的混合相转变，并在 1400℃ 时完全转变成为单斜相[86]。Roh 等人[98]以喷雾热解法制备了 $(Gd_xY_{1-x})_2O_3$：Eu 粉体，XRD 显示不同 Gd 含量下所得粉体均为立方相结构，但其结晶度会随着 Gd 含量的增加而降低。

在 X 射线或紫外光激发下，YGO 的发射光谱的特征峰位于 610nm 附近，对应 Eu^{3+} 的 $4f-4f(^5D_0 \rightarrow {}^7F_2)$ 跃迁。室温下的特征衰减时间约为 1ms，这个余辉时间对于闪烁体而言太高，会导致重建 CT 图像的扭曲和失真[99]。快速发展的医疗诊断技术要求不断降低探测时间，从而减少人体对 X 射线的吸收。一般通过共掺杂其他离子来解决余辉时间过长的问题。常用的掺杂离子主要是 Pr^{3+} 和 Tb^{3+}。Eu^{3+} 作为激活剂具有向 Eu^{2+} 的价态转变趋势，因此是一种很强的电子陷阱；而 Pr^{3+} 却有俘获空穴变成 Pr^{4+} 的趋势，$[Pr^{4+} - Eu^{2+}]$ 对可通过无辐射过程衰减，因此不会发生新陷阱的热化，从而降低余辉。通过共掺杂 Pr^{3+} 可以降低余辉近两个数量级。Tb^{3+} 共掺杂也有类似的效应，因为 Tb^{3+} 也有向 Tb^{4+} 转变的趋势。

7.5.2.3　铪酸盐系列[84,90]

近几年，铈激活的碱土铪酸盐 $MHfO_3$（M = Ba，Ca，Sr）系列闪烁陶瓷引起了大家的广泛关注。它们能产生高强快速荧光，余辉很低，发光效率高。美国通用公司在 2003 年公开了透光度得到改善的掺铈碱土二氧化铪闪烁体的专利[100]。获得高活性的铪酸盐粉体，是制备铪酸盐透明陶瓷的关键。Evetts 等人[101]通过喷雾干燥法制备前驱体后，经 1150℃ 焙烧 20h，得到了均匀的 $BaHfO_3$ 粉体。Ji 等人[102]通过燃烧法在 300℃ 得到了粒径为 55nm 的 $BaHfO_3$：Ce 粉体，但存在颗粒不均匀及团聚现象。Maekawa 等人[103]报道了以 HfO_2 和 $BaCO_3$ 为原料用固相法制

备 $BaHfO_3$ 材料，并对其晶体结构、热力学及力学性能进行了研究。巴学巍等人[104]用共沉淀法，以氨水为沉淀剂，1200℃煅烧温度下制备得到了粒径范围在 15～30nm 的近球形 $SrHfO_3$:Ce 纳米粉体。Villanueva-Ibanez 等人[105]选用 $Hf(OC_2H_5)_4$、$Sr(OC_2H_5)_2$ 和 $Ce(NO_3)_3$ 为原料，以 $CH_3OCH_2CH_2OH$ 为溶剂，采用溶胶-凝胶法在 1200℃煅烧温度下制备了 $SrHfO_3$:Ce 纳米粉体，并讨论了不同 Hf/Sr 比对粉体相组成的影响。刘亚慧等人[106]选用溶胶-凝胶法，以柠檬酸为络合剂，1000℃煅烧下得到 $SrHfO_3$:Ce 粉体；Ji 等人[107]使用 EDTA 为络合剂，400～600℃煅烧温度下制备出了正交型 $SrHfO_3$:Ce 纳米粉体，并在其中加入 Li^+ 改变了粉体的微观形貌和发光强度；Retot 等人[108]用 $Sr(NO_3)_2$、$HfO(NO_3)_2$ 和 NH_2-CH_2-COOH 的混合液为前驱体，580℃点火，低于 1000℃的温度下燃烧合成了粒径约为 100nm 的 $SrHfO_3$:Ce 粉体。

7.5.2.4　Lu_2O_3:Eu

Lu_2O_3:Eu 是一种新型的透明闪烁陶瓷材料。Lu_2O_3 的熔点高达 2450℃，因此其单晶生长是极为困难的，但其稳定的立方相结构使其透明陶瓷的制备成为可能。2002 年，Lempicki 等人[109]利用高温高压法制得了 Lu_2O_3:Eu 陶瓷，其密度高达 $9.4g/cm^3$，光产额接近于 CsI:Tl 晶体。Shi 等人于 2009 年在无压力条件下，经 1850℃烧结出透光率在 80% 以上的 Lu_2O_3:Eu 透明陶瓷，其在 X 射线激发下的发光强度可达 BGO 单晶的 10 倍[110]。Lu_2O_3:Eu 的发射谱峰值为 610nm，与 CCD 探测器的光谱灵敏度匹配良好。因而用它成像具有高的对比度和高分辨率。Lu_2O_3:Eu 的一些基本性能超过了许多现有的闪烁晶体，但是它的衰减时间偏长（1.3ms），不宜用作动态的快速成像，而只能由于静态 γ 射线成像。根据光谱特性估算其光转换效率是 CsI:TI 单晶的 69%，实测是 60%。

7.5.2.5　$Gd_3Ga_5O_{12}$:Cr,Ce(GGG)

GGG 为立方石榴石结构，8 配位的 Cr^{3+} 在 GGG 内处于弱晶体场中，呈现一个中心位于 730nm 的宽带发射，特征衰减时间为 0.14ms。Ce 掺杂可大幅度降低余辉，但掺 Ce 的同时也会显著降低光输出（降低至原来的 40%），这主要是由无辐射跃迁增加造成的[111]。

几种重要的闪烁陶瓷的基本性质总结于表 7-11[8,112]。这些闪烁陶瓷都主要用于 X-CT 领域。近几年来，用于 γ 射线探测的石榴石结构闪烁陶瓷取得了很大进展，成为当前闪烁材料领域的一个研究热点。目前，关于闪烁陶瓷材料的研究如火如荼，但从粉体的制备到透明陶瓷的烧结，还有很多研究难点尚未解决，如高性能陶瓷粉体的产业化可控制备技术，高致密度陶瓷的先进烧结技术，以及高光输出、低余辉掺杂改性技术等。但相信在广大研究者的共同努力下，闪烁陶瓷的应用前景将会越来越广阔。

表 7-11　常用闪烁陶瓷的性质参数

闪烁陶瓷	密度/g·cm⁻³	光输出/ph·MeV⁻¹	衰减时间/ns	余辉（100ms）/%	发光波长/nm
GOS	7.3	35000	4000	<0.01	510
YGO	5.9	42000	1×10^6	<0.01	610
SrHfO₃：Ce	7.7	20000	40	—	390
Lu₂O₃：Eu	9.4	30000	$>10^6$	0.3	611
GGG	7.1	40000	1.4×10^5	0.01	730

参 考 文 献

[1] 洪广言. 稀土发光材料——基础与应用 [M]. 北京：科学出版社，2011.

[2] 徐叙瑢，苏勉曾. 发光学与发光材料 [M]. 北京：化学工业出版社，2004.

[3] Nikl M. Scintillation detectors for X-rays [J]. Meas. Sci. Technol.，2006，17：R37~R54.

[4] 任国浩. 无机闪烁晶体的发展趋势 [J]. 人工晶体学报，2012，41（s）：184~188.

[5] 张明荣，葛云程. 无机闪烁晶体及其产业化开发 [J]. 新材料产业，2002，3：15~20.

[6] 朱人元. 快速闪烁晶体在未来高能物理实验中的应用 [J]. 中国计量学院学报，2014，25（2）：107~121.

[7] 姜春华，杨民，王征. 大型强子对撞机上的 CMS 探测器 [J]. 物理，2010（7）：476~479.

[8] Van Eijk C W E. Inorganic scintillators in medical imaging [J]. Phys. Med. Biol.，2002，47：R85~R106.

[9] 刘华锋，叶华俊，鲍超. 用于正电子发射断层成像的闪烁晶体 [J]. 原子能科学技术，2001，35（5）：476~480.

[10] Takagi K, Fukazawa T. Cerium-activated Gd₂SiO₅ single crystal scintillator [J]. Appl. Phys. Lett.，1983，42（1）：43~45.

[11] Melcher C L, Schweitzer J S, Utsu T, et al. Scintillation properties of GSO [J]. IEEE Trans. Nucl. Sci.，1990，37（2）：161~164.

[12] 介明印，赵广军，何晓明，等. 掺铈硅酸钇闪烁晶体的研究进展与发展方向 [J]. 人工晶体学报，2005，34（1）：136~143.

[13] Suzauki H, Tombrello T A, Melcher C L. UV and gamma-ray excited luminescence of cerium-doped rare-earth oxyorthosilicates [J]. Nucl. Instrum. Meth. A，1992，320：263~272.

[14] 周娟，华王祥，徐家跃. 新型闪烁晶体 Ln₂SiO₅ 的研究进展 [J]. 无机材料学报，2002，17（6）：1105~1111.

[15] Melcher C L, Schweitzer J S. Cerium-doped lutetium oxyorthosilicate：a fast，efficient new scintillator [J]. IEEE Trans. Nucl. Sci.，1992，39（4）：502~505.

[16] Melcher C L, Schweitzer J S. A promising new scintillator: cerium-doped lutetium oxyorthosilicate [J]. Nucl. Instrum. Meth. A, 1992, 314 (1): 212~214.

[17] Loutts G B, Zagumennyi A I, Lavrishchev S V. et al. Czochralski growth and characterization of $(Lu_{1-x}Gd_x)_2SiO_5$ single crystals for scintillators [J]. J. Cryst. Growth, 1997, 174: 331~336.

[18] Cooke D W, McClellan K J, Bennett B L, et al. Crystal growth and optical characterization of cerium-doped $Lu_{1.8}Y_{0.2}SiO_5$ [J]. J. Appl. Phys., 88 (12): 7360~7362.

[19] Kimble T, Chou M, Chai B H T. Scintillation properties of LYSO crystals [J]. IEEE Nuclear Science Symposium Conference Record, 2002, 3: 1434~1437.

[20] Moses W W, Derenzo S E. Prospects for time-of-flight PET using LSO scintillator [J]. IEEE Trans. Nucl. Sci., 1999, 46 (3): 474~478.

[21] Ziegler S I. Positron emission tomography: principles, technology, and recent developments [J]. Nucl. Phys. A, 2005, 752: 679c~687c.

[22] Mao Rihua, Zhang Liyuan, Zhu Renyuan. LSO/LYSO crystals for future HEP experiments [J]. J. Phys.: Conference Series, 2011, 293: 012004.

[23] Pidol L, Kahn-Harari A, Viana B. High efficiency of lutetium silicate scintillators Ce-doped LPS and LYSO crystals [J]. IEEE Trans. Nucl. Sci., 2004, 51 (3): 1084~1087.

[24] 严成锋, 赵广军, 杭寅, 徐军. 稀土焦硅酸盐 $Re_2Si_2O_7$ 闪烁晶体的研究进展 [J]. 人工晶体学报, 2005, 34 (1): 144~148.

[25] Weber M J, Bass M, Andringa K, et al. Czochralski growth and properties of $YAlO_3$ laser crystals [J]. Appl. Phys. Lett., 1969, 15 (10): 342~345.

[26] Weber M J. Optical spectra of Ce^{3+} and Ce^{3+}-sensitized fluorescence in $YAlO_3$ [J]. J. Appl. Phys., 1973, 44 (7): 3205~3208.

[27] Lempicki A, Randles M H, Wisniewski D, et al. $LuAlO_3$-Ce and other aluminate scintillators [J]. IEEE Trans. Nucl. Sci., 1995, 42: 280~284.

[28] Moses W W, Derenzo S E, Fyodorov A. $LuAlO_3$: Ce—a high density, high speed scintillator for gamma detection [J]. IEEE Trans. Nucl. Sci., 1995, 42 (4): 275~279.

[29] Moszyriski M, Wolski D, Ludziejewski T, et al. Properties of the new LuAP: Ce scintillator [J]. Nucl. Instrum. Meth. A, 1997, 385: 123~131.

[30] Belsky A N, Auffray E, Lecoq P, et al. Progress in the development of $LuAlO_3$-based scintillators [J]. IEEE Trans. Nucl. Sci., 2001, 48: 1095~1100.

[31] 丁栋舟, 李焕英, 秦来顺, 等. $Lu_xY_{1-x}AlO_3$: Ce 晶体的缺陷研究 [J]. 无机材料学报, 2010, 25 (10): 1020~1024.

[32] Petrosyan A G, Ovanesyan K L, Shirinyan G O, et al. LuAP/LuYAP single crystals for PET scanners: effects of composition and growth history [J]. Opt. Mater., 2003, 24: 259~265.

[33] Mosset J B, Devroede O, Krieguer M, et al. Development of an optimized LSO/LuYAP phoswich detector head for the Lausanne ClearPET demonstrator [J]. IEEE Trans. Nucl. Sci., 2006, 53 (1): 25~29.

[34] Annenkov A, Fedorov A, Korzhik M, et al. Industrial growth of LuYAP scintillation crystals

［J］. Nucl. Instrum. Meth. A, 2005, 537: 182~184.

［35］ Moszynski M, Kapusta M, Mayhugh M, et al. Absolute light output of scintillators ［J］. IEEE Trans. Nucl. Sci., 1997, 44: 1052~1061.

［36］ Ludziejewski T, Moszyhsk M, Kapust M, et al. Investigation of some scintillation properties of YAG: Ce crystals ［J］. Nucl. Instrum. Meth. A, 1997, 398: 287~294.

［37］ Nikl M, Ogino H, Krasnikov A, et al. Photo- and radioluminescence of Pr-doped $Lu_3Al_5O_{12}$ single crystal ［J］. Phys. Stat. Sol. A-Appl. Res., 2005, 202: R4~R6.

［38］ Drozdowski W, Brylew K, Wojtowicz A J, et al. 33000 photons per MeV from mixed $(Lu_{0.75}Y_{0.25})_3Al_5O_{12}$: Pr scintillator crystals ［J］. Opt. Mat., 2014, 4 (6): 1207~1212.

［39］ Nikl M, Yoshikawa A, Kamada K, et al. Development of LuAG-based scintillator crystals—A review ［J］. Prog. Cryst. Growth Ch., 2013, 59: 47~72.

［40］ Mihokova E, Nikl M, Mares J A, et al. Luminescence and scintillation properties of YAG: Ce single crystal and optical ceramics ［J］. J. Lumin., 2007, 126: 77~80.

［41］ Cherepy N J, Kuntz J D, Tillotson T M, et al. Cerium-doped single crystal and transparent ceramic lutetium aluminum garnet scintillators ［J］. Nucl. Instrum. Meth. A, 2007, 579: 34~81.

［42］ 张明荣, 韦瑾. 高密度快衰减闪烁晶体及其研究开发现状 ［J］. 硅酸盐学报, 2004, 32 (3): 384~391.

［43］ Van Loef E V D, Dorenbos P, Van Eijk C W E, et al. High-energy-resolution scintillator: Ce^{3+} activated $LaCl_3$ ［J］. Appl. Phys. Lett., 2000, 77 (10): 1467~1468.

［44］ Van Loef E V D, Dorenbos P, Van Eijk C W E, et al. High-energy-resolution scintillator: Ce^{3+} activated $LaBr_3$ ［J］. Appl. Phys. Lett., 2001, 79 (10): 1573~1575.

［45］ Daube-Witherspoon M E, Surti S, Perkins A, et al. The imaging performance of a $LaBr_3$-based PET scanner ［J］. Phys. Med. Biol., 2010, 55: 45~64.

［46］ Schaart D R, Seifert S, Vinke R, et al. $LaBr_3$: Ce and SiPMs for time-of-flight PET: achieving 100ps coincidence resolving time ［J］. Phys. Med. Biol., 2010, 55: N179~N189.

［47］ Seifert S, van Dam H T, Huizenga J, et al. Monolithic $LaBr_3$: Ce crystals on silicon photomultiplier arrays for time-of-flight positron emission tomography ［J］. Phys. Med. Biol., 2012, 57: 2219~2233.

［48］ Alekhin M S, De Haas J T M, Khodyuk I V, et al. Improvement of γ-ray energy resolution of $LaBr_3$: Ce^{3+} scintillation detectors by Sr^{2+} and Ca^{2+} co-doping ［J］. Appl. Phys. Lett., 2013, 102 (16): 161915.

［49］ Alekhin M S, Biner D A, Kramer K W, et al. Improvement of $LaBr_3$: 5% Ce scintillation properties by Li^+, Na^+, Mg^{2+}, Ca^{2+}, Sr^{2+}, and Ba^{2+} co-doping ［J］. J. Appl. Phys., 2013, 113 (22): 224904.

［50］ Higgins W M, Churilov A, van Loef E, et al. Crystal growth of large diameter $LaBr_3$: Ce and $CeBr_3$ ［J］. J. Cryst. Growth, 2008, 310: 2085~2089.

［51］ Shah K S, Glodo J, Higgins W, et al. $CeBr_3$ scintillators for gamma-ray spectroscopy ［J］. IEEE Trans. Nucl. Sci., 2005, 52 (3): 3157~3159.

［52］ Quarati F G A, Dorenbos P, van der Biezen J, et al. Scintillation and detection characteristics of high-sensitivity $CeBr_3$ gamma-ray spectrometers ［J］. Nucl. Instrum. Meth. A, 2013, 729: 596～604.

［53］ Shah K S, Glodo J, Klugerman M, et al. LuI_3: Ce—a new scintillator for gamma ray spectroscopy ［J］. IEEE Trans. Nucl. Sci., 2004, 51 (5): 2302～2305.

［54］ Birowosuto M D, Dorenbos P, van Eijk C W E, et al. High-light-output scintillator for photodiode readout: LuI_3: Ce^{3+} ［J］. J. Appl. Phys., 2006, 99: 123520.

［55］ Glodo J, Higgins W M, van Loef E V D, et al. GdI_3: Ce—a new gamma and neutron scintillator ［J］. IEEE Nuclear Science Symposium Conference Record, 2006, 3: 1574～1577.

［56］ van Loef E V, Higgins W M, Glodo J, et al. Crystal growth and characterization of rare earth iodides for scintillation detection ［J］. J. Cryst. Growth, 2008, 310: 2090～2093.

［57］ Van't Spijker J C, Dorenbos P, de Haas J T M, et al. Scintillation properties of K_2LaCl_5 with Ce doping ［J］. Radiation Meas., 1995, 24 (4): 379～381.

［58］ Van't Spijker J C, Dorenbos P, van Eijk C W E, et al. Scintillation and luminescence properties of Ce^{3+} doped K_2LaCl_5 ［J］. J. Lumin., 1999, 85: 1～10.

［59］ Van Loef E V D, Dorenbos P, Van Eijk C W E, et al. Scintillation properties of K_2LaX_5: Ce^{3+} (X = Cl, Br, I) ［J］. Nucl. Instrum. Meth. A, 2005, 537 (1): 232～236.

［60］ Dorenbos P, van't Spijker J C, Frijns O W V, et al. Scintillation properties of $RbGd_2Br_7$: Ce^{3+} crystals: fast, efficient, and high density scintillators ［J］. Nucl. Instrum. Meth. B, 1997, 132: 728～731.

［61］ Guillot-Noel O, van't Spijker J C, de Haas J T M, et al. Scintillation properties of $RbGd_2Br_7$: Ce, advantages and limitations ［J］. IEEE Trans. Nucl. Sci., 1999, 46 (5): 1274～1284.

［62］ Combes C M, Dorenbos P, van Eijk C W E, et al. Optical and scintillation properties of pure and Ce^{3+}-doped Cs_2LiYCl_6 and Li_3YCl_6 : Ce^{3+} crystals ［J］. J. Lumin., 1999, 82: 299～305.

［63］ Van Eijk C W E, de Haas J T M, Dorenbos P, et al. Development of elpasolite and monoclinic thermal neutron scintillators ［J］. IEEE Nuclear Science Symposium Conference Record, 2005, 1: 239～243.

［64］ Bessiere A, Dorenbos P, van Eijk C W E, et al. New thermal neutron scintillators: Cs_2LiYCl_6: Ce and Cs_2LiYBr_6: Ce ［J］. IEEE Trans. Nucl. Sci., 2004, 51 (5): 2970～2972.

［65］ Glodo J, van Loef E, Hawrami R, et al. Selected properties of Cs_2LiYCl_6, $Cs_2LiLaCl_6$, and $Cs_2LiLaBr_6$ scintillators ［J］. IEEE Trans. Nucl. Sci., 2011, 58 (1): 333～338.

［66］ Glodo J, Hawrami R, Shah K S. Development of Cs_2LiYCl_6 scintillator ［J］. J. Cryst. Growth, 2013, 379: 73～78.

［67］ Samulon E C, Gundiah G, Gascon M, et al. Luminescence and scintillation properties of Ce^{3+}-activated $Cs_2NaGdCl_6$, Cs_3GdCl_6, $Cs_2NaGdBr_6$, and Cs_3GdBr_6 ［J］. J. Lumin., 2014, 153: 64～72.

［68］ Gundiah G, Brennan K, Yan Z, et al. Structure and scintillation properties of Ce^{3+}-activated

$Cs_2NaLaCl_6$, Cs_3LaCl_6, $Cs_2NaLaBr_6$, Cs_3LaBr_6, Cs_2NaLaI_6 and Cs_3LaI_6 [J]. J. Lumin., 2014, 149: 374~384.

[69] Hofstadter R, O'Dell E W, Schmidt C T. CaI_2 and CaI_2 (Eu) scintillation crystals [J]. IEEE Trans. Nucl. Sci., 1964, 11 (3): 12~14.

[70] Hofstadter R. Europium Activated Strontium Iodide Scintillators: US, 3373279 [P]. 1968.

[71] Cherepy N J, Hull G, Drobshoff A D, et al. Strontium and barium iodide, high light yield scintillators [J]. Appl. Phys. Lett., 2008, 92: 083508.

[72] Cherepy N J, Payne S A, Asztalos S J, et al. Scintillators with potential to supersede lanthanum bromide [J]. IEEE Trans. Nucl. Sci., 2009, 56: 873~880.

[73] Hawrami R, Groza M, Cui Y, et al. SrI_2, a novel scintillator crystal for nuclear isotope identifiers [C] //Proc. of SPIE, 2008: 7079.

[74] van Loef E V, Wilson C M, Cherepy N J, et al. Crystal growth and scintillation properties of strontium iodide scintillators [J]. IEEE Trans. Nucl. Sci., 2009, 56: 869~872.

[75] Boatner L A, Ramey J O, Kolopus J A, et al. Bridgman growth of large $SrI_2:Eu^{2+}$ single crystals: a high-performance scintillator for radiation detection applications [J]. J. Cryst. Growth, 2013, 379: 63~68.

[76] Hawrami R, Glodo J, Shah K S, et al. Bridgman bulk growth and scintillation measurements of $SrI_2:Eu^{2+}$ [J]. J. Cryst. Growth, 2013, 379: 69~72.

[77] Alekhin M S, Kramer K W, Dorenbos P. Self-absorption in $SrI_2:2\%\ Eu^{2+}$ between 78K and 600K [J]. Nucl. Instrum. Meth. A, 2013, 714: 13~16.

[78] Beck P R, Cherepy N J, Payne S A, et al. Strontium iodide instrument development for gamma spectroscopy and radioisotope identification [C] //Proc. of SPIE, 2014: 9213.

[79] Bourret-Courchesne E D, Bizarri G, Borade R, et al. Eu^{2+}-doped Ba_2CsI_5, a new high-performance scintillator [J]. Nucl. Instrum. Meth. A, 2009, 612: 138~142.

[80] Bourret-Courchesne E D, Bizarri G, Hanrahan S M, et al. $BaBrI:Eu^{2+}$, a new bright scintillator [J]. Nucl. Instrum. Meth. A, 2010, 613: 95~97.

[81] Bizarri G, Bourret-Courchesne E D, Yan Z, et al. Scintillation and optical properties of $BaBrI:Eu^{2+}$ and $CsBa_2I_5:Eu^{2+}$ [J]. IEEE Trans. Nucl. Sci., 2011, 58: 3403~3410.

[82] Alekhin M S, Biner D A, Kramer K W, et al. Optical and scintillation properties of $CsBa_2I_5:Eu^{2+}$ [J]. J. Lumin., 2014, 145: 723~728.

[83] Shirwadkar U, Hawrami R, Glodo J, et al. Promising alkaline earth halide scintillators for gamma-ray spectroscopy [J]. IEEE Trans. Nucl. Sci., 2013, 60 (2): 1011~1015.

[84] 陈启伟, 施鹰, 施剑林. 陶瓷闪烁材料最新研究进展 [J]. 材料科学与工程学报, 2005, 23 (1): 129~132.

[85] Cusano D A, Greskovich C D, Dibianca F A. A Rare-Earth-Doped Yttria-Gadolinia Ceramic Scintillators: US, 4421671 [P]. 1982.

[86] Kim Y K, Kim H K, Cho G, et al. Effect of yttria substitution on the light output of $(Gd,Y)_2O_3:Eu$ ceramic scintillator [J]. Nucl. Instrum. Meth. B, 2004, 225 (3): 392~396.

[87] Yamada H, Suzuki A, Uchida Y, et al. A scintillator Gd_2O_2S: Pr, Ce, F for X-Ray computed tomography [J]. J. Electrochem. Soc., 1989, 136 (9): 2713~2716.

[88] Ito Y, Yamada H, Yoshida M. Hot isostatic pressed Gd_2O_2S: Pr, Ce, F translucent scintillator ceramics for X-ray computed tomography detectors [J]. Jpn. J. Appl. Phys., 1988, 27 (8): L1371~L1373.

[89] Tsoukala V G, Greskovich C D. Hole-Trap-Compensated Scintillator Material: US, 5318722 [P]. 1994.

[90] Grezer A, Zych E, Kępinski L. $BaHfO_3$: Ce sintered ceramic scintillators [J]. Radiation Meas., 2010, 45 (3~6), 386~388.

[91] Seeley Z M, Kuntz J D, Cherepy N J, et al. Transparent Lu_2O_3: Eu ceramics by sinter and HIP optimization [J]. Opt. Mat., 2011, 33 (11): 1721~1726.

[92] 任国浩, 王绍华. 核医学成像技术对无机闪烁材料的要求 [J]. 材料导报, 2006, 7 (12): 31~34.

[93] 施剑林, 冯涛. 无机光学透明材料: 透明陶瓷 [M]. 上海: 上海科学普及出版社, 2008.

[94] Nakamura R, Yamada N, Ishi M. Effects of halogen ions on the X-ray characteristics of Gd_2O_2S: Pr ceramic scintillators [J]. Jpn. J. Appl. Phys., 1999, 38: 6923~6925.

[95] 沈世妃, 马伟民, 闻雷, 等. (Y, Gd)$_2O_3$: Eu 闪烁体材料的研究进展 [J]. 人工晶体学报, 2009, 38 (2): 465~470.

[96] Duclos S J, Greskovich C D, Lyons B J, et al. Development of the HiLight™ scintillator for computed tomography medical imaging [J]. Nucl. Instrum. Meth. A, 2003, 505: 68~71.

[97] Sun L D, Liao C S, Yan C H. Structure transition and enhanced photoluminescence of $Gd_{2-x}Y_xO_3$: Eu nanocrystals [J]. J. Solid State Chem., 2003, 171: 304~307.

[98] Roh H S, Kang Y C, Park S B. Morphology and luminescence of (Gd, Y)$_2O_3$: Eu particles prepared by colloidal seed-assisted spray pyrolysis [J]. J. Coll. Inter. Sci., 2000, 228: 195~199.

[99] 陈积阳, 施鹰, 冯涛, 等. 闪烁陶瓷及其在医学 X – CT 上的应用 [J]. 硅酸盐学报, 2004, 32 (7): 868~872.

[100] Subramaniam V V, Martins L S, Vishwanath R M. Cerium-Doped Alkaline-Earth Hafnium Oxide Scintillators Having Improved Transparency and Method of Making the Same: US, 6706212 [P]. 2003.

[101] Zhang J L, Evetts J E. $BaZrO_3$ and $BaHfO_3$: preparation, properties and compatibility with $YBa_2Cu_3O_{7-x}$ [J]. J. Mat. Sci., 1994, 29 (3): 778~785.

[102] Ji Y, Jiang D Y, Chen J J, et al. Preparation, luminescence and sintering properties of Ce-doped $BaHfO_3$ phosphors [J]. Opt. Mat., 2006, 28 (4): 436~440.

[103] Maekawa T, Kurosaki K, Yamanaka S. Thermal and mechanical properties of perovskite-type barium hafnate [J]. J. Alloy. Compd., 2006, 407 (1): 44~48.

[104] 巴学巍, 柏朝晖, 张希艳. $SrHfO_3$: Ce 纳米粉体与陶瓷的发光特性研究 [J]. 中国稀土学报, 2007, 25 (1): 111~114.

[105] Villanueva-Ibanez M, Luyer C L, Parola S, et al. Influence of Sr/Hf ratio and annealing treatment on structural and scintillating properties of sol-gel Ce^{3+}-doped strontium hafnate powders [J]. Opt. Mat., 2005, 27: 1541~1546.

[106] 刘亚慧. 碱土铪酸盐闪烁陶瓷粉体的制备及发光性能研究 [D]. 长春: 长春理工大学, 2006.

[107] Ji Y M, Jiang D Y, Qin L S, et al. Preparation and luminescent properties of nanocrystals of Ce^{3+}-activated $SrHfO_3$ [J]. J. Cryst. Growth, 2005, 280: 93~98.

[108] Retot H, Bessiere A, Kahn-Harari A, et al. Synthesis and optical characterization of $SrHfO_3$:Ce and $SrZrO_3$:Ce nanoparticles [J]. Opt. Mat., 2008, 30: 1109~1114.

[109] Lempicki A, Brecher C, Szupryczynski P. A new lutetia-based ceramic scintillator for X-ray imaging [J]. Nucl. Instrum. Meth. A, 2002, 488 (3): 579~590.

[110] Shi Y, Chen Q W, Shi J L. Processing and scintillation properties of Eu^{3+} doped Lu_2O_3 transparent ceramics [J]. Opt. Mat., 2009, 31 (5): 729~733.

[111] Jahnke A, Ostertag M, Ilmer M, et al. Thermoluminescence of doped $Gd_3Ga_5O_{12}$ garnet ceramics [J]. Radiation Eff. Def. S., 1995, 135 (1~4): 401~405.

[112] Greskovich C, Duclos S. Ceramic scintillators [J]. Annu. Rev. Mater. Sci., 1997, 27: 69~88.

8 稀土配合物发光材料[1,2]

8.1 稀土配合物[3,4]

8.1.1 稀土配合物的特点

稀土元素的最外两层的电子组态基本相似，在化学反应中表现出典型的金属性质，容易失去 3 个电子呈正三价，它们的金属性质仅次于碱金属和碱土金属。通常将以稀土元素为中心原子的配合物称为稀土配合物。稀土配合物有许多自身的特点和规律。

稀土元素作为一类典型的金属，它们能与周期表中大多数非金属形成化学键。在金属有机化合物或原子簇化合物中，有些低价稀土元素还能与某些金属形成金属—金属键，但作为很强的正电排斥作用的金属，至今还没有见到稀土—稀土金属键的生成。从软硬酸碱的角度看，稀土元素属于硬酸，它们更倾向于与硬碱的原子形成化学键。

对稀土化合物中化学键的性质和 $4f$ 电子是否参与成键的问题，人们的观点比较一致，即稀土化合物的化学键具有一定的共价性和 $4f$ 轨道参与成键的成分不大。稀土化合物中化学键的共价性成分，主要贡献来自稀土原子的 $5d$ 和 $6s$ 轨道，其 $4f$ 轨道是定域的。

稀土元素与过渡金属相比，在配位数方面有几个突出的特点：

（1）有较大的配位数。例如：$3d$ 过渡金属离子的配位数常是 4 或 6，而稀土元素的配位数从 3 到 12 都有报道，一般来说大于 6，其中配位数 7、8、9 和 10 较常见，尤其是 8 和 9，这一数值比较接近 $6s$，$6p$ 和 $5d$ 轨道的总和。稀土离子具有高配位数的原因有两个：一个是稀土离子有较高的正电荷，特征氧化态为正三价，从满足电中性角度来说有利于生成高配位数的配合物，另一个是稀土半径大，因为只形成离子键配合物，空间因素也有利于形成高配位数的配合物。例如当配位数同为 6 时，Fe^{3+} 和 Co^{3+} 的离子半径分别为 55pm 和 54pm，而 La^{3+}、Gd^{3+} 和 Lu^{3+} 的离子半径则分别为 103.2pm、93.8pm 和 86.1pm。

（2）稀土离子的 $4f$ 组态受外层全充满的 $5s^2 5p^6$ 所屏蔽，在形成配合物中贡献小，与配体之间的成键主要是通过静电相互作用，以离子键为主，故受配位场的影响也小，配位场稳定化能只有 4.18kJ/mol；而 d 过渡金属离子的 d 电子是裸露在外的，受配位场的影响较大，配位场稳定化能不小于 418kJ/mol。因而稀土离子在形成配合物时，键的方向性不强，配位数可在 3 ~ 12 范围内变动。而 d 过渡金属离子的 d 组态与配体的相互作用很强，可形成具有方向性的共价键。

（3）在某些双核或多核配合物中，同一种中心离子可具有不同的配位环境。如在穴状配合物 $[(222)(NO_3)RE][RE(NO_3)_5(H_2O)](RE = Nd,Sm,Eu)$ 中，在配阳离子中，中心离子的配位数为 10，而在配阴离子中，中心离子的配位数为 11。

（4）稀土化合物的配位数既与稀土中心离子有关，也与配体有关。配位数常随稀土中心离子的原子序数的增大、离子半径的减小而减小，也随配体的体积的增大而减小。如当配位数为 8 时，La^{3+} 的离子半径为 116pm，到 Lu^{3+} 的 97.7pm，收缩约 15.8%，致使空间位阻随原子序数的增大而增大，配位数随原子序数的增大有可能减小，并发生结构的改变，也可能存在过渡区，在此区存在多晶型现象。

（5）由于稀土的配位数较大，故生成配合物的多面体也不同于 d 过渡金属离子。稀土配合物所形成的多面体类型很多，如三方棱柱（配位数为 6）、四方反棱柱（配位数为 8）、十二面体（配位数为 8）和三帽三方棱柱（配位数为 9）等。而 d 过渡金属离子的配合物常形成四面体（配位数为 4）、平行四边形（配位数为 4）和八面体（配位数为 6）等。

归纳稀土离子在不同价态和不同配位数条件下的有效离子半径的数据得知：

（1）同一离子，配位数越大，有效离子半径越大。例如：La^{3+} 在配位数为 6、7、8、9、10 和 12 时，其有效离子半径分别是 103.2pm、110pm、116pm、121.6pm、127pm 和 136pm。

（2）稀土离子的配位数越大，稀土中心离子与配体之间的平均键长越长。

（3）同一元素，当配位数相同时，正价越高，有效半径越小。例如同为 6 配位的 Ce^{3+} 的有效半径为 101pm，而 Ce^{4+} 的有效半径为 87pm；同为 8 配位的 Sm，Sm^{2+} 的有效半径为 127pm，而 Sm^{3+} 的有效半径则为 102pm。

（4）当配位数相同及价态相同时，原子序数越大，离子半径越小，这就是镧系收缩的结果。

决定稀土配合物配位多面体的主要因素是配位体的空间位阻，即配位体在中心离子周围在成键距离范围内排布时，要使配位体间的斥力最小，从而使结构更稳定。

8.1.2　稀土配位化学

稀土元素是亲氧的元素。稀土配合物的特征配位原子是氧，它们与很多含氧的配体如羧酸、冠醚、β-二酮、含氧的磷类萃取剂等生成配合物。配位原子的配位能力的顺序是 O > N > S，在水溶液中水分子也可作为配体进入配位，水合的热熔计算值为 $-3278 \sim -3722 kJ/mol$，这表明 RE^{3+} 与水有较强的相互作用。因此，要合成含纯氮配体的稀土配合物，必须在非水溶剂中或在不含溶剂的情况下进行，而对于 d 过渡金属离子，配位原子的配位能力的顺序是 N > S > O 或 S > N > O。

稀土离子的半径较大，故对配体的静电吸引力较小，键强也较弱。由于镧系收缩，配合物的稳定常数一般是随着原子序数的增大和离子半径的减小而增大。

在合成稀土配合物时，所选用的稀土与配体的摩尔比将影响所生成配合物的组成和配位数。介质的 pH 值将决定配合反应及生成配合物的形式，特别是在水溶液合成时，必须控制介质的 pH 值，使其不生成难溶的稀土氢氧化物沉淀。用非水溶剂时将有如下优点：

（1）可防止稀土及其配合物的水解，特别是使用碱度高的配体时更为适用。例如合成纯氮配合物需要在非水溶剂中进行。

（2）可以溶解作为配体的各种有机物和作为稀土原料的稀土有机衍生物。

（3）可利用各种方法和在较宽的温度范围内进行合成。

（4）可获得固定组成的、不含配位水分子的稀土配合物。

8.1.2.1　稀土与无机配体生成的配合物

稀土与大部分无机配体生成离子键的配合物，但当生成含磷的配合物时，化学键具有一定的共价性。稀土与无机配体形成配合物的稳定性的顺序为：

$$Cl^- \approx NO_3^- < SCN^- < S_2O_3^{2-} \approx SO_4^{2-} < F^- < CO_3^{2-} < PO_4^-$$

与含磷配体形成的配合物基本是螯合型的，故稳定性较高。稀土的无机含磷配合物的稳定性的顺序为：

$$H_2PO_4^- < P_3O_9^{3-} < P_4O_{10}^{4-} < P_3O_{10}^{5-} < P_2O_7^{4-} < PO_4^{3-}$$

稀土的无机含磷配合物中，当含有质子时，其稳定性低于不含质子的，环状的低于直链的并随链长的增长而下降。

8.1.2.2　稀土与有机配体通过氧生成的配合物

A　稀土与醇的配合物

稀土与醇生成溶剂化合物和醇合物。在溶剂化合物中，氧仍与醇基中的氢连接；在醇合物中，稀土取代了醇基中的氢。

醇的溶剂化合物的稳定性低于水合物。因此，在水醇混合溶剂中，当水量增大时，稀土离子的溶剂化壳层中的醇逐步被水分子所取代。

稀土无水氯化物易溶于醇而溶剂化，其饱和溶液在硫酸上慢慢蒸发可析出溶剂化的晶体 $RECl_3 \cdot nROH$，随碳链的增长和存在支链均会使 n 值减小。

稀土无水氯化物在醇溶液中与碱金属醇合物之间发生交换反应可生成醇合物

RE(OR)₃。$pK_a > 16$ 的脂肪族一元醇与稀土形成的醇合物只能存在于非水溶剂中，在水中将分解成稀土氢氧化物沉淀析出。

B　稀土与酮的配合物

稀土与酮可形成溶剂化物。由于稀土与 β-二酮配合物具有优良的萃取性能、发光性能、挥发性和可作为核磁共振位移试剂而为人们所重视，并进行了广泛的研究。

由于稀土与 β-二酮生成螯合环，并包含电子可运动的共轭链，使 β-二酮与稀土生成的配合物在只含氧的配体中是最稳定的。

生成 REL₃ 后，配位数为 6，由于稀土离子的半径较大，配位数较高，故配位仍未饱和，仍可与水分子、溶剂分子、萃取剂（如三辛基氧膦（TOPO）、磷酸三丁酯（TBP）和三苯基氧膦（TPPO）等）或含有电子给予原子（N、O）的中性分子"路易士碱"（如 NH₃、联吡啶）等结合，常生成配位数为 8 或 9 的配合物。例如，α-噻吩酰三氟丙酮（TTA）与 Eu³⁺ 可生成 Eu(TTA)₃(TPPO)₂ 和 Eu(TTA)₃·Dipy 等三元配合物。

当存在过量的 β-二酮时，也可生成配位数为 8 的配阴离子 REL₄⁻，并可与无机或有机阳离子生成盐。例如，与三乙基氨阳离子可生成 [NH(C₂H₅)₃][Eu(TTA)₄] 等配合物。

早在 20 世纪 60 年代，人们就开始研究三价稀土与 β-二酮合物的发光特性。最初作为激光材料而引起人们的关注。鉴于稀土 β-二酮配合物的高发光效率、高的能量传递效率、稳定的化学性质及可以固体或液体形式存在，使它们成为在所有稀土有机配合物中发光效率最高的一类稀土配合物，具有广阔的应用前景，而引起人们的极大兴趣。人们开展了许多研究，并得到一些规律：

（1）发光效率与配合物的结构密切相关，即配合物体系共轭平面和刚性结构程度越大，配合物中稀土发光效率也就越高，因为这种结构稳定性大，可以大大降低发光的能量损失。

孙婷等人[5]合成了 Sm³⁺ 的三种 β-二酮类配合物 Sm(HFA)₃、Sm(TTA)₃、Sm(DBM)₃，讨论了配体结构对称性对配合物荧光性能的影响，配体的不对称性越强，$f-f$ 跃迁越容易实现，由于 TTA 是不对称配体，而 HFA 和 DBM 是对称配体，因此 Sm(TTA)₃ 具有较高的荧光发射效率。

（2）配体取代基对中心稀土离子发光效率有明显的影响。例如在

中 R₁，R₂ 的电子给予特性是影响 Eu³⁺ 发光效率的重要

因素。当 R₂ 固定为 CF₃ 时，R₁ 结构对 Eu³⁺ 离子发光效率的影响次序为：

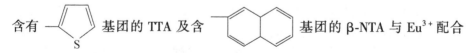

即 R_1 从左到右变化时，与这类 β-二酮配位的 Eu^{3+} 发光效率逐渐降低。

含有 基团的 TTA 及含 基团的 β-NTA 与 Eu^{3+} 配合

后，使 Eu^{3+} 的发光效率提高，这是因为这两个基团都有强的电子给予特性。

配体取代基的改变或引入会影响配体的能量状态，进而影响配合物的荧光性能。当配体的三重态能级远远高于 Sm^{3+} 的第一激发态能级时，可以考虑在配体中引入供电子基团，降低其三重态能级，使配体的三重态与中心离子的最低共振发射能级匹配得更好。例如，在配合物 $Sm(HFNH)_3phen$（HFNH = 4，4，5，5，6，6-六氟-1-(2-萘) 己烷-1，3-二酮）[6]中，配体中由于多氟烷基和共轭程度很高的萘的引入，使此配体的三重态能级降低，将吸收的能量有效地传递给 Sm^{3+}，增强了 Sm^{3+} 的特征发射。

（3）稀土发光效率取决于配体最低激发三重态能级（T_1）位置与稀土离子振动能级的匹配情况。Tb-BFA（苯甲酰三氟丙酮）几乎得不到高强度的发光，其原因在于 BFA 的 T_1 能级（约 $21400cm^{-1}$）与 Tb^{3+} 的 $^5D_4$（约 $21000cm^{-1}$）太接近。

（4）惰性结构的稀土离子 La^{3+}、Gd^{3+}、Y^{3+} 等影响 β-二酮配体的光谱性能，延长配体的磷光寿命（在 77K 下）。

（5）协同配体是影响稀土发光效率的另一个重要因素。如 Eu·TTA 配合物的发光效率比 En·TTA·phen 的低得多，其原因是 phen 对 Eu^{3+} 也有能量传递。由于利用协同配体能提高发光效率。近年来对稀土与 β-二酮的三元配合物，甚至四元、五元等多元配合物也开展了许多研究。

作为发光稀土配合物优良配体的 β-二酮类化合物主要有乙酰丙酮（AA）、苯甲酰丙酮（BA）、苯甲酰三氟丙酮（BFA）、α-噻吩甲酰三氟丙酮（TTA）和β-苯酰三氟丙酮（β-NTA）等。其中 AA 是 Tb^{3+} 绿色荧光配合物优良配体，其价格便宜。TTA 是 Eu^{3+} 红色发光配合物的优异配体，在所有有机配体中它的 Eu^{3+} 配合物荧光强度最高。

某些含杂环的 β-二酮，如 4 酰代吡唑啉酮与 Eu^{3+}、Tb^{3+} 也具有良好的发光性质。

C 稀土与羧酸的配合物

稀土与脂肪族一元羧酸如甲酸生成难溶的化合物。稀土与乙酸配合物的溶解度最大，其后随着碳链越长，生成的一元羧酸盐的溶解度越小，生成的 1:1 配合物的稳定性也越小。

有实用价值的是用乙酸溶液为洗脱液，钇的洗出位置在轻镧系部分 Sm – Y – Nd 之间，可利用其从钇族稀土中分离钇。

稀土与脂肪族二元羧酸生成难溶的中性盐，其中草酸是稀土分离、分析的常用而重要的试剂，其溶度积很小（ $-\lg K_{sp}$ 约为 25 ~ 29），在 pH = 2 的酸性溶液中利用饱和的草酸可使稀土定量沉淀而与很多杂质离子（如 Fe、Al 等）分离。

随着碳链的增长（丙二酸、丁二酸、戊二酸），配合物的稳定性低于草酸。对于不饱和的二元羧酸，如顺式丁烯二酸和顺式甲基丁烯二酸，可与稀土生成可溶性配合物；但反式丁烯二酸和甲基反丁烯二酸，由于羧基的反式位置引起的空间位阻，则不能生成这种可溶性配合物。

稀土与多元羧酸，如均丙三羧酸、丙烯三羧酸、乙撑四羧酸也能生成配合物。稀土与芳香族羧酸，如苯甲酸、硝基苯甲酸、氯苯甲酸、苯乙酸等生成中性盐，苯甲酸可形成 REL_n^{3-n} 的配合物，与邻苯二甲酸、萘酸生成难溶的中性盐。

稀土与羧酸能形成稳定的配合物，具有良好的化学性能和较好的发光性能，人们曾进行过许多研究。任慧娟等人合成了一系列芳香族羧酸配合物，研究了它们的光致发光性能[7~10]。将制得的化学组成为 $Tb_2L_3 \cdot 6H_2O$ 的邻苯二甲酸铽发光配合物与粘胶纤维复合，制得稀土发光粘胶纤维，对所合成的发光纤维进行荧光光谱测试表明，在紫外光 270nm 的激发下，发射峰位于 540nm 附近，它归属于 $^5D_4 \rightarrow ^7F_5$ 跃迁，是 Tb^{3+} 的特征绿色发光[11]。

尽管羧酸类稀土配合物发光材料的发光亮度目前尚不及 β-二酮的稀土配合物，但是其光稳定性优于后者。目前，羧酸类稀土配合物已用于光转换农用薄膜。近年来也出现了羧酸类的稀土配合物 OLED 材料，如邻氨基 – 4 – 十六烷基苯甲酸（AHBA）的 Tb(Ⅲ) 配合物 Tb(AHBA)$_3$，其三层 OLED 器件在 20V 驱动电压下，亮度可达 35cd/m^2[12]。

稀土与羟基羧酸如羟基 – 羧酸生成 REL_n^{3-n}（$n \le 4$）的配合物，它们的稳定性大于相同碳键长的一元羧酸，其原因在于羟基中的氧参与稀土配位而成环。

巯基羧酸稀土配合物的稳定性小于羟基羧酸，这是由于 S 对稀土的亲和力小于 O，而且 S 的体积又大于 O，从而妨碍了生成闭合的五元环。

稀土与羟基二羧酸如苹果酸（$COOHCHOHCH_2COOH$）比草酸的稳定性更高，表明了它们的结构是类似的，即羧酸与 α-羟基（或酮基）的氧与稀土也形成稳定的五元环。

稀土与羟基三羧酸，如柠檬酸（H_3Cit）与稀土可形成稳定的配合物，最早用于离子交换分离稀土中。柠檬酸与稀土在酸性介质中既可形成配阳离子 $[RE(H_2Cit)]^{2+}$ 和 $[RE(HCit)]^+$，在 pH 值为 6 ~ 8 和 $H_3Cit/RE = 1$ 时又可生成中性盐 RECit 沉淀，当过量柠檬酸时还可生成配阴离子 $RE_2Cit_3^{3-}$ 和 $RECit_2^{3-}$。

稀土与芳香族羟基羧酸如水杨酸（H_2A）能与稀土生成 $RE(HA)_n^{3-n}(n=1，2，3)$ 的配合物。5-磺基水杨酸（H_3SSA）与稀土生成 1:1 和 1:2 的 $RE(SSA)$ 和 $RE(SSA)_2^{3-}$ 可溶性配合物，羟基参与配位生成五元环。

8.1.2.3　稀土与有机配体通过氮原子或氮与氧原子生成的配合物

稀土与氮的亲和力小于氧，在水溶液中，由于稀土与水的相互作用很强，弱碱性的氮给予体不能与水竞争取代水，而强碱性的氮给予体又与水作用生成 OH^-，而生成溶度积很小的稀土氢氧化物沉淀（$-\lg K_{sp}$ 约为 19～24），因此很难制得稀土的含氮配合物。自 1964 年以后，利用适当的极性非水溶剂作为介质，合成出一系列含氮的配合物，配位数可达 8～9，表明 $RE^{3+}-N$ 之间有明显的相互作用，其主要是静电的相互作用。如合成出具有弱碱性的氮给予体生成的配合物 $RE(phen)_3A_3$（$A=SCN$）、$RE(dipy)_3A_3$、$RE(phen)_2X_3$（$X=Cl$）、$RE(dipy)_2X_3$、REPcX 等，又如合成出具有强碱性的氮给予体生成的配合物，如 $RECl_3 \cdot (NH_3)_n(n=1～8)$、$RECl_3 \cdot (CH_3NH_2)_n(n=1～5)$；无水稀土氯化物可在乙腈中与多齿的胺，如乙二胺（en）、1，2-丙二胺（pn）作用生成粉末状的配合物 $[RE(en)_4]X_3(X=Cl，Br)$、$RE(pn)_4Cl_3$ 等，但在空气中会很快水解。

稀土与氨基酸配合物的研究引起了人们的极大兴趣，因为氨基酸是组成蛋白质等与生命有关的单元物质。α-氨基酸在等电点（pH≈6）时为两性：NH_3^+—CHR—COO^-。比较稀土的一元羧酸和氨基酸的配合物表明，稀土与 N 和 O 原子同时配位时，可提高配合物的稳定性。

氨羧配合剂是常用于稀土分离和分析的配合物，如乙二胺四乙酸（EDTA）、氨三乙酸（NTA）、羟乙基乙二胺三乙酸（HEDTA）和二乙基三胺五乙酸（DTPA）等被人所熟知。其中 DTPA 是 8 齿配体，但对 $NdDTPA^{2-}$ 的吸收光谱研究表明，只有 3 个 N 原子和 3 个羧基的 O 原子参与配位，另两个羧基不进入内界。DTPA 在医学上还可作为人体内排除放射性元素的配合剂和在核磁成像上作为造影剂等。

稀土的有色配合物在稀土分析化学中很有用，所提出的一系列稀土分析用的显色剂不仅摩尔消光系数高，可达 30000～60000，而且一系列的变色酸的双偶氮衍生物甚至在 pH=1 时即可形成有色配合物，在此条件下，可大大减少阴离子的干扰。

为了形成稳定的有色配合物，配体必须是具有 π 电子的体系，而且具有可与稀土螯合的基团。芳香族化合物，特别是含偶氮基团的化合物，可满足第一个条件。含有多个 O 和 N 等给予原子（特别是在邻位上）的配体，可满足与稀土螯合的第二个要求。目前最常用于稀土比色和络合滴定的是二甲酚橙、偶氮胂Ⅰ和偶氮胂Ⅲ等。

8.1.2.4   稀土与大环配体及其开链类似物生成的配合物

稀土与大环配体及其开链类似物生成的配合物可分为：

（1）冠状配体，即含几个配体的单环分子，如冠醚和环聚胺。

（2）穴状配体，如聚环聚醚，有2个胺桥头，具有三维的腔，对不同阴离子可设计大小不同的腔，有些可含两个键合的亚单元，可形成双核配合物。

（3）多节配体，是非环状的开链的冠状配体和穴状配体的类似物。多节配体的配合物稳定性不如冠状或穴状的配合物。

由于稀土与极性溶剂（如水）生成相当稳定的溶剂化物，因此，这类配合物必须在非水溶剂（如丙酮、乙腈或苯）中制备。稀土离子既可能封囊在腔内，也可能在腔外，常常还可与阴离子或溶剂分子配合。

配合物的组成可以是稀土:配体为2:1、3:2、4:3、1:1、1:2等，在溶液中还可以是1:3。这取决于：（1）离子直径与腔的直径比 D_i/D_{co}；（2）阴离子的性质，特别是它与稀土离子的配位能力和空间位阻；（3）大环的柔软性，是否能容纳稀土离子。

值得注意的是 RE^{3+} 与大环配合物的光化学还原性质，如当甲醇中存在18C6时，用氩离子激光的波长为 $351\sim363nm$ 的光辐射能使 $EuCl_3$ 被光还原，Eu^{2+} 的320nm带增强10倍。在存有18C6和（2，2，2）时，用KrF准分子激光器的248nm的光辐照 $SmCl_3$，能使蓝色的 Sm^{2+} 的寿命从几秒增至 $3\sim4h$，但用汞灯辐照时却由于多光子过程而不成功。带有配合了 Eu^{3+} 的B15C5的金属（Zn）卟啉，当用小于500nm的光辐照时发生从金属卟啉的三重态至 Eu^{3+} 的分子内的电荷迁移，使 Eu^{3+} 还原成 Eu^{2+}。由于 Eu^{2+} 的体积较 Eu^{3+} 大而从冠醚的腔内排出。

RE^{2+} 的大环配合物难以制备，因易于氧化，产物中常只含30%～60%的 RE^{2+}。

三价稀土配合物中多吡啶与 Eu^{3+} 配合物也有较高的发光效率。由于多吡啶是"笼状"结构，而 Eu^{3+} 是被装在"笼状"结构中心，因此具有较高的化学稳定性。

许多环状配合物可以将稀土离子"包裹"起来，使稀土离子不受环境影响。特别是在水溶液中，水分子易于占据配位位置而损失稀土离子激发态能量，通过"包裹"的配体使稀土配合物形成独立存在的超分子，尽管这些孤立的超分子单元之间会有一些相互影响，这样可以保持稀土离子的发光特性。图8-1所示为稀土与"笼形"配体——多吡啶环状化合物形成的 $[REbipy \cdot bipy \cdot bipy]^{3+}$，和 RE 与 L6（枝状大环配体）$[REL6]^{3+}$ 配合物的结构。这些配合物中，稀土发光来自于配体吸收光的能量。

三价稀土与冠醚大环配合物几乎不发光，但 Eu^{2+} 和 Yb^{2+} 与冠醚类配合物却能发光。文献报道了在甲醇溶液中 Eu^{2+} –冠醚、穴醚及多醚配合物中 Eu^{2+} 的发光特性，结果表明，[2，2，2]穴醚和冠醚，特别是15C5与Eu^{2+}的配合物有更高的量子效率。对于Eu^{2+}–15C5配合物，最佳摩尔比为1:3，多余的15C5可能起到使Eu^{2+}与溶剂的隔绝作用，从而防止无辐射能量损失。

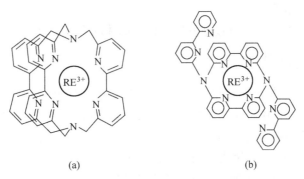

(a)   (b)

图8-1   [Eu^{3+}或Tb^{3+}]RE^{3+}的超分子配合物结构

(a) [REbipy·bipy·bipy]$^{3+}$；(b) [REL6]$^{3+}$

除了溶液配合物外，稀土与冠醚类也能形成固体配合物，但发光数据鲜见报道。日本 Adachi 等人[13]研究出Eu^{2+}与含冠醚基配合的高分子配合物。Sabbatini 等人[14]系统地研究了Eu^{2+}与穴醚配合物的光物理性质，穴醚 [2，2，2] 和 [2，2，1] 与Eu^{2+}的配合物，它们的吸收处于 260nm 的短波紫外光区，两种配合物的发射处于蓝光区。

李文连等人研制出Yb^{2+}–18C6配合物，并观测到它的紫外发光，其吸收和发射光谱如图8-2所示。配体中Yb^{2+}的吸收和发射分别对应于$4f^{14} \rightarrow 5d(e_g)4f^{13}$及$4f \leftarrow 5d(t_{2g})4f^{13}$的电子跃迁，配体几乎不参与它的吸收与发射电子跃迁。

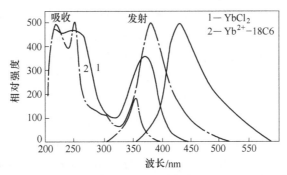

图8-2   在甲醇溶液中Yb^{2+}–18C6配合物与$YbCl_2$的吸收和发射光谱

稀土也可以通过碳原子生成的金属有机化合物，稀土还可以通过硼原子或氢原子生成的配合物，但它们的合成条件较难。

稀土配合物的发展趋势：

(1) 随着应用的需求和研究的深入，稀土配合物向多元体系发展，由二元稀土配合物发展到三元、四元稀土配合物。对多元稀土配合物的合成与性质的研究比较多而容易，但对其结构、稳定常数的测定较难。

（2）稀土配合物的应用领域不断扩大，从应用于稀土分离、分析发展到生物、医学等复杂体系。

（3）从稀土溶液配合物逐渐发展到稀土固体配合物及其应用。

8.2　稀土配合物发光

稀土配合物的发光现象早在 20 世纪 40～50 年代就被观察到了。1942 年，Wessman 证明配合物中稀土离子发光的主要能量来源于分子内的能量转移，即受激配体通过分子内能量传递激发中心离子，使中心离子发出特征荧光（天线效应或称敏化发光）。60～70 年代初随着激光的出现，人们为了寻找新的激光工作物质，开始对稀土光致发光配合物进行较系统的研究，几十年来随着稀土配合物研究的拓展，许多新化合物被合成，它们的结构与光谱性能被深入研究，使稀土配合物发光及其应用提高到了一个新的层次。

8.2.1　稀土离子发光

稀土配合物发光主要涉及稀土离子的发光，配体的光谱特性和配体与稀土离子之间的能量传递，其中最重要的是稀土离子的发光。

稀土离子发光，既可利用激发单重态的能量，又可利用配体的激发三重态能量，其理论量子效率可达到 100%。稀土元素的显著特点就是其 $4f$ 电子处于原子结构内层，配合物的发光波长取决于中心离子，配体仅起微扰作用，发光峰为窄谱带（半峰宽只有 10nm 左右），是理想的高色纯度发光材料。

根据稀土离子在可见光区的发光强度，可将稀土离子分为三类：

（1）发光较强的稀土离子。属于这一类的稀土离子有 Sm^{3+}（$4f^5$）、Eu^{3+}（$4f^6$）、Tb^{3+}（$4f^8$）、Dy^{3+}（$4f^9$），它们的最低激发态和基态间的 f-f 跃迁能量频率落在可见光区，同时 f-f 电子跃迁能量适中，比较容易找到适合的配体，配体的三重态能级容易与它们的最低激发态能级相匹配，从而发生有效的分子内传能作用，使中心离子的特征荧光得到加强。因此一般可观察到较强的发光。

Eu^{3+} 的特征发射位于 541nm、581nm、591nm、615nm、653nm 和 701nm 处，分别对应于 $4f$ 电子的 $^5D_1 \rightarrow {}^7F_0$、$^5D_0 \rightarrow {}^7F_0$、$^5D_0 \rightarrow {}^7F_1$、$^5D_0 \rightarrow {}^7F_2$、$^5D_0 \rightarrow {}^7F_3$ 和 $^5D_0 \rightarrow {}^7F_4$ 跃迁，其中以 $^5D_0 \rightarrow {}^7F_2$ 的电偶极跃迁（I_E）最强，$^5D_0 \rightarrow {}^7F_1$ 的磁偶跃迁（I_D）次之，而其他谱峰较弱，所以利用铕配合物可得到非常纯正的红光。

Tb^{3+} 的特征荧光发射位于 487nm、543nm、583nm 和 621nm，分别对应于 $^5D_4 \rightarrow {}^7F_6$、$^5D_4 \rightarrow {}^7F_5$、$^5D_4 \rightarrow {}^7F_4$ 和 $^5D_4 \rightarrow {}^7F_3$ 跃迁，其中以 $^5D_4 \rightarrow {}^7F_5$ 的跃迁最强，因此铽配合物的发光呈亮绿色。

Tb^{3+}的发射由^5D_J-^7F_J跃迁的多条谱线组成，Tb^{3+}的$^5D_3$和$^5D_4$能级间差值为5500cm^{-1}，其$^5D_3$-$^5D_4$多声子弛豫的可能性很小。当Tb^{3+}浓度低时，Tb^{3+}发射主要以$^5D_3$-^7F_J蓝光区为主（包括$^5D_3$-$^7F_6$，$^5D_3$-$^7F_5$，$^5D_3$-$^7F_4$，$^5D_3$-$^7F_3$，$^5D_3$-$^7F_2$）；当Tb^{3+}浓度较高时，由于发生了交叉弛豫$Tb^{3+}(^5D_3)$+$Tb^{3+}(^7F_6)$→$Tb^{3+}(^5D_4)$+$Tb^{3+}(^7F_{0.1})$，$^5D_3$-^7F_J的发射被猝灭，此时以$^5D_4$-^7F_J绿光发射为主（包括$^5D_4$-$^7F_6$，$^5D_3$-$^7F_5$，$^5D_4$-$^7F_4$，$^5D_2$-$^7F_3$）。除了浓度影响Tb^{3+}的$^5D_3/^5D_4$发射强度以外，另外两个影响因素是温度和激发波长。

Sm^{3+}的电子层结构为[Xe]$4f^5$，基态光谱项为$^6H_{5/2}$，有6个光谱支项，能量由低到高顺序为$^6H_{5/2}$、$^6H_{7/2}$、$^6H_{9/2}$、$^6H_{11/2}$、$^6H_{13/2}$、$^6H_{15/2}$，第一电子激发态能级为$^4G_{5/2}$。在一定波长的紫外光激发下，Sm^{3+}的特征发射波长一般为565.4nm、601.8nm、644.6nm，对应的跃迁分别为$^4G_{5/2}$→$^6H_{5/2}$、$^4G_{5/2}$→$^6H_{7/2}$、$^4G_{5/2}$→$^6H_{9/2}$，其发出的红光。

Dy^{3+}在可见光区发出特征的蓝光（470~500nm，$^4F_{9/2}$→$^6H_{15/2}$）和黄光（570~600nm，$^4F_{9/2}$→$^6H_{13/2}$）。后者的$\Delta J=2$，属于超灵敏跃迁，相当于Eu^{3+}的$^5D_0$-$^7F_2$红光发射，受周围环境影响较大，在适当的比例下形成白光。

Dy^{3+}在复合氧化物中的黄/蓝比（Y/B）主要受Dy^{3+}—O^{2-}键共价程度来影响。共价程度越大，Dy^{3+}的黄光增强越大，则Y/B值越大。

当Dy^{3+}取代基质中等价离子时，其黄/蓝比（Y/B）一般不随Dy^{3+}的浓度而改变。当Dy^{3+}取代基质中不等价离子时，由于缺陷的生成，浓度改变会产生局部对称性的改变从而引起黄/蓝比（Y/B）的改变。一般温度对Dy^{3+}的黄/蓝比（Y/B）没有明显影响。

（2）发光较弱的稀土离子。如$Pr^{3+}(4f^2)$，$Nd^{3+}(4f^3)$，$Ho^{3+}(4f^{10})$，$Er^{3+}(4f^{11})$，$Tm^{3+}(4f^{12})$和$Yb^{3+}(4f^{13})$。这些离子的最低激发态和基态间的能量差别较小，能级稠密，容易发生非辐射跃迁。因此，在可见光区只能观察到较弱的发光。

（3）惰性稀土离子。Sc^{3+}、Y^{3+}、$La^{3+}(4f^0)$和$Lu^{3+}(4f^{14})$等无$4f$电子或$4f$轨道已充满，因此没有f-f能级跃迁，不发光。而对于$Gd^{3+}(4f^7)$为半充满的稳定结构，其f-f跃迁的激发能级较高，因此，也归于在可见光区不发光的稀土离子。

需要指出的Eu^{2+}、Yb^{2+}、Sm^{2+}和Ce^{3+}等低价稀土离子，由于f-d跃迁吸收强度较高，往往在配合物中的发光性能主要由这些稀土离子的f-d吸收所主导。

在研究稀土配合物发光时，最有研究价值而关注最多的是发红光的铕配合物和发绿光的铽配合物。

8.2.2　配体的光谱特性[15]

稀土配合物是由稀土离子和有机配体组成的，它们之间形成配位键。为深入理解稀土配合物中稀土离子发光及能量传递过程，有必要先对有机配体的电子吸收跃迁有所了解，图 8－3 所示为有机配体电子跃迁的示意图。由图 8－3 可以看出，有机配体电子跃迁的电子能级顺序为：$\sigma < \pi < n < \pi^* < \sigma^*$。

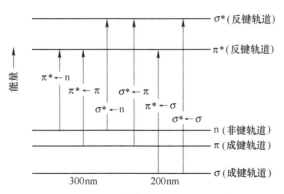

图 8－3　有机配位体分子电子跃迁示意图

各种电子跃迁对应的吸收波长为：(1) $\sigma \rightarrow \sigma^*$ 跃迁吸收波长短于 150nm，由于其吸收跃迁所需能量较高，因此 σ 键的电子不容易被激发；(2) $n \rightarrow \pi^*$ 跃迁主要发生在有机分子中杂原子上孤对（未成键）的 P 电子的电子跃迁，$n \rightarrow \pi^*$ 跃迁的吸光度较小，一般吸光系数 $\varepsilon < 100$，处于 R 区；(3) $\pi \rightarrow \pi^*$ 跃迁主要是发生在不饱和双键上的 π 电子跃迁，这种跃迁是所有有机化合物中吸光度最大的，其吸光系数 $\varepsilon > 10^4$，处于 K 区。由于三价稀土（除 Ce^{3+} 外）的吸收强度均较小，在稀土配合物中可依靠配体吸收能量并传递给稀土离子，提高稀土离子的发光效率与强度。

8.2.3　配体到稀土离子的能量传递

稀土配合物发光材料是由稀土离子与有机物配体结合而成，配合物中的配体与稀土离子存在着能量转移和发光的竞争。为提高稀土离子的发光效率与强度，期待着配体有较大的吸收和高效率的能量传递。特别是对于大多数具有 f-f 跃迁吸收的稀土离子，由于它们的吸收强度低，更需要通过分子内的能量传递将有机配体的吸收的能量转移给稀土离子以获得高的发光效率。

稀土离子能级与配体三重态能级不同匹配的情况，发射光谱明显不同。能合适匹配的配合物都发出 f-f 跃迁的线谱；匹配程度较低的，则 f-f 跃迁线谱与配体带谱同时出现；而惰性结构的 La^{3+}、Gd^{3+} 和 Lu^{3+} 配合物的发射及稀土能级在三重态能级上的配合物（如 $Sm(8HQ)_3$ 等）观察到的都是配体的带状发射。

关于分子中能量传递的机理，一直是稀土发光配合物研究中的热点，尽管提出各种观点，但大多数科学家认为其能量传递机理如图 8－4 所示。

稀土配合物分子内的能量转移的可能途径为：光激发后在配体中先发生 $\pi \rightarrow$

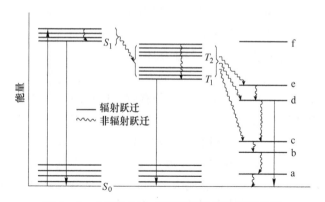

图 8-4 由配体向中心离子能量传递的示意图

S_0—配体的基态；S_1—配体最低激发单重态；T_1，T_2—配体激发三重态；a ~ f—稀土离子能级

π^*跃迁，处于基态的电子被激发到第一激发单重态的能级，即由 S_0 单重态到 S_1 单重态，该分子经过迅速的内部转移到较低的能级，处于激发态的分子可以辐射形式返回到基态，此时的电子跃迁为 $S_1 \rightarrow S_0$，产生分子荧光；或者发生从单重态向三重态的系间窜越，此过程为非辐射过程。三重态能级也可以向最低激发三重态发生内部转换，并可能由三重态的 T_1 向基态 S_0 产生自旋禁戒跃迁，发出长寿命的磷光（一般在低温下）；如果 T_1 与稀土离子能级相匹配，则会发生 T_1 与稀土能级的能量传递，最终稀土离子通过辐射跃迁回到基态能级，并辐射出特征的 f–f 线状光谱。如果稀土离子辐射能级与 T_1 能级间隙过小或存在其他陷阱（如水分子振动能级），也会发生非辐射过程，它将严重地影响稀土离子的发光效率。

从图 8-4 可知，当 T_1 能量传递到非发射能级 e，激发能量会以辐射形式向较低能级弛豫，直至到达发射能级为止；同时可以注意到，稀土离子能级中，a、b、c、d 能级位置均低于最低三重态 T_1 能级，原则上讲，从 T_1 到这些能级均有可能产生能量传递，但传递效率较高的应该是 T_1 与它有最佳匹配的能级。如从 T_1 向 d 或 c 的传递效率可能高一些，而 e 能级与 T_1 太近，似乎 T_2 能级更合适；如果能级高于 T_2 能级，将不发生从 T 能级向稀土离子能级的能量传递，则会产生有机配体的分子荧光或（低温下）磷光。

曾云鹗等人[16]曾总结出部分稀土配合物发光过程中的一些原则：（1）配体的三重态能级必须高于稀土离子的最低激发态能级才能发生能量传递；（2）当配体的三重态能级远高于稀土离子的激发态能级时，由于它们的光谱重叠小，也不能进行能量的有效传递；（3）若配体的三重态与稀土最低激发态能量差值太小，则由于三重态热去活化率大于向稀土离子的能量传递效率，则能量传递效率将下降，也不能很好地敏化中心离子的发光，致使荧光发射变弱。例如，α-噻吩三氟乙酰丙酮（TTA）和二苯甲烷（DBM）的三重态能量比 Eu^{3+} 的最低激发态$^5D_0$ 和

Tb^{3+}的最低激发态$^5D_4$都高，但它们都只能与Eu^{3+}很好匹配，配合物发出较强的红色荧光；而不能与Tb^{3+}很好匹配，配合物没有荧光产生。这可能是由于TTA与DBM的三重态能量虽然高于Tb^{3+}的$^5D_4$但其差值太小之故。

邓瑞平等人[17]研究发现DBM的最低三重态能级虽然要高于Sm^{3+}的共振发射能级，但其对Sm^{3+}的能量传递并不十分有效，这是因为DBM的三重态能级与Sm^{3+}的共振发射能级比较接近，存在较强的能量反传递过程，使分子内传能效率下降，从而削弱了中心Sm^{3+}的特征发射。Lunstroot等人[18]以吡啶类和β-二酮类有机化合物为配体合成了Sm^{3+}配合物，发现其荧光发射强度比相应的Eu^{3+}配合物要小，这是由于配体的三重态能级与Sm^{3+}的最低激发态能级的差值比Eu^{3+}的要小，存在较强的能量反传递过程，使能量传递的效率下降而削弱了Sm^{3+}的特征发射强度。

因此，配体的最低三重态能级与中心离子的共振发射能级存在一个最佳匹配值。

8.2.4　影响稀土配合物发光的其他因素

8.2.4.1　第二配体

稀土离子倾向于高配位，当稀土离子形成配合物时，由于电荷的原因，配位数往往得不到满足，此时常有溶剂分子参与配位。但如果用一种配位能力比溶剂分子强的中性配体（称为第二配体）取代溶剂分子，则可望提高配位化合物的荧光强度，例如$Eu(TTA)_3 \cdot phen$的发光强度比$Eu(TTA)_3 \cdot 2H_2O$要强得多，又如$Tb_2(C_6H_3S_2O_8)_2 \cdot (DMF)_5$的吸收和发射峰均比$Tb_2(C_6H_3S_2O_8)_2 \cdot (H_2O)_5$强（见图8-5）。第二配体的引入能在一定程度上影响荧光配合物的发光性能。

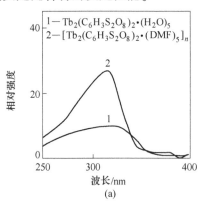
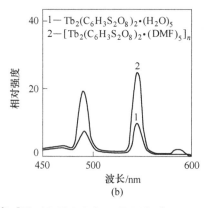

图8-5　$Tb_2(C_6H_3S_2O_8)_2 \cdot (H_2O)_5$和$[Tb_2(C_6H_3S_2O_8)_2 \cdot (DMF)_5]_n$
配合物的激发光谱（a）和发射光谱（b）

　　第二配体一般具有配位能力较强、共轭程度较高、刚性较好等特点。第二配体的引入可以取代水分子而满足中心离子的配位数，并减小配位水分子的高频 O—H 振动所带来的能量损失，从而提高配合物的荧光效率。此外，第二配体也可以参与分子内能量的吸收和传递过程，增加了激发中心离子所需的能量来源。

　　在有关钐配合物的研究中，作为第二配体引入配合物的配体使用最多的是 1，10 - 邻菲罗啉[19]。Brito 等人[20]的研究发现第二配体的引入使 Sm^{3+} 配合物的荧光强度增强顺序为：H_2O < TPPO（三苯基氧化磷）< PHA（N - 乙酰苯胺）< SBSO（二苄基亚砜）< PTSO（对甲苯基亚砜）。

　　第二配体的主要作用：

　　（1）常用溶剂分子（如水分子）参加配位时，溶剂中的 O—H 基团参与配位，由于与 O—H 声子的振动耦合，将使稀土离子的荧光强烈猝灭，水分子中的 O—H 高频振动使配体在吸收能量后部分地传给水分子，并以热振动的形式损耗，因此使发光的量子效率降低。第二配体引入，将部分甚至全部取代水分子的位置，减少能量损失，提高发光效率。

　　Xu 等人[21]研究了邻菲罗啉（phen）对配合物 $[Sm(sal)_4(phen)_2Na]$ 荧光性能的影响，发现 phen 的引入取代了水而参与配位，并使配合物结构刚性增大，从而大大增强了 Sm^{3+} 的特征发射。

　　（2）如果第二配位体的三重态能级高于稀土离子的最低激发态能级，例如 2，2' - 联吡啶（dipy）和邻菲罗啉（phen）的三重态能级分别为 $22913cm^{-1}$ 和 $22132cm^{-1}$，比 Tb^{3+} 的 $^5D_4$ 能级（$20454cm^{-1}$）高，则可能实现第二配体直接将能量转移给中心离子。

　　（3）第二配体也能作为能量施主。吸收的能量传递给第一配体，然后第一配体再将能量传递给中心离子，两步能量传递可能导致配合物的荧光寿命延长和荧光强度提高。如在 Sm^{3+} – DBM – TOPO 中存在着第二配体 TOPO 向第一配体 DBM 的能量传递。

　　（4）第二配体还可能起能量通道的作用，即将第一配体吸收的能量传递给中心离子。如在 Eu^{3+} – 3，4 – 呋喃二甲酸 – 邻菲罗啉的三元配合物 $EuH(FRA)_2 \cdot$ phen·$4H_2O$ 中，H_2FRA 的最低三重态能级高于 phen 的最低三重态能级，存在着从 H_2FRA 配体向 phen 配体的分子内能量传递，由于 phen 的最低三重态能级与 Eu^{3+} 的发射能级匹配良好，因此其 Eu^{3+} 三元配合物的发光性能优于相应的二元配合物。由此得知，依据能量匹配原则和配体间的分子能量传递机制，可以设计出发光性能优良的稀土配合物。

　　（5）对于某些含第二配体的三元配合物和相应的二元配合物的激发光谱基本相同，表明主要是第一配体来吸收能量。在此，第二配体可能仅起着增加中心离子配位数、稳定配合物的结构、改变中心离子的配位环境，进而影响配合物发光性能的作用。

8.2.4.2 惰性稀土离子微扰配合物的发光

惰性稀土离子对稀土配合物发光的影响，文献中曾有过许多报道，如 La^{3+}、Gd^{3+}、Lu^{3+} 和 Y^{3+} 等离子加入后，可使荧光体的发光增强。在稀土配合物中也观察到类似的现象，如慈云祥等人[22]在研究钛铁试剂与铽的配合物发光时，观察到钇加入后使铽的荧光增强；黄春辉等人[23]研究了一系列固体稀土-稀土异多核配合物的荧光特性，观察到 2，6-吡啶二甲酸（H_2DPA）与铕形成的配合物在可见光区能发出铕的特征荧光。当加入 La^{3+}、Gd^{3+} 或 Y^{3+} 后，都有不同程度的荧光增强作用，其中以 La^{3+} 的影响为最显著。张细和等人[24]在 Sm^{3+} 中掺入 Y^{3+}，以水杨酸和邻菲罗啉为配体合成了一系列新的三元配合物，研究了它们的荧光光谱，结果表明，荧光惰性离子 Y^{3+} 的掺入不仅改变了中心离子 Sm^{3+} 和配体的配位能力，还增强了 Sm^{3+} 的红光发射强度，且在掺入 Y^{3+} 的摩尔分数为90%时，达到最佳。

惰性稀土离子的加入对稀土配合的发光影响的可能原因为：

（1）加入惰性稀土离子后，由于惰性稀土离子的半径与发光稀土离子的半径不同，造成微小的结构畸变，这种结构畸变将会改变稀土离子与配体三重态的相互位置引起波长位移及其能量传递的有效性。

（2）由于惰性稀土离子的加入，稀释了发光稀土离子的浓度，将减小发光离子的相互作用，减小了激活离子的浓度猝灭。

（3）惰性离子形成的稀土配合物与激活离子配合物分子发生三重态到三重态的分子间能量传递，增强发光离子的能量来源。

（4）惰性稀土离子的加入使得配体的刚性增强，共轭体系加大，导致发光增强。

（5）由于形成了桥联的异核配合物，其中存在向发光离子的分子的能量传递。

8.2.4.3 稀土配合物中掺入非惰性稀土离子对荧光性能的影响

在一定量非惰性稀土离子配合物中同时掺入其他不同的稀土离子，将会产生不同的影响，有的可通过能量转移使发光增强，有的也能使发光减弱，有些稀土离子起到稀释剂的作用。李文先等人[25]合成了一系列以不同比例掺杂 Er^{3+} 的钐配合物，测定了这些配合物的荧光光谱并进行了比较，当配合物中掺杂 0.1%、0.2%、1% 的 Er^{3+} 时，配合物的荧光发射的位置几乎没变，但发射强度却都有不同程度的增强，其中在 604.6nm 处的强度从 448.0cd 分别提高到了 497.6cd、621.2cd，这表明 Er^{3+} 对 Sm^{3+} 的发光产生了敏化作用，原因可能是 Er^{3+} 的第一激发态能级约为 18350nm^{-1}，比 Sm^{3+} 的第一激发态能级 17655nm^{-1} 高出较多，Er^{3+} 通过配体吸收能量后再传给 Sm^{3+}，使 Sm^{3+} 的荧光发射强度增大，但当掺杂比例大于30%时，Er^{3+}对Sm^{3+}的发光起到猝灭作用。比较还可以发现，在所有的掺杂比例下，发射峰最强者都出现在604.8nm左右，对应于Sm^{3+}的${}^4G_{5/2} \to {}^6H_{7/2}$跃迁，这说明$Er^{3+}$对$Sm^{3+}$配合物的光谱结构影响不大。

8.3 稀土配合物光致发光材料及其应用

稀土配合物发光在工业、农业、生物学等许多领域获得了应用。稀土配合物发光可用于荧光探伤，还可用于检查集成电路块上不同部位的温度分布；利用稀土配合物可制成太阳能荧光聚集器用于太阳能电池；稀土配合物发光掺杂于聚合物基质，制成发光油墨用于商品防伪，制成发光涂料或发光塑料用于显示、装饰；稀土配合物发光材料由于其无可比拟的色纯度高的独特优点，有望在信息显示领域实现实用化。稀土配合物的光致发光被用于荧光免疫分析和稀土荧光探针，可为生命科学的研究提供许多生物分子微观结构方面的信息。稀土配合物发光材料应用于农用光能转换薄膜，可以起到使农作物增产、早熟的作用。根据实际应用需要可针对不同的用途，设计、合成出满足其相应要求的材料。

8.3.1 光转换材料方面的应用

8.3.1.1 稀土配合物光转换农膜

太阳光经大气层到达地面的光线中，波长为290~400nm的紫分光部分对植物生长不利，且对高聚物有较强的光氧化破坏作用，而植物进行光合作用主要靠叶绿素完成，叶绿素含量越高，光合作用的强度就越大。光生态学表明，400~480nm的蓝光区和580~700nm的红橙光区对植物光合作用十分有利，可明显提高植物叶绿素含量。将稀土配合物分散在农用薄膜中，当太阳光透过膜时，可以吸收太阳光中的紫外线，辐射出农作物光合作用所需要的红橙光，来增强作物的光合作用，并有效地改善农作物的光照条件，提高太阳光的利用率，从而达到促进作物增产、增收、优质、早熟的目的，并提高棚内温度，使作物提早定植并延长生长期，能使农作物增产，同时还可以减少紫外光对薄膜的破坏作用，延长大棚膜的使用寿命。稀土配合物可用于农用塑料大棚薄膜。值得提出的是为了降低成本，将β-二酮换成脂肪羧酸作配体制成的羧酸稀土配合物，尽管初始发光强度比不上β-二酮稀土配合物，但光照的稳定性有很大的提高，同时还可以用价格便宜的惰性稀土离子Gd^{3+}和Y^{3+}部分替代昂贵的Eu^{3+}或Tb^{3+}，使成本降低。稀土光转换薄膜已在农业上发挥了重要的作用。洪广言等人合成了稀土羧酸类光转换剂，使紫外光转换为红光，取得了良好的效果。用于光转换农膜中，对农作物的产量、质量及农膜的降解都能改善，且病虫害明显下降，蔬菜可增产10%~25%。光转换剂还可用于高级防伪材料、太阳能利用等。

8.3.1.2 白光LED器件

近来，随着近紫外光或蓝紫光LED芯片技术的发展和效率的提高，稀土配合物用作近紫外光激发有机荧光粉的研究得到了人们的重视。美国 Strouse 小组[26]制备了一种乙酰丙酮（acac）包覆的 Y_2O_3 : Eu 纳米颗粒。利用有机配体 acac 作为天线分子，敏化 Y_2O_3 的缺陷能级以及 Eu^{3+} 发光，可以得到一种近紫外光（350~370nm）激发的白色荧光粉。尽管在 370nm 激发下的光致发光量子产率仅为 18.7%，但制作的白光 LED 器件发光效率可达 100lm/W。

龚孟濂课题组合成了一种具有扩展共轭结构的有机配体用于敏化铕离子，其激发光谱可以拓展到 420nm 附近[27]。将这种配合物涂覆在 395nm 的 InGaN 芯片上用作紫外光激发的有机荧光粉，可以得到 Eu^{3+} 的特征红光发射。苏成勇等人利用一种多咪唑盐（PyNTB）组装了一类发白光的混金属配合物 Eu : Ag（PyNTB）[28]。郑向军等人利用一发蓝光的配体部分敏化稀土铽离子发绿光及铕离子发红光，通过调节不同稀土离子的含量得到以三基色混合而成的白光[29]。

涉及材料的紫外光耐受性的问题文献中报道很少。2013 年葡萄牙的 Carlos 等人报道了紫外光稳定的稀土配合物发光材料，稳定时间大于 10h[30]。黄春辉课题组利用一类八羟基萘啶的衍生物得到了能够具有良好紫外光耐受性能的稀土铕配合物发光材料（紫外光辐照数百小时发光亮度未见明显衰减），而且该系列材料具有很好的热稳定性（分解温度大于 400℃）和高的发光量子产率（约 84%）。

8.3.1.3 提高硅太阳能电池光转换效率

目前硅太阳能电池是较理想而常用的太阳能电池，它存在的问题是对太阳能各个波段的光尚未能充分利用，转换效率不高。根据材料的光谱特点，目前正在开展将紫外光或红外光转变为硅太阳能电池吸收的可见光。其方案是利用稀土配合物将紫外光转换为可见光，或将红外光转换为可见光，以提高硅太阳能电池光转换效率[31]。

Moleski 等人为提高 Eu-β-二酮配合物的发光效率，用 2,2-联吡啶（bipy）作为第二配体以增加配合物稳定性并使配位数饱和，生成 Eu(TTA)₃(bipy) 配合物，并将这种配合物分散在由溶胶-凝胶制备的 Ureasil 薄膜中形成纳米结构的有机/无机凝胶。这种缩聚物的有机/无机杂化薄膜可用于硅太阳能光转换器，通过此薄膜能把紫外光转换成硅太阳能电池敏感的红光成分。

8.3.1.4 荧光防伪材料

稀土配合物还可以用于荧光防伪材料。稀土配合物发光材料是吸收紫外光发出红光（Eu^{3+}）或绿光（Tb^{3+}），由于吸收波长与发光波长有较大的 Stocks 位移，因而发光材料的体色为白色，制成标记后不会留下痕迹，并在空气中不吸潮。将其用于防伪材料，难以被发现，而一旦用紫外光照射时就能显现出红色或绿色的斑痕。同时，由于有机配体的稀土配合物有较好的油溶性，可将其溶于印刷油墨，印制各种荧光防伪商标、有价证券。如用 Eu(TTA)₃phen 或 (Eu, Y)(TTA)₃phen 制备紫外激发、红光发射的防伪油墨。

8.3.1.5 多色溶液发光器件

日本 Sato 等人利用铕和铽的价态变化研究了多色溶液发光器件，他们把 Eu^{3+} 和 Tb^{3+} 与 β-二酮配合物溶解成溶液，在紫外光（365nm）照射下向其加电压，对于 Eu^{3+} 的配合物负极一侧不发光，因为在负极一侧 Eu^{3+} 被还原成 Eu^{2+}，而 Eu^{2+} - β-二酮配合物是不发光，对于 Tb^{3+} 的配合物，Tb^{3+} 在正极一侧不发光，因为 Tb^{3+} 在正极一侧被氧化成 Tb^{4+}，它的 β-二酮配合物也不发光，这样 Eu^{3+} 在正极侧发红光，Tb^{3+} 在负极一侧发绿光，形成一个多色电压发光器件。

日本大阪大学町田等人利用 Eu^{3+} 溶液电化学变色发光原理，实现了电压变色的发光。这种溶液体系中含有利于 Eu^{2+} 发光的环状多醚和 bipy。当电压改变导致 Eu^{2+} 变为 Eu^{3+} 时，会出现 Eu^{3+} 配合物的红色发光，当改变电压，使 Eu^{3+} 变成 Eu^{2+} 时，溶液会呈现 Eu^{2+} 的蓝色荧光，这有可能在变色显示中获得应用。

8.3.1.6 光放大

现代远程电子通信以世界范围的光缆为基础，由于数据损失，需要通过掺铒的光纤放大器（EDFAs）来弥补光纤信号的衰弱。但由于铒离子自身的吸收非常弱，EDFAs 需要沿着 10～30m 长的掺铒光纤轴向放置分离的泵浦激光器来实现粒子数反转，从而实现光增益。这既需要高能泵浦激光器，又不能将掺铒激光器的不同部件集成到同一基底上，这使得掺铒激光器笨重而昂贵。因为在大多数有机物中会出现 CH 或 OH 振动能量损失，铒离子的发射会被猝灭，从而使量子效率非常低。郑佑轩等人通过把高量子效率的全氟化铒配合物掺杂在全氟化的主体发色团分子中，实现了高吸收效率的主体发色团分子对铒离子的有效耦合，就消除了发射猝灭的问题[32]。同时由于高原子序数的氟原子会增加自旋轨道相互作用，从而导致系间穿越（ISC）效应增加，这就会增加因自旋而能与铒离子高效耦合的三线态。由于主体发色团中三线态具有很长的寿命，极大增加了敏化作用，使得敏化作用不仅来源于铒离子最近的主体发色团分子。用这种方法，实现了有机主体材料中的铒离子 7% 的量子效率（寿命 0.86ms），敏化因子达到 10^4 数量级（其他体系的敏化因子只有大约 5）。

进一步，在硅基底上成功制备了高光增益波导器件，使得非常低功率（3mW）蓝光 LED 作为泵浦光源，即可实现铒离子粒子数反转，达到至少 15dB/cm 以上的光增益。

8.3.2 配合物的结构探针

稀土离子作为发光探针一般可获得配合物中心离子的配位数、中心离子的局部对称性、配位体形式电荷之和、直接与金属离子键合水的数目及两个金属离子间的距离等结构信息，通过测定荧光配合物的高分辨荧光光谱，由高分辨荧光光谱谱线分裂情况给出晶体中金属离子的格位数和局部对称性。

在这方面应用的发光离子主要是 Eu^{3+}，这是由于 Eu^{3+} 的光谱相对简单，可以得到比较明确的结论。Eu^{3+} 的电子结构为 $4f^6$，在静电场作用下，电子间排斥作用可产生 119 个谱项，由于自旋和轨道偶合作用产生 295 个光谱支项，Eu^{3+} 进入分子结构后，配位场的作用使其简并的能级变成许多 Stark 能级或 J 亚能级，但 Eu^{3+} 的基态 $^7F_0$ 和长寿命激发态 $^5D_0$ 是非简并的，它们不会因晶体场的影响而发生分裂。而在不同的晶体场中，$^5D_0$ 能级的能量是不同的，因此在 Eu^{3+} 配合物的高分辨荧光光谱中，若 $^5D_0 \rightarrow {}^7F_0$ 只观察到一条跃迁谱线，则说明配合物中 Eu^{3+} 只有一种格位；若观察到两条谱线则配合物中 Eu^{3+} 可能有两种格位。当然，当配合物中 Eu^{3+} 有两种或多种格位时，由于能量相差不多，也可能只观察到一条较宽的谱带。

此外，还可以根据高分辨荧光光谱的谱线分裂情况来确定中心离子的局部对称性，已知 Eu^{3+} 的 $^5D_0 \rightarrow {}^7F_J$ 跃迁按 7 个晶系、32 个点群进行的分类。这样，就可以根据配合物的高分辨荧光光谱谱线数目来判断 Eu^{3+} 的对称性。图 8−6 所示为在 77K 下，用 337.1nm 的激发配合物 $Eu(p-ABA)_3 \cdot bipy \cdot 2H_2O$（$p-ABA$ 为对氨基苯甲酸根，bipy 为 $2-2'$ 联吡啶）所得到的发射光谱。从图中见到 $^5D_0 \rightarrow {}^7F_0$、$^5D_0 \rightarrow {}^7F_1$ 和 $^5D_0 \rightarrow {}^7F_2$ 跃迁分别产生 1、3（有一个肩峰）和 5 条谱线，可以认为配合物 $Eu(p-ABA)_3 bipy \cdot 2H_2O$ 中 Eu^{3+} 的对称性可能是 C_1、C_s、C_2。该配合物的晶体结构测定结果表明，Eu^{3+} 的对称性是 C_1。

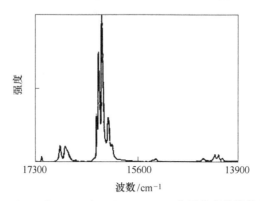

图 8−6 $Eu(p-ABA)_3 \cdot bipy \cdot 2H_2O$ 分子的高分辨荧光光谱

由此可见，通过对稀土发光配合物高分辨荧光光谱的分析，人们可以得到配合物结构的信息，它与 X 射线衍射对结构给出的信息相辅相成。

另外，也可以根据 Eu^{3+} 的 $^5D_0 \rightarrow {}^7F_1$ 和 $^5D_0 \rightarrow {}^7F_2$ 跃迁的相对强度来简便地分析中心离子格位的对称性。Eu^{3+} 的 $^5D_0 \rightarrow {}^7F_1$ 跃迁为磁偶极跃迁，在不同对称性下均有发射，其振子强度几乎不随 Eu^{3+} 的配位环境而变，而 $^5D_0 \rightarrow {}^7F_2$ 属电偶极跃迁，它的发射强度受 Eu^{3+} 配位环境发生明显的变化，它又称为超灵敏跃迁，

$^5D_0 \rightarrow {}^7F_2$ 跃迁与 $^5D_0 \rightarrow {}^7F_1$ 跃迁谱线的相对强度比可以说明中心离子的格位的对称性高低、配合物是否具有中心对称要素。当中心离子处于反演中心时，$^5D_0 \rightarrow {}^7F_2$ 跃迁的发射强度弱于 $^5D_0 \rightarrow {}^7F_1$ 跃迁的发射强度。由图 8 – 7 可以明显地看到 $^5D_0 \rightarrow {}^7F_2$ 跃迁谱带强度远比 $^5D_0 \rightarrow {}^7F_1$ 跃迁谱带的强度强，这说明该配合物中不存在反演中心，荧光中以 610nm 的成分为主，为亮红色。

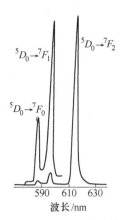

图 8 – 7　Eu(TTA)₄Epy 的荧光光谱

8.3.3　稀土配合物在生命科学中的应用

8.3.3.1　稀土生物大分子的荧光标记

稀土的荧光增强现象可用于生物大分子的荧光标记。荧光标记的主要原理是：用 Eu^{3+} 标记蛋白质（抗体或抗原），通过时间分辨荧光分析技术来检测 Eu^{3+} 的荧光强度，由于 Eu^{3+} 的荧光强度与所含抗原浓度成比例，从而可以计算出测试样品中抗原的数量（浓度）。其过程为先将 Eu^{3+} 与蛋白质中的羧酸形成不发光的稀土羧酸配合物，这种配合是定量的，然后把标记的蛋白质分子溶到增效液中，其中含有表面活性剂的胶束体系，再把标记的 Eu^{3+} 溶解下来，最后与在增效液中存在的β-二酮和中性配体形成发光的稀土三元配合物。在该胶束体系中的表面活性剂可以防止 Eu^{3+} 发光的无辐射能量损失。如非离子表面活性剂 Triton 可以将水分子从 Eu^{3+} 配合物周围排斥开，并使 Eu^{3+} 的配合物包裹在 Triton 的胶束中，加入第二配体（即增效剂如三辛基氧膦与 Eu^{3+} 配位，进一步增强铕配合物的发光强度）可使 Eu^{3+} 的定量灵敏度提高到 $10^{-17} \sim 10^{-14}$ mol/L。

稀土配合物的许多独特的优点，使它非常适用于荧光免疫分析中生物分子的荧光标记：（1）窄带发射，有利于提高分辨率；（2）Stokes 位移大（–250nm）有利于排除非特异性荧光的干扰；（3）荧光寿命长，有利于采用分辨检测技术；（4）4f 电子受外层电子的屏蔽，$f – f$ 跃迁受外界干扰小，配合物荧光稳定；

（5）配合物的激发波长因配体的不同而异，但发射光谱为稀土的特征发射，发射波长不因配体的不同而异。

8.3.3.2　荧光探针

生物样品里存在核酸、蛋白质及氨基酸等，稀土元素中的 Eu（Ⅲ）和 Tb（Ⅲ）作为代替放射性同位素和非同位素标记的荧光探针具有很大的潜力。特别是 Tb^{3+} 已被广泛地应用于研究 DNA 与生物体内 Mg^{2+} 的作用及其功能，使用稀土离子作为生物分子的荧光探针具有量子产率高、Stokes 位移大、发射峰窄、激发和发射波长理想及荧光寿命长等优点。Tb^{3+} 对核酸的作用具有高选择性和特异性。例如对 Tb^{3+} 作为核酸和核苷酸荧光探针的研究发现只有含鸟嘌呤的核苷酸才能有效地敏化 Tb^{3+} 的发光[33]，Tb^{3+} 与核酸作用时发现它只与单链核酸敏化发光，由此可提供有关核酸的结构信息。

Tb^{3+} 还被广泛地用作蛋白质中 Ca^{2+} 结合部位的探针，Tb^{3+} 与蛋白质结合后，一般可通过偶极 - 偶极无辐射能量转移导致 Tb^{3+} 的敏化发光，结合在不同蛋白质上的 Tb^{3+}，或同一蛋白质的不同结合部位的 Tb^{3+}，会导致处于不同化学环境的 Tb^{3+} 的敏化发光。正是这一特点，将有可能利用稀土荧光探针研究生物大分子金属离子结合部位和结构类型，Tb^{3+} 还可用来研究在特定的物理化学条件下蛋白质具体的平衡构象。对 Tb^{3+} 和 Eu^{3+} 荧光寿命的测定还可以给出蛋白质大分子构象及构象动力学方面的信息。

8.3.3.3　荧光免疫分析

荧光免疫分析中的主要问题是测量过程中的高背景荧光干扰而使测试的灵敏度受到限制，这些背景荧光来自塑料、玻璃及样品中的蛋白质等，其荧光寿命一般在 1~10ns。表 8-1 中列出了一些常见荧光基团的荧光寿命。因此可见，若用荧光素作为标记物，用时间分辨技术仍不能消除干扰，因此必须用具有比产生背景信号组分的荧光寿命更长的荧光基团作为标记才能发挥时间分辨测量的优点。从表 8-1 中可以看到某些镧系元素，如 Eu（Ⅲ）的螯合物的荧光寿命比常用的荧光标记物高出 3~6 个数量级，因此很容易用时间分辨荧光计将其与背景荧光区别开来。

表 8-1　一些荧光基团的荧光寿命

物　　质	荧光寿命/ns	物　　质	荧光寿命/ns
人血清蛋白（HSA）	4.1	异硫氰酸荧光素	4.5
细胞色素 C	3.5	丹磺酰氯	14
球蛋白（血球蛋白）	3.0	铕螯合物	$10^3 \sim 10^6$

要使 Eu^{3+} 与免疫活性组织之一（如抗体）牢固地结合，一般先将一种螯合剂如 EDTA 分子引入一个官能团，该官能团应能与免疫组织形成共价化合物，例

如氨基苯 – EDTA、异硫氰酸根合苯 – EDTA（见图 8 – 8）、1 – （p – 苯二氮）– EDTA 以及 DTPA 等，它们都能通过 EDTA 端螯合 Eu^{3+}，用另一端与蛋白质上的酪氨酸、组氨酸残基以共价结合；当免疫反应完成后，加入荧光增强液（即含有能与 Eu^{3+} 配合并能发荧光的试剂），改变 pH 值，使 Eu^{3+} 从免疫反应复合物上解离下来，在溶液中形成一个强荧光配合物，再用时间分辨方式来进行荧光强度的测量。由于 Eu^{3+} 与免疫活性组织氨基酸残基数成比例，因此由 Eu^{3+} 的浓度即可推算出氨基酸残基数。

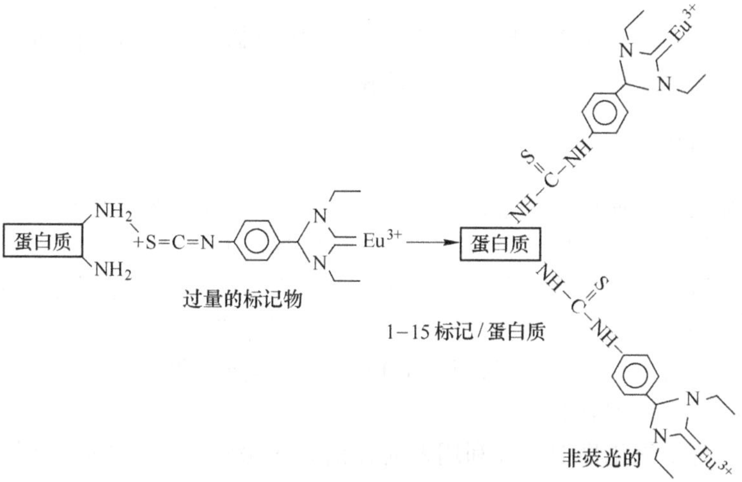

图 8 – 8 用异硫氰酸根合苯 – EDTA – Eu 标记蛋白质的原理

蛋白质在 4℃ 和 pH 值约为 9.3 的条件下与 60 倍摩尔浓度过量的标记物反应过夜，标记了的蛋白质通过在 Sepharose 6B 柱上的凝胶过滤而与过量的试剂分离。结合物的偶联率可通过测量标记蛋白质上 Eu^{3+} 的荧光与 Eu^{3+} 标准对照而获得。

时间分辨荧光免疫分析（TRFIA）是受到医学界关注的可代替放射性免疫分析的方法。选用合适的螯合剂与 Eu^{3+}、Tb^{3+} 等稀土离子形成配合物，来增强荧光强度。在 TRFIA 法中 Eu^{3+}、Tb^{3+} 等稀土离子的配合物与抗体（抗原）实现化学键结合，以其作为发光标记物，用以识别生物分子的结构、检测其数量及变化。荧光测量的实际对象是发光稀土配合物。TRFIA 法选用的配体是某种具有双重功能的螯合剂，它含有可与蛋白质等生物分子的 – NH_2 稳定结合的官能团，同时还具有能与稀土离子配位的基团，保证稀土离子能牢固地键合到抗体（抗原）上而且又不致影响标记抗体（抗原）的免疫活性。用稀土配合物标记抗原或抗体，可获得一系列重要的荧光免疫探针，如 Eu(Ⅲ) – 对异硫氰酸苄基 – DDTA 配离子。利用镧系元素螯合物的混合物进行多元标记的免疫分析方法目前在临床分析中应用较多。实际上，这类探针技术在环境和食品样品分析方面都具有巨大的应用潜力。稀土配离子还可作为核酸探针的标记物，建立时间分辨荧光核酸探针检测技术。

稀土有机配合物是窄带发射，有利于提高分辨率；Stokes 位移大有利于排出非特异性荧光的干扰；荧光寿命长，有利于采用分辨检测技术类 f 电子受内层电子屏蔽，$f-f$ 跃迁受到外界干扰小，配合物荧光稳定；配合物的激发波长因配体的不同而异，但发射光谱为稀土离子的特征光谱，发射波长不因配体的不同而异。这样独特优点使它非常适合作为荧光免疫分析中生物分子的荧光标记。联吡啶类化合物与稀土离子形成穴状配合物，荧光强度高、稳定性强、水溶性好、溶剂影响小。杯芳烃类配合物与此相似，其稀土配合物特殊的溶解性和可控性是作为荧光标记的主要优势，具有很好的应用前景。

8.3.4　其他应用

利用稀土 β-二酮配合物进行矿物发光分析，用以检测矿样中稀土含量，并用惰性结构的稀土离子（La^{3+}、Gd^{3+} 或 Y^{3+} 等）提高 Eu^{3+}、Sm^{3+} 的发光强度，从而提高稀土微量分析的灵敏度。文献曾对其荧光增强机理进行探讨，认为 La^{3+}、Gd^{3+} 及 Y^{3+} 加入到 Eu^{3+} – β-二酮配合物水溶液中，形成了 La^{3+}、Gd^{3+} 及 Y^{3+} 与 β-二酮配合物的"包围圈"，从而阻止 Eu^{3+} 向水溶液的非辐射能量损失，即减少了水的 O – H 对 Eu^{3+} 的发光猝灭。

在高纯稀土氧化物中可以利用发光光谱方法探测超痕量 Eu（含量低到 1×10^{-13} mol/L）[34]。特别是在 La_2O_3、Pr_6O_{11} 及 Dy_2O_3 中的 Eu，可以通过 Y 的配合物向 Eu 配合物的能量传递方式使 Eu^{3+} 的发光增强，达到超微量分析的目的。Byü 等人[35]采用 $Eu(TTA)_3(TPPO)_2$ 在 Tritonx – 100 表面活性剂体系可以排除其他稀土离子的干扰，在 10 倍其他稀土和 1000 倍 Y 和 Gd 的存在下，还可检测出 Eu 的含量。

8.4　稀土配合物有机电致发光材料及其应用[36]

8.4.1　有机电致发光的基本原理和器件结构

8.4.1.1　原理与结构

有机电致发光（OLED 或 OEL）具有高亮度、高效率、低功耗、低压直流驱动可与集成电路匹配、超轻薄、全固化、自发光、响应快、可实现柔软显示、易实现彩色平板大面积显示、制作工艺简单、低成本等诸多优点，在仪器、仪表、手机、家电、数码相机、手提电脑等领域中均有重要应用前景，已成为目前科技发展的热点。

OLED 的研究始于 20 世纪 60 年代，但由于有机化合物高的绝缘性严重影响其发光性能的发挥，而未能引起人们的重视。1987 年柯达公司 Tang 等人[37]报道以

8 – 羟基喹啉铝作为发光层获得了直流驱动电压低于 10V、发光亮度为 1000cd/m^2（一般视屏最高亮度为 80cd/m^2）、发光效率为 1.5lm/W 的 OEL 器件，这一突破性进展引起了人们极大的兴趣，近年来，已制出高效率和高稳定性的器件，一些 OLED 器件已达到实用化的要求。

用于 OLED 器件的发光材料主要有两类，即小分子化合物和高分子聚合物。小分子化合物又包括金属螯合物和有机小分子化合物，它们各具特色，互为补充。有机小分子化合物是利用共轭结构的 π→π* 跃迁产生发射，谱带较宽（100~200nm），发光的单色性不好；而金属螯合物，特别是稀土配合物，具有发射谱带尖锐、半峰宽窄（不超过 10nm）、色纯度高等优点，这是其他发光材料无法比拟的，可用以制作高色纯度的彩色显示器。作为 OLED 器件的发光材料，稀土配合物还具有内量子效率高、荧光寿命长和熔点高等优点。1993 年 Kido 等人[38]首次报道了具有窄带发射的稀土配合物 OEL 器件，近年来，国内在稀土 OLED 材料方面取得了令人瞩目的成果。

OLED 器件一般是由正负极、电子传输层、发光层和空穴传输层等几部分构成（见图 8 – 9）。OLED 器件发光属于注入型发光，正负载流子从不同电极注入，在正向电压（ITO 接正）驱动下，ITO 向发光层注入空穴，同时金属电极向发光层注入电子，空穴和电子在发光层相遇，复合形成激子，激子将能量传递给发光材料，经过辐射弛豫过程而发光。

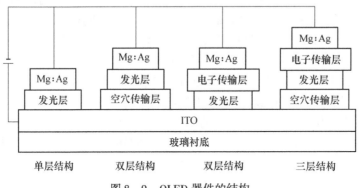

图 8 – 9　OLED 器件的结构

OLED 器件具有一般半导体二极管的电学性质，增大载流子的浓度和提高载流子的复合概率，有助于增强 OLED 器件的发光亮度，提高发光效率。由于电致发光属于注入式发光，而且只有当电子与空穴的注入速度匹配时，才能获得最大的发光亮度。一般来说，单层结构中电子和空穴的注入速度不匹配，为提高注入发光层中占少数载流子的密度，宜采用多层结构，即在阴极或阳极与发光层之间增加电子传输层或空穴传输层。具体采用何种结构应由发光材料的半导体性质决定，若所用的发光材料能够传导电子，即发光层的多数载流子是电子，就应在发光层与 ITO 之间增加一层空穴传输层，以提高空穴的注入密度，反之，则在金属电极与发光层之间增加一层电子传输层，只提高电子的注入密度。

整个器件附着在基质材料（一般为玻璃）上，实际的器件制作过程中，是先将 ITO 沉积在玻璃基质上制成导电玻璃。为控制阳极表面的电压降，要求 ITO 玻璃表面电阻小于 50Ω，因此必须使用表面光洁、质地优良的玻璃基片。对于小分子 OLED 器件，一般采用真空蒸镀法将有机薄膜镀于 ITO 玻璃上，最后将阴极材料镀于有机膜。制备聚合物 OLED 器件，一般不采用真空蒸镀的方法，而是将聚合物溶解在有机溶剂（如氯仿、二氯乙烷或甲苯等）中，然后再用旋涂或浸涂方法成膜；阴极薄膜以及多层结构中的其他小分子材料仍然采用真空蒸镀的方法制备。制备过程中的工艺条件（如温度、真空度和成膜速度等）会对器件的性能产生影响。OLED 薄膜厚度和载流子传输层厚度一般大约在几十纳米，发光层的厚度对器件的 EL 光谱性质和发光效率都有着明显的影响。加大发光层厚度，将导致驱动电压升高。发光层厚度微小的不均匀或微晶物的形成都会引起电击穿，所以，在成膜过程中应防止各层材料的结晶化。另外，有机材料与电极直接接触，容易与氧气或水分发生化学反应，以致影响器件的寿命，这是当前 OLED 应用中的一个难题。

8.4.1.2 OLED 的电极材料

载流子的注入效率决定激子的生成效率，电极 – 有机层之间的势垒高度决定载流子的注入机制和注入效率。为了提高载流子的注入效率，阴极和阳极的选择非常重要。一般来说，作为 OEL 器件的电子注入极的阴极材料的功函数较低为好，功函数低，可使电子在低电压下比较容易地注入发光层，如 Al、Ca、Mg、In、Ag 等金属就能满足这个要求。但低功函数金属的化学性质活泼，在空气中易氧化，往往采用合金阴极，目前普遍采用 Mg、Ag 合金和 Li、Al 合金等；也有采用层状电极，如 LiF/Al 和 Al_2O_3/Al 等来提高电子的注入效率[39]。

不同的发光层材料应配合不同的阴极材料，例如李文连等人[40]报道了一种稀土配合物 OEL 器件 ITO/TPD/Eu（DBM）$_3$Bath/Mg:Al（DBM 为二苯甲酰甲烷，Bath 为 4，7 – 二苯基 – 1，10 – 二氮杂菲）的启亮电压为 2.12V；若只用铝作电极，采用相同的器件结构和制备工艺，启亮电压为 2.6V。说明配合物与 Mg:Al 电极的匹配更好。

作为空穴注入极的阳极材料的功函数越高越好，高功函数材料有利于空穴注入发光层，一般采用 ITO。用可溶性聚苯胺代替 ITO 作阳极，可明显改善器件的性能，驱动电压降低 30% ~ 50%，量子效率提高 10% ~ 30%，而且，这种器件可以卷曲折叠，而又不影响发光。

8.4.1.3 载流子传输材料

A 电子传输材料

常用有机小分子电子传输材料有 1，3，4 – 噁二唑的衍生物，如联苯 – 对叔

丁苯 – 1，3，4 – 噁二唑和 1，2，4 – 三氮唑等。8 – 羟基喹啉金属螯合物既是很好的小分子发光材料，又是优良的电子传输材料，在 OEL 器件中可用作电子传输层。

8 – 羟基喹啉铝（Alq_3）本身是荧光量子效率很高 OLED 材料，同时又是电子传输材料。文献［41］以 Alq_3 作为电子传输层，制备了双层器件 ITO/$Eu(TTA)_m$(40nm)/Alq_3(20nm)/Al，发光效率明显提高。而且在器件的光发射中，既有稀土配合物发光材料 $Eu(TTA)_m$ 的发光（最大发射波长 616nm），又存在 Alq_3 的发光（最大发射波长 520nm）。通过改变各有机层的厚度，可得到不同颜色的 OLED 器件。

B 空穴传输材料

芳香族胺类化合物是主要的小分子空穴传输材料，具有较高的空穴迁移率，且离子化势低，亲电子力弱，能带宽。Adachi[42] 曾对作为空穴传输材料的 14 种芳香族胺类化合物进行比较，结果表明，空穴传输材料的电离能是影响 OLED 器件耐久性的主要因素，用低电离能的材料作空穴传输层，可以显著改善器件的稳定性；同时，他认为空穴传输层和阳极之间形成的势垒越低，器件越稳定。目前比较常用的空穴传输材料有 N，N′ – 二苯基 – N，N′ – 双（3 – 甲苯基）– 1，1′ – 联苯 – 4，4′ – 二胺（TPD）、N，N，N′，N′ – 四（4 – 甲基苯基）– 1，1′ – 联苯 – 4，4′ – 二胺（TTB）和 N，N′ – 双（1 – 萘基）– N，N′ – 二苯基 – 1，1′ – 联苯 – 4，4′ – 二胺（NPB）。

大多数聚合物发光材料本身又是良好的空穴传输材料，如聚对苯乙炔（PPV）。聚乙烯咔唑（PVK）是一种很典型的半导体，由于咔唑基的存在，使它具备很强的空穴传输能力，而且 PVK 具有较高的抗结晶化能力和很好的稳定性。聚甲基苯基硅烷（PMPS）也是一种性能优良的空穴传输材料。

在设计、制作 OLED 器件时，必须注意空穴传输材料的热稳定性，在材料的老化过程中，它可能产生结晶，以致影响器件的寿命。通常空穴传输材料的玻璃化温度 T_g 比电子传输材料低得多，如上述 3 种空穴传输材料（TPD、TTB 和 NPB）的 T_g 分别为 60℃、82℃和 98℃，而最常见的电子传输材料 Alq_3 的 T_g 为 175℃，因此空穴传输层是器件最薄弱的连接处。

传统的 OEL 器件对温度很敏感，温度升高，器件的稳定性下降。以有机 – 无机复合材料作为空穴传输层，有可能使这种情况得到改善。

对于指定的发光层材料，采用不同的空穴传输材料，器件可能表现不同的发光性质。文献［43］分别以 TPD 和 PVK 作为空穴传输层，稀土配合物 $Tb(acac)_3$phen 为发光层，制备了两种器件：ITO/TPD/$Tb(acac)_3$phen/Al 和 ITO/PVK/$Tb(acac)_3$phen/Al。图 8 – 10(a) 所示为器件发射偏蓝绿的白光的 EL 光谱。在此器件中电子与空穴的复合不但发生在发光层，而且也发生在空穴传输层，550nm 窄带为稀土配合物 Tb(acac)$_3$phen 中 Tb^{3+} 的 $^5D_4 \rightarrow {}^7F_5$ 跃迁所致，蓝紫光（415nm）由空穴传输层 TPD 产生，乃是电子越过 TPD/Tb(acac)$_3$phen 界面势垒在 TPD 层中与空穴复合所导致的发光。图 8 - 10(b) 所示为器件只呈现绿光发射的 EL 光谱，3 个窄发射带是 Tb^{3+} 的特征光谱，说明发光只产生于发光层，载流子的复合主要发生在发光层，PVK 起传输空穴阻挡电子的作用，限制载流子的复合区域。

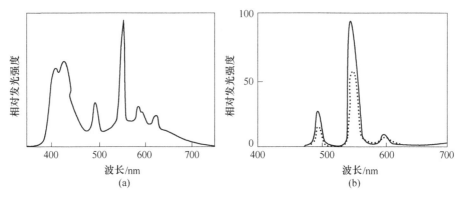

图 8 - 10　两种器件的 EL 光谱

（a）TPD 作空穴传输层；（b）PVK 作空穴传输层

8.4.1.4　发光层材料

发光层材料是 OLED 器件的核心，对它们的选择至关重要，应具有以下几个特点：

（1）高的荧光量子效率。

（2）良好的半导体特性，即具有较高电导率或可有效地传递电子和空穴。

（3）良好的成膜特性和机械加工性能。

（4）良好的化学稳定性和热稳定性。

用于 OLED 器件的发光层材料可分为两种不同的类型：一种类型是主体发光材料，这种材料既具有发光能力，又具有载流子传输能力，有的可作为电子传输层，称为电子传输层发光材料；有的可作为空穴传输层，称为空穴传输层发光材料；有的则具有双极性。另一种类型是掺杂型发光材料，即为了改变器件的发光光谱，在主体发光层材料中掺杂适当的发光物质，如掺杂小分子荧光材料来改变发光颜色；它可以通过主体发光材料分子的能量传递而受到激发，从而发射不同颜色的荧光。

8.4.1.5　有机 EL 与无机 EL 的区别

OLED 与无机交流 EL（ACTFEL）都属于电致发光，由于它们的发光机制不同，其器件结构也不同。OLED 属于注入型发光，从阳极注入的空穴和从阴极注入的电子在发光层复合形成激子，激子经去激活而发光。ACTFEL 机制为电场激发下的碰撞离化，从金属电极一侧的绝缘层与发光层界面进入发光层的电子被加速而形成过热电子，过热电子碰撞激发发光中心而产生发光，电子在 ITO 一侧的发光层与绝缘层界面被俘获，在交变电场的作用下实现连续发光。ACTFEL 基质半导体的结晶性能对材料性能，乃至器件性能的影响显著。OLED 器件的性能主要决定于材料的发光性能和电学性能。

从表面上看，OLED 和 ACTFEL 都采用多层结构，但层结构的功能完全不同，ACTFEL 的发光层两侧为绝缘层；而 OLED 的发光两侧为载流子传输层。ACTFEL 的发光层薄膜是多晶薄膜；OLED 的发光层薄膜一般是无定形薄膜（经热蒸发分子在室温极板上一过冷状态形成薄膜）。ACTFEL 的交流驱动电压在 300V 以上，OLED 的直流驱动电压为几伏到几十伏。ACTFEL 发光效率低，最高发光亮度不到 OLED 的 1/10。

8.4.2 稀土配合物 OLED 材料及其器件

8.4.2.1 稀土配合物 OLED 材料的发光机制

A 配体传递能量给稀土离子发光

在正向偏压驱动下，由 ITO 注入的空穴和由金属阴极注入的电子在发光层复合为激子，配体吸收激子的能量，再将能量传递给稀土离子而产生发光。大多数稀土配合物 OLED 材料属于这类发光，主要是 Sm^{3+}、Eu^{3+}、Tb^{3+}、Dy^{3+} 等稀土离子的配合物，它们发射稀土离子的特征光谱，配体的结构发生变化，或对配体结构进行化学修饰可以改善配合物的发光性能，但并不影响配合物的发射波长。这类配合物作为 OLED 材料的最显著优势是发射光谱为窄带。

属于这类发光的 OLED 材料，以 Eu（Ⅲ）和 Tb（Ⅲ）配合物为主。前者发红光，最大发射波长大约在 615nm 附近，相应于 Eu^{3+} 的 $^5D_0 \rightarrow {}^7F_2$ 跃迁。在 OLED 材料中，红色发光材料最为薄弱，Eu（Ⅲ）配合物发光效率高，色纯度高，受到人们极大的重视[44]。Tb（Ⅲ）配合物发绿光，最大发射波长在 545nm 附近，相应于 Tb^{3+} 的 $^5D_4 \rightarrow {}^7F_5$ 跃迁。

研究者普遍认为，稀土配合物中稀土离子的发光来自配体向中心离子的能量传递。李文连研究组[40]对 Eu（DBM）$_3$Bath 配合物电致发光的研究认为，在电致发光过程中，除了通常的配体向中心离子传递能量的解释外，还存在中心离子被电子直接激发的可能性。

除了 Sm^{3+}、Eu^{3+}、Tb^{3+}、Dy^{3+} 4 种离子的配合物具有较强的发光现象外，Pr^{3+}、Nd^{3+}、Ho^{3+}、Er^{3+}、Tm^{3+} 和 Yb^{3+} 也有着丰富的 $4f$ 能级，当稀土离子和配体的选择适当时，能够发射其他颜色的光，但强度较弱。

B 稀土离子微扰配体发光

Y^{3+}、La^{3+} 没有 $4f$ 电子；Lu^{3+} 的 $4f$ 轨道为全充满（$4f^{14}$），不能发生 f-f 跃

迁；Gd^{3+} 的 $4f$ 轨道为半充满（$4f^7$），最低激发态能级太高（约 $32000cm^{-1}$），在一般所研究的配体三重态能级之上。但这些稀土离子具有稳定的惰性电子结构的配合物也可以产生很强的发光，这是稀土离子微扰配体发光的结果。在这类配合物中，由于稀土离子对配体的微扰，分子刚性增强，配合物平面结构增大，π 电子共轭范围增大，$\pi \rightarrow \pi^*$ 跃迁更容易发生（相对独立配体而言），最终导致分子发光增强。对这类配合物的 OLED 研究较少，但近年也开始出现这方面的报道，如发射黄绿光的配合物 La（N – 十六烷基 – 8 – 羟基 – 2 – 喹啉甲酰胺）$_2$（H_2O）$_4$Cl，用该配合物的多层 LB 膜作为发光层的单层 OLED 器件，在 18V 驱动电压下亮度可达 $330cd/m^2$[45]。

8.4.2.2　稀土配合物 OLED 材料的分子结构与器件性能

A　配体的结构

提高器件发光亮度的关键之一是改善发光材料的性能，而稀土配合物发光材料的 OLED 性能与配体的结构密切相关，理想的配体应满足以下两个条件：

（1）一般来说，配体的共轭程度越大，配合物共轭平面和刚性结构程度越大，配合物中稀土离子的发光效率就越高。因为这种结构稳定性大，可以大大降低发光的能量损失。

（2）按照稀土配合物分子内部能量传递原理，配体三重态能级必须高于稀土离子最低激发态能级，且匹配适当，才有可能进行配体 – 稀土离子间有效的能量传递。

作为 OLED 材料，人们研究较多的稀土配合物的配体是 β-二酮类化合物，如乙酰丙酮（acac）、二苯甲酰甲烷（DBM）、α-噻吩甲酰三氟丙酮（TTA）等。Tb（acac）$_3$、Tb（acac）$_3$phen、Eu（DBM）$_3$phen、Eu（TTA）$_3$、Eu（TTA）$_3$phen、Eu（TTA）$_3$Bath 和 Eu（DBM）$_3$phen 等是比较常见的稀土配合物 OEL 材料。但是，上述配合物的 EL 器件驱动电压都比较高（超过 10V），而且在使用过程中容易出现黑斑，使器件稳定性下降。

β-二酮的稀土配合物作为 OLED 材料的优势在于其发光亮度高，但光稳定性差又是它难以克服的固有缺陷。近年来出现了羧酸类化合物的稀土配合物 OLED 材料。尽管羧酸类化合物的稀土配合物 OLED 材料的发光亮度目前尚不及 β-二酮的稀土配合物，但是其光稳定性优于后者，亮度可以通过改进设计、合成新型的羧酸类配体和改进器件结构获得提高。

电致发光中常用材料的几种铽配合物及几种铕配合物的分子结构如图 8 – 11 和图 8 – 12 所示。

B　第二配体

在发光配合物的结构中引入第二配体，可以明显地提高器件的发光亮度。例如，Tb（acac）$_3$ 二元配合物双层 OLED 器件亮度仅为 $7cd/m^2$（驱动电压 20V），引

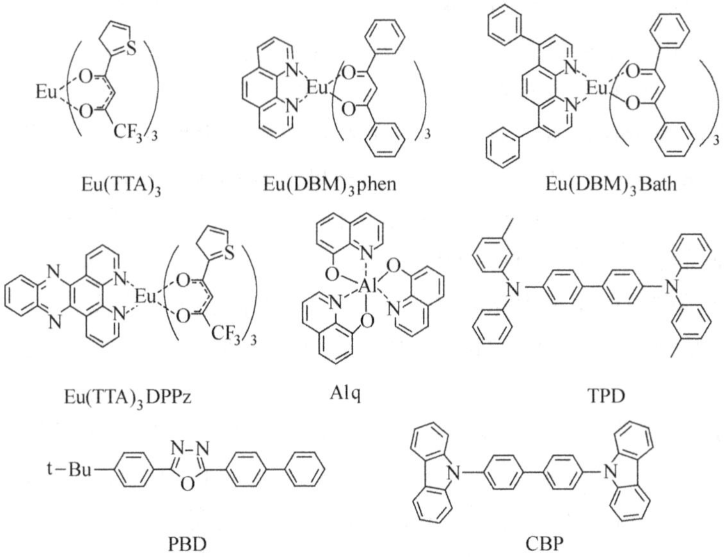

图 8-11　电致发光中常用材料的几种铕配合物的分子结构

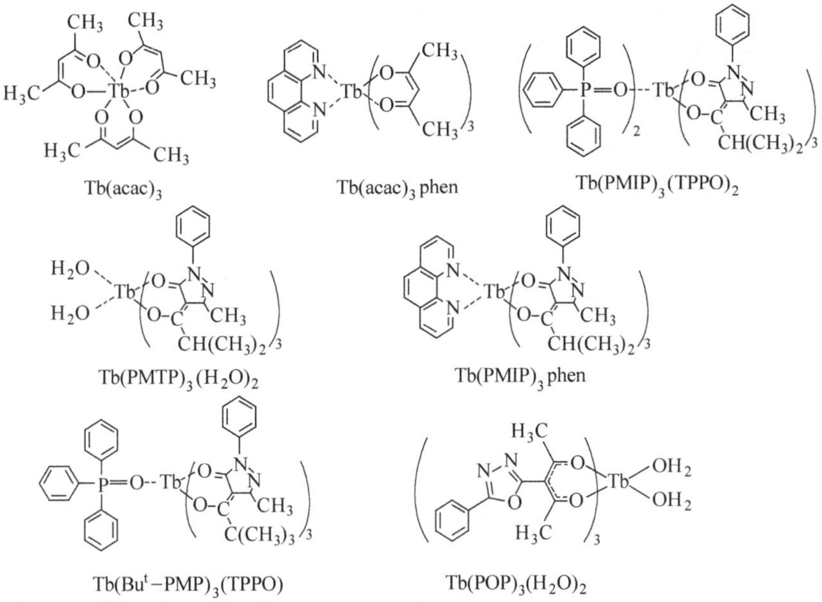

图 8-12　电致发光中常用材料的几种铽配合物的分子结构

入第二配体 phen 构成三元配合物 Tb(acac)$_3$phen，双层 OLED 器件最大亮度可达 210cd/m^2(驱动电压 16V)[46]；Eu(DBM)$_3$ 二元配合物双层 OLED 器件亮度仅 0.3cd/m^2(驱动电压 18V)，而三元配合物 Eu(DBM)$_3$phen 的双层 OLED 器件亮度 为 460cd/m^2(驱动电压 16V)[47]。从配合物的结构来看，第二配体的引入可以满足稀土离子趋向于高配位数的要求，从而提高配合物的稳定性；更主要原因是第二配体在提高配合物载流子传输特性方面起着至关重要的作用。而且，第二配体的结构不同，对材料电致发光效率的影响明显不同，如 $Eu(DBM)_3phen$ 的 OLED 器件发光亮度为 $460cd/m^2$，而以 phen 的结构改性衍生物 Bath 作为第二配体的配合物 $Eu(DBM)_3Bath$，OLED 器件的发光亮度可提高到 $820cd/m^2$[48]。一般来说，同为第二配体，共轭程度越高，所形成的配合物发光的激发能越低，EL 效率越高。黄春辉等人[49]采用 ITO/TPO（40nm）/Tb（PMIP）$_3$（TPPO）$_2$（40nm）/Alq（40nm）/Al 结构研制出最大亮度可达 $920cd/m^2$ 的高亮度绿色发光器件。Christon 等人报道了新型 β-二酮材料 $Tb(PMIP)_3Ph_3PO(TPPO)$，它的最大发光亮度可达 $2000cd/m^2$。

Compos 等人[50]用邻菲罗啉（phen）取代配位水，不仅消除了配位水引起的荧光猝灭，而且使生成的三元配合物 $Eu(DBM)_3phen$ 的成膜性大为改善，所得三层器件 $ITO/TPD/Eu(DBM)_3phen/Alq/Mg:Ag$ 的最大亮度达到了 $10cd/m^2$。考虑到 $Eu(DBM)_3phen$ 的载流子传输性较差和浓度猝灭问题，Kido 等人[51]将其与 1，3，4-噁二唑衍生物 PBD 共蒸成膜，制作了器件 $ITO/TPD/Eu(DBM)_3phen:PBD/Alq/Mg:Ag$，最大亮度达 $460cd/m^2$（16V）；李文连小组[48]用 4，7-二苯基-1，10-邻菲罗啉（Bath）作第二配体，合成了具有一定电子传输性的配合物 $Eu(DBM)_3Bath$，以此制作的器件 $ITO/TPD/Eu(DBM)_3Bath:TPD/Eu(DBM)_3-Bath/Mg:Ag$ 的最大亮度提高到 $820cd/m^2$，效率到达 $0.4lm/W$，在 $40cd/m^2$ 的亮度下器件寿命为 200h。

C 中心离子

稀土离子最低激发态能级与配体三重态能级的匹配程度，对稀土配合物内部的能量传递效率起着极其重要的作用。因此，对于某一指定配体，必须选择适当的稀土离子与其配合，配合物才有可能产生较强发光。例如，TTA 是一种发光稀土配合物的优良配体，而 Sm^{3+}、Eu^{3+}、Tb^{3+}、Dy^{3+} 又都是可以具有较强发光的稀土离子，但 Tb^{3+}、Dy^{3+} 的 TTA 配合物的几乎不发光。

不同稀土离子形成的配合物所表现的 OLED 性质有所不同。但由于稀土离子的发射属于内层 $f-f$ 跃迁受配体的影响较小，故稀土离子的特征发射峰位基本保持不变。

Eu^{3+} 的特征发射位于 541nm、581nm、591nm、615nm、653nm 和 701nm 处，分别对应于 $4f$ 电子的 $^5D_1 \rightarrow ^7F_0$、$^5D_0 \rightarrow ^7F_0$、$^5D_0 \rightarrow ^7F_1$、$^5D_0 \rightarrow ^7F_2$、$^5D_0 \rightarrow ^7F_3$ 和 $^5D_0 \rightarrow ^7F_4$ 跃迁，其中以 $^5D_0 \rightarrow ^7F_2$ 的电偶极跃迁（I_E）最强，$^5D_0 \rightarrow ^7F_1$ 的磁偶跃迁（I_D）次之，而其他谱峰较弱，所以利用铕配合物的电致发光可得到非常纯正的红光。

目前在有机红、绿、蓝三基色显示材料中，红色发光材料被认为是最薄弱的一环。主要是因为对应于红色发光的跃迁都是能隙很小的跃迁，难以与载流子传输层的能量匹配，从而不能有效地使电子和空穴在发光区复合。1991 年 Kido 等人利用稀土铕配合物 $Eu(TTA)_3 \cdot 2H_2O$ 作为发光材料制作有机电致发光器件，实现了窄谱带的红色发光，但最大亮度仅为 $0.3cd/m^2$。

Tb^{3+} 的特征荧光发射位于 487nm、543nm、583nm 和 621nm，分别对应于 $^5D_4 \rightarrow {}^7F_6$、$^5D_4 \rightarrow {}^7F_5$、$^5D_4 \rightarrow {}^7F_4$ 和 $^5D_4 \rightarrow {}^7F_3$ 跃迁，其中以 $^5D_4 \rightarrow {}^7F_5$ 的跃迁最强，因此铽配合物的发光呈亮绿色。1990 年 Kido 小组将三（乙酰丙酮）合铽 $(Tb(acac)_3)$ 作为发光层与空穴传输材料 TPD 组装成双层器件，得到了纯正的绿色光，亮度为 $7cd/m^2$。

1998 年黄春辉研究组[52]报道了配合物三（1 – 苯基 – 3 – 甲基 – 4 – 异丁基 – 5 – 吡唑邻酮）二（三苯基氧膦）和铽 $Tb(PMIP)_3(TPPO)_2$ 的电致发光行为，三层器件 $ITO/TPO/Tb(PMIP)_3(TPPO)_2/Alq/Al$ 的最大亮度达到 $920cd/m^2$，流明效率 $0.51lm/W$。

张洪杰等人研制出结构为 $ITO/PVK/Sm(HTH)_3phen/PBD/Al$ 的器件，获得最大的发光亮度为 $21cd/m^2$。

李文连研究组[53]以镝配合物 $Dy(acac)_3phen$ 作为发光和电子传输层，PVK 作为空穴传输层，制备双层结构白光发射器件。由图 8 – 13 可见，镝配合物 $Dy(acac)_3phen$ 的 EL 光谱和 PL 光谱十分相似，Dy^{3+} 在可见光区有两个主要的发射峰均位于 480nm（黄）处和 580nm（蓝）处，它们分别相应于 Dy^{3+} 的 $^4F_{9/2} \rightarrow {}^6H_{13/2}$ 和 $^4F_{9/2} \rightarrow {}^6H_{15/2}$ 跃迁，在适当的黄光、蓝光强度比条件下，Dy^{3+} 可产生白光发射。

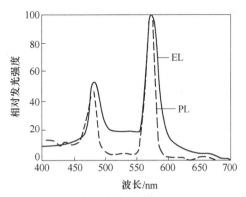

图 8 – 13 $Dy(acac)_3phen$ 的 EL 光谱和 PL 光谱

李文连等人发现厚度在一定范围内的铽配合物 $Tb(acac)_3phen$ 薄膜在 OLED 器件中具有这种激子限制作用，它的厚度对载流子复合区域和器件发光颜色有显著的影响。将载流子的复合限制在一定区域，可以人为地控制 OLED 器件的发光颜色。

除了 Sm^{3+}、Eu^{3+}、Tb^{3+}、Dy^{3+} 4 种离子的配合物较强具有的发光外，最近关于 Pr^{3+}、Nd^{3+}、Ho^{3+}、Er^{3+}、Tm^{3+} 和 Yb^{3+} 等的 OLED 研究也有报道。如 $Tm(acac)_3phen$ 发蓝光，最大发射波长 482nm（相应于 Tm^{3+} 的 $^1G_4 \rightarrow ^3H_6$ 跃迁），OLED 器件最大亮度 6cd/m$^{2[54]}$。近年来发现，这几种离子的配合物还可能产生红外光发射，如 Ndq_3（q 为 8 - 羟基喹啉）配合物得到了 900nm、1064nm 和 1337nm 的红外电致发光[55]，有望用于通信领域。

Katkova 等人[56]合成了基于 SON（2 - 2（2 - 苯并噻唑 - 2 - ）苯酚）配体的一系列近红外发射的稀土元素（Pr，Nd，Ho，Er，Tm 和 Yb）配合物并对其电致发光性能做出了表征。其中最高辐照效率的器件是基于 Nd 和 Yb 的，分别达到了 0.82mW/W 和 1.22mW/W。

Mikhail N. Bochkarev 等人报道了一系列基于全氟代苯酚作为单齿配体，2，2′ - 联吡啶等作为中性配体的一系列稀土配合物 $Ln(OC_6F_5)_3(L)_x$，并将其作为发光层制作了一系列器件[57]。他们发现都有 TPD 与发光层之间的界面中电荷对复合物的 580nm 很宽的发射，同时具有典型的 $f - f$ 跃迁发射。

W. P. Gillin 等人报道了基于全氟代化合物 $Er(F - TPIP)_3$ 掺杂在全氟代配体 $Zn(F - BTZ)_2$ 中作为发光层的器件。由于避免了 C—H 振动对于红外发射的猝灭，器件的量子效率可达 7%，远高于一般非全氟代配体 Er 配合物的效率，展示了稀土红外材料在光通信领域的利用前景。

卞祖强等人于 2013 年报道了一种基于吡啶 - 羟基萘啶的三齿阴离子配体，将其用于三价稀土离子 Nd、Yb、Er 的敏化，并以热蒸镀的方法制备了 OLED 器件[58]。Nd、Er 和 Yb 的最大红外辐射强度和最大外量子效率分别为：25μW/cm^2，0.019%；0.46μW/cm^2，0.004%；86μW/cm^2，0.14%。

稀土离子的电致发光增强作用。在光致发光中引入其他稀土离子来增强某一特定稀土离子的发光，是提高配合物发光强度的常用措施，但在电致发光中很少见到这方面的报道。惰性结构的稀土离子（如 Y^{3+}、La^{3+}），其 β-二酮配合物不发光。然而，有文献报道，异双核稀土配合物 $EuY(TTA)_6phen$ 的 OLED 器件的亮度比 $Eu(TTA)_3phen$ 提高了 10 倍[59]。惰性结构的稀土离子与荧光稀土离子共同作为中心离子形成异双核配合物，提高配合物的电致发光强度，可能是由于在这种体系中除了配体向中心离子的能量转移外，还存在不同中心离子之间的能量转移。双核配合物中配体数目是单核的两倍，而能量却集中传递给一个 Eu^{3+}，使 Eu^{3+} 获得更多的能量，从而发光强度大大提高。

李文连研究组[60]报道了在电致发光中用 Tb^{3+} 增强 Eu^{3+} 发光的现象。单纯 Tb（Ⅲ）配合物 $Tb(acac)_3phen$ 的 OLED 器件的驱动电压在 16V 时，亮度可达 200cd/m^2；而单纯 Eu（Ⅲ）配合物 $Eu(acac)_3phen$ 的 OEL 器件发光微弱，只能在暗室中观察到红光。但在双稀土配合物的 OEL 器件中，Eu^{3+} 的发光明显强于

Tb^{3+}的发光，而且器件的相对发光强度比单纯 $Eu(\mathrm{III})$ 配合物 OLED 器件提高了将近一个数量级，这表明 Tb^{3+} 的加入的确能够增强 Eu^{3+} 的发光。对于这个现象的解释为：激子将能量传递给配体，配体再将能量传递给 Eu^{3+} 和 Tb^{3+}，而 Tb^{3+}又把大部分能量转移给 Eu^{3+}，从而增强了 Eu^{3+} 的发光。同时，可以认为发生了Tb^{3+} 的荧光猝灭，Tb^{3+} 在此主要起敏化剂的作用。

D 材料的电致发光（EL）性能与光致发光（PL）性能相关性

一般认为，满足 OLED 材料的基本条件之一，就是要有高的 PL 效率。PL 效率低的材料，不可能用于 OLED 器件。然而，许多事实说明具有高的 PL 效率，也不一定就是优良的 EL 材料。例如，在 365nm 紫外光激发下，$Eu(TTA)_3phen$的 PL 亮度明显高于 $Eu(DBM)_3phen$；但在相同 OEL 器件条件下，$Eu(TTA)_3phen$的最大亮度仅 $137cd/m^{2[61]}$，远比 $Eu(DBM)_3phen$ 的亮度（$460cd/m^2$）要低。主要原因是：前者作为 OLED 材料的成膜性不好及载流子传输性差。OLED 材料对稀土配合物的要求比相应的 PL 配合物更为苛刻，除了高的荧光量子效率之外，还要考虑：（1）载流子传输特性；（2）加工性能，其中包括在真空蒸镀等条件下的热稳定性、可升华性、成膜性（例如在几十纳米的薄膜中不产生针孔）以及将其分散于特定的高分子材料中是否可以保持原有的发光性能等。

稀土配合物的窄带发射和很高的量子效率，在作为发光层制备高色纯度的全色 OLED 显示器件方面极其有利，但是，作为 OLED 器件的发光层材料，目前，在性能方面尚不及其他小分子材料和聚合物材料，还存在许多困难，如发光强度不高、载流子传输性较差等，但相信通过对稀土配合物分子结构和发光器件结构的改进将有可能使稀土配合物成功地应用于 OLED 显示器件中。

E 载流子传输特性

在稀土铕配合物电致发光器件中，电子和空穴分别分布在稀土铕配合物分子和主体材料分子上，随着电压的提高，从稀土配合物分子到主体材料分子的电子传输逐渐增强，导致器件的主导发光机理从载流子俘获转变为能量传递。通过适当降低器件的电子注入，实现了电子和空穴在稀土铕配合物分子上的局部平衡，从而大幅提升了器件的发光效率。选择具有优越电子传输能力的 Alq_3 三元掺杂到器件的发光层，提高了电子注入发光层的能力并促进了电子在发光层的传输，从而延缓了器件的效率衰减。

在稀土铕配合物电致发光器件中，大量的电子由于势垒的缘故积累在空穴阻挡层中靠近发光层的界面处；另外，在外加电场的作用下，积累在发光层中靠近空穴阻挡层界面处的空穴通过稀土铕配合物分子的阶梯作用隧穿进入空穴阻挡层，与积累在其中的电子复合导致空穴阻挡材料电致发光的现象。依据这一结论，通过优化空穴阻挡层和电子传输层的厚度和蒸发速率，实现了对电子注入和传输的有效控制，减少了电子在空穴阻挡层界面处的积累并促进了载流子在发光区间的平衡，最终提高了器件的效率和色纯度。

Li 等人[62]通过改性过渡金属配合物发光材料、设计双发光层器件结构并引入稀土配合物作为载流子注入敏化剂，成功制备出一系列蓝、绿、红、白色有机电致发光器件。其中：蓝色器件的最大电流效率为 54.27cd/A，最大功率效率为 56.59lm/W；绿色器件的最大电流效率为 119.36cd/A，最大功率效率为 121.73lm/W；红色器件的最大电流效率为 65.53cd/A，最大功率效率为 67.20lm/W；纯白光器件的最大电流效率为 54.25cd/A，最大功率效率为 54.95lm/W；暖白光器件的最大电流效率为 56.27cd/A，最大功率效率为 57.39lm/W。

制约稀土配合物电致发光效率的瓶颈是其载流子传输性能相对较差。迄今所得到的较好的稀土配合物电致发光器件大部分都采用了掺杂技术，以克服主体材料的缺陷，特别是改善载流子传输性能。文献 [63] 将配合物 Eu(TTA)₃(DPPZ)掺杂在空穴传输材料 CBP 中，以 TPD 或 NPB 作为空穴传输层，制作了一系列的器件，其中 ITO/TPD/Eu(TTA)₃(DPPZ)∶CBP(4.5%)/BCP/Alq/Mg∶Ag 的效果最好，最大亮度达 1670cd/m²，外量子效率为 2.1%，功率效率为 2.1lm/W。

改善载流子传输性能的另一个有效方法是对配体进行合理修饰，引入功能基团，优化材料。北京大学黄春辉研究小组在这方面进行了系统的研究[64~66]。表 8-2 中列出该研究组修饰第二配体邻菲罗啉后所得到的中性配体 L₁、L₂、L₃ 及其相应的铕三元配合物以及它们的热稳定性、光致发光及电致发光性质。结果表明，对中性配体进行有效的修饰，可使配合物的热稳定性、光致发光性能均得到大幅度提高，尤其是咔唑基团的引入使载流子传输性能明显提高，从而显著地改善了器件的电致发光性能。

表 8-2　三种 Eu(DBM)₃Lₙ 配合物的基本性质

配 合 物	Eu(DBM)₃L₁	Eu(DBM)₃L₂	Eu(DBM)₃L₃
中性配体（Lₙ）			
分解温度/℃	358	381	408
固体荧光相对强度	1	5.3	5.2
量子效率/%	9.98	10.98	11.02
最大亮度/cd·m⁻²	3.7(17V)	197(20V)	561(16V)

注：器件结构：ITO/TPD(50nm)/Eu(DBM)₃Lₙ(50nm)/Mg∶Ag(200nm)/Ag(100nm)。

该研究组还研究了对第一配体β-双酮的修饰，在二苯甲酰甲烷中引入空穴传输性能好的咔唑基团，合成了新的β-双酮 c-HDBM 及其相应的铕三元配合物[66]（见图 8-14），由此制作的器件 ITO/TPD/Eu-配合物/BCP/Alq/Mg$_{0.9}$Ag$_{0.1}$/Ag 发出非常纯正的铕特征光谱，最大亮度在17V时为1948cd/m^2，最大功率效率在10V和64cd/m^{2}时为0.5lm/W。

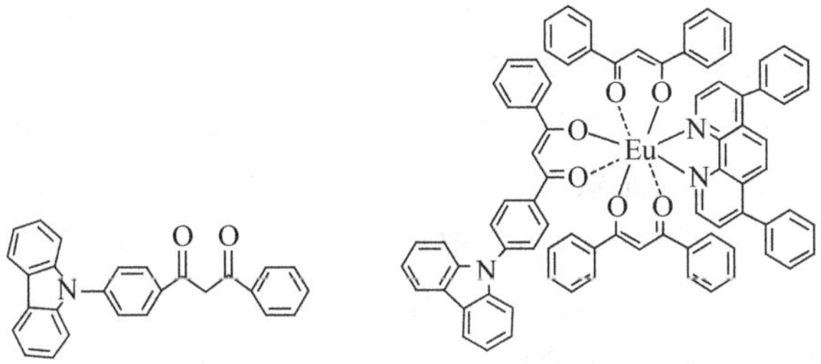

c-HDBM　　　　　　　Eu(DBM)$_2$(c-DBM)Bath

图 8-14　β-双酮 c-HDBM 及其铕三元配合物

为进一步改善发光层的电子传输性能，该研究组采用掺杂技术制备了器件 ITO/TPD/Eu(DBM)$_2$(c-DBM)Bath:PBD(1:1)/PBD/Mg$_{0.9}$Ag$_{0.1}$/Ag。此器件的最大亮度为2019cd/m^2（11V），稍高于前述器件，而流明效率有大幅提高，达 32lm/W（2.8cd/m^2，3V）、8.6lm/W（19cd/m^2，4V）和 3.3lm/W（85cd/m^2，5V）。这是已报道的电致发光性能最好的铕配合物。

最近，黄春辉研究组对铽配合物电致发光性质进行了比较[67,68]，发现配合 Tb(PMIP)$_3$(TPPO)$_2$(A) 和 Tb(PMIP)$_3$(H$_2$O)$_2$(B)（该配合物在蒸镀过程中失去水分子，因此，实际发光物种为 Tb(PMIP)$_3$）表现出不同的载流子传输性质。由配合物 A 制作的器件 Al(ITO/TPD/Tb/Alq/Mg:Ag) 的发光位于410nm，主要来自空穴传输材料 TPD，说明配合物 A 具有很好的电子传输性质。而由配合物 B 制作的相同的结构的器件 B1 的电致发光光谱中除了配合物的特征发射外，大部分发光位于520nm，主要来自电子传输材料 Alq，表明配合物 B 具有很好的空穴传输性质。这种载流子传输性能的差别是由于配合物 A 中有两个三苯基氧膦配体，而 B 中没有。为了平衡配合物本身的载流子传输性能，该研究组设计合成了配合物 Tb(ch-PMP)$_3$(TPPO)(C)，通过增大第一配体中烷基取代基的空间位阻，使中心铽离子只能与一个三苯基氧膦配位，由此制作了相同结构的器件 C1，其发光主要来自稀土配合物，另有少量分别来自 Alq 和 TPD，这清楚地表明配合物 C 具有相对平衡的载流子传输性能。为进一步提高效率，在配合物 C 和电子传输层 Alq 之间加入20nm厚的空穴阻挡层 BCP 制作了器件 C2：ITO/TPD/Tb/BCP/Alq/Mg:Ag，在外加电压为18V时，亮度为8800cd/m^2，最大效率在7V、87cd/m^{2}时达到9.4lm/W，与器件 C1 相比，效率提高了近3倍，这主要得益于空穴阻挡层的引入使载流子的复合完全在配合物层发生。以空穴传输材料 NPB 替代 TPD 制作的器件 ITO/NPB/Tb/BCP/Alq/$Mg_{0.9}Ag_{0.1}$ 的起亮电压为 4V，18V 达到最大亮度 $18000cd/m^2$，最大功率效率在 6V、$62cd/m^2$ 时达到 14lm/W，这一性能的提高可归因于 NPB 比 TPD 有更好的空穴注入能力。

稀土配合物电致发光对材料综合性能要求更高。2010 年，北京大学黄春辉课题组[69]报道了一系列含有噁二唑基团的三齿中性配体用于铕配合物电致发光研究。配合物的热稳定性和导电性都得到了很大的改善，其中器件 ITO/TPD (30nm)/Eu(TTA)$_3$(PhoB)：CBP(7.5%，20nm)/BCP(20nm)/Alq(30nm)/Mg：Ag 的起亮电压为 4V，最大电流效率为 8.7cd/A。2013 年，杜晨霞课题组报道了一种新型的螯合锌离子的席夫碱作为中性配体的锌－铕双金属配合物 [EuZnL (TTA)$_2$(μ-TFA)]，除了席夫碱外，还有一个三氟乙酸根作为桥联配体来连接锌和铕离子。这种特殊的 $3d-4f$ 结构的双金属配合物可以升华通过真空蒸镀制作器件。由于锌席夫碱结构具有良好的电子传输能力，因此非常有利于电荷注入铕配合物中。器件 ITO/TPD(30nm)/[EuZnL(TTA)$_2$(μ-TFA)]：CBP(10%，30nm)/TPBI(30nm)/LiF/Al 起亮电压 4.3V，13.8V 时可以达到较纯的铕特征发光 $1982.5cd/m^2$；最大电流效率 9.9cd/A，功率效率 5.2lm/W，外量子效率 7.4%；$100cd/m^2$ 的实用亮度下，电流效率为 5.9cd/A；$300cd/m^2$ 时，电流效率仍然可以保持为 3.7cd/A，器件的效率衰减幅度很小。

稀土铕配合物电致发光报道的最好结果是英国 Samuel 组[70]的工作。他们将 Eu(DBM)$_3$(phen) 掺杂在空穴传输为主的 CBP 和电子传输为主的 PBD 混合主体材料中，发光层厚度达 90nm。通过优化 CBP 与 PBD 的比例，可以很好地调节载流子的平衡传输。最终，经过优化的 CBP 与 PBD 的比例为 30：70，器件 ITO/PDOT：PSS(40nm)/PVK(35nm)/CBP：PBD：Eu(5%，90nm)/TPBI(35nm)/LiF/Al 表现出最大电流效率 10.0cd/A，$100cd/m^2$ 的实用亮度下，电流效率为 8.2cd/A，外量子效率 4.3%。稀土铽配合物电致发光最好的结果是北京大学黄春辉课题组 2009 年发表的工作[71]。他们将具备双载流子传输性能的主体材料 DPPOC 与 Tb (PMIP)$_3$ 共蒸作为器件的发光层，主体材料的芳基氧膦基团可以与不饱和的铽离子进行配位，实现有效的能量传递。器件 ITO/NPB(10nm)/Tb(PMIP)$_3$(20nm)/Tb(PMIP)$_3$(DPPOC)(30nm) BCP(10nm)/Alq(20nm)/LiF/Al 最大电流效率为 36cd/A，功率效率 16.1lm/W，在 $119cd/m^2$ 亮度下（11V），电流效率为 15.7cd/A，功率效率 4.5lm/W。

关于稀土配合物电致发光材料及器件，国内外还有许多报道，如：Reyes 等人[72]研究了（Sm，Gd）－β-二酮混合物的电致发光，光谱中含有 Sm 的特征发射以及 TTA 配体的磷光峰。在不同电压下，器件的发光颜色会发生变化。

Liu 等人[73]以二吡啶吩嗪（DPPZ）作为中性配体，配合物 Eu(DBM)$_3$

（DPPZ）用于 PLED，最大外量子效率为 2.5%，最大亮度为 1783cd/m²，为目前基于 Eu 的 PLED 的最好结果。

Lima 等人[74]以 4，4 – 联吡啶和乙醇为中性配体，研究了（Eu – Tb）– β-二酮混合配合物光致发光光谱从 11K 到 298K 下随温度变化的现象，并进一步用旋涂法制作了电致发光器件，得到了白光发射器件。

朱卫国与曹镛等人将噁二唑修饰邻菲罗啉得到的中性配体（BuOXD – phen），改善了配合物的载流子传输性质以及稳定性，获得的配合物 Eu（DBM）₃（BuOXD – phen）采用旋涂法制作的器件最大外量子效率为 1.26%，最大亮度为 568cd/m²[75]。

Liu 等人[76]以三苯胺基团修饰的邻菲罗啉作为中性配体研究其铕配合物的光电性质，PLED 器件最大外量子效率为 1.8%，电流效率为 2.6cd/A，最大亮度为 1333cd/m²。

谢国华等人对二芳基膦氧配体 DPEPO 进行了进一步修饰，引入了咔唑、苯基咔唑、三苯胺等基团，有效调节了分子的能级结构与载流子传输性质[77]。将其用于 Eu（TTA）₃ 的中性配体，获得配合物的最大的光致发光量子产率为 86%，采用溶液法制备的电致发光器件的启亮电压为 6V，最大亮度超过 90cd/m²。

几十年来，许多具有很高发光效率的稀土配合物的合成已被报道，但是，一直未能作为荧光材料在照明和显示等领域得以应用。在稀土配合物发光材料领域还面临巨大挑战。在真正投入应用之前，这些发光材料和器件的寿命研究还有待深入开展；实用的材料需要高的发光效率、发光亮度和量子产率；在近紫外光或蓝光激发下，具有大的吸收截面和宽的激发范围；环境友好；良好的紫外光耐受性；而能够应用于 OLED 显示或照明的稀土配合物材料，还需要具有良好的载流子传输性能，有利于将电能高效转化为光能，以及良好的热稳定性、成膜性，以便有效地制作发光器件。

尽管不少稀土配合物，尤其是稀土 β-二酮配合物，吸收好，具有很高的发光量子产率，但其稳定性，特别是耐紫外光性能较差。而稀土配合物材料能够应用于 OLED 的显示或照明，不仅需要具有高的光致发光量子产率，还需要具有良好的载流子传输性能，有利于将电能高效转化为光能。并且，良好的热稳定性、成膜性也必不可少，以便有效地制作发光器件。

8.5　稀土配合物复合材料

稀土配合物以其独特的荧光性能广泛地应用于发光与显示领域，但又因其自身固有的在材料性能方面的缺陷限制了它的应用，另外，随着一些新技术的发展需要改善材料的性能，为此，人们研制发光稀土配合物复合材料，其中主要是稀土配合物 – 高分子复合材料，也称为稀土聚合物材料。

稀土配合物的复合材料从成键与否可分为两类，即混合型和键合型。这两类的制备方法及性能有所差异。混合法实用简单，但由于稀土配合物与高分子材料结构上的差异，稀土配合物与高分子基质间相容性差，易出现相分离或存在着荧光猝灭等现象。键合法所得稀土配合物复合材料具有相容性和均匀性好、材料透明和力学性能强等优点。键合法所制备的材料有时也称为稀土配合物杂化材料，但其制备工艺相对比较复杂。

8.5.1 混合型稀土配合物复合发光材料

混合是最为简单和普遍的制备稀土配合物复合发光材料的方法。最典型和已获得广泛应用的是稀土配合物光转换农用塑料薄膜。

光转换农用聚乙烯（PE，PVC）薄膜是添加发光稀土配合物作为光转换剂的新型农用薄膜。当太阳光照射农膜时可将对作物有害的紫外光转变为对植物光合作用有利的红光，并提高棚内温度和地温，使作物提早定植延长生长期，从而达到增产的目的。同时由于发光稀土配合物具有吸收紫外光的能力，又可以延长大棚膜的使用寿命。

也可以树脂为基质制备发光稀土配合物复合材料。王则民等人[78]将化学组成为 $Y_{1-x}Eu_x(C_8H_7O_2)_3$ 和 $La_{1-x}Eu_x(C_8H_7O_2)_3$ 的 Eu^{3+} 配合物混于聚丙烯树脂，制备了聚丙烯荧光薄膜。它可广泛地用于商品包装，也可作为防伪包装膜和收缩膜。发光薄膜发射 Eu^{3+} 的特征荧光，膜的外观与普通聚丙烯膜相同，均为无色透明，由于稀土配合物的添加量很少（仅0.2%（质量分数）），不影响聚丙烯薄膜的物理和力学性能。

安保礼等人[79]将 2，6 - 二吡啶甲酸铕配合物 $Na_3Eu(DPA)_3 \cdot 9H_2O$ 混于聚甲基丙烯酸甲酸（PMMA）树脂制成发光树脂。在复合材料的制备过程中，除配合物脱水外，没有分解，完全可以保持配合物的发光特性。

以稀土配合物形式混入高分子材料中会产生分相、不均匀等不足，人们考虑合成发光稀土高分子配合物，以此混合在高分子基质中，可以改善稀土配合物与高分子基质的相容性。

以稀土配合物制作 OLED 发光层时一个比较主要的缺陷是：真空蒸镀成膜困难，在成膜和使用过程中易出现结晶，使层间的接触变差，而且导电性差，从而影响器件的发光性能和缩短器件的使用寿命。为此，经常采用与导电高分子混合后用旋涂的方法来制备发光层。聚乙烯咔唑（PVK）是一种性能优良的导电高分子（空穴传输材料），常用来与稀土配合物进行混合。为了保证混合均匀，必须将稀土配合物和PVK共同溶解于一种易挥发的有机溶剂（如氯仿）中。Zhang 等人[80]以氯仿为溶剂，将 $Tb(AHBA)_3$ 掺杂于 PVK 和 2 - （4 - 联苯）- 5（4 - 叔丁基苯基）- 1，3，4 - 噁二唑（电子传输材料）制备发光层，获得了良好的成膜性能和较为理想的发光亮度。

稀土配合物混合于导电高分子制备发光层，存在导电高分子基质与配合物竞争发光的现象，一方面减弱配合物的发光；另一方面高分子基质产生的宽带发射会影响 OLED 器件的色纯度。PVK – Eu(aspirin)₃phen 体系就是一个实例，由于 Eu(aspirin)₃phen 的激发光谱与 PVK 的发射光谱几乎没有重叠，PVK 不能将能量传递给 Eu(aspirin)₃phen，因此从 PVK – Eu(aspirin)₃phen 体系的发光层的光致发光和电致发光光谱都可以看到 PVK 在 408nm 附近明显的发射峰，PVK 的发光严重影响器件红光的色纯度，甚至会湮没了红光。

配合物与高分子混合制备发光层的主要缺点是：（1）稀土配合物在高分子基质中分散性欠佳，导致发光分子之间发生猝灭作用，致使有效发光分子比例减少，发光强度降低；（2）稀土配合物与高分子基质间发生相分离，影响了材料的性能。而且，混合后高分子基质也往往不能均匀分散。稀土配合物 Tb(aspirin)₃phen 掺杂高分子 PVK 的透射电镜照相表明，稀土配合物在 PVK 中以纳米颗粒形式分散，粒度在 20～30nm 之间；然而，经混合后高分子 PVK 不能完全均匀分散，被认为这可能是导致 OLED 器件寿命缩短的原因之一。

8.5.2 键合型稀土配合物复合发光材料

稀土有机配合物通过有机配体的强紫外光吸收和配体向稀土离子的有效能量传递使稀土离子发出强烈特征荧光。由于发光的单色性较好、发光强度高，在激光、防伪、生物医学、光放大等领域具有很强的应用背景，但稀土有机配合物本身具有光稳定性和热稳定性较差的缺点，可通过将其吸附在无机固体层状、孔状基质材料或掺杂于溶胶 – 凝胶（SiO₂ 等）基质中，以提高稀土配合物复合材料的稳定性。然而，由于稀土配合物和固体基质之间以弱键（氢键或范德华力）结合，仍然存在以下几方面的问题：（1）稀土配合物的吸附量或掺杂量低（一般小于 0.5%）引起发光的"稀释"效应；（2）复合材料中的稀土配合物不能均匀分散，容易产生聚集体，造成材料的透明性较差，不利于用作光功能材料；（3）复合材料在放置过程中稀土配合物容易从基质中析出。针对这些问题，合成了具有水解与配位功能的双功能配体（如联有 Si(OR)₃ 基团的 2 联吡啶和啉啡罗啉等配体），通过与各种稀土离子的配位反应及随后与正硅酸乙酯（TEOS）的缩聚反应将稀土有机配合物以共价键的形式嫁接于无机基质（包括 SiO₂ 凝胶，SBA – 15，MCM – 41 等介孔材料）中，制备了一类新型的具有化学键合的稀土配合物/SiO₂ 凝胶及稀土配合物/介孔 SiO₂ 杂化发光材料，提高了稀土配合物的掺杂浓度和材料的发光强度；同时材料的热稳定性和化学稳定性均有大幅提高。

键合型稀土配合物复合发光材料有时也称为稀土配合物杂化材料。通过设计合成双功能的配体，将稀土配合物以共价结合的方式嫁接到无机基质如 MCM –

41 及 SBA - 15 等介孔材料中或将稀土离子以共价键的形式与介孔分子筛的骨架相连，有效地解决传统掺杂方法出现的掺杂浓度不高、掺杂不均匀、易团聚等问题，生成稳定性好、发光效率高、性能优异的杂化材料。

近年来人们研究了具有很好近红外发光性能的介孔杂化材料，以原位合成法将红外发光稀土配合物（Nd^{3+}，Er^{3+}，Yb^{3+}）掺杂到溶胶 - 凝胶基质中。制备了与光纤耦合性能好、易加工成型的光波导放大材料，有可能用于光纤分户的光放大器中。在国际上首次报道了钐配合物 Sm(HTH)$_3$phen 的电致发光性质。在配体中引入了具有合适共轭长度的萘环和全氟化的烷基链，提高了器件的发光效率和稳定性。

键合型稀土配合物发光材料是使发光稀土配合物高分子化，实质上是直接合成出稀土配合物高分子材料，使其既具有稀土配合物的发光特性，又具有高分子材料优良的材料性能与加工性能，由此，拓宽了发光稀土配合物的应用范围。目前已在激光等领域得到应用，而且也将在某些新兴领域获得应用。其主要制备方法如下：

（1）稀土离子与含配位基团的聚合物发生作用。20 世纪 80 年代初，Y. Okamoto 等人用键合法合成了若干系列稀土配合物复合发光材料，并进行详细讨论。

1）对于含羧基或磺酸基的聚合物，稀土配合物的掺杂量较高，如在苯乙烯 - 马来酸（PSM）中 Eu^{3+} 的质量分数可达 15%，部分羧化或磺化的聚苯乙烯（CPS 或 SPS）中 Eu^{3+} 的质量分数可达 8%；其余如苯乙烯 - 丙烯酸、甲基丙烯酸甲酯 - 甲基丙烯酸、1 - 乙烯基萘 - 丙烯酸、1 - 乙烯基 - 苯乙烯 - 丙烯酸等共聚物中 Eu^{3+} 的质量分数为 4% ~ 5%，其发光强度在此范围内可随 Eu^{3+} 含量的增加而增强，超过此值时则产生明显的减弱的趋势。其原因可能是稀土离子的配位数较高，以这种方法合成的配合物中稀土离子配位数得不到满足，便发生离子聚集，离子间距减小，相互作用加强，造成"荧光猝灭"。

2）对于含 β-二酮结构的聚合物中，在稀土离子含量相同的条件下，其荧光强度远比相应的小分子稀土配合物低得多，其原因在于稀土离子与聚合物分子中的 β-二酮结构基因发生反应的空间位阻大，所形成的配合物配位数低，致使荧光微弱。而且若 β-二酮结构基团处于聚合物直链上，则比处于侧链更差。

3）对于被羧芳酰基取代的聚苯乙烯的稀土配合物，其发光强度在 Eu^{3+} 的质量分数达 0.5% 以后就不再增强而趋于恒定。其原因可能是这种高分子配体的空间位阻大和键旋转自由度小，而阻碍 Eu^{3+} 与配位基发生作用。

稀土配合物作为 OLED 材料成膜困难的问题，有望通过合成稀土高分子配合物 OLED 材料得到解决。文献 [81] 报道 Eu(Ⅲ) 高分子配合物，主链也是采用丙烯酸和甲基丙烯酸甲酯的共聚物，引入 phen 和 DBM 作为小分子配体来提高发光效率；文献报道了 Tb(Ⅲ) 高分子配合物，主链为丙烯酸和甲基丙烯酸的共聚物，小分子配体为水杨酸。在暗室中可以观察到器件明显的绿色电致发光，但驱动电压很高，达 60V。尽管上述工作中的 OLED 材料和器件在性能方面远达不到应用的要求，但为研究开发稀土高分子配合物 OEL 器件提供了有益的信息。

总之，以这种方法难以获得荧光强度较高的发光稀土配合物复合材料。

(2) 稀土离子同时与高分子配体和小分子配体作用。针对稀土离子的配位数得不到满足而无法制备高荧光强度配合物的问题，人们采取在稀土离子与高分子配体作用的同时引入小分子第二配体。

与小分子第二配体如 8 - 羟基喹啉（Oxin）、邻菲罗啉（phen）和 α-噻吩甲酰三氟丙酮（TTA）合成了 Eu^{3+} 三元配合物，这些三元配合物的荧光强度明显高于相应的稀土 - 聚合物二元配合物，其中 Eu^{3+} - PBMAS - TTA 三元配合物的荧光强度比 Eu^{3+} - PBMAS 二元配合物提高 610 倍。

由于小分子可以使稀土离子配位数趋于满足，用这种方法合成稀土高分子配合物不致出现浓度猝灭现象。很显然，在这类结构的配合物中，小分子配体是配合物发光主体，而高分子配体起着把荧光性能良好的小分子配体与稀土离子构成的配合物"拉"在一起。如果选择三重态能级与稀土离子最低激发态能级匹配良好，吸光系数高的小分子配体可获得比较理想的发光效果。在选择合适的小分子配体时还能观察到小分子配体与高分子配体之间存在一定的协同作用，有利于提高发光效率。

这类反应的不足之处是难以定量地进行，在反应过程中高分子配体与离子作用的几率要比小分子配体小得多，反应体系中大量存在的是小分子配体与稀土离子的二元配合物；同时产物的组成也难以控制在预期的比例，尤其是对发光起主要作用的小分子与稀土离子之间的比例。因此，不一定能获得最佳发光效果。

(3) 以小分子稀土配合物单体与其他单体共聚。孙照勇等人[82]首先合成含丙烯酸（AA）的小分子三元配合物 Eu^{3+} - TTA - AA，然后与甲基丙烯酸甲酯共聚制备稀土高分子配合物。所制得的高分子配合物在较高的 Eu^{3+} 离子浓度下仍然加工成透明且柔韧的薄膜。这类高分子配合物均由小分子配体吸收激发能传递给中心离子，然后由中心离子发射特征荧光。与相应的小分子配合物相比，其荧光强度明显提高，荧光寿命大大延长。

此方法的优点是：不会出现浓度猝灭，反应可以定量控制，而且，可以根据需要进行设计，按预期的结构合成稀土配合物单体，其聚合产物荧光效果比较理想。但是，作为单体的稀土配合物体积较大，聚合时空间位阻较大，反应有一定困难。

此方法的思路是在稀土配合物单体结构中使用 β-二酮配体，以保证配合物的发光性能，同时巧妙地利用丙烯酸与稀土离子的配位作用，引入了具有聚合活性的乙烯基结构。这种方法避开了可聚螯合剂的合成，简便易行，获得较好的荧光效果。但也存在两个缺点：（1）配合物单体结构中β-二酮等配体的体积比丙烯酸大，这种空间效应不利于聚合反应的发生；（2）丙烯酸对稀土离子的发光基本不起作用，但是却要占用稀土离子的配位数。

8.5.3　掺杂型稀土发光配合物

通常发光稀土有机配合物中稀土含量约占 10% ~ 20%，用量较大。导致材料的成本高，价格贵。无机稀土发光材料采用掺杂的方法，稀土的用量少，但发光效果却很好，目前采用无机稀土发光材料中掺杂的方法，也可以实现以配合物为基的低浓度稀土发光。

掺杂少量 Tb^{3+} 或 Eu^{3+} 的 La^{3+} 及碱土金属邻苯二甲酸盐具有良好的发光特性。掺杂 Tb^{3+} 的邻苯二甲酸锶在紫外光激发下比 La_2O_2S: Tb、Ga_2O_2S: Tb、LaOBr: Tb 及 （Ce, Tb）$MgAl_{11}O_{19}$ 等无机发光材料具有更高的发光效率。其制备工艺简单：按 1: 0.005 的摩尔比在 $SrCl_2$ 溶液中加入 $TbCl_3$，在 70 ~ 80℃缓慢按化学计量比加入邻苯二甲酸钾热溶液，生成结晶沉淀，抽滤、洗涤，在 120℃下干燥，得到 SrPHT: 0.005Tb。在其中 Tb^{3+} 发光的激发能主要来自于酸根的单重态 $\pi \rightarrow \pi^*$ 跃迁吸收；由于三重态 $\pi \rightarrow \pi^*$ 与 Tb^{3+} 的 $^5D_4$ 能级的能量相当，而且邻苯二甲酸二甲酸根位于金属离子所在平面的两侧。这样，激发态的能量很容易通过羧酸根与金属离子形成双齿桥式配位结构 (OCO—M—OCO)，有效地传递给稀土离子，因此在紫外光激发下可产生很强的发光。当 Tb^{3+} 的摩尔分数为 0.5% ~ 2.5% 时发光强度最大，可比 （$Ce_{0.66}$, $Tb_{0.34}$）$MgAl_{11}O_{19}$ 发光强度高 1.5 倍以上[83]。

其他羧酸盐作为基质化合物也可能得到类似的发光材料。如 Tb^{3+} 掺杂的喹啉酸锶。值得注意的是羧酸结构的不同对发光材料的性能影响很大。

以配合物为基质的低浓度稀土发光是一种较新的方法，有可能发展价格低廉而性能优良的发光材料。

8.5.4　稀土发光配合物的包覆与组装

采用表面包覆的方法制备纳米复合材料不仅可以赋予材料新的性能，如提高粒子的稳定性、材料改性和附加新的功能性质等，而且对于纳米粒子更重要的是能防止粒子团聚，以获得单分散的纳米粒子。采用微乳液法合成了具有核-壳结构的 SiO_2/苯甲酸铕或 SiO_2/苯甲酸铽的纳米粒子，经光电子能谱和电镜分析表明：SiO_2 壳层的厚度在几个纳米之内，SiO_2 包覆的苯甲酸铕纳米粒子粒度为 5nm 左右。

通过表面包覆处理可获得的核-壳结构材料，如 Sun 等人[84]在 Ag 胶体纳米粒子的表面包覆了 Eu（TTA）$_3$·$2H_2O$ 配合物，使 Ag 胶体纳米粒子具有更强的发光性能。

尹伟等人[85]将铕的有机配合物组装到介孔分子筛 MCM - 41 或 $(CH_3)_3Si$ - MCM - 41 中，实验结果表明：分子筛颗粒和孔腔表面的疏水环境有利于超分子体系客体的发光。

孟庆国等人研究了在 MCM - 48 中掺杂 $Eu(DBM)_3 \cdot 2H_2O$。由于 MCM - 48 具有三维孔道结构容易掺杂，掺杂后使 MCM - 48 的孔壁从 1.4nm 增加到 1.7nm，说明配合物的进入使孔壁增厚，增强了中孔材料的稳定性。他们假定 $Eu(DBM)_3 \cdot 2H_2O$ 配合物的分子呈球形，直径在 1.2nm 左右，氢吸附分析，证明稀土配合物进入了中孔孔道[86]。

Lu Ping 等人[87]制备出发红光的 $Fe_3O_4@SiO_2@Eu(DBM)_3 \cdot 2H_2O/SiO_2$ 和将对氨基苯甲酸铽硅烷偶联化，使其直接水解沉积在 $Fe_3O_4@SiO_2$ 复合粒子的表面形成发绿光的 $Fe_3O_4@SiO_2@SiO_2 - Tb(PABA)_3$。中间的 SiO_2 层可以起隔离作用，而掺杂在外层的 SiO_2 中稀土配合物可增加其热稳定性和光稳定性。

Liu Yanlin 等人[88]合成了核 - 壳结构的 $Fe_3O_4@SiO_2 - [Eu(DBM)_3phen] - NH_2$ 和 $Fe_3O_4@SiO_2 - [Eu(DBM)_3phen] - FA$ 磁性荧光微球。该粒子同时具有二次团聚磁核的高磁响应性和 Eu 配合物的荧光性质，具有应用于磁共振成像、荧光成像和时间分辨荧光检测等领域的潜力。

Zhao 等人[89]采用修饰的 Stober 方法将稀土 Eu 纳米配合物引入到胶体 SiO_2 中，测试结果发现复合物表面光滑，形成了核 - 壳结构，复合球具有 Eu 离子的特征发射，并且其热稳定性比纯的稀土配合物有所提高。

参 考 文 献

[1] 洪广言. 稀土发光材料——基础与应用 [M]. 北京：科学出版社，2011：197～198.

[2] 黄锐，冯嘉春，郑德. 稀土在高分子工业中的应用 [M]. 北京：中国轻工业出版社，2009：213～246.

[3] 黄春辉. 稀土配位化学 [M]. 北京：科学出版社，1997.

[4] 洪广言. 稀土化学导论 [M]. 北京：科学出版社，2014：125～164.

[5] 孙婷，王耀祥，田维坚，等. 稀土离子（Sm^{3+}）有机配合物的合成及光谱性能的研究 [J]. 光子学报，2005，34 (11)：1654～1657.

[6] Yu Jiangbo, Zhang Hongjie, Zheng Youxuan, et al. Efficient electroluminescence from new lannthanide (Eu^{3+}, Sm^{3+}) complexes [J]. Inorganic Chemistry, 2005, 44 (5)：1611～1618.

[7] 任慧娟，洪广言，宋心远，等. 邻苯二甲酸铈发光配合物的合成与表征 [J]. 吉林大学学报（理学版），2004，42 (4)：612～615.

[8] 任慧娟, 洪广言, 宋心远, 等. 均苯三甲酸铕发光配合物的合成与表征 [J]. 功能材料, 2004, 35 (2): 228~230.

[9] 任慧娟, 洪广言, 宋心远, 等. 均苯四甲酸铽发光配合物的合成与表征 [J]. 稀土, 2004, 25 (6): 48~51.

[10] 任慧娟, 洪广言, 宋心远, 等. 均苯四甲酸铕发光配合物的合成与表征 [J]. 稀有金属材料与工程, 2005, 34 (6): 943~945.

[11] 任慧娟, 洪广言, 宋心远. 邻苯二甲酸铽发光纤维的研究 [J]. 中国稀土学报, 2005, 23 (1): 125~128.

[12] Zhang Y X, Shi C Y, Liang Y J, et al. Synthesis and electroluminescent properties of a novel terbium complex [J]. Synth. Met., 2000, 114: 321~323.

[13] Li W, Mishima T, Adachi G Y, et al. The fluorescence of transparent polymer films of rare earth complexes [J]. Inorg. Chem. Acta., 1986, 121: 97.

[14] Sabbatini N, Ciano M, et al. Absorption and emission properties of a europium (Ⅱ) cryptate in aqueous solution [J]. Chem. Phsy. Lett., 1982, 90 (4): 265.

[15] 李文连. 有机/无机光电功能材料及其应用 [M]. 北京: 科学出版社, 2005: 54~73.

[16] 胡维明, 陈观铨, 曾云鹗. 稀土配合物的发光机理和荧光分析特性研究 (Ⅰ) ——钐、铕、铽和镝配合物的发光机理 [J]. 高等学校化学学报, 1990, 11 (8): 817~821.

[17] 邓瑞平, 于江波, 张洪杰, 等. Sm(DBM)$_3$phen 的光致发光和电致发光性质 [J]. 高等学校化学学报, 2007, 28 (8): 1416~1419.

[18] Lunstroot K, Nockemann P, van Heche K, et al. Visible and near-infrared emission by samarium (Ⅱ) —containing ionic liquid mixtures [J]. Inorganic Chemistry, 2009, 48: 3018~3026.

[19] Joseph P L, Thomas M C, et al. Self-assembly of chiral luminescent lanthanide choordination bundles [J]. Journal of the American Chemical Society, 2007, 129: 10986~10987.

[20] Brito H F, Malta O L, Felinto M C F C, et al. Luminescence investigation of the Sm(Ⅲ)-β-diketonates with sulfoxides, phosphine oxides amides ligands [J]. Journal of Alloys and Compounds, 2002, 344: 293~297.

[21] Xu Cunjin, Yang Hui. Synthesis, crystal structure and florescent properties of a new one-dimensional polymer [Sm(sal)$_4$(phen)$_2$Na]$_n$ [J]. Journal of Rare Earths, 2005, 23 (1): 99~102.

[22] 慈云祥, 常文保, 李元宗, 等. 分析化学前沿 [M]. 北京: 科学出版社, 1994.

[23] Zhou Dejian, Huang Chunhui, Wang Keyhi, et al. Synthesis, characterization, crystal structure and luminescent property studies on a novel heteronuclear lanthanide complex {H[EuLa$_2$ (DPA)$_5$ · 8H$_2$O] · 8H$_2$O}$_n$ (H$_2$DPA = pyridine-2, 6-dicarylic acid) [J]. Polyhedron, 1994, 13 (6~7): 987~991.

[24] 张细和, 郭兴忠, 杨辉. Sm$_x$Y$_{1-x}$(Sal)$_3$(phen) 转光剂的合成与性能表征 [J]. 中国稀土学报, 2006, 24 (增刊): 89~91.

[25] 李文先, 郑玉山, 张东风, 等. Er^{3+}对二苯亚砜高氯钐配合物发光的影响 [J]. 内蒙古大学学报 (自然科学版), 2000, 31 (2): 181~184.

［26］ Dai Qilin, Foley M E, Breshike C J, et al. Ligand-passivated Eu: Y_2O_3 nanocrystals as a phosphor for white light emitting diodes ［J］. J. Am. Chem. Soc. , 2011, 133: 15475 ~ 15486.

［27］ Wang Huihui, He Pei, Liu Shenggui, et al. New multinuclear europium (Ⅲ) complexes as phosphors applied in fabrication of near UV-based light-emitting diodes ［J］. Inorg. Chem. Commun, 2010, 13: 145 ~ 148.

［28］ Liu Yu, Pan Mei, Yang Qingyuan, et al. Dual-emission from a single-phase Eu-Ag metal-organic framework: An alternative way to get white-light phosphor ［J］. Chem. Mater. 2012, 24: 1954 ~ 1960.

［29］ Ablet A, Li Shumu, Cao Wei, et al. Emission of codoped Ln-Cd-organic frameworks ［J］. Chem. Asian J. , 2013, 8: 95 ~ 100.

［30］ Lima P P, Nolasco M M, Paz F A A, et al. Photo-click chemistry to design highly efficient lanthanide β-diketonate complexes stable under UV irradiation ［J］. Chem. Mater. , 2013, 25: 586 ~ 598.

［31］ 洪广言. 稀土光转换材料在太阳能利用方面的应用 ［C］//中国化学会第十三届应用化学年会论文集. 长春, 2013.

［32］ Ye H Q, Li Z, Peng Y, et al. Organo-erbium systems for optical amplification at telecommunications wavelengths ［J］. Nature Materials, 2014, 13 (4): 382 ~ 386.

［33］ 郑晓梅, 金林培, 王明昭, 等. Ln(p-ABA)₃bpy·2H₂O 的合成、晶体结构和光谱分析 ［J］. 高等学校化学学报, 1995, 15 (7): 1007 ~ 1011.

［34］ Mahalakshmi S N, Drasada R T, Lyer C S P, et al. Ultratrace determination of europium in high-purity lanthanum, praseodymium and dysprosium oxides by luminescence spectrometry ［J］. Talanta, 1997, 44: 423.

［35］ Byü V M, Reddy M L P, Rao T P. Luminescence determination of europium in high-purity yttrium and gadolinium oxides ［J］. Anal. Lett. , 2000, 33: 2271.

［36］ 黄春辉, 李富友, 黄维. 有机电致发光材料与器件导论 ［M］. 上海: 复旦大学出版社, 2005: 384 ~ 445.

［37］ Tang C W, Vanslyke S A. Organic electroluminescent diodes ［J］. Appl. Phys. Lett. , 1987, 51: 913 ~ 915.

［38］ Kido J, Nagai K, Okaonoto Y. Organic electroluminescent devices using lanthanide complexes ［J］. J. Alloys Compd. , 1993, 192: 30 ~ 33.

［39］ 刘式墉, 冯晶, 李峰. 有机电致发光材料分子与器件结构设计 ［J］. 发光学报, 2002, 23 (5): 425 ~ 428.

［40］ 梁春军, 李文连, 洪自若, 等. 有机稀土 Eu(DBM)₃bath 配合物电致发光 ［J］. 发光学报, 1998, 19 (3): 89 ~ 91.

［41］ 董金凤, 杨盛谊, 徐征, 等. 聚乙烯基咔唑对稀土络合物发光特性的影响 ［J］. 光电子·激光, 2001, 12 (5): 480 ~ 483.

［42］ Adachi C, Nagai K, Tamoto N. Molecular design of hole transport materials for obtaining high durability in organic electroluminescent diodes ［J］. Appl. Phys. Lett. , 1995, 66 (20): 2679 ~ 2682.

［43］邓振波，白峰，高新，等．稀土铽配合物有机电致发光［J］．中国稀土学报，2001，19（6）：532～535.

［44］Adachi C，Baldo M A，Forrest S R. Electroluminescence mechanisms in organic light emitting devices employing a europium chelate doped in a wide energy gap bipolar conducting host［J］. J. Appl. Phys.，2000，87：8049～8055.

［45］欧阳健明，郑文杰，黄宁兴，等．8－羟基喹啉两亲配合物的 LB 膜及其电致发光器件研究［J］．化学学报，1999，57：333～338.

［46］孙刚，赵宇，于沂，等．Tb³⁺有机配合物作为发射层的有机薄膜电致发光［J］．发光学报，1995，16（2）：180～181.

［47］Kido J，Hayase H，Hoggawa K. Bright red light-emitting organic electroluminescent devices having a europium complex as an emitter［J］. Appl. Phys. Lett.，1994，65：2124～2126.

［48］Liang C J，Zhao D X，Hong Z R，et al. Improved performance of electroluminescent devices based on an europium complex［J］. Appl. Phys. Lett.，2000，76：67～69.

［49］黄春辉，李富友．光电功能超薄膜［M］．北京：北京大学出版社，2001.

［50］Campos R A，Kovalev I P，Guo Y. Red electroluminescence from a thin organometallic layer of europium［J］. J. Appl. Phys.，1996，80：7144.

［51］Kido J，Hayase H，Honggawa K，et al. Bright red light-emitting organic electroluminescent devices having a europium complex as an emitter［J］. Appl. Phys. Lett.，1994，65：2124.

［52］Gao X C，Cao H，Huang C H，et al. Electroluminescence of a novel terbium complex［J］. Appl. Lett.，1998，72：2217.

［53］洪自若，李文连，赵东旭，等．镝配合物的白色电致发光［J］．功能材料，2000，31（3）：335～336.

［54］Hong Z K，Li W L，Zhao D X，et al. Spectrally-narrow blue light-emitting organic electroluminescent devices utilizing thulium complexes［J］. Synth. Met.，1999，104：165～168.

［55］Khreis O M，Curry R J，Somerton M，et al. Infrared organic light emitting diodes using neodymium tris-(8-hydroxyquinoline)［J］. J. Appl. Phys.，2000，88：777～780.

［56］Katkova M A，Pushkarev A P，Balashova T V. Near-infrared electroluminescent lanthanide［Pr(Ⅲ)，Nd(Ⅲ)，Ho(Ⅲ)，Er(Ⅲ)，Tm(Ⅲ)，and Yb(Ⅲ)］N, O-chelated complexes for organic light-emitting devices［J］. Journal of Materials Chemistry，2011，21（41）：16611～16620.

［57］Pushkarev A P，et al. Electroluminescent properties of lanthanide pentafluorophenolates［J］. Journal of Materials Chemistry C，2014，2（8）：1532～1538.

［58］Wei H，Yu G，Zhao Z，et al. Constructing lanthanide［Nd(Ⅲ)，Er(Ⅲ) and Yb(Ⅲ)］complexes using a tridentate N, N, O-ligand for near-infrared organic light-emitting diodes［J］. Dalton Transactions，2013，42（24）：8951～8960.

［59］朱卫国，范同锁，卢志云，等．有机金属螯合物电致发光材料的研究［J］．材料学报，2000，14（1）：50～54.

［60］赵东旭，李文连，洪自若，等．在有机电致发光中 Tb(Ⅲ) 对 Eu(Ⅲ) 的发光增强现象［J］．发光学报，1998，19（4）：370～371.

［61］ Sano T, Fujita M, Fujii T, et al. Novel europium complex for electroluminescent devices with sharp red emission ［J］. Jpn. J. Appl. Phys., 1995, 34：1883～1887.

［62］ Li Hongyan, Zhou Liang, Teng Mingyu, et al. Highly efficient green phosphorescent OLEDs based on a novel iridium complex ［J］. J. Mater. Chem. C, 2013, 1：560.

［63］ Sun P P, Duan J P, Shih H T, et al. Europium complex as a highly efficient red emitter in electroluminescent devices ［J］. Appl. Phys. Lett., 2002, 81：792.

［64］ Sun M, Xin H, Wang K Z, et al. Bright and monochromic red light-emitting electrolumines-cence devices based on a new multifunctional europium ternary complex ［J］. Chem. Commun., 2003：702.

［65］ Xin H, Li F Y, Guan M, et al. Efficient electroluminescence from a new terbium complex ［J］. J. Appl. Phys., 2003, 94：4729.

［66］ 黄春辉, 卞祖强, 关敏, 等. β-二酮配体及其铕配合物及铽配合物电致发光器件：中国, 03142611.5 ［P］.

［67］ Xin H, Li F Y, Shi M, et al. Efficient electroluminescence from a new terbium complex ［J］. J. Am. Chem. Soc., 2003, 125：7166.

［68］ Xin H, Shi M, Zhang X M, et al. Carrier-transport ［J］. Chem. Mater, 2003, 15：3728.

［69］ Chen Z, Ding F, Hao F, et al. Synthesis and electroluminescent property of novel europium complexes with oxadiazole substituted 1, 10-phenanthroline and 2, 2′-bipyridine ligands ［J］. New J. Chem., 2010, 34 (3)：487～494.

［70］ Zhang Shuyu, Turnbull G A, Samuel I D W. Highly efficient solution-processable europium-complex based organic light-emitting diodes ［J］. Org. Electron., 2012, 13：3091～3095.

［71］ Chen Z, Ding F, Hao F, et al. A highly efficient OLED based on terbium complexes ［J］. Or-ganic Electronics, 2009, 10：939～947.

［72］ Reyes R, Cremona M, Teotonio E E S, et al. Molecular electrophosphorescence in (Sm, Gd) -β-diketonate complex blend for OLED applications ［J］. Journal of Luminescence, 2013, 134：369～373.

［73］ Liu Y, Wang Y, He J, et al. High-efficiency red electroluminescence from europium complex containing a neutral dipyrido (3, 2-a：2′, 3′-c) phenazine ligand in PLEDs ［J］. Organic Electronics, 2012, 13 (6)：1038～1043.

［74］ Lima P P, Paz F A A, Brites C D S, et al. White OLED based on a temperature sensitive Eu^{3+}/Tb^{3+} β-diketonate complex ［J］. Organic Electronics, 2014, 15 (3)：798～808.

［75］ Liu Y, Wang Y, Li C, et al. Red polymer light-emitting devices based on an oxadiazole-func-tionalized europium (Ⅲ) complex ［J］. Materials Chemistry and Physics, 2014, 143 (3)：1265～1270.

［76］ Liu Y, Wang Y, Guo H, et al. Synthesis and optoelectronic characterization of a monochromic red-emitting europium (Ⅲ) complex containing triphenylamine-functionalized phenanthroline ［J］. The Journal of Physical Chemistry C, 2011, 115 (10)：4209～4216.

［77］ Wang J, Han C, Xie G, et al. Solution-processible brilliantly luminescent Eu(Ⅲ) complexes with host-featured phosphine oxide ligands for monochromic red-light-emitting diodes ［J］.

Chemistry—A European Journal, 2014, 20 (35)：11137 ~ 11148.

[78] 温耀贤, 温勇, 王则民, 等. 掺铕聚丙烯膜的研究 [J]. 稀土, 1998, 19 (2)：33 ~ 35.

[79] 安保礼, 罗一帆, 叶剑清, 等. 刚柔多羧酸稀土配位聚合物的合成、结构及性能研究 [J]. 中国稀土学报, 2001, 19 (3)：268 ~ 270.

[80] Zhang Y X, Shi C Y, Liang Y J, et al. The effect of ligand conjugation length on europium complex performance in light-emitting diodes [J]. Synth. Met., 2001, 125：331 ~ 336.

[81] 赵东旭, 李文连, 洪自若, 等. 铕高分子配合物红色薄膜电致发光特性 [J]. 发光学报, 1999, 19 (2)：1705 ~ 1708.

[82] 孙照勇, 王新峰, 陈建新, 等. 铕 (Ⅲ) -噻吩甲酰三氟丙酮 -丙烯酸三元配合物及其聚合物发光性质研究 [J]. 发光学报, 1998, 19 (2)：146 ~ 149.

[83] 孙聚堂. 掺铽 (Ⅲ) 离子的邻苯二甲酸酸锶发光材料的晶体结构和发光机理 [J]. 发光学报, 1994, 15 (3)：242 ~ 247.

[84] Sun Y Y, Jiu H F, Zhang D G, et al. Preparation and optical properties of Eu(Ⅲ) complexes J-aggregate formed on the surface of silver nanoparticles [J]. Chem. Phys. Lett., 2005, 410 (4 ~ 6)：204 ~ 208.

[85] Yin W, Zhang M S, Kang B S. Prepartion and characterization of the nanoareuctured materials MCM 241 and the luminescence functional supramolecule with Eu (phen)$_4$ as guest [J]. Chin. J. Lumin., 2001, 22 (3)：232 ~ 236.

[86] Meng O G, Boutinaud P, Franville A C, et al. Preparation and characterization of luminescent cubic MCM-48 impregnated with europium complex [J]. Micro. Meso. Mater., 2003, 65：127 ~ 136.

[87] Lu Ping, Zhang Jilin, Liu Yanlin, et al. Synthesis and characteristic of the Fe$_3$O$_4$@SiO$_2$@Eu(DBM)$_3$·2H$_2$O/SiO$_2$ luminomagnetic microspheres with core-shell structure [J]. Talanta, 2010, 82 (2)：450 ~ 457.

[88] Liu Yanlin, Cheng Cong, Wang Zhigang, et al. Synthesis and Chatacterization of the Fe$_3$O$_4$@SiO$_2$-[Eu (DBM)$_3$phen] Cl$_3$ Luminomagnetic Microspheres [J]. Material Letters, 2013：187 ~ 190.

[89] Zhao D, Qin W P, Zhang J S, et al. Improved thermal stability of europium complex nanoclusters embedded in silica colloidal spheres [J]. Chem. Lett., 2005, 34 (3)：366 ~ 367.

9 稀土纳米发光材料

稀土元素独特的 4f 电子构型使其具有优异的光、声、电、磁学性质，被誉为新材料的宝库。在发光材料、磁性材料、储氢材料、光学材料等方面曾起过里程碑的作用。目前，世界各国都在激烈地竞争，企图在稀土新材料方面取得突破性进展。将稀土纳米化，即变成平均粒径为 1 ~ 100nm 的纳米结构材料，不仅有助于深层次地探索稀土原子的奥秘，也将更有利于发现新性质、获取新材料和开拓新应用，因此开展稀土纳米材料的研究与应用对于我们稀土大国来说，将是一次新的机遇，具有重要的意义。目前稀土纳米材料的研究与开发已成为一个当前科技发展的热点，并正在向各个稀土应用领域渗透。

稀土发光材料曾在发光学和发光材料的发展中起着里程碑的作用，已在众多领域获得重要而广泛的应用。稀土发光材料品种多、应用面广，目前已知的稀土发光材料品种达到 300 余种，主要应用于节能灯、半导体照明、平板显示、闪烁晶体等领域，已成为节能照明、信息显示、光电探测等领域的支撑材料之一，为技术进步和社会发展发挥着日益重要的作用。

纳米发光材料包括纯的和掺杂的纳米半导体发光材料和具有分立发光中心的掺杂稀土离子或过渡金属离子的各种纳米发光材料。纳米发光材料呈现出某些特异的性质而成为发光学和发光材料研究的前沿领域。近年来，随着高分辨率大屏幕平板电视、生物医学、免疫分析、荧光标记等的迅猛发展，稀土纳米发光材料的研究已经成为新的热点。目前，这方面正在进行大量而深入的研究[1,2]。

9.1 纳米化对稀土发光材料的影响

1994 年，Bhargava 等人首次报道了纳米 ZnS: Mn 的发光寿命缩短了五个数量级，而外量子效率高达 18% 。尽管这是一个有争议的实验结果，但这种预示纳米发光材料可能有高的发光效率和短的荧光寿命，引起了人们对半导体纳米发光材料研究的极大兴趣。

稀土纳米发光材料与纳米半导体发光材料从发光中心的发光机理到能量传递过程都有区别。稀土纳米发光材料具有分立发光中心，发光源于各能级之间的跃迁。由于大多数稀土离子的 4f 电子受到外层 5s5p 电子的屏蔽，因此，稀土化合物纳米化后引起的光谱性质变化不如某些半导体材料如 CdSe、InP、InAs 等显著。而对于含有 5d 电子的稀土离子，其光谱性质将比较明显。因此，稀土纳米发光材料的能级结构、能量传递和光谱性质是一个令人感兴趣的研究领域。

稀土纳米发光材料的研究重点是表面界面效应和小尺寸效应对光谱结构及其发光性质的影响。与体相材料相比，稀土纳米发光材料出现了一些新现象，如电荷迁移带红移、发射峰谱线宽化、猝灭浓度升高、荧光寿命和量子效率改变等。

为了研究稀土纳米发光材料的能级结构和光谱特性，在材料制备上，一是需要获得尽可能小的纳米粒子，使材料充分显示出纳米尺寸对材料结构及其性能的影响；二是对纳米粒子的粒径控制，制备出一系列不同粒径的纳米粒子，从而寻找出粒径的变化与材料性能之间关系。在实验技术上，主要采用 SEM、TEM 和 HRTEM 观察形貌和微观结构；利用激光格位选择激发或同步辐射研究激活离子的光谱能级结构和格位对称性以及高能量范围的稀土离子发光的激发光谱；使用时间分辨光谱技术探索荧光寿命、荧光衰减、能量转移等动力学特性。在研究对象的选择上，主要是选择对微环境比较敏感荧光探针离子，如 Eu^{3+} 和 Tb^{3+}。目前，这方面研究最多的是 $Y_2O_3 : Eu^{3+}$。故以 $Y_2O_3 : Eu^{3+}$ 为例介绍纳米化对稀土发光材料光谱的影响。表 9 – 1 列出不同粒径的 $Y_2O_3 : Eu^{3+}$ 的光谱性质。

表 9 – 1 不同粒径的 $Y_2O_3 : Eu^{3+}$ 的光谱性质[3,4]

样 品	A	B	C	D	E
粒径/nm	3000	80	40	10	5
表面积/体积	<0.01	0.07	0.14	0.49	0.78
电荷迁移态位置/nm	239	239	242	243	250
611nm 的半高宽/nm	0.8	0.9	1.1	1.3	—
$^5D_0$ 荧光寿命/ms	1.7	1.39	1.28	1.08	1.04, 0.35
猝灭浓度（摩尔分数）/%	约6		12 ~ 14		约18

9.1.1 谱线位移

纳米粒子的尺寸变小可使能隙变大，并表现出光谱峰值波长向短波方向移动的现象，称为蓝移；而光谱峰值波长向长波方向移动的现象称为红移。普遍认为蓝移主要是由于载流子、激子或发光粒子（如金属和半导体粒子等）受量子尺寸效应影响而导致其量子化能级分裂显著或带隙加宽引起的；而红移是由于表面与界面效应引起纳米粒子的表面张力增大，使发光粒子所处的环境发生变化（如周围晶体场的增大等）致使粒子的能级发生变化或带隙变窄所引起的。因此，只有粒径小到一定的尺度，才可能发生红移或蓝移现象。

在研究的纳米稀土发光材料光谱时，发现随着粒径的减小，在吸收和激发光谱中，出现了电荷迁移带（CTB）的红移或蓝移和基质吸收带变化等现象。

张慰萍等人[4,5]的研究（见表 9 – 1）表明，随着 $Y_2O_3 : Eu^{3+}$ 粒径的减小，在吸收和激发光谱中，出现了基质吸收带的蓝移和电荷迁移带（CTB）的红移，这种现象是由表面界面效应和小尺寸效应所引起的晶格畸变造成的，而不是量子限域效应引起的。张慰萍等人采用甘氨酸－硝酸盐燃烧法合成了不同粒径的 Y_2O_3 : Eu^{3+} 和 Gd_2O_3 : Eu^{3+} 纳米晶，光谱实验结果表明：从 80nm 到 5nm，在 Y_2O_3 : Eu^{3+} 样品中，Eu^{3+} 的 CTB 的峰值波长红移了 11nm（见表 9 – 1）；而在 Gd_2O_3 : Eu^{3+} 样品中，Eu^{3+} 的 CTB 峰值波长从 255nm 红移至 269nm，但未观察到 Eu^{3+} 的 $^5D_0 \rightarrow ^7F_2$ 特征发射峰出现位移[6]。通过 XRD、TEM、EXAFS（扩展 X 射线吸收精细结构）和激光格位选择激发高分辨光谱对样品的粒径、形貌、结构和光谱特性测试表征发现：Y_2O_3 : Eu^{3+} 纳米晶是由有序的晶核和无序的晶界网络构成的，并且粒径越小缺陷越多。EXAFS 的实验结果表明：粒径越小，Eu—O 键长越大（如 80nm、40nm 和 5nm 大小的晶粒所对应的 Eu—O 键长分别是 0.233nm、0.235nm 和 0.244nm），晶格越无序，畸变也越严重；Eu 的局部环境也随之变化，其配位数由 6 变到 8。

Lgarashi 等人[7]在研究 Y_2O_3 : Eu^{3+} 纳米晶的光谱中，发现了纳米粒子与微米级粒子的电荷迁移态相比向高能量方向移动。他们认为电荷迁移态与 O^{2-} 到 Eu^{3+} 之间共价键程度有关，电子从 $O^{2-} \rightarrow Eu^{3+}$ 所需能量降低，表示 O^{2-} 到 Eu^{3+} 之间的共价键程度升高，离子键程度降低。但是实验结果是电荷迁移态发生了蓝移现象，则表明在纳米粒子中离子键程度增多，由于 Y_2O_3 : Eu^{3+} 为立方结构，晶格常数可以认为是平均化学键的距离，而相对较长的键长则表示离子键，此结果又与实验测得晶格常数变大相一致。

Konrad 等人[8]采用 CVD 法合成了不同粒径大小的 Y_2O_3 : Eu^{3+} 发光材料（见表 9 – 2），其粒径大小是通过 Scherrer 公式计算和 TEM 直接观察确定的，并通过 XRD 和光谱结构特性分析证明 Y_2O_3 : Eu^{3+} 为立方晶相。漫反射和激发光谱表明：基质晶格吸收，10nm 样品的吸收带边比 10μm 样品的吸收带边蓝移了大约 5nm，但电荷迁移带没有移动；在同一温度下，随着粒径降低吸收带增宽，样品的带宽增大的顺序是 300K 时带宽大于 80K 的带宽；同时，由于束缚激子的发射能量不依赖于粒径大小。因此，这种基质吸收带边的蓝移和宽化依赖于粒径大小而束缚激子的发射能量不依赖于粒径大小的现象说明不是量子限域效应或声子限域效应引起的。

表 9 – 2 **不同粒径的 Y_2O_3 : Eu^{3+} 的光谱性质**[9]

	粒径/nm	10	20	50	10000
在 300K 温度下的实验结果	激子能量/eV	6.05 ±0.02	6.02 ±0.01	5.94 ±0.01	5.85 ±0.01
	吸收带宽度/eV	0.2 ±0.02	0.18 ±0.01	0.14 ±0.01	0.12 ±0.01
	发射峰能量/eV	—	3.66 ±0.02	3.70 ±0.02	3.68 ±0.01
	发射峰宽度/eV	—	0.35 ±0.03	0.38 ±0.02	0.39 ±0.01

续表 9 – 2

	粒径/nm	10	20	50	10000
在 80K 温度下的实验结果	激子能量/eV	6.05 ± 0.02	6.02 ± 0.01	5.94 ± 0.01	5.85 ± 0.01
	吸收带宽度/eV	0.17 ± 0.04	0.12 ± 0.03	0.08 ± 0.01	0.08 ± 0.01
	发射峰能量/eV	3.50 ± 0.06	3.58 ± 0.04	3.60 ± 0.02	3.58 ± 0.01
	发射峰宽度/eV	0.34 ± 0.03	0.30 ± 0.02	0.31 ± 0.02	0.30 ± 0.01

马多多等人[10]在研究立方 Gd_2O_3：Eu 的纳米晶与体相材料光谱性质时，也发现两者激发光谱的差异。在纳米晶中，电荷迁移带强度相对强，而基质激发带相对较弱，而对于体相材料来说，基质吸收较强，而电荷迁移带则较弱，如图 9 – 1 所示。

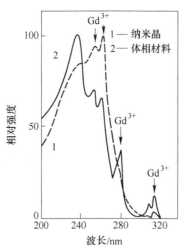

图 9 – 1 立方 Gd_2O_3：Eu 的激发光谱

（$\lambda_{em} = 611nm$）

对于电荷迁移态位移和基质吸收变化，普遍认为是由表面界面效应和小尺寸效应所引起的晶格畸变造成的，而不是量子尺寸效应引起的。

Murase 等人[11]在研究 Eu 掺杂的纳米氯化锶样品中发现电荷迁移带和 $^5D_0 \rightarrow {}^7F_2$ 的发射峰有蓝移，XRD 测试了纳米样品和体相材料的结构，结果表明在纳米粒子中晶格常数比体相材料的要小。同时计算了 $^5D_0 \rightarrow {}^7F_2$ 和 $^5D_0 \rightarrow {}^7F_1$ 强度的比值，其结果表明，在纳米粒子中，$^5D_0 \rightarrow {}^7F_2$ 的相对强度要高，他们认为此结果与表面态有关。

另外，在纳米 Y_2O_3：Eu^{3+} 样品中，Eu^{3+} 的 $^7F_2 \rightarrow {}^5D_0$ 激发峰蓝移的现象也有报道。Sharma 等人[12]以吐温 – 80 和乳化剂 – OG 为修饰剂，湿法合成了不同粒径的 Y_2O_3：Eu^{3+} 样品。发现随着修饰剂浓度从零增加到 10%（质量分数），粒径从

$6\mu m$ 降低到 10nm，$^5D_0 \rightarrow {}^7F_2$ 的激发峰波长从 395nm 蓝移至 382nm。他们认为所得到的这个初步结果是量子限域效应引起的。

李强等人[13]的研究结果表明，在纳米 Y_2O_3：Eu^{3+} 粉末中，Eu^{3+} 的 $^5D_0 \rightarrow {}^7F_2$ 跃迁的峰值波长由 614nm（粒径为 71nm）蓝移至 610nm（粒径为 43nm）。他们认为是纳米材料巨大的表面张力导致的晶格畸变所致。

刘桂霞等人[14]在用均相沉淀法合成的纳米级球形 Gd_2O_3：Eu 粒子与体相材料相比发现，其电荷迁移带发生了 17nm 的红移，认为这种红移现象是由纳米颗粒的表面效应所引起的晶格畸变产生的。同时发现发射峰呈现了宽化现象。

洪广言等人测定了纳米 CeO_2 紫外 - 可见光漫反射吸收光谱，它们在 $300 \sim 450nm$ 范围内有宽带吸收，能观察到随着 CeO_2 粒径减小，吸收带红移，其吸收阈值也随之增大。测定不同粒径纳米 CeO_2 的红外光谱表明，随着样品粒径的减小，吸收向高波数移动，即发生了明显蓝移。其原因在于粒子越小，粒子的表面张力也越大，内部受到的压力也越大，致使晶格常数减小，使 Ce—O 键的键长缩短，从而使 Ce—O 键的振动增强，发生蓝移。

宋宏伟等人[15]深入研究了纳米 Y_2O_3：Eu 中紫外光诱导的电荷迁移态变化现象，并给出了微观物理模型，从而在纳米尺度下对稀土离子、表面态和基质之间的相互作用问题有了更进一步的认识。他们在变温实验中，通过荧光动力学研究确定了立方相纳米 Y_2O_3：Eu 中辐射跃迁速率随尺寸的变化关系，得出尺寸越小电子跃迁速率越大的结论，并将跃迁速率增大归因于晶格畸变。

务必指出，在文献中存在的某些相互矛盾的结论，这与其实验方法、合成条件有关，需要仔细分析、解释，也反映出在稀土纳米发光材料方面仍有待深入研究。

9.1.2　谱线宽化和新发光峰

在不同粒径的 Y_2O_3：Eu^{3+} 纳米晶中，随着粒径的减小，Eu^{3+} 的 $^5D_0 \rightarrow {}^7F_2$ 谱线有明显的宽化现象，同时，在小粒径样品发射光谱中出现新峰。张慰萍等人[5]观察到，当立方相 Y_2O_3：Eu^{3+} 的颗粒尺寸小于 10nm 时，发射光谱不仅谱线加宽（见表 9 - 1），而且光谱基本结构也发生变化，在 622nm 处还出现了发光峰，如图 9 - 2 所示。他们把宽化现象归结于表面效应，出现的新峰归结于处于样品中的无序相和表面的 Eu^{3+} 形成的发光中心。Williams 等人[16]采用气相冷凝法合成了 $7 \sim 15nm$ 的 Y_2O_3：Eu^{3+} 纳米晶。激光格位选择激发测试表明，$^7F_0 \rightarrow {}^5D_0$ 跃迁的激发峰随着粒径的减小而明显宽化。Peng 等人[9]在高分辨光谱上观察到 5nm 的 Y_2O_3：Eu^{3+} 纳米晶在 579.9nm 处出现新的宽化的激发峰。李丹等人[17]采用燃烧法合成的 5nm 的 Y_2O_3：Eu^{3+} 立方相纳米晶，在 10K 的低温下也看到了 $^5D_0 \rightarrow {}^7F_2$ 跃迁发射峰的宽化。另外，Goldburt[18]发现 Y_2O_3：Tb^{3+} 纳米晶 Tb^{3+} 的 $^5D_4 \rightarrow {}^7F_J$ 跃迁的发射峰比体相材料相应的发射峰宽化。Bazzi 等人[19]采用聚醇法合成了 $2 \sim 5nm$

的 Y_2O_3∶Eu^{3+} 和 Gd_2O_3∶RE^{3+}（RE = Eu，Tb，Nd）等纳米晶，也发现发射谱线宽化和新峰出现。

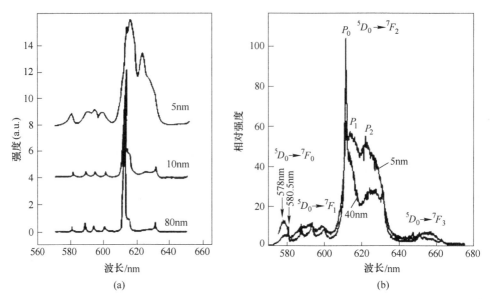

图 9 - 2   不同粒径 Y_2O_3∶Eu^{3+} 样品的发射光谱

（a）低分辨光谱；（b）高分辨光谱

Wang[20]研究了在 $LaPO_4$ 纳米晶中 Eu^{3+} 的分布，当用电荷迁移态激发时，荧光发射光谱显示锐的发射峰，而直接激发 Eu^{3+} 的 $4f$ 能级时，发现发射光谱增宽，强度有所变化。

可见，谱线宽化和新位置出现的发光峰确实与基质的晶粒大小密切相关。对于这种现象，普遍认为发射峰宽化是非均匀宽化，可能是纳米晶中的无序相造成的；而新峰则主要来源于 Eu^{3+} 的新格位，如处于表面或杂相的 Eu^{3+} 所形成的发光中心。张慰萍研究组[3,6]使用激光格位选择激发光谱（10ns，$0.1cm^{-1}$光谱宽度）进行了仔细的研究（见图 9 - 3），发现 5nm 和 40nm 样品的红色发射峰是由 611.4nm（P_0）和 612～630nm 范围内的 P_1 和 P_2 两个肩峰组成的；其 P_1、P_2 发射峰对应的在 $^7F_0 \rightarrow {}^5D_0$ 激发峰（580.15nm，C_2 格位）的高能带边出现了一个新的激发带，其中心波长约在 578.5nm，并且用此波长激发，出现了 P_1、P_2 发射峰强度大大地增加现象。因此，他们把宽化现象归结于表面效应，出现的新峰归结于处于样品中的无序相和表面的 Eu^{3+} 形成的发光中心。Peng 等人[9]也将 579.9nm 的新激发峰归因于纳米晶近表面的 Eu^{3+} 的发光。

9.1.3 荧光寿命改变

张慰萍等人[4,5]在研究时发现，随着纳米晶粒的变小，荧光寿命随之缩短

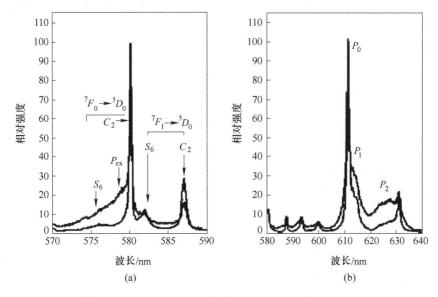

图9-3 40nm 粒径 Y_2O_3：Eu^{3+} 样品的激光格位选择激发光谱（a）和发射光谱（b）

（见表9-1），对于立方相 Y_2O_3：Eu^{3+} 样品的粒径依次为 $3\mu m$、80nm、40nm 和 10nm，其 $^5D_0$ 的荧光寿命分别为 1.7ms、1.39ms、1.28ms 和 1.08ms。而 5nm 样品衰减得更快，且无法用单指数形式拟合，可以用双指数很好地拟合，其结果为 1.04ms 和 0.35ms。这被认为是表面缺陷增加引起的，即纳米表面效应导致了发光离子能级在弛豫中自旋禁戒进一步的解除，从而辐射跃迁几率提高或无辐射弛豫增强。

李丹等人[17,21] 研究的结果表明，在 30nm 和 5nm 的 Y_2O_3：Eu^{3+} 立方相纳米晶样品中，Eu^{3+} 的 $^5D_0 \rightarrow {}^7F_2$ 跃迁的荧光寿命与体相材料（1.7ms）相比都明显缩短。在相同掺杂浓度下，颗粒越小发光寿命越短；在较低的掺杂浓度下，寿命变化不大；当掺杂浓度超过某一值时，Eu^{3+} 的发光寿命明显变短，如 5nm 纳米样品中 Eu 的浓度低于 15% 时，寿命大约为 0.77ms，超过 15% 后，Eu^{3+} 的寿命明显变短；而 30nm 的纳米样品中 Eu^{3+} 的寿命在掺杂浓度超过 20% 时才开始明显变短。他们认为颗粒尺寸减小引起的发光寿命变短是表面猝灭中心作用的结果；发光寿命随掺杂浓度增大而变短，说明较高掺杂浓度的 Eu^{3+} 离子之间的能量传递将加速通过表面的能量猝灭。然而 Williams 等人[16,22] 在纳米 Y_2O_3：0.1% Eu^{3+} 荧光寿命研究中却得到了相反的结果，单斜晶系 A、B、C 三种格位以及立方晶系 C_2 格位上 Eu^{3+} 的 $^5D_0$ 衰减时间与体相材料相比均有所增加（见表9-3）。他们认为造成 Eu^{3+} 的 $^5D_0$ 衰减时间延长的原因是由于辐射跃迁比率减小引起的。

表9－3　在约13K下，不同粒径的 Y_2O_3：0.1%Eu^{3+} 单斜相纳米晶的$^5D_0$荧光寿命

样品	粒径范围/nm	格位 A/ms	格位 B/ms	格位 C/ms	立方相 C_2/ms
体相	—	1.6	0.8	0.8	1.0
23nm	7～30	1.8	1.3	1.3	—
15nm	7～23	1.8	1.3	1.3	—
13nm	8～17	4.2	2.8	3.2	—
7nm	4～10	4.6	2.9	3.0	3.0

　　总之，荧光寿命的变化与纳米粒子的大小和掺杂粒子的浓度密切相关，并决定于稀土纳米发光材料的表面界面效应。

9.1.4　猝灭浓度增大

　　张慰萍等人[5,23]在纳米 $Y_{2-x}Eu_xSiO_5$ 中，首次观察到了浓度猝灭受到抑制的现象。50nm 样品的猝灭浓度为 $x=0.6$，大大超过了体相材料的 $x=0.2$，并且发光亮度是体相材料的最大发光亮度的2倍多。这被认为是由于在纳米材料中能量共振传递被界面所阻断和猝灭中心在各个纳米晶内分布的涨落所造成的。在纳米 Y_2O_3：Eu^{3+} 样品中，也观察到了浓度猝灭受到抑制的现象：体相材料的猝灭浓度约6%，而纳米 Y_2O_3：Eu^{3+} 样品的猝灭浓度高达12%～14%，但纳米发光亮度低于体相材料，70nm 样品的发光亮度约为商用 Y_2O_3：Eu^{3+} 粉的80%，而且随粒径变小而下降。这被认为是纳米晶所具有的表面界面效应使发光中心 Eu－Eu 之间的频繁能量传递受阻，能量从发光中心到猝灭中心传递的几率减小，非辐射跃迁减小，从而使猝灭浓度升高。

　　近年来的一些研究结果表明，掺杂 Eu^{3+} 的纳米硅酸盐和氧化物稀土发光材料具有比体相材料高的猝灭浓度，纳米粒子的尺寸效应和表面态可以影响稀土离子到发光猝灭中心的能量传递过程。李丹等人[17,21]对 Eu^{3+} 掺杂的纳米氧化物材料具有比体相材料高的猝灭浓度的原因进行了更具体的分析：引起发光猝灭的中心有两种，一种是表面猝灭中心，主要是三叉晶界、空位或空洞；另一种是体猝灭中心，有杂质和晶体缺陷两种。当颗粒尺寸减小时，表面猝灭中心增多而使猝灭浓度降低；相反，稳态的纳米晶位错密度不断降低而纳米晶中的发光猝灭浓度提高，表明杂质与颗粒尺寸无关，并且，纳米晶与体相材料相比，体猝灭中心的数目很少，因此，对发光起猝灭作用的主要是表面猝灭中心。纳米晶的表面猝灭中心增多了，为何猝灭浓度反而升高，他们通过浓度猝灭曲线的分析，确定了引起 Y_2O_3 纳米晶中 Eu^{3+} 发光浓度猝灭的是交换相互作用。因为在立方 Y_2O_3 纳米晶中存在 S_6 和 C_2 两种格位的 Eu^{3+} 离子之间的能量传递，而相邻格位的能量传递速率比孤立的能量传递速率快很多，所以，只有当 Eu^{3+} 的掺杂浓度提高，使

Eu^{3+} 处于相邻格位的概率增大到足以形成连接到表面的能量传递网时，发光猝灭才发生，从而导致纳米 Y_2O_3:Eu^{3+} 与体相材料相比具有更高的猝灭浓度。他们还报道了 Y_2O_2S:Tb^{3+} 纳米晶中 Tb^{3+} 发光浓度猝灭的机制[24]：$^5D_3$ 的浓度猝灭是电偶极－电偶极相互作用引起的，而 $^5D_4$ 浓度猝灭是交换相互作用引起的。与体相材料相比，在 Y_2O_2S:Tb^{3+} 纳米晶中，$^5D_4$ 更容易出现浓度猝灭，而由交叉弛豫引起的 $^5D_3$ 发光的浓度猝灭提高。这是因为在体相材料的 Y_2O_2S:Tb^{3+} 中，$^5D_4$ 发光在 10% 浓度范围以内还没有观察到浓度猝灭现象，而 $^5D_3 \rightarrow {}^7F_2$ 跃迁产生最强的发光时的浓度值只有 0.2%。$^5D_3$ 的浓度猝灭是由于交叉弛豫 $(^5D_3, {}^7F_6) \rightarrow (^5D_4, {}^7F_0)$，猝灭 $^5D_3$ 发光的同时增加了 $^5D_4$ 能级的布局，而 Tb^{3+} 的能级结构表明 $^5D_4$ 没有能量匹配的交叉弛豫途径，这些因素决定了 $^5D_4$ 能级上的发光难以被猝灭。在纳米晶中，由于表面猝灭中心的影响，随 Tb^{3+} 浓度的增加，能量在 Tb^{3+} 离子之间的迁移，很容易到达表面而猝灭。

随着纳米颗粒粒径的减小，引起表面原子数加大，比表面积增大，导致大量的悬键，对于发光而言，这些悬键会引起发光的猝灭，在这方面引起了人们研究的极大兴趣。

由此可见，稀土纳米发光材料的浓度猝灭增加的机理是很复杂的，但它决定于纳米颗粒的表面界面效应所引起的能量传递机制的改变。

9.1.5 发光强度变化

张慰萍等人[6]采用燃烧法制备出了不同粒径的 Y_2O_3:Eu^{3+} 和 Gd_2O_3:Eu^{3+} 纳米晶，其同一掺杂浓度的 Eu^{3+} 的 $^5D_0 \rightarrow {}^7F_2$ 跃迁的发射峰强度随着粒径的减小而逐渐降低。其原因是纳米粒子的强散射减少了对紫外激发光的吸收，从而使亮度下降。另外，因粒径减小形成的无辐射弛豫中心增强了无辐射跃迁也是发射光强急剧减小的原因。李强等人[13]也得到了类似的结果，并认为与缺陷有关。然而，Sharma 等人[12]采用表面活性剂化学控制法合成的 Y_2O_3:Eu^{3+} 纳米晶，其 Eu^{3+} 的 $^5D_0 \rightarrow {}^7F_2$ 跃迁的发射峰强度随着粒径从 $6\mu m$ 减小至 10nm 非但发光强度没有减小，反而增大了 5 倍，被认为是粒子尺寸的减小使非辐射跃迁几率减小造成的。Goldburt 等人[18]采用溶胶－凝胶法制备的 10~4nm 粒径大小的 Y_2O_3:Tb^{3+} 纳米晶的发光效率增加。他们采用量子限域原子模型加以解释，即掺杂的纳米晶发光材料振子强度的变化是基质边界的局域原子的量子限域导致的，简言之，局域杂质可看做量子点。

另外，发光强度随粒径减小的变化可能与制备方法有关，例如，用溶胶－凝胶法合成的 40~50nm 的 $REBO_3$:Eu($RE = Y$，Gd) 的发光亮度均高于固相反应法制得的体相材料 $REBO_3$:Eu，这可能是因为溶胶－凝胶法制备的样品掺杂更均匀、晶格更完美，从而降低了能量在传递过程中向猝灭中心的传递几率。裴轶慧

等人以 Y_2O_3：Eu^{3+} 荧光粉中 Eu^{3+} 的 S_6 格位的发光强度作为内部标准与 C_2 格位的发光强度进行比较研究了两种格位上 Eu 的分布，结果表明，纳米 Y_2O_3：Eu^{3+} 的发光强度低并不是因为占据 C_2 格位上 Eu 原子数少而引起的[15]。

张慰萍研究组[23]制备的平均粒径为 50nm 的 $Y_{2-x}Eu_xSiO_5$ 比常规微米级的体相材料有更高的发光亮度，他们通过同一掺杂浓度的样品的逐步退火实验认为，发光几率的提高是可能的原因。目前，发光强度随粒径减小的变化在改变色纯度实用方面也有了研究。如由于等离子体平板显示和新一代无汞荧光灯的发展，许多工作集中在真空紫外荧光粉的研究上，YBO_3 在真空紫外有较好的吸收，而有望成为荧光材料的候选材料，然而，由于 YBO_3 在 $^5D_0 \rightarrow ^7F_1$ 和 $^5D_0 \rightarrow ^7F_2$ 几乎等同强度的发射，使得该材料在色纯度方面存有问题。严纯华小组[25,26]考虑到 $^5D_0 \rightarrow ^7F_2$ 的跃迁属于超灵敏跃迁，此类跃迁受晶体场对称性的影响。如果结构对称性降低，$^5D_0 \rightarrow ^7F_2$ 的相对跃迁强度将被提高，从而达到提高色纯度的要求。通过纳米材料与体相材料的对比，发现来自于 $^5D_0 \rightarrow ^7F_2$ 的相对跃迁强度随着纳米粒径的减少而增强，由此认为这种现象与纳米粒子的微观结构有关。在纳米粒子表面，晶格周期性受到了破坏，同时在表面缺少氧原子，这些将造成 Eu^{3+} 的局域对称性降低，从而处于无序的状态，因此，导致 $^5D_0 \rightarrow ^7F_2$ 的相对跃迁强度将被提高，从而达到提高色纯度的要求。

总之，稀土纳米发光材料的发光强度的改变，与粒径大小、不同的基质和制备方法等有关，其机理也是众说纷纭，因此，有待于更深入、更细致的工作。

9.1.6 一维、二维的稀土纳米发光材料

最近几年，纳米线、纳米管和纳米带等一维稀土纳米发光材料成为了研究的热点，其目的之一是为了进一步组装出纳米结构材料，最终实现纳米器件的制作。Wu 等人[27]利用表面活性剂合成了直径为 20～30nm 的 Y_2O_3：Eu^{3+} 纳米管，并且发现 Y_2O_3：Eu^{3+} 纳米管展示了与纳米晶不同的光谱结构，其发射峰不仅宽化，而且在 618nm 出现了新的发射峰，同时，590nm 的发射峰变得宽而强。激光格位选择激发测试结果表明：Eu^{3+} 在纳米管中占据 3 个不同的格位，其中有两个格位位于纳米管壁。目前，水热法合成一维稀土纳米发光材料相当引人注目，例如，Meyssamy 等人合成出了 $LaPO_4$：Eu^{3+} 纳米纤维；Fang 等人[28,29]则合成了 $REPO_4$（RE＝La，Ce，Pr，Nd，Sm，Eu，Gd，Tb，Dy）系列化合物和一些稀土离子共掺杂化合物的纳米线或纳米棒，探讨了纳米线或管形成的可能机理及其发光特性；He 等人[30]采用该法制备出了 Y_2O_3：Eu^{3+} 纳米带，发现 Eu^{3+} 的发射峰不仅宽化，而且出现了 625nm 的新峰；李亚栋等人[31,32]采用水热法系统地制备出了稀土氧化物、硫氧化物和氢氧化物等化合物的纳米线和纳米管，探索了纳米管和纳米线的形成机理及相关的光谱性质，观察到 Y_2O_3S：Yb^{3+}，Er^{3+} 具有上转换的

性质。

Song 课题组[33~35]采用水热法合成了稀土离子掺杂的 $REPO_4$，La_2O_3 和 Gd_2O_3 发光纳米线，并且研究了所合成的一维纳米线的发光性能，如局域环境、电子转换、能量转移以及上转换发光的频率等。研究发现，一维的稀土纳米发光材料的发光性能比零维纳米颗粒、微米粒子以及微米棒的发光效率有所提高，因为一维纳米线中的 Eu 离子占据两个格位，其 $^5D_0 \rightarrow {}^7F_J$ 的辐射跃迁速率和 Eu 离子内部的发光量子效率均比其他材料有所提高，具体机理仍在进一步探索之中。

Ranjan 等人[36]研究发现，一维的稀土纳米发光材料的发光性能比零维纳米颗粒、微米粒子以及微米棒的发光效率有所提高，研究者认为，一维纳米线中的 Eu 离子占据 2 个格位，其 $^5D_0 \rightarrow {}^7F_J$ 的辐射跃迁速率和 Eu 离子内部的发光量子效率均比其他材料有所提高，具体机理有待探索。

有关纳米线、纳米棒、纳米带和纳米管等一维稀土纳米发光材料的形成机理还不清楚，它们所展示出奇特的发光性质还有待于探索和深入研究。

新一代发光显示技术要求具有超薄、高分辨率和轻便等特点，因此，二维纳米发光薄膜的图案化和无序、有序纳米发光材料的介孔组装成为研究的热点课题。同传统的发光粉显示屏相比，发光薄膜在对比度、分辨率、热传导和涂屏等方面显示出较强的优越性，但其应用上最大的缺点是发光亮度和发光效率不高，工艺上主要是容易出现裂纹。Gaponenko 等人[37]采用在多孔硅和阳极氧化铝表面的制膜技术来克服膜的裂纹，同时，研究了 Er 和 Tb 的薄膜发光特性并期望应用于光纤放大方面。

通过研究介孔组装体系的发光特性来理解主客体间的相互作用和介观的理化特性是发光材料介孔组装方面研究的动力之一，但这方面的工作才刚刚开始。Chen 等人[38]组装的单斜晶系 $Eu_2O_3/MCM-41$ 体系具有与体相材料明显不同的发光特性：$^5D_0 \rightarrow {}^7F_2$ 跃迁的发射峰主要为 615nm 和 625nm；发光寿命出现一短一长，短的小于 $1\mu s$，归因于纳米粒子的表面态或能量到 MCM-41 迁移产生的猝灭，而长的从微秒到毫秒为浓度猝灭的结果；在 140℃ 显示出比立方晶相或体相材料高的发高效率。这种在高温高压下才能稳定存在的高发光效率的单斜相 $Eu_2O_3/MCM-41$ 组装材料将在发光和显示具有重要的潜在应用。Schmechel 等人[39]将 $Y_2O_3:Eu^{3+}$ 分别组装 2.7nm 孔洞的 MCM-41、约 15nm 的介孔二氧化硅和约 80nm 的阳极氧化铝模板阵列孔中，研究了他们的发光性质，并与 $5\mu m$ 的体相材料进行了比较。发现填充在 SiO_2 和 AAO 模板孔道中的电荷迁移带和 $^5D_0 \rightarrow {}^7F_2$ 跃迁的发射峰显著地宽化，并用发光材料的结构缺陷及非晶态加以解释。张吉林等人[40]将 $Y_2O_3:Eu^{3+}$ 组装进 AAO 模板中所形成的纳米线阵列，Eu^{3+} 的特征红色发射峰与纳米晶粉末样品类似也出现了明显的宽化现象。

李强等人[41]通过在 $Y_2O_3:Eu^{3+}$ 纳米颗粒表面包覆氧化硅、氧化铝的保护膜。

测试结果表明：包覆后，纳米 Y_2O_3 : Eu^{3+} 红粉的发光强度得到了提高。Kompe 等人[42] 合成发绿光的 $CePO_4$: Tb/$LaPO_4$ 核－壳结构纳米粒子发光粉的发光量子效率比 $CePO_4$: Tb 提高了 70%。

Chen 等人[43] 分别将 Eu^{2+}、Ce^{3+}、Sn^{2+}、Cu^+ 引入到多孔 SiO_2 玻璃中，经过灼烧处理得到了致密的无色透明的无孔发光玻璃，在近紫外光和可见光范围内具有很好的发光性能，透过率分别可达到 97%、70%、100% 和 90%。

在一维纳米材料的制备与二维纳米发光薄膜的图案化和阵列组装方面的工作已有不少报道，有关一维纳米材料的形成机制、二维纳米发光薄膜图案化的多样化控制和纳米发光阵列的组装及它们所显示出的发光特性方面还需进行大量深入的研究和探索。

综上所述，稀土纳米发光材料的光谱特性与纳米半导体发光材料有着根本不同的发光机制。谱线的位移与宽化、新峰的出现与猝灭浓度升高、荧光寿命与量子效率改变等与体相材料不同的性质，普遍被认为是由于粒径小至纳米级后，其巨大的表面界面效应改变了纳米晶的结构、键参数和掺杂离子格位等因素造成的，但这方面工作还有许多争议的地方，实验数据还不全面，有的结果甚至相互矛盾。

9.2 稀土纳米发光材料的制备

众多稀土纳米材料的制备方法可用于合成稀土纳米发光材料[44,45]。现已有多种用于稀土纳米发光材料的制备方法，如水热法、水解法、热分解法、共沉淀法、自蔓延燃烧合成、溶胶－凝胶法、微乳液法和模板法等，以及一些多种方法组合的技术，如沉淀—水热法，微乳液—水热法等合成技术也被报道。在稀土纳米发光材料的合成过程中主要需解决两方面的问题：其一是获得尽可能小、单分散、分布均匀的纳米粒子，充分体现纳米尺寸对材料结构和性能的影响；其二是掌握控制形貌的方法，为今后人为操纵原子体系，进行人工纳米结构组装提供条件。现仅对溶胶－凝胶法、沉淀法、燃烧法、微乳液法、水热法、静电纺丝技术等进行简要介绍。

9.2.1 溶胶－凝胶法

溶胶－凝胶法（sol－gel）是指从金属的有机物或无机物的溶液出发，在低温下，通过溶液中的水解、聚合等化学反应，首先生成溶胶，进而生成具有一定空间结构的凝胶，然后经过热处理或减压干燥，在较低的温度下制备出各种无机材料或复合材料的方法。溶胶－凝胶法因反应条件温和、产品纯度高、结构介观尺寸可以控制、操作简单引起了众多研究者的兴趣。Hreniak 等人[46] 采用溶胶－凝胶法合成了 $Y_3Al_5O_{12}$: Nd 纳米晶。在合成过程中，有时还在溶液中加一些分散剂或络合剂等，如 Zhai 等人[47]采用 EDTA 为络合剂合成纳米 Y_2O_3:Eu。

9.2.2 沉淀法

沉淀法包括直接沉淀法、共沉淀法和均匀沉淀法等。直接沉淀法是在金属盐溶液中加入沉淀剂，在一定的条件下生成沉淀析出，沉淀经洗涤、干燥和热分解等处理工艺后得到粉体产物的方法。共沉淀法是将沉淀剂加入混合金属盐溶液中，促使各组分均匀混合沉淀，然后加热分解以获得产物的方法。例如，Lgar-ashi 等人[48]采用碳酸盐沉淀合成了 Y_2O_3:Eu 纳米颗粒。Bazzi 等人[49]采用沉淀法在高沸点有机溶液中合成 $2 \sim 5nm$ Y_2O_3:Eu、Gd_2O_3:Eu 和 Eu_2O_3 纳米粒子。李艳红等人[50]用均相沉淀法制备了 Y_2O_3:Er^{3+},Yb^{3+} 红外变可见光上转换纳米材料。值得注意的是在用上述两种方法制备氢氧化物或氧化物时，沉淀剂加入可能会使局部沉淀剂浓度过高，因此，可以采用能逐渐释放沉淀剂 NH_4OH 的尿素均匀沉淀法。

9.2.3 燃烧法

燃烧法是将相应金属硝酸盐（氧化剂）和尿素或甘氨酸的混合物放入一定温度的环境下，使之发生燃烧反应，制备氧化物或其他发光材料的一种方法。燃烧法具有反应时间短、制得的产物相对发光亮度高、粒度小、分布均匀及比表面积大等特点，在实验研究中应用较为普遍。Zych 等人[51]采用燃烧法合成了纳米 Lu_2O_3:Tb，Peng 等人采用燃烧法合成了 Y_2O_3:Eu 纳米晶。

9.2.4 微乳液法

微乳液法是利用在微乳液的液滴中的化学反应生成固体，以制备所需的纳米粒子。该法可以通过控制微乳液的液滴中水体积及各种反应物浓度来控制成核、生长，以获得各种粒径的单分散纳米粒子。洪广言等人[52]利用大豆卵磷脂在水中自发形成的囊泡作模版，先制备出含有 Eu^{3+} 的卵磷脂乳液，经用 NH_4F 沉淀后制得前驱体，该前驱体在 600℃灼烧，得到 EuF_3 纳米线，其直径约为 $10 \sim 20nm$。通过对各阶段产物的荧光光谱、红外光谱（FTIR）、XRD 和热分析等的对比分析，得知在纳米粒子的制备过程中 Eu^{3+} 与大豆卵磷脂的亲水头部有一定的络合作用即形成了 Eu—O—P 键，并确认所得到的纳米线是多晶相 EuF_3。

9.2.5 水热法

水热法是在特定的反应器（高压釜）中，采用水溶液作为反应体系，通过将反应体系加热至临界温度或接近临界温度，在反应体系中产生高压环境而进行无机合成和材料制备的一种有效方法。水热反应包括水热氧化、水热分解、水热沉淀和水热合成等。用水热法制备稀土纳米粉具有纯度高、晶型好和单分散性好等特点。Riwotzki 和 Haase 等人[53]在水热条件下合成粒子尺寸为 10 ~ 30nm 的 YVO_4：RE（RE = Eu，Sm，Dy）。

将有机溶剂代替水作溶媒，采用类似水热合成的原理制备稀土纳米发光材料作为一种新的合成途径已受到人们的重视。非水溶剂在其过程中，既是传递压力的介质，也起到矿化剂的作用。以非水溶剂代替水，不仅大大扩大了水热技术的应用范围，而且由于溶剂处于近临界状态下，能够实现水热条件下无法实现的反应，并能生成具有介稳态结构的材料。具有特殊物理性质的溶剂在超临界状态下进行反应有利于形成分散性好的纳米材料。

近年来，水热法和溶剂热合成在制备不同形貌的低维稀土化合物（稀土氟化物、磷酸盐、钒酸盐、钼酸盐、硼酸盐及其氧化物）的研究中得到了极其广泛的应用。

9.2.6　静电纺丝技术

近年来，高压静电场纺丝技术制备纳米纤维激起了人们的浓厚兴趣。静电纺丝技术已能够制备包括纳米丝、纳米线、纳米棒、纳米管、纳米带和纳米电缆等多种纳米纤维材料。静电纺丝技术所制备的纳米纤维尺寸长、直径分布均匀、成分多样化，既可以是实心的，也可以是空心的。

董相廷等人报道[54,55]，采用静电纺丝技术制备的稀土掺杂的稀土氧化物纳米纤维、纳米带和空心纳米纤维作为前驱体，使用双坩埚法可以合成诸如 $NaYF_4$：Eu^{3+}、YF_3：Tb^{3+}、Y_2O_2S：Eu^{3+}、LaOCl：Yb^{3+}/Er^{3+}、LaOBr：Nd^{3+}、LaOI：Yb^{3+}/Ho^{3+} 等稀土掺杂的稀土氟化物、硫氧化物、氯氧化物、溴氧化物和碘氧化物纳米纤维、纳米带和空心纳米纤维。他们同时对其发光特性和形成机理进行了深入研究。

除了上述方法外，还有微波辐射合成法、化学气相反应法、喷雾热解法等许多方法用于制备纳米稀土发光材料，但大多数的方法只能制备出仅供基础研究使用的少量样品，而真正具有产业化价值的方法不多。

9.2.7　不同合成方法对光谱性能的影响

随着对纳米材料研究的深入，合成纳米材料的方法有许多，且对于同一种样品，可采用不同方法来合成。目前的一些研究表明，合成方法的不同会影响产品的结构和形貌，甚至进一步影响光学性能。Nedelec 等人[56]采用不同方法合成了 YPO_4，研究了样品的结构、形貌和发光强度，并在 15K 条件下测量了以 $^5D_0$ 和 $^5D_2$ 为激发能级的 $^5D_0 \rightarrow {}^7F_2$ 的荧光寿命。研究结果表明，溶胶 – 凝胶法合成的样品粒度最小，发光寿命最短，其主要原因是在液相中合成的样品中存在残余的 OH⁻ 基团。而采用共沉淀法合成的样品发光效率最高。

Zych 等人[57]采用燃烧法和溶胶－凝胶法两种方法合成纳米 Lu_2O_3：Eu，并对样品的结构和发光性质进行了研究。其研究结果表明，两种方法合成的样品结构相同，但发光性能却有很大差别。从相对发光效率和猝灭浓度两方面来看，燃烧法合成样品的发光效率和猝灭浓度均低。他们认为：这些现象与燃烧法合成的样品中 Eu^{3+} 的分布不均匀有关。

形貌不同对光谱也有一定的影响。Meyssamy 等人[58]在碱性和酸性条件下分别合成了纳米颗粒和一维的 $LaPO_4$：Eu^{3+} 样品。样品中来自于 $^5D_0 \rightarrow {}^7F_2$ 和 $^5D_0 \rightarrow {}^7F_4$ 的发射强度模式有所不同，其光谱变化主要与在一维样品中存在着晶面定向生长从而使 Eu^{3+} 具有不同的局域环境有关。

Yan 等人采用燃烧法和水热法合成了掺铕的稀土钒酸盐（$REVO_4$）和稀土硼酸盐（$REBO_3$）纳米粒子，并且研究了其光谱性能与体相材料的差别。他们又以 Eu^{3+} 作为荧光探针研究了纳米晶的表面缺陷，也研究了不同粒径 YBO_3：Eu 纳米晶在真空紫外光区的发光性质[59]。

9.2.8 稀土纳米发光材料的组装与复合

利用纳米材料的奇特理化性质来设计纳米复合材料，并按照自己的意愿构建和组装新的有特定功能的纳米结构材料，使其在纳米电子器件和器件集成等方面获得应用。稀土纳米发光材料的组装与复合不仅可使材料改性和赋予新的性质，而且能防止纳米粒子的团聚，提高其稳定性，具有广泛的应用前景。因此稀土纳米发光材料的复合与组装已成为目前稀土材料研究的新热点。如 Louis[60]将 Au 纳米粒子与稀土氧化物（Gd_2O_3：Tb）复合形成纳米复合物，该复合物中的 Au 纳米粒子起到了吸收能量并把能量传递给 Gd_2O_3：Tb 的作用，从而提高稀土氧化物的发光效率，该复合材料可以作为荧光探针用于生物检测等。又如 Sun 等人[61]在 Ag 胶体纳米粒子的表面包覆了 $Eu(TTA)_3 \cdot 2H_2O$ 配合物，使 Ag 胶体纳米粒子具有更强的发光性能。

通过表面包覆处理可获得的核－壳结构材料。洪广言等人采用微乳液法合成了具有核－壳结构的 SiO_2/苯甲酸铕或 SiO_2/苯甲酸铽的纳米粒子，经光电子能谱和电镜分析表明：SiO_2 壳层的厚度在几个纳米之内，SiO_2 包覆的苯甲酸铕纳米粒子粒度为 5nm 左右。

将相对昂贵的稀土材料包覆在相对便宜的非稀土材料上获得核－壳结构的复合材料，可以节省稀土元素的用量，并且可以得到可控形状的稀土纳米粒子。如 Liu 等人[62,63]采用在 SiO_2 球形粒子存在的条件下均相沉淀的方法制备了 SiO_2/Y_2O_3：Eu 和 SiO_2/Gd_2O_3：Eu 核－壳结构复合材料。由于 SiO_2 的光学透明性，不影响材料的发光性能，同时降低了成本，节省了资源。图 9 － 4 所示为 SiO_2/

Gd₂O₃：Eu 核–壳结构材料的 TEM 照片，图 9–5 所示为具有中空结构的 SiO₂/Y₂O₃：Eu 核–壳结构材料的 TEM 照片。

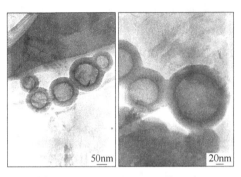 

图 9–4　SiO₂/Gd₂O₃：Eu 核–壳　　　图 9–5　具有中空结构的 SiO₂/Y₂O₃：Eu

结构材料的 TEM 照片　　　　　　　核–壳结构材料的 TEM 照片

Lin 等人[64]采用溶胶–凝胶的方法制备了 SiO₂/YVO₄：Eu 核–壳结构复合发光材料，并对发光性能进行了较详尽的表征。

Cao 等人[65]采用简单的化学沉淀法在碳纳米管表面包覆了一层厚度为 15nm 的 Eu₂O₃，形成了核–鞘结构复合材料，有望在场发射显示器件中得到应用。刘桂霞等人[66]采用沉淀法在经过表面活性剂 PVP 修饰的碳纳米管的表面包覆了一层不同稀土离子掺杂的 Y₂O₃，经过灼烧之后得到了多孔的 Eu 掺杂的 Y₂O₃ 发光纳米管（见图 9–6）。

(a)　　　　　　　　　　　　　　　　　(b)

图 9–6　碳纳米管表面包覆 Y₂O₃ 前驱体（a）和 Y₂O₃：Eu 多孔纳米管（b）的 TEM 照片

目前材料的组装技术主要有平板印刷技术、扫描探针操纵装配技术、分子束外延技术和自组装技术等，其中自组装技术又分为分子自组装和模板自组装。在稀土纳米材料的组装方面也有报道，如 Zhang[40]曾在氧化铝模板中组装了 Y₂O₃：Eu³⁺纳米线。Chen 等人[67]组装的单斜晶系 Eu₂O₃/MCM–41 体系具有与体相材料明显不同的发光特性。尹伟等人[68]将铕的有机配合物组装到介孔分子筛

MCM－41或（CH_3）$_3$Si－MCM－41 中，实验结果表明：分子筛颗粒和孔腔表面的疏水环境有利于超分子体系客体的发光。Tsvetkov 等人[69]将稀土铒通过自组装技术装入 SiO_2 纳米球组成的反蛋白石结构和多孔阳极氧化铝中形成复合物，并对元素组成、稀土离子的浓度、介质组成和发光性能等进行了研究，这种三维或二维的发光复合物有望在光信息存储与传输方面得到应用。

孟庆国等人[70]研究了在 MCM－48 中掺杂 Eu（DBM）$_3$·$2H_2O$。由于 MCM－48 具有三维孔道结构容易掺杂，掺杂后使 MCM－48 的孔壁从 1.4nm 增加到 1.7nm，说明配合物的进入使孔壁增厚，增强了中孔材料的稳定性。他假定 Eu（DBM）$_3$·$2H_2O$ 配合物的分子呈球形，直径在 1.2nm 左右，氢吸附分析证明稀土配合物进入了中孔孔道。

陈学元等人将 Tm^{3+}（Yb^{3+}）和 Eu^{3+} 分别掺入到 $NaGdF_4$ 纳米晶的内核和壳层中，在单分散六方相 $NaGdF_4$ 纳米晶中实现了 Eu^{3+} 的双模式发光。借助于内核中 Tm^{3+} 和 Yb^{3+} 的双敏化作用和核－壳结构的优点，在 980nm 激光激发下，可以获得 Eu^{3+} 的红色上转换高效发光，上转换发光强度比 Yb^{3+}/Tm^{3+}/Eu^{3+} 共掺样品提高了一个数量级[71]。同时，在 273nm 紫外光照射下，也能实现很强的 Eu^{3+} 红色下转换发光。这种单分散、集 Eu^{3+} 上转换和下转换发光于一体的 $NaGdF_4$ 纳米核－壳材料经表面功能化后具有良好的生物相容性，与生物分子连接后，可以作为一种多功能荧光标记和 MRI 造影剂，用于生物医学领域中异相或均相检测。

新加坡国立大学刘小钢课题组[72]，利用核－壳结构和基质 Gd^{3+} 的能量迁移，在 Yb^{3+} 高掺的 $NaGdF_4$：Yb，Tm/$NaGdF_4$：Tb 核－壳纳米晶中提出了一种新颖的能量迁移上转换发光机制，可以很好地解决传统上转换发光机制中因敏化离子和激活离子能量失配而无法实现的不足，开辟了除激发态吸收、能量传递上转换、光子雪崩机制以外的第四种上转换新机制。

9.3　稀土纳米发光材料的应用研究

纳米发光材料在形态和性质上的特点使其在应用上又有着体相材料不可比拟的优势，使它能成为一类极有希望的新型发光材料。稀土纳米发光材料呈现出一些新性质，有重要的应用背景，可能会广泛应用于发光、显示、光信息传输和生物标记等领域，从而使稀土纳米发光材料的研究成为当前的热点，但目前仍处于基础研究阶段。

9.3.1　稀土纳米发光材料的多功能化

近年来，将稀土纳米材料的光学性能和其他性能结合在一起成为多功能发光材料成为研究的热点。比如磁光多功能成像，它既具有核磁共振成像组织分辨率及空间分辨率高的优点，又具有荧光成像可视化形态细节成像的优点，故提高了诊断灵敏度和精确度。长余辉和催化结合可以协同提高光催化活性，并实现了在暗光环境下的降解，具有重要的理论意义与应用价值。

稀土发光材料与磁性纳米粒子复合制成磁光等多功能材料在文献中已经有许多报道，特别是当前结合生物医学上的应用如生物检测、生物成像、靶向药物以及生物分离等具有重要的应用潜力。其主要制备方法是偶联法和包覆法。

Peng 等人[73]报道了一种简单的两步法制备 $Fe_3O_4@Gd_2O_3:Eu^{3+}$，第一步溶剂热法制备单分散的 Fe_3O_4 纳米晶；第二步水热法，并经 700℃下灼烧 2h 后得到一层 $Gd_2O_3:Eu^{3+}$。该方法中，Fe_3O_4 粒子表面的羟基与稀土离子发生配位作用，故而 $Gd_2(CO_3)_2(OH)_2\cdot H_2O$ 易于沉积到粒子表面，灼烧后转化为一层 $Gd_2O_3:Eu^{3+}$ 得到 $Fe_3O_4@Gd_2O_3:Eu^{3+}$ 双功能纳米粒子。

Zhang 等人[74]通过将 2-溴-2 甲基丙酸（BMPA）修饰的 $Y_2O_3:Tb$ 纳米棒静电自组装到 3-氨丙基三甲基硅烷（APTMS）修饰的 $Fe_3O_4@SiO_2$ 表面得到双功能磁性荧光 $Fe_3O_4@SiO_2/Y_2O_3:Tb$ 纳米粒子。

Xia 等人[75]以 $NaYF_4:Yb^{3+},Tm$ 荧光粒子为核，通过高温热分解法表面包覆一层 Fe_3O_4 磁性材料，随后表面修饰多巴胺，同时将 Fe_3O_4 还原为了 Fe_xO_y，制得了 $NaYF_4:Yb^{3+},Tm^{3+}@Fe_xO_y$ 荧光-磁性核结构纳米粒子。在该粒子中，由于 $NaYF_4:Yb^{3+},Tm^{3+}$ 具有吸收光谱和发射光谱都在近红外光区的发光特性，从而有效避免了强紫外吸收的 Fe_xO_y 壳层对其光谱的吸收。

Lu 等人[76]制备出发红光的 $Fe_3O_4@SiO_2@Eu(DBM)_3\cdot 2H_2O/SiO_2$ 和将对氨基苯甲酸铽硅烷偶联化，使其直接水解沉积在 $Fe_3O_4@SiO_2$ 复合粒子的表面形成发绿光的 $Fe_3O_4@SiO_2@SiO_2-Tb(PABA)_3$。中间的 SiO_2 层可以起隔离作用，而掺杂在外层的 SiO_2 中稀土配合物可增加其热稳定性和光稳定性。

林君等人以磁性球形氧化铁 Fe_3O_4（或 Gd_2O_3）为核，合成了同时具有磁性、介孔、上转换荧光、核-壳结构的多功能单分散的 $Fe_3O_4@nSiO_2@mSiO_2@NaYF_4:Yb^{3+}/Er^{3+}$ 等球形复合材料，通过 SiO_2 包覆很好地克服了 Fe_3O_4 磁性组分对发光的猝灭效应，同时该材料具有良好的药物缓释性能，而且药物释放过程可通过发光强度的变化进行监测和跟踪，同时 Fe_3O_4 或 Gd_2O_3 可以用于核磁成像[77]。

Liu 等人[78]通过沉淀法和改进的 Stobre 法，合成了核-壳结构的 $Fe_3O_4@SiO_2-[Eu(DBM)_3phen]Cl_3-NH_2$ 磁性荧光微球（见图 9-7）。该粒子同时具有二次团聚磁核的高磁响应性和 Eu 配合物的荧光性质，具有应用于磁共振成像、荧光成像和时间分辨荧光检测等领域的潜力。同时，该方法能够扩展制备其他稀土荧光配合物掺杂的核-壳结构磁性荧光复合粒子。

9.3.2 稀土上转换纳米发光的研究与应用探索

红外变可见光上转换材料是一种能将看不见的红外光变成可见光的新型功能

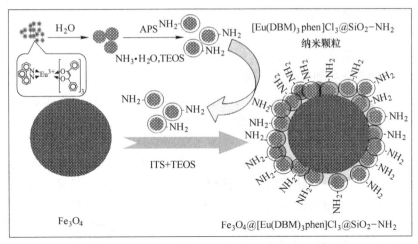

图 9-7 $Fe_3O_4@SiO_2 - [Eu(DBM)_3phen]Cl_3 - NH_2$ 磁性荧光微球制备过程示意图

材料，即能将几个红外光子"合并"成一个可见光子，也称为多光子材料。这种材料的发现，在发光理论上是一个新的突破，被称为反斯托克斯（Stokes）效应，而按照 Stokes 定律，发光材料的发光波长一般总大于激发光波长。为有效实现双光子或多光子效应，发光中心的亚稳态需要有较长的能级寿命。稀土离子能级之间的跃迁属于禁戒的 f-f 跃迁，具有长的寿命，符合该条件。迄今为止，所有上转换材料均只限于稀土化合物。其上转换发光机理如图 9-8 所示。

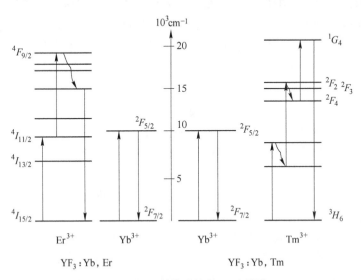

图 9-8 上转换发光机理示意图

目前主要的上转换发光材料按基质可分为四类：

（1）稀土氟化物、碱（碱土）金属稀土复合氟化物，如 LaF_3、YF_3、$LiYF_4$、

$NaYF_4$、$BaYF_5$、BaY_2F_8 等。

(2) 稀土卤氧化物，如 $YOCl_3$ 等。

(3) 稀土硫氧化物，如 La_2O_2S、Y_2O_2S 等。

(4) 稀土氧化物和复合氧化物，如 Y_2O_3、$NaY(WO_4)_2$ 等。

在基质中，一般由 $Yb^{3+}-Er^{3+}$、$Yb^{3+}-Ho^{3+}$、$Yb^{3+}-Tm^{3+}$ 等组成敏化剂-激活剂离子对而发光。其中稀土掺杂的氟化物上转换发光材料由于具有声子能量小，非辐射弛豫小而备受关注。

稀土上转换发光材料目前应用的主要领域是利用稀土上转换材料实现可见光与紫外短波长激光器；利用稀土上转换材料获得红、绿、蓝可见光，可用于彩色显示；利用稀土上转换材料将 $1.06\mu m$ Nd^{3+} 的红外激光变为可见光，实现激光显示；用于生物医学的荧光诊断，其主要优点是使用红外光激发，不会激发和破坏天然生物材料，避免被测物本身自荧光的干扰，因而可提高检查的对比度；也正在免疫分析、防伪、红外传感器、太阳能光伏器件制备等领域获得应用。

上转换发光材料纳米化后对发光性能有一定的影响。Capobianco 小组[79]研究了纳米的 Y_2O_3：Er，Yb 的上转换发射。在以 978nm 为激发波长测得的反 Stoke 发射光谱中，发现在纳米和体相材料中红光的发射强度比在 488nm 为激发波长测得的 Stokes 发射光谱中有所提高，但在纳米粒子中红光发射强度提高的程度要大。其原因一方面可能来自于交叉弛豫过程 $(^4F_{7/2}, ^4I_{11/2}) \rightarrow (^4F_{9/2}, ^4F_{9/2})$，使位于 $^4F_{9/2}$ 能级上的电子数增加，但研究者认为这并不是影响这一现象的主要原因，其主要影响因素为声子的作用使得在 $^4F_{9/2}$ 能级上的电子数增加增多，因为在纳米颗粒中附加了大量的碳酸根和氢氧根基团，声子能量较体材料的要大，而大的声子能量刚好与 $^4I_{11/2}$ 与 $^4I_{13/2}$ 之间的能量差相近，因此导致红光发射相对强。

Patra 等人[80]研究了 Er^{3+}：ZrO_2 纳米材料的上转换发光，由于在高温时 ZrO_2 属于单斜晶系，对称性较低，因此，随着温度的提高、晶粒的长大和晶相的转变，不对称的结构导致上转换发射强度随温度的升高而增强。从而也说明上转换发光强度与纳米粒子的晶相和尺寸有一定的关系。

Yi 等人[81]研究了纳米 $La_2(MoO_4)_3$：Er，Yb 的上转换发光。虽然体相材料和纳米材料结构相同，但以 980nm 为激发波长测得的发射光谱中，发现纳米材料中绿光发射强度要强于红光，而在体相材料中现象刚好相反。其研究者认为，随着粒子的减小，更多的发光中心处在表面上，519nm 发射来自于表面的发光中心，而 653nm 的发射来自于内部发光中心，因此，绿光发射更易受纳米尺寸的影响。

近年来，稀土上转换纳米发光材料（UCNPs）在生物荧光成像、红外探测、太阳能光伏器件制备等领域正日益展示出诱人的应用前景。稀土上转换纳米发光材料的研究已成为热点，也有大量的报道。

张洪杰等人采用微波反应法在不加任何表面活性剂的水中，成功合成了形貌可控、结晶度高、发光性质优良的掺杂 Yb^{3+}、Er^{3+} 的 $BaYF_5$ 纳米粒子。在 980nm 激光激发下实现了相应稀土离子的上转换发光，并得到了 Er^{3+} 很强的红光发射，成功实现了下转换和上转换发光[82]。同样的条件下合成出具有磁/光双功能的葡萄干状纳米晶[83]。葡萄干状 GdF_3：20% Yb^{3+}/0.5% Tm^{3+} 纳米晶的可见光及近红外光谱中出现了 6 个发射峰，葡萄干状 GdF_3：20% Yb^{3+}/2% Ho^{3+} 纳米晶在 980nm 激光的激发下显示出明亮的绿光。它的发射光谱包括非常强的绿光峰 545nm（$^5F_4$，$^5S_2 \rightarrow ^5I_8$）和相对比较弱的红光峰 650nm（$^5F_5 \rightarrow ^5I_8$）；GdF_3：20% Yb^{3+}/2% Er^{3+} 的红色上转换发光光谱包括了相对弱的绿光发射峰 550nm（$^4S_{3/2} \rightarrow ^4I_{15/2}$）、520nm（$^2H_{11/2} \rightarrow ^4I_{15/2}$）和非常强的红光发射峰 650nm（$^4F_{9/2} \rightarrow ^4I_{15/2}$），这说明掺杂不同的稀土离子时，样品展现出相应稀土离子的上转换发光。

陈学元等人采用热分解法，通过高温前驱体逐层注射的方法合成了发光性能优良的 $LiLuF_4$：Ln^{3+} 核-壳结构上转换纳米晶。多层核-壳包覆显著提高了材料的上转换发光性能，其中16层包覆材料的上转换发光绝对量子产率达到了 5.0%（Er^{3+}）与 7.6%（Tm^{3+}），为目前已报道稀土掺杂上转换纳米晶的最高值。特别地，该纳米晶经表面修饰后可作为上转换荧光探针实现对疾病标志物的高灵敏特异性检测[84,85]。

利用光作为信号源或激发源的分析和诊疗技术在生物医药领域得到了快速发展，特别是光学成像技术在生物成像的应用方面发展迅猛。但是生物组织对光的高散射和高吸收成为制约光学技术在生物体内应用的主要障碍。一般来讲，生物组织对可见光（350～650nm）和红外光（>1000nm）具有很强的吸收。相反，生物组织对近红外光（650～1000nm）的吸收最少，因此近红外光具有较大的生物穿透深度。特别是在近红外光的激发下，生物组织几乎无损伤且不会发光（无背景荧光）。这些优点使近红外光拥有广阔的生物应用前景。

正是由于生物组织不能有效吸收近红外光，当近红外光应用于生物医学领域时，需要特殊的纳米材料或者器件来吸收光并转换成所需的信号或者能量。近年来，国内外学者合成了一些尺寸较小、形貌可控、生物兼容的稀土上转换发光纳米材料（UCNPs），初步研究了它们的生物应用，包括 DNA 传感、细胞和小动物成像等。

稀土纳米发光材料由于其高光化学稳定性、生物兼容性、长荧光寿命和可调谐荧光发射波长等优点，有望成为替代分子探针的新一代荧光生物标记材料。作为理想的生物探针，稀土发光材料应满足如下要求：小尺寸（小于30nm 为宜），高的上/下转换发光效率，易实现与生物分子的偶联，低毒或无毒。

荧光标记作为一种非放射性的生物标记技术受到广泛重视，并取得迅速发展。目前用作发光标记物主要有 3 类材料：有机荧光材料、半导体量子点及稀土上转换发光纳米材料（UCNPs）。其中，常规的有机荧光材料和半导体量子点主要吸收紫外光或者高能可见光来发射出低能可见光；而 UCNPs 能吸收近红外光并转化成可见光。

相对于有机染料和量子点而言，稀土上转换纳米发光材料作为目前普遍看好的新一代生物荧光标记材料拥有许多优点，例如毒性小、化学稳定性高、光稳定性好、吸收和发射带很窄、寿命长、较大 Stokes 与反 Stokes 位移、抗光漂白。近年来，这类功能纳米材料因在生物检测、成像以及疾病诊疗等领域的潜在应用而引起人们的广泛关注[86,87]。

最具有代表性的 UCNPs 为 $NaYF_4$：Yb, Er 和 $NaYF_4$：Yb, Tm 纳米颗粒，在980nm 激光的激发下它们可发射出红光和绿光或者蓝光。

UCNPs 用于生物发光标记的前提是：其尺寸较小，形貌可控，发光效率较高，表面有活性基团（如—COOH、—NH_2 或—SH），具有水溶性。尽管 UCNPs 的制备已有多年的研究历史，并取得了一些重要的研究成果，但是它们在生物标记方面的应用研究还是较少的，目前还处于研究的初步阶段。现举例介绍稀土上转换纳米发光材料的制备方法、表面修饰及其生物应用的研究进展。

为了获得尺寸和形貌可控、发光效率高、生物兼容性好的 UCNPs，目前主要发展了两类合成策略：一步法和两步法。一步法主要是以多元醇或者聚乙二醇为溶剂直接合成 UCNPs[88]。这样制得的 UCNPs 具有较好的亲水性，但是其尺寸通常不太均一，发光性能不很理想。两步法是指：第一步先合成疏水性的 UCNPs，第二步再通过表面修饰的方法获得生物兼容的 UCNPs。为了获得形貌可控、发光性能好的疏水性 UCNPs，目前发展了油酸或者亚油酸协助的水热合成法[89]、三氟乙酸稀土盐热分解法[90]、液相共沉淀法[91]等合成技术。由于所获得的 UCNPs 的表面通常为疏水的有机配体（例如油酸），长的烷基链指向外层，导致它们不能溶于水，也难以与生物分子连接。所以，随后发展了一些表面修饰的方法来将疏水性 UCNPs 转化成水溶性的、表面含有活性基团（例如—COOH、—NH_2 或—SH）的 UCNPs。

两步法中第一步常用的是水热合成法或者三氟乙酸稀土盐热分解法。李亚栋课题组[89]在水热法合成 UCNPs 方面作出了突出贡献，他们先将稀土硝酸盐水溶液加入到油酸或者亚油酸、水、乙醇和氢氧化钠的微乳体系中，在搅拌条件下逐渐加入 NaF 的水溶液，然后转移至高压反应釜，调节反应温度和反应时间来控制纳米晶的形貌。他们利用这一方法制备了一系列尺寸可调的、不同形貌（球形、立方块、棒状）、不同成分的 UCNPs。

随后，赵东元课题组[92]利用水热法合成出了一系列形貌漂亮的 UCNPs（主要成分为 $NaYF_4$）纳米棒、纳米管和花状纳米盘。当反应温度小于160℃时，主要生成立方相 $NaYF_4$（α-$NaYF_4$）；随着反应温度的升高和时间的延长，α-$NaYF_4$

溶解并重结晶成六方相 $NaYF_4$（β-$NaYF_4$），即由亚稳态的 α-$NaYF_4$ 过渡到稳态的 β-$NaYF_4$，这个过程是不可逆的。在 β-$NaYF_4$ 生成的过程中，可以通过调节 NaF 和 NaOH 浓度等反应参数来制备 β-$NaYF_4$ 纳米棒、纳米管和花状纳米盘。另外，刘晓刚课题组[93]研究了 Gd^{3+} 掺杂浓度对水热法合成的 $NaYF_4$ 晶相和发光性能的影响。由于 Gd^{3+} 的离子极化半径比较大，因此 β 相比较稳定。而 Y^{3+} 的离子极化半径相对较小，倾向于 α 相；只有在比较苛刻的条件下，比如长时间高温水热条件才能生成 β-$NaYF_4$。在 $NaYF_4$ 晶体中引入 Gd^{3+}，可以促使 β-$NaYF_4$ 的快速生成，同时改善其发光性能。

第二步表面修饰方法主要有 5 种：SiO_2 包裹法[94]、配体交换法[95]、聚合物包覆法[96]、静电层自组装法[97]和配体氧化法[98]。其中，配体氧化法是陈志钢等人曾经发展的一种新型表面修饰方法，利用 Lemieux – von Rudloff 试剂（$KMnO_4$ + $NaIO_4$ 水溶液）将 UCNPs 表面的油酸配体氧化成壬二酸配体，就可得到亲水性的、羧酸功能化的 UCNPs[96]。氧化过程对 UCNPs 的形貌、晶相、组成和发光性能没有明显的负面作用。FTIR 和 NMR 测试结果表明，UCNPs 表面产生了大量羧酸基团。羧酸基团的存在不仅使 UCNPs 具有良好的水溶性，而且可以和许多生物分子例如链亲和素直接偶联。这种方法适用于本身不会被氧化，但是表面配体含有碳碳不饱和键的纳米材料，例如表面有油酸或者亚油酸的稀土纳米材料。

在新型荧光标记材料探索方面，陈学元等人利用简单的热分解法控制合成单分散（约 10nm）稀土掺杂 $KLaF_4$ 上转换/下转换纳米荧光探针，该材料具有高量子产率和长荧光寿命等优异的光学性能[99]。另外，陈学元等人以油酸、油胺和十八烯等作为溶剂与表面活性剂，分别采用高温共沉淀与热分解的方法合成了油溶性单分散的稀土掺杂 $LiLuF_4$、$LiYF_4$、CaF_2、$NaYF_4$ 和 $NaGdF_4$ 等纳米晶及其核 – 壳结构。进一步地，以磷酸乙醇胺（AEP）、聚乙烯吡咯烷酮（PVP）和聚丙烯酸（PAA）等作为表面活性剂，通过配体交换的方法，使油溶性纳米晶赋予水溶性；同时这类水溶性纳米晶表面含有丰富的氨基或羧基，通过共价偶联的方式可连接各种生物分子，如生物素、亲和素以及其他蛋白、抗体等[100,101]。

在 DNA 传感方面，陈志钢等人曾经通过形成酰胺键将链亲和素连接在羧酸功能化的 UCNPs（成分为 $NaYF_4$∶Yb,Er）表面，再利用这种 UCNPs 构建了一种高度灵敏的 DNA 纳米传感器[98]。在链亲和素功能化的 UCNPs、捕捉 DNA 和报告 DNA 的混合物溶液中，当采用 980nm 连续激光器作为激发源时，仅能观察到 UCNPs 的发光信号，说明了 UCNPs 与报告 DNA 之间的距离较远，不能发生有效的荧光共振能量转移。当在以上混合物溶液中加入目标 DNA 后，可以观察到一个位于约 580nm 处的宽发射峰逐渐出现，相应于 TAMRA 的发射，同时 UCNPs 的绿色发射峰强度逐渐下降。以上现象说明发生了有效的荧光共振能量转移，这是因为 DNA 之间的组装促使了 UCNPs（能量给体）与 TAMRA（能量受体）之间接近，在测量的目标 DNA 浓度范围（0～50nmol/L）内，目标 DNA 浓度与发光峰的强度比（I580/I540 或者 I540/I654）存在线性关系，由于这里目标 DNA 浓度极低，说明了这个 DNA 传感器拥有极高的灵敏度。这么高的灵敏度应该归因于在 980nm 激光器激发下，没有任何背景荧光，仅有 UCNPs 能够发光。

在细胞和动物荧光成像方面，许多课题组作了较大贡献。例如，李富友课题组[102]将叶酸（FA）连接在一种表面有胺基的 UCNPs 上，随后将叶酸受体表达阳性 FR(+) 的宫颈癌（HeLa）细胞放在含 67μg/mL UCNPs - FA 的培养液中 37℃孵育 1h。当使用 980nm 连续激光作为激发源时，可以观察到来自 HeLa 细胞区域的绿色和红色发光，光谱扫描分析表明这种发光来源于 UCNPs 的发光。HeLa细胞的明场照片能与荧光照片很好地重叠在一起，UCNPs 主要分布在细胞膜区域；这是因为 HeLa 细胞与 UCNPs - FA 表面的叶酸具有强特异性作用。值得注意的是，当用 980nm 激光激发 HeLa 细胞时，仅观察到 UCNPs - FA 的发光，并没有收集到生物样品自发荧光，其原因在于生物组织在 980nm 处的吸收极小，不会通过近红外光激发产生荧光发射。因此，采用 UCNPs 作为发光标记能完全消除生物体系自发荧光的干扰，同时也能避免其他染料的串色，拥有极高的灵敏度。随后，将 UCNPs - FA 溶液通过静脉注入带有 HeLa 肿瘤的小老鼠上。24h 后，在肿瘤部位可观察到明显的上转换发光信号。

稀土纳米发光材料特殊的光学性质将在各种光学材料和高技术领域得到广泛的应用。

CeO_2 具有高折射率和高稳定性，CeO_2 纳米薄膜可以用于制备各种光学薄膜，如微充电电池的减反射膜，还可以制成各种增透膜、保护膜和分光膜。如制成汽车玻璃抗雾薄膜，平均厚度只需 30～60nm，就能有效防止在汽车玻璃上形成雾气。

太阳光长期暴晒会对人体带来危害，发生急性皮炎，促进皮肤老化，甚至患皮癌。日光中对皮肤造成损伤的光线是中波紫外 UVB(290～300nm) 和长波紫外 UVA(320～400nm)。大量研究表明：UVA 对玻璃、水、衣物及人的表皮穿透能力远大于 UVB，到达人体的能量占紫外线总能量的 98%；它对皮肤的损害具有累积性且不可逆，会导致皮癌，特别是高纬度、高海拔地区。CeO_2 纳米粒子在 300～450nm 范围内有宽的吸收带，并随着粒径减小，吸收带红移，对紫外光具有良好的吸收性能，可以用于制备紫外吸收材料。国外已将 CeO_2 用于防晒霜。洪广言的研究表明[103]，纳米 CeO_2 对紫外光吸收性能优于常用的 TiO_2，是更好的紫外吸收剂。用纳米 CeO_2 作为紫外吸收剂，可望用于防止塑料制品紫外照射老化及坦克、汽车、舰船、储油罐等的紫外老化。

将稀土纳米发光材料涂在背投电视显示屏上，获得出人意料的效果。使投影屏视场角度增大，在接近180°观察时，图像依然清晰，且亮度不减颜色鲜艳。

稀土发光材料与纳米技术的结合创立全新的显示技术——发光投影显示（emissive projection display，EPD）。该投影的荧光显示技术综合了微芯片投影显示和CRT显示的优点，克服了在全透明/全黑色介质上无法成像显示的难题，具有全方位360°无差异化视角。

近年来，白光LED逐渐朝着高能量密度激发光源、高器件输出功率及器件稳定性的方向发展，尤其是随着高能量密度的功率型白光LED（功率为5W的单芯片技术也较为成熟）在照明及显示领域逐渐推广，对光功能材料耐辐照性能及结构稳定性提出了更高的要求，传统稀土发光材料光衰大，难以满足其要求；稀土光功能陶瓷具有高热导率、高耐辐照损伤性能、高结构稳定性及优异光输出性能等特点，可较好地满足高能量密度的大功率白光LED的应用需求。具有高烧结活性、高分散性的微纳粉体已经成为高光学输出性能的高透明度稀土光功能陶瓷制备的重要前提，尤其是具有石榴石结构的铝酸盐荧光粉，已逐渐成为该领域的研究热点。刘荣辉等人[104]选择$Y(NO_3)_3 \cdot 6H_2O$、$Al(NO_3)_3 \cdot 9H_2O$和$Ce(NO_3)_3 \cdot 6H_2O$为原料，NH_4HCO_3为沉淀剂，$(NH_4)_2SO_4$为晶核促进剂，采用均相共沉淀法制备出原料前驱体粉体，经过800℃空气中烧结24h以及1200℃还原气氛烧结4h，合成了Ce掺杂的YAG微纳级荧光粉产物。

目前更实际的应用是利用纳米稀土氧化物制作细颗粒的荧光粉。于德才等人[105]采用纳米$Y_2O_3 - Eu_2O_3$为原料制备出细颗粒的Y_2O_3:Eu红色荧光粉，发射主峰位于611nm，颗粒接近球形，颗粒度在6μm以下占90%，相对亮度较高，二次特性也较好。用其配制稀土三基色荧光粉时发现：能与绿粉、蓝粉很好地均匀混合；涂覆性能好；可以减少稀土三基色荧光粉中红粉的用量，致使成本降低。已用于非球磨稀土三基色荧光粉中。

目前关于稀土纳米发光材料的研究还存在一些问题，主要集中在两方面：在理论方面，探索和建立纳米稀土发光材料的理论体系，并期待着在能级结构、能量传递理论、电-声子的相互作用等方面获得重大突破；需在稀土纳米发光材料的研究过程中利用Eu^{3+}为探针，采用高分辨率光谱研究，以提供更为精确的数据来分析纳米结构对发光性能的影响。在应用方面，由于大量的表面态的存在，使其发光效率远远低于体相材料，因此稀土纳米发光材料走向实用首当其冲的课题就是研究和控制表面态；同时应提高制备工艺的稳定性。但可以预计，纳米稀土发光材料会在光电子学和光子学的发展中发挥重要的作用。

参 考 文 献

[1] 洪广言. 稀土发光材料——基础与应用 [M]. 北京：科学出版社，2011：475～491.

[2] 张吉林, 洪广言. 稀土纳米发光材料的研究进展 [J]. 发光学报, 2005, 26 (3): 285~293.

[3] Zhang W W, Xu M, Zhang W P, et al. Site-selective spectra and time-resolved spectra of nano-crystalline Y_2O_3: Eu [J]. Chem. Phys. Lett., 2003, 376 (3~4): 318~323.

[4] Zhang W W, Zhang W P, Xie P B, et al. Optical properties of nanocrystalline Y_2O_3: Eu depending on its odd structure [J]. J. Colloid Interface Sci., 2003, 262: 588~593.

[5] 张慰萍, 尹民. 稀土掺杂的纳米发光材料的制备和发光 [J]. 发光学报, 2000, 21 (4): 314~319.

[6] Tao Y, Zhao G W, Zhang W P, et al. Combustion synthesis and photoluminescence of nanocrystalline Y_2O_3: Eu phosphors [J]. Mater. Res. Bull., 1997, 32 (5): 501~506.

[7] Lgarashi T, Lhara M, Kusunoki T, et al. Realtion shipment between optical properties and crystallinity of nanometer Y_2O_3: Eu phosphor [J]. Appl. Phys. Lett., 2000, 76 (12): 1549~1551.

[8] Konrad A, Herr U, Tidecks R, et al. Luminescence of bulk and nanocrystalline cubic yttria [J]. J. Appl. Phys., 2001, 90 (7): 3516~3523.

[9] Peng H S, Song H W, Chen B J, et al. Spectral difference between nanocrystalline and bulk Y_2O_3: Eu^{3+} [J]. Chem. Phys. Lett, 2003, 370 (3~4): 485~489.

[10] 马多多, 刘行仁, 孔祥贵. 立方 Gd_2O_3: Eu 纳米晶及光谱性质 [J]. 中国稀土学报, 1999, 17 (2): 88.

[11] Murase N, Jagannathan R, Kanematsu Y, et al. Preparation and fluorescence properties of Eu^{3+} doped strontium chloroapatite nanocrystals [J]. J. Lumin., 2000, 87~89: 488~490.

[12] Sharma P K, Jilavi M H, Nass R, et al. Tailoring the particlesize from μm→nm scale by using a surface modifier and their size effect on the fluorescence properties of europium doped yttria [J]. J. Lumin., 1999, 82: 187~193.

[13] Li Q, Gao L, Yan D S. Recent advances in nanoscale luminescent materials of rare earth compounds [J]. Chin. J. Inorg. Mater., 2001, 16 (1): 17~22.

[14] 刘桂霞, 洪广言, 孙多先. 球形 Gd_2O_3: Eu 纳米发光材料的制备 [J]. 无机化学学报, 2004, 20 (11): 1367~1370.

[15] Song H W, Chen B J, Zhang J, et al. Ultraviolet light-induced spectral change in cubic nanocrystalline Y_2O_3: Eu^{3+} [J]. Chem. Phys. Lett., 2003 (372): 368~372.

[16] Williams D K, Bihari B, Tissue B M, et al. Preparation and fluorescence spectroscopy of bulk monoclinic Eu^{3+}: Y_2O_3 and comparison to Eu^{3+}: Y_2O_3 nanocrystals [J]. J. Appl. Phys., 1998, 102 (6): 916~920.

[17] 吕少哲, 李丹, 黄世华. Y_2O_3: Eu 纳米晶中两种格位的 Eu^{3+} 之间的能量传递 [J]. 光学学报, 2001, 21 (9): 1084~1087.

[18] Goldburt E T, Kulkarni B, Bhargava R N, et al. Size dependent efficiency in Tb doped Y_2O_3 anocrystalline phosphor [J]. J. Lumin., 1997, 72~74: 190~192.

[19] Bazzi R, Flores-Gonzalez M A, Lebbou L K, et al. Synthesis and luminescent properties of sub-5-nm lanthanide oxides nanoparticles [J]. J. Lumin., 2003, 102~103: 445~450.

[20] Wang R Y. Distribution of Eu^{3+} ion in $LaPO_4$ nanocrystals [J]. J. Lumin., 2004, 106: 211~217.

[21] 李丹, 吕少哲, 张继业, 等. Eu^{3+}: Y_2O_3 纳米微粒的尺寸效应和表面态效应的研究[J].

发光学报, 2000, 21 (2): 134~138.

[22] Williams D, Yuan H, Tissue B M. Synthesis dependence of the luminescence spectra and dynamics of Eu^{3+}: Y_2O_3 nanocrystals [J]. J. Lumin., 1999, 83~84: 297~300.

[23] Zhang W, Xie P, Duan C, et al. Preparation and size effect on concentration quenching of nanocrystalline Y_2SiO_5: Eu [J]. Chem. Phys. Lett., 1998, 292: 133~136.

[24] 李丹, 吕少哲, 王海宇, 等. Y_2O_2S: Tb 纳米晶中 Tb^{3+} 的浓度猝灭 [J]. 发光学报, 2000, 22 (3): 227~231.

[25] Jiang X C, Yan C H, Sun L D, et al. Hydrothermal homogeneous urea precipitation of hexagonal YBO_3: Eu^{3+} nanocrystals with improved luminescent properties [J]. J. Solid State Chem., 2003, 175: 245~251.

[26] Wei Z G, Sun L D, Liao C S, et al. Size dependent chromaticity in YBO_3: Eu nanocrystals: correlation with microsturcture and site symmetry [J]. J. Phys. Chem. B, 2002, 106: 10610~10617.

[27] Wu C F, Qin W P, Qin G S, et al. Photoluminescence from surfactant-assembled Y_2O_3: Eu nanotubes [J]. Appl. Phys. Lett., 2003, 82 (4): 520~522.

[28] Fang Y P, Xu A W, You L P, et al. Hydrothermal synthesis of rare earth (Tb, Y) hydroxide and oxide nanotubes [J]. Adv. Funct. Mater., 2003, 13 (12): 955~960.

[29] Fang Y P, Xu A W, Song R Q, et al. Systematic synthesis and characterization of single-crystal lanthanide orthophosphate nanowires [J]. J. Am. Chem. Soc., 2003, 125 (51): 16025~16034.

[30] He Y, Tian Y, Zhu Y F. Large-scale synthesis of luminescent Y_2O_3: Eu nanobelts [J]. Chem. Lett., 2003, 32 (9): 862~863.

[31] Wang X, Sun X M, Yu D P, et al. Rare earth compound nanotudes [J]. Adv. Mater., 2003, 15 (17): 1442~1445.

[32] Wang X, Li Y D. Synthesis and characterization of lanthanide hydroxide single-crystal nanowires [J]. Angew. Chem. Int. Ed., 2002, 41 (24): 4790~4793.

[33] Song H W, Yu L X, Lu S Z, et al. Improved photoluminescent properties in one-dimensional $LaPO_4$: Eu^{3+} nanowire's [J]. Optics Letters, 2005, 30 (5): 483~485.

[34] Song H W, Yu L X, Yang L M, et al. Luminescent properties of rare earth ions in one-dimensional oxide nanowires [J]. Journal of Nanoscience and Nanotechnology, 2005, 5 (9): 1519~1531.

[35] Yu L X, Song H W, Lu S Z, et al. Influence of shape anisotropy on photoluminescence characteristics in $LaPO_4$: Eu nanowires [J]. Chemical Physics Letters, 2004, 399 (4~6): 384.

[36] Ranjan V. $LaPO_4$: Eu^{3+} nanowires luminesce more efficiently than dots [J]. Materials Bulletin, 2005, 30 (4): 266.

[37] Gaponenko N V, Sergeev O V, Borisenko V E, et al. Terbium photoluminescence in polysiloxane films [J]. Mater. Sci. and Eng. B, 2001, 81: 191~193.

[38] Chen W, Sammynaiken R, Huang Y N. Photoluminescence and photostimulated luminescence of Tb^{3+} and Eu^{3+} in zeolite-Y [J]. J. Appl. Phys., 2000, 88 (3): 1424~1430.

[39] Schmechel R, Kennedy M, Seggern H V, et al. Luminescence properties of nanocrystalline Y_2O_3 : Eu^{3+} in different host materials [J]. J. Appl. Phys., 2001, 89 (3): 1679~1686.

[40] Zhang J L, Hong G Y. Synthesis and photoluminescence of the Y_2O_3 : Eu^{3+} phosphor nanowires in AAO template [J]. Journal of Solid State Chemistry, 2004, 177: 1292~1296.

[41] Li Q, Gao L, Yan D S. Effects of the coating process on nanoscale Y_2O_3 : Eu^{3+} powders [J]. Chem. Mater., 1999, 11: 533.

[42] Kompe K, Borchert H, Storz J, et al. Green-emitting $CePO_4$: $Tb/LaPO_4$ core-shell nanoparticles with 70% photoluminescence quantum yield [J]. Angew. Chem. Int. Ed., 2003, 42: 5513.

[43] Chen D P, Miyoshi H, Akai T, et al. Colorless transparent fluorescence material: Sintered porous glass containing rare-earth and transition-metal ions [J]. Applied Physics Letters, 2005, 86 (23): 1176~1177.

[44] 洪广言. 稀土纳米材料的制备与组装 [J]. 中国稀土学报, 2006, 24 (6): 641~648.

[45] 洪广言. 稀土化学导论 [M]. 北京: 科学出版社, 2014: 289~349.

[46] Hreniak D, Strek W. Synthesis and optical properties of Nd^{3+}-doped nanoceramics [J]. J. Alloys Compd., 2002, 341: 183~186.

[47] Zhai Y Q, Yao Z H, Ding S W, et al. Synthesis and characterization of Y_2O_3 : Eu nanopowder via EDTA complexing sol-gel process [J]. Mater. Lett., 2003, 57: 2901~2906.

[48] Lgarashi T, Ihara M, Kusunoki T, et al. Relationship between optical properties and crystallinity of nanometer Y_2O_3 : Eu phosphor [J]. Appl. Phys. Lett., 2000, 76 (12): 1549~1551.

[49] Bazzi R, Flores M A, Louis C, et al. Synthesis and properties of europium-based phosphors on the nanometer scale: Eu_2O_3, Gd_2O_3 : Eu and Y_2O_3 : Eu [J]. J. Colloid and Inter. Sci., 2004, 273: 91~197.

[50] Li Yanhong, Zhang Youming, Hong Guangyan, et al. Upconversion luminescence of Y_2O_3 : Er^{3+}, Yb^{3+} nanoparticles prepared by a homogeneous precipitation method [J]. Journal of Rare Earths, 2008, 26 (3): 450~454.

[51] Strek W, Zych E, Hreniak D. Size effects on sptical properties of Lu_2O_3 : Eu^{3+} nanacrystallites [J]. J. Alloys Compd., 2002, 344: 332~336.

[52] 洪广言, 张吉林, 高倩. 在卵磷脂体系中 EuF_3 纳米线的合成研究 [J]. 无机化学学报, 2010, 26 (3): 695~700.

[53] Riwotzki K, Haase M. Wet-chemical synthesis of doped colloidal nanoparticels YVO_4 : Ln (Ln = Eu,Sm,Dy) [J]. J. Phys. Chem. B, 1998, 102: 10129~10135.

[54] 于长娟, 王进贤, 于长英, 等. 静电纺织技术制备 Y_2O_3 : Eu^{3+} 纳米带及其发光性质 [J]. 无机化学学报, 2010, 26 (11): 2013~2015.

[55] 侯远, 董相廷, 王进贤, 等. YF_3 : Eu^{3+} 纳米纤维高分子复合纳米纤维的制备与表征 [J]. 高等学校化学学报, 2011 (2): 225~230.

[56] Nedelec J M, Avignant D, Mahiou R. Sofe chemistry routes to YPO_4-based phosphors: dependence of textural and optical properties on synthesis pathways [J]. Chem. Mater, 2002, 14: 651~655.

[57] Trojan-Piegza J, Zych E, Hreniak D, et al. Comparison of spectroscopic properties of nanoparticulate Lu_2O_3: Eu synthesized using different techniques [J]. J. Alloys Compd. , 2004, 380: 123~129.

[58] Meyssamy H, Riwotzki K. Wet-chemical synthesis of doped colloidal nanomaterials: particles and fibers of $LaPO_4$: Eu, $LaPO_4$: Ce, and $LaPO_4$: Ce, Tb [J]. Adv. Mater. , 1999, 11 (10): 840~844.

[59] Jia C J, Sun L D, You L P, et al. Selective synthesis of monazite-and zircon-type $LaVO_4$ nanocrystals [J]. J. Phys. Chem. B, 2005, 109: 3284~3290.

[60] Louis C, Roux S, Ledoux G, et al. Gold nano-antennas for increasing luminescence [J]. Adv. Mater. , 2004, 16 (23~24): 2163.

[61] Sun Y Y, Jiu H F, Zhang D G, et al. Preparation and optical properties of Eu(Ⅲ) complexes J-aggregate formed on the surface of silver nanoparticles [J]. Chem. Phys. Lett. , 2005, 410 (4~6): 204~208.

[62] Liu Guixia, Hong Guangyan. Synthesis of SiO_2/Y_2O_3: Eu core-shell materials and hollow spheres [J]. Journal of Solid State Chemistry, 2005, 178: 1647~1651.

[63] Liu Guixia, Hong Guangyan, Sun Duoxian. Synthesis and characterization of SiO_2/Gd_2O_3: Eu core-shell submicrospheres [J]. Journal of Colloid and Interface Science, 2004, 278: 133~138.

[64] Yu M, Lin J, Fang J. Silica spheres coated with YVO_4: Eu^{3+} layers via sol-gel process: A simple method to obtain spherical core-shell phosphors [J]. Chem. Mater. , 2005, 17 (7): 1783~1791.

[65] Cao Huiqun, Hong Guangyan, Yan Jinghui, et al. Coating carbon nanotubes with europium oxide [J]. Chinese Chemical Letters, 2003, 14 (12): 1293~1295.

[66] Liu Guixia, Hong Guangyan. Synthesis and photoluminescence of Y_2O_3: RE^{3+} (RE = Eu, Tb, Dy) porous nanotubes templated by carbon nanotubes [J]. J. Nanoscience and Nanotechnology, 2006, 6 (2): 1~5.

[67] Chen Wei, Sammgnaiken R, Huang Yining. Photoluminescence and photostimulated luminescence of Tb^{3+} and Eu^{3+} in zeolite-Y [J]. J. Appl. Phys, 2000, 88 (3): 1424~1430.

[68] Yin W, Zhang M S, Kang B S. Prepartion and characterization of the nanoareuctured materials MCM 241 and the luminescence functional supramolecule with Eu (phen)$_4$ as guest [J]. Chin. J. Lumin. , 2001, 22 (3): 232~236.

[69] Tsvetkov M Y, Kleshcheva S M, Samoilovich M I, et al. Erbium photoluminescence in opal matrix and porous anodic alumina nanocomposites [J]. Microelectronic Engineering, 2005, 81 (2~4): 273~280.

[70] Meng Q G, Boutinaud P, Franville A C, et al. Preparation and characterization of luminescent cubic MCM-48 impregnated with europium complex [J]. Micro. Meso. Mater. , 2003, 65: 127~136.

[71] Liu Y S, Tu D T, Zhu H M, et al. A strategy to achieve efficient dual-mode luminescence of Eu^{3+} in lanthanides doped multifunctional $NaGdF_4$ nanocrystals [J]. Adv. Mater, 2010, 22:

3266~3271.

[72] Su Q Q, Han S Y, Xie X J, et al. The effect of surface coating on energy migration-mediated upconversion [J]. J. Am. Chem. Soc., 2012, 134: 20849~20857.

[73] Peng H, Cui B, Li L, et al. A simple approach for the synthesis of bifunctional Fe_3O_4@ Gd_2O_3: Eu^{3+} core-shell nanocomposites [J]. Journal of Alloys and Compounds, 2012, 531 (8): 30~33.

[74] Zhang Y X, Pan S S, Teng X M, et al. Bifunctional magnetic-luminescent nanocomposites: Y_2O_3/Tb nanorods on the surface of iron oxide/silica core-shell nanostructures [J]. Journal of Physical Chemistry C, 2008, 112 (26): 9623~9626.

[75] Xia A, Gao Y, Zhou J, et al. Core-shell $NaYF_4$: Yb^{3+}, Tm^{3+}@ Fe_xO_y nanocrystals for dua-modality T2-enhanced magnetic resonance and NIR-to-NIR upconversion luminescent imaging of small-animal lymphatic node [J]. Biomaterials, 2011, 32 (29): 7200~7208.

[76] Lu Ping, Zhang Jilin, Liu Yanlin, et al. Synthesis and characteristic of the Fe_3O_4@ SiO_2@ $Eu(DBM)_3 \cdot 2H_2O/SiO_2$ luminomagnetic microspheres with core-shell structure [J]. Talanta, 2010, 82 (2): 450~457.

[77] Gai Shili, Yang Piaoping, Li Chunxia, et al. Synthesis of magnetic, up-conversion luminescent and mesoporous core-shell structured nanocomposites as drug carrier [J]. Adv. Funct. Mater., 2010, 20 (7): 1166~1172.

[78] Liu Yanlin, Cheng Gong, Wang Zhigang, et al. Synthesis and characterization of the Fe_3O_4@ SiO_2-[$Eu(DBM)_3$phen]Cl_3 luminomagnetic microspheres. Materials Letters, 2013, 97: 187~ 190.

[79] Vetrone F, Boyer J C, Capobianco J A, et al. Effect of Yb^{3+} codoping on the upconversion emission in nanocrystallin Y_2O_3: Er [J]. J. Phys. Chem. B, 2003, 107 (5): 1107~1112.

[80] Patra A, Friend C S, Kapoor R, et al. Effect of crystal nature on upconversion luminescence in Er^{3+}: ZrO_2 nanocrystals [J]. Appl. Phys. Lett., 2003, 83 (2): 284~286.

[81] Yi G S, Sun B, Yang F Z, et al. Synthesis and characterization of high-efficiency nanocrystal up conversion phosphors: Ytterbium and erbium codoped lanthanum molybdate [J]. Chem. Mater., 2002, 14: 2910~2914.

[82] Pan Shunhao, Deng Ruiping, Feng Jing, et al. Microwave-assisted synthesis and down-and up-conversion luminescent properties of $BaYF_5$: Ln (Ln = Yb/Er, Ce/Tb) nanocrystals [J]. Cryst. Eng. Comm., 2013, 15: 7640~7643.

[83] Wang Song, Su Shengqun, Song Shuyan, et al. Raisin-like rare earth doped gadolinium fluoride nanocrystals: microwave synthesis and magnetic and upconversion luminescent properties [J]. Cryst. Eng. Comm., 2012, 14: 4266~4269.

[84] Huang Ping, Zheng Wei, Zhou Shanyong, et al. Lanthanide-doped $LiLuF_4$ upconversion nanporobde for the detection of disease biomarkers [J]. Angew. Chem. Int. Ed. 2014, 53: 1252~ 1257.

[85] Liu Yongsheng, Tu Datao, Zhu Haomiao, et al. Lanrhanide-doped luminescent anaoprobes: controlled synthesis, porical spectroxcopy, and bioapplications [J]. Chem. Soc. Rev. 2013,

42: 6924 ~ 6958.

[86] 陈志钢，匡兴羽，宋琳琳，等. 近红外光驱动的纳米材料和器件的研究进展 [J]. 无机化学学报，2013，29（8）：1574 ~ 1590.

[87] 郑伟，涂大涛，刘永升，等. 稀土无机发光材料：电子结构、光学性能和生物应用 [J]. 中国科学：化学，2014，44（2）：168 ~ 179.

[88] Song Y L, Tian Q W, Zou R J, et al. Water-soluble Yb^{3+}, Tm^{3+} codoped $NaYF_4$ nanoparticles: Synthesis, characteristics and bioimaging [J]. J. Alloys Compd., 2011, 509（23）: 6539 ~ 6544.

[89] Wang G, Peng Q, Li Y. Upconversion luminescence of monodisperse CaF_2: Yb^{3+}/Er^{3+} nanocrystals [J]. J. Am. Chem. Soc., 2009, 131（40）: 14200 ~ 14201.

[90] Mai H X, Zhang Y W, Si R, et al. Upconversion luminescence of monodisperse CaF_2: Yb^{3+}/Er^{3+} nanocrystals [J]. J. Am. Chem. Soc., 2006, 128（19）: 6426 ~ 6436.

[91] Heer S, Kompe K, Gudel H U, et al. Upconversion fluorescence imaging of cells and small animals using lanthanide doped nanocrystals [J]. Adv. Mater., 2004, 16（23/24）: 2102 ~ 2105.

[92] Zhang F, Wan Y, Yu T, et al. Uniform nanostructured arrays of sodium rare-earth fluorides for highly efficient multicolor upconversion luminescence [J]. Angew. Chem. Int. Ed., 2007, 46（42）: 7976 ~ 7979.

[93] Wang F, Han Y, Lim C S, et al. Simultaneous phase and size control of upconversion nanocrystals through lanthanide doping [J]. Nature, 2010, 463（7284）: 1061 ~ 1065.

[94] Li Z, Zhang Y, Jiang S. Multicolor core/shell-structured upconversion fluorescent nanoparticles [J]. Adv. Mater., 2008, 20（24）: 4765 ~ 4769.

[95] Naccache R, Vetrone F, Mahalingam V, et al. Controlled synthesis and water dispersibility of hexagonal phase $NaGdF_4$: Ho^{3+}/Yb^{3+} nanoparticles [J]. Chem. Mater., 2009, 21（4）: 717 ~ 723.

[96] Yi G S, Chow G M. Controlled synthesis and water dispersibility of hexagonal phase $NaGdF_4$: Ho^{3+}/Yb^{3+} nanoparticles [J]. Chem. Mater., 2007, 19（3）: 341 ~ 343.

[97] Wang L Y, Yan R X, Hao Z Y, et al. Fluorescence resonant energy transfer biosensor based on upconversion-luminescent nanoparticles [J]. Angew. Chem. Int. Ed., 2005, 44（37）: 6054 ~ 6057.

[98] Chen Z G, Chen H L, Hu H, et al. Versatile synthesis strategy for carboxylic acid-functionalized upconverting nanophosphors as biological labels [J]. J. Am. Chem. Soc., 2008, 130（10）: 3023 ~ 3029.

[99] Liu R, Tu D T, Liu Y S, et al. Controlled synthesis and optical spectroscopy of lanthanide-doped $KLaF_4$ nanocrystals [J]. Nanoscale, 2012, 4: 4485 ~ 4491.

[100] Ju Q, Tu D T, Liu Y S, et al. Lanthanide-doped inorganic nanocrystals as luminescent biolabels [J]. Comb. Chem. High T. Scr., 2012, 15: 580 ~ 594.

[101] Liu Y S, Tu D T, Zhu H M, et al. Lanthanide-doped luminescent nanoprobes: Controlled synthesis, optical spectroscopy, and bioapplications [J]. Chem. Soc. Rev., 2013, 42: 6924 ~ 6858.

[102] Xiong L Q, Chen Z G, Yu M X, et al. Synthesis, characterization, and in vivo targeted imaging of amine-functionalized rare-earth up-converting nanophosphors [J]. Biomaterials, 2009, 30 (29): 5592~5600.

[103] Hong Yuanjia, Hong Guangyan, Wang Dejun. UV-vis spectra charaters of CeO$_2$ and TiO$_2$ [J]. Rare Metals, 2002, 21 (Supple): 136~137.

[104] 陈观通, 刘荣辉, 刘远红, 等. 均相共沉淀法制备微纳 YAG:Ce 荧光粉及其性能研究 [C] //第五届全国掺杂纳米发光材料性质学术会议论文摘要集. 哈尔滨, 2014: 103.

[105] 于德才, 倪嘉缵, 洪广言. 稀土新材料及新流程 [M]. 北京: 科学出版社, 1998: 103~132.

索　引